"十三五"职业教育国家规划教材

U0747871

钢筋平法识图与计算

GANGJIN PINGFA SHITU YU JISUAN

第3版

依据《16G101 图集》修订

主　编　魏丽梅　任　臻
副主编　邓　林　叶　蓓

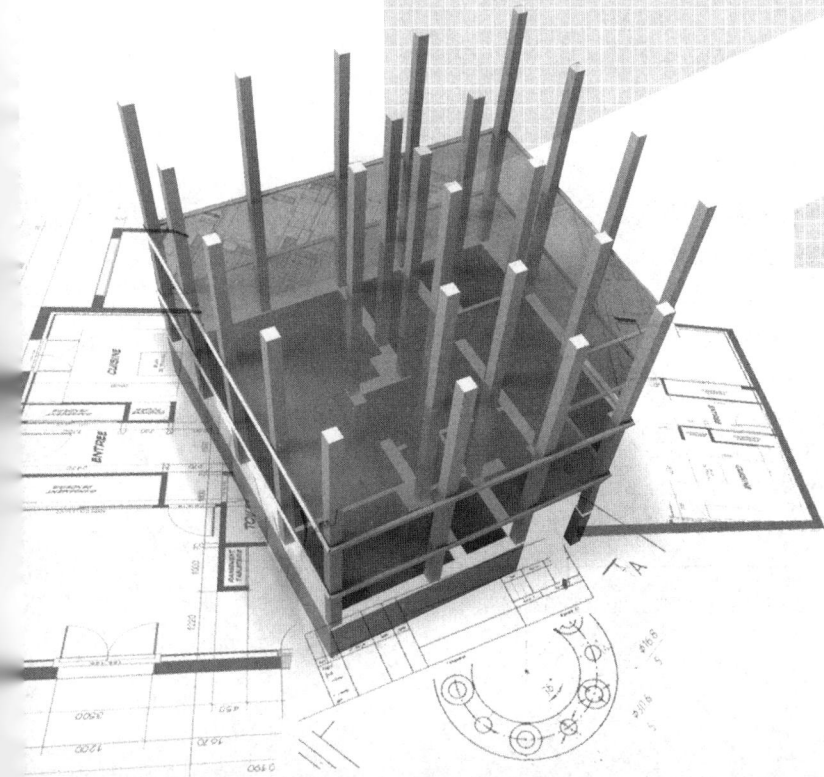

中南大学出版社
www.csupress.com.cn
·长沙·

内容简介

本书为"十三五"职业教育国家规划教材,依照最新《混凝土结构施工图平面整体表示方法制图规则和构造详图》(16G101 系列)、《混凝土结构施工钢筋排布规则与构造详图》平法图集编写,全书共分九个项目,内容包括:通用知识、独立基础、条形基础、筏形基础、柱、梁、板、剪力墙、楼梯等构件的平法识图与钢筋工程量计算。以实际案例贯穿教材,对每种构件的钢筋工程量的计算方法与过程进行详细介绍。

本书以工程实践中"会用、管用"为目标,理论以"必需、够用"为度,注重系统性、实用性及各教材之间的衔接,能更好地适应高职教改的需要。本书可作为高职高专工程造价专业教材,也可作为工程管理、建筑工程类专业教学用书,同时也适用于工程造价人员的培训教材。

本书可通过手机扫二维码阅读丰富的教学资源,并配有多媒体教学电子课件。

图书在版编目(CIP)数据

钢筋平法识图与计算 / 魏丽梅,任臻主编. —长沙:中南大学出版社,2017.8(2021.12 重印)

ISBN 978-7-5487-2973-0

Ⅰ.①钢… Ⅱ.①魏… ②任… Ⅲ.①钢筋混凝土结构—建筑构图—识图—高等职业教育—教材 ②钢筋混凝土结构—结构计算—高等职业教育—教材 Ⅳ.①TU375

中国版本图书馆 CIP 数据核字(2017)第 215891 号

钢筋平法识图与计算

(第 3 版)

魏丽梅　任　臻　主编

□责任编辑	周兴武
□责任印制	唐　曦
□出版发行	中南大学出版社
	社址:长沙市麓山南路　　邮编:410083
	发行科电话:0731-88876770　　传真:0731-88710482
□印　　装	长沙艺铖印刷包装有限公司

□开　　本	787 mm×1092 mm　1/16	□印张 22.5	□字数 574 千字
□版　　次	2017 年 8 月第 3 版	□2021 年 12 月第 5 次印刷	
□书　　号	ISBN 978-7-5487-2973-0		
□定　　价	58.00 元		

出版说明 INSTRUCTIONS

　　遵照《国务院关于加快发展现代职业教育的决定》(国发〔2014〕19 号)提出的"服务经济社会发展和人的全面发展,推动专业设置与产业需求对接,课程内容与职业标准对接,教学过程与生产过程对接,毕业证书与职业资格证书对接"的基本原则,为全面推进高等职业院校土建类专业教育教学改革,促进高端技术技能型人才的培养,依据国家高职高专教育土建类专业教学指导委员会高等职业教育土建类专业教学基本要求,通过充分的调研,在总结吸收国内优秀高职高专教材建设经验的基础上,我们组织编写和出版了这套高职高专土建类专业"十三五"规划教材。

　　高职高专教学改革不断深入,土建行业工程技术日新月异,相应国家标准、规范,行业、企业标准、规范不断更新,作为课程内容载体的教材也必然要顺应教学改革和新形势的变化,适应行业的发展变化。教材建设应该按照最新的职业教育教学改革理念构建教材体系,探索新的编写思路,编写出版一套全新的、高等职业院校普遍认同的、能引导土建专业教学改革的"十三五"规划系列教材。为此,我们成立了规划教材编审委员会。教材编审委员会由全国 30 多所高职院校的权威教授、专家、院长、教学负责人、专业带头人及企业专家组成。编审委员会通过推荐、遴选,聘请了一批学术水平高、教学经验丰富、工程实践能力强的骨干教师及企业专家组成编写队伍。

　　本套教材具有以下特色:

　　1. 教材依据国家高职高专教育土建类专业教学指导委员会《高职高专土建类专业教学基本要求》编写,体现科学性、创新性、应用性;体现土建类教材的综合性、实践性、区域性、时效性等特点。

　　2. 适应高职高专教学改革的要求,以职业能力为主线,采用行动导向、任务驱动、项目载体,教、学、做一体化模式编写,按实际岗位所需的知识能力来选取教材内容,实现教材与工程实际的零距离"无缝对接"。

　　3. 体现先进性特点。将土建学科的新成果、新技术、新工艺、新材料、新知识纳入教材,结合最新国家标准、行业标准、规范编写。

　　4. 教材内容与工程实际紧密联系。教材案例选择符合或接近真实工程实际,有利于培养学生的工程实践能力。

　　5. 以社会需求为基本依据,以就业为导向,融入建筑企业岗位(八大员)职业资格考试、国家职业技能鉴定标准的相关内容,实现学历教育与职业资格认证相衔接。

　　6. 教材体系立体化。为了方便老师教学和学生学习,本套教材建立了多媒体教学电子课件、电子图集、教学指导、教学大纲、案例素材等教学资源支持服务平台;部分教材采用了"互联网+"的形式出版,读者扫描书中"二维码",即可阅读丰富的工程图片、演示动画、操作视频、工程案例、拓展知识。

高职高专土建类专业规划教材

编 审 委 员 会

第3版前言 PREFACE

　　《钢筋平法识图与计算》教材初版于2015年，在短短两年内，得到了广大读者、同行专家的认可，并在全国范围内高职院校土木工程相关专业推广使用。教材有特色，质量高，满足教学的实际需求。住房和城乡建设部建质函【2016】168号文通知，自2016年9月1日起实施新的29项国家建筑标准设计，其中包括《16G101—1》《16G101—2》《16G101—3》三本图集，即通称的《混凝土结构施工平法图集》。故本次修订依据《16G101》，补充、修改了平法识图、标准构造详图、图解及计算公式，调整了案例。

　　本教材于2020年入选"十三五"职业教育国家规划教材，并配上了丰富的手机扫二维码阅读资源。

　　本教材以职业能力为核心，紧扣建筑造价专业人才培养目标和全国造价员资格证考试的需要，充分考虑建筑行业对造价员完成岗位任务所需要的知识、能力、素质要求；以最新的技能抽查标准为引领，以建筑造价工作任务及其工作过程为依据，引用实例工程"办公楼"为载体，以"大项目，小任务"形式贯穿教材。将本教材分为一个通用项目和独立基础、条形基础、筏形基础、柱构件、梁构件、板构件、剪力墙构件、楼梯构件等8个分构件钢筋项目，16个小任务，组织任务式情境教学编写，理论教学与工程实际案例有机结合，注重培养学生在实际工程中的钢筋识图与算量能力。

　　本教材严格采用现行国家规范、规程、标准和定额，包括：《混凝土结构施工图平面整体表示方法制图规则和构造详图》（16G101系列）、《混凝土结构施工钢筋排布规则与构造详图》、《混凝土结构设计规范》（GB 50010—2010）及省建设工程计价办法和建设工程消耗量标准（2014）等。

　　本教材由湖南交通职业技术学院魏丽梅、湖南城建职业技术学院任臻主编，具体分工如下：钢筋平法通用知识、项目一、三由任臻编写；项目二由湖南交通职业技术学院邓林编写；项目四、五、七、附录一由湖南交通职业技术学院魏丽梅编写，湖南郴州职业技术学院陈丽琼参与了项目四的编写；项目六、八由长沙南方职业技术学院叶蓓编写。本教材在编写过程中得到了湖南郴州职业技术学院胡云珍、陈丽琼等老师的大力支持，同时部分高职高专院校老师也提出了很多宝贵意见，在此一并表示衷心的感谢！

　　本教材适用于高等职业技术院校建筑工程类、工程管理类及其他土木工程类相关专业教学用书，也可用作培训机构、相关技术人员培训参考用书。

　　限于编者水平和经验，书中难免有错误和不足之处，恳请广大读者和同行专家批评指正。

编　者

2021年1月

目　录 CONTENTS

0　钢筋平法通用知识 ··· (1)

 0.1　平法基本知识 ·· (1)

  0.1.1　平法的概念 ··· (1)

  0.1.2　平法的特点 ··· (1)

  0.1.3　平法图集(G101)学习方法 ··· (3)

 0.2　钢筋计算通用知识 ·· (4)

  0.2.1　钢筋预算与下料的区别 ·· (4)

  0.2.2　钢筋计算数据 ··· (6)

项目一　计算独立基础构件钢筋工程量 ··· (19)

 任务一　识读独立基础平法施工图 ·· (19)

 1.1　独立基础钢筋平法识图 ·· (20)

  1.1.1　独立基础平法识图知识体系 ·· (20)

  1.1.2　独立基础钢筋平法识图 ·· (22)

 任务二　计算独立基础钢筋工程量 ·· (26)

 1.2　独立基础钢筋构造 ·· (26)

  1.2.1　独立基础钢筋体系 ·· (26)

  1.2.2　独立基础钢筋构造 ·· (27)

 1.3　独立基础钢筋计算实例 ·· (33)

  1.3.1　独立基础底板底部钢筋计算实例 ·· (33)

  1.3.2　多柱独立基础底板顶部钢筋计算实例 ······································ (37)

 总结拓展 ·· (38)

 练习题 ·· (39)

项目二　计算条形基础钢筋工程量 ··· (40)

 任务一　识读条形基础平法施工图 ·· (40)

 2.1　条形基础钢筋平法识图 ·· (40)

  2.1.1　条形基础平法识图知识体系 ·· (40)

  2.1.2　条形基础钢筋平法识图 ·· (42)

 任务二　计算条形基础钢筋工程量 ·· (52)

2.2 条形基础钢筋构造 ·· (52)

    2.2.1 条形基础钢筋体系 ·· (52)

    2.2.2 条形基础钢筋构造 ·· (52)

2.3 条形基础钢筋计算实例 ·· (66)

    2.3.1 基础梁钢筋计算实例 ······································ (66)

    2.3.2 条形基础底板钢筋计算 ···································· (68)

总结拓展 ·· (69)

练习题 ·· (69)

项目三 计算筏形基础钢筋工程量 ································· (73)

任务一 识读梁板式筏形基础平法施工图 ····················· (74)

3.1 筏形基础钢筋平法识图 ·· (74)

    3.1.1 筏形基础平法识图知识体系 ······························ (74)

    3.1.2 梁板式筏形基础钢筋平法识图 ···························· (76)

任务二 计算梁板式筏形基础钢筋工程量 ····················· (86)

3.2 梁板式筏形基础钢筋构造 ·· (86)

    3.2.1 梁板式筏形基础钢筋种类 ································· (86)

    3.2.2 梁板式筏形基础钢筋构造 ································· (87)

3.3 梁板式筏形基础钢筋计算实例 ··································· (108)

    3.3.1 梁板式筏形基础基础主梁(JL)钢筋计算实例 ············· (120)

    3.3.2 梁板式筏形基础基础次梁(JCL)钢筋计算实例 ············ (124)

    3.3.3 梁板式筏形基础基础平板(LPB)钢筋计算实例 ··········· (125)

总结拓展 ··· (130)

思考题 ·· (131)

练习题 ·· (131)

项目四 计算柱构件钢筋工程量 ································· (132)

任务一 识读柱构件平法施工图 ································· (132)

4.1 柱构件钢筋平法识图 ·· (132)

    4.1.1 柱构件平法识图知识体系 ································· (132)

    4.1.2 柱构件钢筋平法识图 ····································· (133)

任务二 计算柱构件钢筋工程量 ································· (138)

4.2 柱构件钢筋构造 ··· (138)

    4.2.1 柱构件钢筋体系 ··· (138)

    4.2.2 抗震 KZ 钢筋构造 ······································· (138)

4.3 柱构件钢筋计算实例 ·· (158)

    楼层框架柱构件钢筋计算实例 ··································· (158)

总结拓展 ·· (164)

练习题 ·· (164)

项目五 计算梁构件钢筋工程量 ·· (165)

任务一 识读梁构件平法施工图 ··· (165)

5.1 梁构件钢筋平法识图 ·· (165)

5.1.1 梁构件平法识图知识体系 ·· (165)

5.1.2 梁构件钢筋平法识图 ·· (166)

任务二 计算梁构件钢筋工程量 ··· (179)

5.2 梁构件钢筋构造 ·· (179)

5.2.1 梁构件钢筋体系 ·· (179)

5.2.2 抗震楼层框架梁构件钢筋构造 ·· (181)

5.2.3 抗震屋面框架梁 WKL 钢筋构造 ·· (191)

5.2.4 非框架梁 L 钢筋构造 ··· (193)

5.2.5 框架扁梁 ··· (195)

5.3 梁构件钢筋计算实例 ·· (200)

5.3.1 楼层框架梁 KL 钢筋计算实例 ·· (200)

5.3.2 屋面框架梁 WKL 钢筋计算实例 ·· (204)

5.3.3 非框架梁 L 钢筋计算实例 ··· (208)

总结拓展 ·· (210)

练习题 ·· (210)

项目六 计算板构件钢筋工程量 ·· (212)

任务一 识读板构件平法施工图 ··· (212)

6.1 板构件钢筋平法识图 ·· (212)

6.1.1 板构件平法识图知识体系 ·· (212)

6.1.2 板构件钢筋平法识图 ·· (213)

任务二 计算板构件钢筋工程量 ··· (219)

6.2 板构件钢筋构造 ·· (219)

6.2.1 板构件钢筋体系 ·· (219)

6.2.2 板构件钢筋构造 ·· (220)

6.3 板构件钢筋计算实例 ·· (231)

6.3.1 板平法施工图 ·· (231)

6.3.2 板构件钢筋工程量计算 ·· (232)

总结拓展 ·· (235)

练习题 ·· (235)

项目七 计算剪力墙构件钢筋工程量 ·· （237）

　　任务一 识读剪力墙构件平法施工图 ·· （237）

　　7.1 剪力墙构件钢筋平法识图 ··· （237）

　　　　7.1.1 剪力墙构件平法识图知识体系 ·· （237）

　　　　7.1.2 剪力墙构件钢筋平法识图 ·· （238）

　　任务二 计算剪力墙钢筋工程量 ·· （245）

　　7.2 剪力墙构件钢筋构造 ··· （245）

　　　　7.2.1 剪力墙构件钢筋体系 ·· （245）

　　　　7.2.2 剪力墙构件钢筋构造 ·· （246）

　　7.3 剪力墙构件钢筋计算实例 ··· （265）

　　　　7.3.1 剪力墙平法施工图 ··· （265）

　　　　7.3.2 剪力墙构件钢筋工程量计算 ·· （266）

　　总结拓展 ···（271）

　　练习题 ···（271）

项目八 计算楼梯构件钢筋工程量 ·· （272）

　　任务一 识读楼梯构件平法施工图 ·· （272）

　　8.1 楼梯构件钢筋平法识图 ··· （272）

　　　　8.1.1 楼梯构件平法识图知识体系 ·· （272）

　　　　8.1.2 楼梯构件钢筋平法识图 ·· （273）

　　　　8.1.3 《16G101—2》的非抗震楼梯 ·· （275）

　　　　8.1.4 《16G101—2》的抗震楼梯 ·· （277）

　　任务二 计算楼梯构件的钢筋工程量 ·· （278）

　　8.2 楼梯构件钢筋构造 ··· （278）

　　8.3 楼梯构件钢筋计算实例 ··· （290）

　　　　8.3.1 楼梯平法施工图 ··· （291）

　　　　8.3.2 楼梯构件钢筋工程量计算 ·· （291）

　　总结拓展 ···（294）

　　练习题 ···（294）

附录一 办公楼钢筋工程量软件计算结果 ·· （295）

附录二 办公楼施工图 ··· （328）

参考文献 ···（350）

0　钢筋平法通用知识

框剪结构钢筋

学习目标

技能抽测要求

能够正确识读平法施工图纸中的钢筋标注,结合构造要求能进行构件的钢筋工程量计算。

行业、企业标准要求

(1)进行钢筋工程量计算,为预算"套定额"做准备;

(2)为翻出"钢筋的下料长度"进行精确计算;

(3)能对钢筋进行合乎规范的准确安装。

教学要求

能力目标:能够识读钢筋平法施工图,确定计量单位,准确计算构件钢筋工程量。

知识目标:掌握钢筋构件平法制图规则,熟悉构件标准构造要求,熟练地应用平法构造计算构件钢筋工程量。

0.1　平法基本知识

0.1.1　平法的概念

建筑结构施工图平面整体设计、表达方法(简称平法),对目前我国混凝土结构施工图的设计表示方法作了重大改革,并被国家科委和住建部作为科技成果重点项目,推广应用了近 20 年。

平法的表达形式,概括来讲,就是把结构构件的尺寸和配筋等,按平面整体表示方法的制图规则,整体直接表达在各类构件的结构平面布置图上,再与构件的标准构造详图《G101》相结合,就能构成一套完整的结构设计。平法的出现和应用,改变了传统的那种将构件从结构平面布置图中索引出来,再逐个绘制配筋详图、画出钢筋表的繁琐方法,从而使结构设计的工作得到了极大的解放。

按平法设计绘制的结构施工图,一般是不能直接使用的,它必须结合国家发行的建筑标准设计图集(《G101》等),找到对应的构件构造详图,并充分理会结构设计人员的意图以后,方可进行施工。

因此,按平法设计绘制的结构施工图,一般由两部分组成:第一部分,各类构件的平法施工图;第二部分,国家发行的标准构造详图集。只有非标和特殊情况下,才在结构施工图中增加剖面配筋图、模板图、预埋件图等构件详图。

0.1.2　平法的特点

"平法"的基本特点是在平面布置图上直接表示构件尺寸和配筋方式,水平定位由构件外边与平面轴线的偏差尺寸来完成；竖向定位由各结构层标高表示，并以本结构层标高作为本层的基准标高，然后以各构件平法标注的与本结构层基准标高的高差关系来完成。它的表示方法有三种，即平面注写方式、列表注写方式和截面注写方式。

1. 结构设计标准化

"平法"使设计者容易进行平衡调整、易校审、易修改，且改图可不牵涉其他构件，易控制设计质量；"平法"既可以适应业主分阶段、分层提图施工的要求，也能适应在主体结构开始施工后又进行大幅度调整的特殊情况，"平法"分结构层设计的图纸与水平逐层施工的顺序完全一致，对标准层可实现单张图纸施工，施工工程师对结构比较容易形成整体概念，有利于施工质量管理。"平法"采用标准化的构造详图，形象、直观、施工易懂、易操作。

2. 构件构造规律化

"平法"采用标准化的设计制图规则，结构施工图表达符号化、数字化，单张图纸的信息量较大并集中；构件分类明确，层次清晰，表达准确，设计速度快，效率成倍提高。同时"平法 G101"统一按照不同的构件分门别类，并将每种构件的表述都分为前、后两部分：前部分解释平法标注的含义，后部分根据图纸设计的要求，引导查询并套用标准的构造详图，再由详图的指导，得出各钢筋的形状、长度、根数及布置范围和规律。"平法"索引的标准构造详图，集国内较可靠、成熟的常规节点构造之大成，集中分类归纳后，编制成国家建筑标准设计图集供设计选用，确保节点构造在设计与施工两个方面均达到高质量要求。

3. 图纸排序与施工顺序一致化

按"平法"规则设计的结构图纸是分结构层出图的，它与水平逐层施工的顺序完全一致，并突出了支撑与被支撑的关系。

如，平法出图排序：结构设计总说明→基础及地下结构施工图→柱、剪力墙施工图→梁施工图→板施工图→楼梯施工图→特殊构件施工图，并尽量做到了逐层排序。

现场施工顺序：结构设计总说明→底部支承结构(基础及地下结构)→竖向支承结构(柱、剪力墙)→水平支承结构(梁)→平面支承结构(板)→楼梯施工→特殊构件施工，逐层施工。

这样就方便了施工技术人员理解、掌握和具体实施。

4. 繁琐的传统简洁化

"平法"大幅提高了结构设计效率，使得结构设计周期明显缩短，已使得结构设计人员的工作强度显著降低，同时也使得建筑设计院用于结构设计的人员减少了近三分之二。而按传统的立面加剖面的结构设计表达方法出的结构施工图，大量人员的和大量的工作须用于绘图与描图上。

5. 图纸与图集同时化

按"平法"制图规则出的钢筋混凝土结构施工图，只看图纸不能完全指导具体施工，必须同时查看相应的结构标准图集。根据具体构件在结构设计图中要求，查看相对应的平法构件标准图集，找到具体构件，依据标准图集的前部分理解本构件平法标注的含义，按标准图集的后部分套用标准的构造详图，对图纸标注的各种钢筋进行定位、定形与定量。因此，结构施工图必须与平法标准图集 G101 同时使用。

6. 初学者的要求提高化

入门难，是"平法"应用后的第一困难，和传统的结构设计图纸比较，其实"平法"是建筑结构设计中的一种"偷懒"方法，对结构设计人员确实是省事了，由于"平法图"没有"传统结构图"的直接、立体和具体，因此对处于下游的施工、监理、预算等工种就不那么省事了。特别是初学者,对他们的要求会更高,初学者须大量学习并对比实物模型形成空间概念,而且还须具备良好的力学和结构理论知识,并通过反复地实践,方可理解设计人员的意图,掌握"平法"读识的规律,正确地套用标准构造详图,最终实现构件及钢筋的定位、定形及定量。

0.1.3 平法图集(G101)学习方法

1. 识构件

"平法"具有典型的中国特色,其结构的主要构件,以首个拼音字母的大写来命名。结构的主要构件和"平法"命名如下:基础(J)、柱(Z)、梁(L)、楼面板(LB)、屋面板(WB)、剪力墙(Q)、楼梯板(TB)及桩(ZH);如果要再具体点,就在前面加定义:独立基础(DJ)、框架柱(KZ)、框架梁(KL)、连梁(LL)及边框梁(BKL),掌握了这个规律,我们就能大概地认识了构件,认识了构件,我们就知道要翻哪本平法标准书了:《G101—1》(现浇混凝土框架、剪力墙、梁、板)、《G101—2》(楼梯)、《G101—3》(基础、桩)。

2. 走两步

"平法 G101"统一的按照不同的构件分门别类,并将每种构件表述都分为前、后两部分:前部分解释平法标注的含义,后部分根据图纸设计的要求,引导查询并套用标准的构造详图,再由详图的指导,得出各钢筋的形状、长度、根数及布置范围和规律。

3. 立空间

初学者由于以前很少接触建筑结构的实物,空间想象能力不强,而"平法"最大的缺点就是立体空间感描述不足,因此,识图时必须注意以下能力的培养。

建模型:参照各种构件的实物模式,初步掌握各构件的空间立体模式,然后将混凝土看成是透明的,就只剩下钢筋了,记住钢筋的空间立体布置模型,并将各钢筋进行分类,合并同类项,归纳出各类钢筋的形状及布置规律,从心中建立起各种典型构件模型,同构件中的各类典型钢筋的布筋组合立体模型,为将来更深入的学习打下空间想象的基础。

做类比:不同类构件由于受力特点类似,布筋也很类似:梁如卷起的板,因此板筋如梁;柱类似于立起的梁,它们的钢筋笼形状相似,同样都是箍筋纵筋的组合;剪力墙很像立起的板,因此钢筋布置非常像板,也布置成网状,但同时受到水平力和竖向力的作用,平筋如梁,竖筋如柱;基础板,由于是板,钢筋布置成网状;梁式筏板基础如倒置的肋形楼盖,那么它的布筋等同于反放的层间梁和板;楼梯是斜置的板,布筋与层间板类似;屋面板其实就是楼面板的延伸,布筋等同于层间板,只是于板中部加温度筋防渗漏;抗震矩形框架柱的布筋规律掌握了,别的异形柱,或别的一般柱布筋类似;抗震框架梁的布筋规律掌握了,别的梁就没有什么问题了。所以通过类比,最后只要掌握了抗震框架柱和梁的配筋规律和空间模型,别的就都不怕了。

勤扩展:梁由单跨扩展到多跨,观察其有何稍许变化;柱由单层扩展到多层,变化也不是很大,稍作补充就可以了;同理,层间板以及剪力墙的布筋也可以作同样扩展,其实变化也不大。

定节点:各构件的交汇处,相互重合的部位,为节点区,根据支承关系,分为主从节点(有支承和被支承关系,被为从)和兄弟节点(相互依托、相互支承,如井字梁节点)。那么节点内各构件的钢筋是如何布置的呢?最终的空间形状是什么样子的呢?这就为钢筋的计算打下基础。

4. 背组合

梁和板纵筋中用得最多的组合为：15d 和 $0.4l_{abE}$，柱纵筋的组合用得最多的是 12d 和 $0.5l_{abE}$；抗震框架梁和柱的非连接区，一般为箍筋加密区。

5. 抽筋法

通过单根钢筋的定位、定形、定量等抽取精算，慢慢找到同类钢筋的布置与计算规律，然后通过扩展，找到布置、计算其他钢筋的方法和规律，并形成空间布置立体模型，为深入学习服务。

只有找到并掌握了"平法"读识的规律后，就变得简单了。

6. 施工图识读方法与技巧

一个建筑单体的施工图，由建施、结施、水施、暖施、电施及智能化设计等施工图组成，图纸数量通常有几十张甚至是上百张。施工单位在项目开工前，首先应通过对设计施工图全面、仔细地识读，对建筑的概括、要求有一个全面的了解，及时发现设计中各工种之间存在矛盾的、设计中不明确的、施工中有困难的及设计图中有差错的地方，并通过图纸会审的方式予以提出，便于设计单位对施工图做进一步明确与调整，以保证工程的顺利进行。

初学者拿到施工图后，通常会感到无从着手，不得要领。要提高识图效率，第一，要有正确的识读方法；第二，要有丰富的现场施工与管理经验；第三，应熟悉施工图的制图规则，熟悉房屋建筑构造、结构构造，熟悉有关规范；第四，按照正确的顺序识读。只有通过大量的生产实践，才能不断提高识图能力。

7. 结构施工图的识读方法和步骤

在建施、结施、水施、暖施、电施等图中，结构施工图是最重要也是最需要花费精力去识读的图纸，所以必须掌握识图方法和要领。一般步骤如下：

(1)按施工顺序看图纸，先干哪个项目哪个部位哪个构件，就先看这个项目这个部位这个构件的图纸内容。

(2)由粗到细看。先粗看一遍，一般先看施工图，了解建筑概况、使用功能及要求、内部空间的布置、层数与层高、墙柱布置、门窗尺寸、楼(电)梯间的设置、内外装修、节点构造及施工要求等基本情况。然后再看结施图，了解工程概况、结构方案等；熟悉结构平面布置，检查结构布置是否合理，有无遗漏，柱网尺寸、构件定位尺寸、楼面标高是否正确。最后根据结构平面布置图，细看每一构件的标高、截面尺寸、钢筋等。

(3)结施图与建施图结合看的同时，还要与其他设备图参照看。仔细分析结施图与各专业图纸之间所表达的内容有无缺漏或错误，前后图纸是否矛盾等。如建施图与结施图标高是否相矛盾，建筑物基础与地沟、工艺设备基础等是否相碰、冲突，工艺管道、电气线路、设备装置与建筑物之间或相互之间有无矛盾，布置是否合理。

0.2　钢筋计算通用知识

0.2.1　钢筋预算与下料的区别

1. 钢筋预算长

由于既要考虑钢筋加工时不可预见的原材料损失，又要顾及计算简便和速度问题，因此从单根钢筋量的角度来看，要比正常下料大、粗糙及不精确。钢筋预算长主要以外包线长度和为准，但若存在弯钩时，并不完全按照外包线长来计算。总之，钢筋预算长，考虑了弯钩增长值，不考虑钢筋由于弯折而引起的外包长度变长与轴线之间的量度差。如：

钢筋的预算长 = 所有外包直线长度之和 + 弯钩增长值（有弯钩时才加，没有弯钩就不加）

钢筋的弯钩，常见光圆纵向钢筋末端的180°辅助锚固弯钩，和箍筋、拉筋的常见的135°弯钩，我们在计算预算长度的时候，常加 $6.25d$ 和 $11.9d(6.9d)$，这里的 $6.25d$ 和 $11.9d$ $(6.9d)$ 就是钢筋长度计算时常说的基本概念——弯钩增长值，它其实就是以下料长的轴线长度为计算原理，计算出来的整个单个弯钩多出的长度。

2. 钢筋的下料长

定义为工程实际中，每根钢筋的实际耗去的直线钢筋原材料长度，由于各构件的钢筋须加工成不同的形状，有的既要做弯钩，又要做弯折，考虑到钢筋轴线无论弯否，长度保持基本不变，因此钢筋下料长，以钢筋的轴线长度总和为准。既要考虑弯钩增长值，又要考虑弯折量度差。

$$钢筋的下料长 = 所有轴线长度之和$$

那么工程实际中，是怎么算出下料长度的呢？它分为两步：第一步：先算出钢筋的预算长度，第二步：将钢筋的预算长减去几个弯折带来的几个量度差。如：

$$钢筋的下料长 = 钢筋的预算长 - 量度差（有弯折减，没有弯折就不减）$$

例：双肢封闭箍筋

$$预算长度公式 = 2 \times (箍筋高 + 箍筋宽 + 单钩长)$$

$$下料长度公式 = 2 \times (箍筋高 + 箍筋宽 + 单钩长) - 五个弯折量度差$$

$$= 预算长度 - 五个弯折量度差$$

3. 量度差

【例】　如图 0-1 所示，假设平法框架梁非顶层边节点主筋的弯折角度为90°，钢筋直径 $d \leqslant 25$ mm，由此查得钢筋加工的弯曲半径 $r = 6d$，$D = 12d$，钢筋弯曲后，求直线段 ab 和 cd，弧线段 bc 的量度差？

由图得知：钢筋的预算长度 = $ab + x + y + cd$

钢筋的下料长度 = $ab + \overset{\frown}{bc} + cd$

$$x = y = r + d = 6d + d = 7d$$

$$\overset{\frown}{bc} = (6d + d/2) \times 3.14$$

$$\times 90°/180° = 10.205d$$

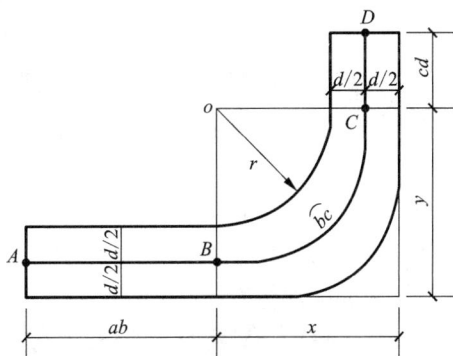

图 0-1　钢筋弯曲示意图

因此：钢筋的预算长度 - 钢筋的下料长度 = $(ab + x + y + cd) - (ab + \overset{\frown}{bc} + cd)$

$$= (x + y) - \overset{\frown}{bc}$$

$$= 14d - 10.205d$$

$$= 3.795d \approx 4d$$

由此可知钢筋弯曲后的预算长度要大于钢筋的下料长度，而这个差值就是钢筋下料常讲的"量度差"。

0.2.2 钢筋计算数据

1. 基础结构或地下结构与上部结构的分界

工程实际中，我们经常讲到基础结构部分和主体或上部结构部分，那到底它们是从哪里分界的呢？如果有了这一分界，那我们就把分界位置以上的设计图纸视为上部结构的柱、剪力墙、梁和板等的平法施工图，以下的设计图纸则视为基础结构或下部结构平法施工图。

同时在计算墙和柱等竖向构件的纵向钢筋工程量时，有了这一分界，能为我们进行钢筋工程量的分类提供一个清晰的界定。

基础结构或地下结构与上部结构的分界，通常就是上部结构的嵌固部位。上部结构的嵌固部位，平法中给出了有地下室和无地下室两种情况。

（1）采用条形基础、独立基础、筏形基础等没有地下室的结构，根据带不带双向地下框架梁和双向地下框架梁本身有无嵌固能力，分为：①不带双向地下框架梁，以基础顶部作为嵌固部位；②带双向地下框架梁，但它无嵌固能力，仍以基础顶部作为嵌固部位，同时双向地下框架梁仍属于基础结构部分；③带双向地下框架梁，但它有嵌固能力，那可将带双向地下框架梁的梁顶作为嵌固部位（具体情况，由设计人员指定），地下框架梁同样属于基础结构部分。

4	12.370	3.60
3	8.670	3.60
2	4.470	4.20
1	−0.030	4.50
═══	═══	═══
−1	−4.530	4.50
−2	−9.030	4.50
层号	标高(m)	层高(m)

结构层楼面标高
结构层高

上部结构嵌固部位：
−4.530

图 0−2　注明上部结构的镶嵌部位

（2）当地下结构为全地下或半地下室时，在层高表嵌固部位标高下使用双线注明，作为上部结构和基础结构的分界。

（3）嵌固部位不在地下室顶板，但地下室顶板实际存在嵌固作用时，在地下室顶板用双虚线注明。

一套标准的结构施工图，设计者会在柱和墙施工图的结构层标高表中，注明上部结构的嵌固部位（分界部位），如图 0−2 所示。

2. 结构的基准标高

在单项工程中，其结构层的楼（地）面标高与结构层高必须统一，以保证地基与基础、柱与墙、梁、板、楼梯等构件按照统一的竖向尺寸进行标注。结构的基准标高，要分基础和上部结构两种情况来看，在结构识图中，需要特别注意基础底面、各层楼面的基准标高以及 ±0.000 等绝对标高。

1）基础底面的基准标高

以绝大多数相同底面标高为基础底面基准标高，其他与之一体的构件，在对它们进行平法标注时，通过相对标高（" + "、" − "或"不注"）来表示本构件的底面与基础底面的基准标高的高差关系，其中" + "为高于，" − "为低于，"不注"为等于基础底面的基准标高，这是一种"底对底"的高差关系。

【例】 （+0.300），表示本构件底面高于基础底面标高300 mm。

而对于其他少数与基础底面的基准标高不同基础，则单独标明范围，并注明标高。

2）上部结构的基准标高

以某楼层绝大多数相同楼面顶部标高为楼面基准标高，其他与之一体的构件，在对它们进行平法标注时，通过相对标高（"+"、"−"或"不注"）来表示本构件的顶面与本层楼面顶部的基准标高的高差关系，其中"+"为高于，"−"为低于，"不注"为等于本层楼面顶部的基准标高，这是一种"顶对顶"的高差关系。

【例】 （−0.300），表示本构件顶面低于本层楼面基准标高300 mm。

3. 混凝土结构的环境类别

混凝土结构所处的环境，是影响混凝土结构耐久性和适用性的重要因数，而混凝土结构环境类别的划分，主要是为了方便混凝土结构正常使用极限状态的验算和耐久性设计等。由于结构施工图中，设计人员已经明确说明了结构各部位所处的环境类别，因此本节对环境类别的划分不做详细介绍，但环境类别却直接影响到混凝土最小保护层厚度的选取。

4. 钢筋的混凝土保护层厚度

钢筋混凝土结构中，除了要保证钢筋与混凝土之间的有效黏结外，还须做好对最外层钢筋的防锈、防火及防腐等工作，从构造上来看，首先是给最外层钢筋留出一定厚度的混凝土保护层。若留出的保护层过薄，将会产生沿纵向受力筋方向的纵向裂缝。钢筋的混凝土保护层厚度，《混凝土结构设计规范》（GB50010—2010)定义为最外层钢筋（包括箍筋、拉筋、构造筋、分布筋）的最外边缘到混凝土表面的最小距离。同时针对最外层钢筋还规定了必须遵守的最小保护层厚度，见表0−1。

表0−1　混凝土保护层的最小厚度 c　　　　　　　　　　　mm

环境类别	板、墙		梁、柱		基础梁（顶面和侧面）		独立基础、条形基础、筏形基础（顶面和侧面）	
	≤C25	≥C30	≤C25	≥C30	≤C25	≥C30	≤C25	≥C30
一	20	15	25	20	25	20	—	—
二 a	25	20	30	25	30	25	25	20
二 b	30	25	40	35	40	35	30	25
三 a	35	30	45	40	45	40	35	30
三 b	45	40	55	50	55	50	45	40

注：1. 表中混凝土保护层厚度指最外层钢筋外边缘至混凝土表面的距离，适用于设计使用年限为50年的混凝土结构。

2. 构件中受力钢筋的保护层厚度不应小于钢筋的公称直径 d。

3. 一类环境中，设计使用年限为100年的结构最外层钢筋的保护层厚度不应小于表中数值的1.4倍；二、三类环境中，设计使用年限为100年的结构应采取专门的有效措施。

4. 钢筋混凝土基础宜设置混凝土垫层，基础底部的钢筋的混凝土保护层厚度应从垫层顶面算起，且不应小于40；无垫层时，不应小于70。

5. 桩基承台及承合梁：承台底面钢筋的混凝土保护层厚度，当有混凝土垫层时，不应小于50，无垫层时不应小于70；此外尚不应小于桩头嵌入承台内的长度。

由于混凝土保护层厚度定义为最外层钢筋(包括箍筋、拉筋、构造筋、分布筋)的最外边缘到混凝土表面的最小距离,因此,我们对保护层厚度可以理解为:哪层钢筋在最外层,保护层厚度就应从本层的最外边算起,且在节点区,按照支撑与被支撑的关系,支撑构件包裹被支撑构件的钢筋。如图0-3所示。

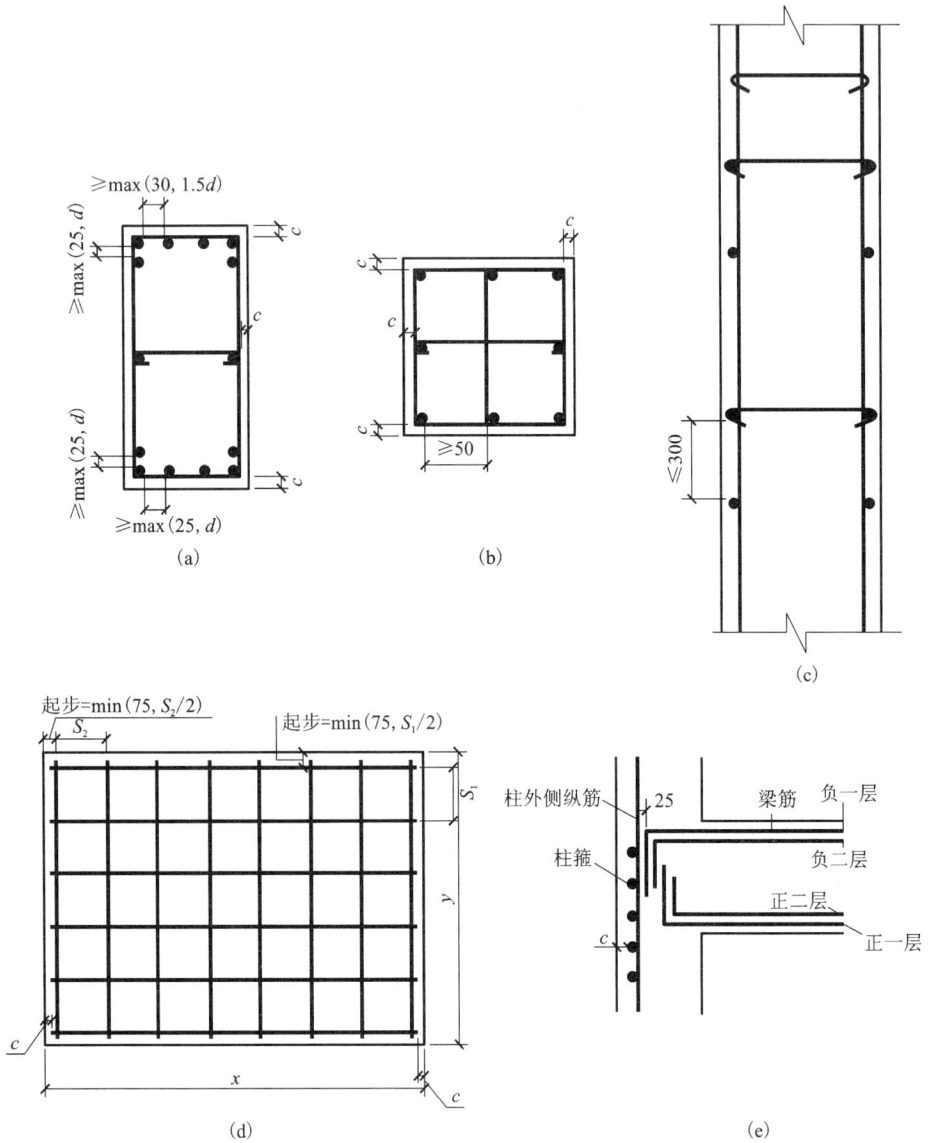

图0-3 钢筋的混凝土保护层厚度及钢筋净距

(a)梁筋;(b)柱筋;(c)剪力墙筋;(d)基础底筋;(e)梁柱节点钢筋排布

在实际工作中,正确理解混凝土保护层厚度的定义,为钢筋算量起码的遵循条件,将直接影响到纵向钢筋的长度和横向钢筋(箍筋、拉筋)的尺寸大小。

【例】 如图0-3(a)所示,梁大箍计算中,当梁腰设有构造拉筋时,根据保护层厚度的定义,保护层厚度在梁的顶面和底面,从箍筋的外表面算起,梁侧面应从拉筋的最外表面算起,但拉筋有三种方法(见《16G101—1》第62页),即"靠腰拉箍"、"拉腰拉箍"和"靠箍拉腰",其中只有"靠箍拉腰"的情况,才使得拉筋的最外表面和箍筋的相同,其余箍筋的外表面都在拉筋的内面,因此梁大箍的高度和宽度计算如下:

$$箍筋高度 = 梁高 - 2c$$
$$箍筋宽度 = 梁宽 - 2c - 2 倍拉筋直径 d("靠腰拉箍"和"拉腰拉箍"情况)$$
$$箍筋宽度 = 梁宽 - 2c("靠箍拉腰")$$

再根据大箍长度计算公式:长度 = 2×(箍高 + 箍宽 + 单个箍钩长)

就可以知道,采用"靠箍拉腰"的情况,算出的箍筋长度要比另外两种情况长 $4d$。

知识链接: 单个梁135°箍钩长,抗震、抗扭取 $\max(11.9d, 75 + 1.9d)/$钩;非抗震不抗扭取 $6.9d/$钩;拉筋弯钩构造与箍筋相同,柱箍的弯钩构造与梁箍一致。

单个柱135°箍钩长,抗震取 $\max(11.9d, 75 + 1.9d)/$钩;非抗震取 $6.9d/$钩。

【例】 如图0-3(d)所示,计算独立基础底筋长度,每根底筋的头部也需要保护层来保护,因此:

$$X 向钢筋长度 = 基底 x 向边长 - 2c \qquad Y 向钢筋长度 = 基底 y 向边长 - 2c$$

【例】 如图0-3(b)所示,计算柱大箍,由于柱的复合箍是平齐贴着大箍,因此柱的混凝土保护层厚度为从大箍外表面(或复合箍外表面)算起,到柱外表面的最小距离。

大箍长度计算公式:长度 = 2×(箍高 + 箍宽 + 单个箍钩长) = 柱截面周长 - 8c + 双钩长

知识链接: 柱箍的弯钩构造与梁箍一致。

5. 梁、柱和剪力墙纵向钢筋间距

为了使纵向受拉钢筋"足强度",必须保证各钢筋之间的净距在合理的范围内,以实现混凝土对钢筋的完全握裹,见图0-3。

1)梁纵向钢筋间距

梁上部纵筋水平净距 $\geq \max(30, 1.5d)$;下部纵筋水平净距 $\geq \max(25, d)$;当纵筋的配置多于一排时,各排钢筋之间的净距 $\geq \max(25, d)$,见图0-3(a)。

2)柱纵向钢筋间距

柱内纵向钢筋的净距不应小于50 mm;中距不应大于300 mm;抗震且截面尺寸大于400 mm的柱,其中距不宜大于200 mm,见图0-3(b)。

3)剪力墙分布筋间距

剪力墙水平分布筋和竖向分布筋间距(中距)不宜大于300 mm,见图0-3(c)。

4)端部节点外侧钢筋间距

采用包筋原则,即"主(柱)包客(梁)、负包正、一包二"。

包筋净距 $\geq \max(25, d)$,其中主与客的关系如:柱筋进入梁区,梁为主,柱为客,柱筋在内侧,伸至梁顶,离梁的顶部纵筋净距 $\geq \max(25, d)$,并同时满足锚固要求;梁筋锚入柱中,梁为客,柱为主,梁的负筋伸至柱筋内侧,离柱外侧纵筋净距 $\geq \max(25, d)$,并同时满足锚固要求;主梁与次梁相互垂直,纵筋可以相互接触。见图0-3(e)。

6. 纵向钢筋的锚固长度

为保证钢筋受力后与混凝土有可靠的黏结,不产生与混凝土之间的相对滑动,纵向钢筋必须伸过其受力截面后在混凝土中有足够的埋入长度,通过这部分长度,钢筋也将其所受的

力传递给混凝土。

1) 受拉基本锚固长度 l_{ab} 和实际拉锚长度 l_a

我们的结构识图和算量，受拉基本锚固长度与实际拉锚长度，可直接根据抗震与否查表得出。

基本锚固长度 l_{ab} 的来源，最原始的是钢筋在受拉状态下，钢筋的屈服破坏和混凝土的受拉破坏同时产生，即充分利用强度的前提下，用计算公式求得钢筋的至少埋入长度。但在实际工作中，计算公式法比较麻烦，不如查表来得直接（如查表 0-2～表 0-5）。

表 0-2　受拉钢筋基本锚固长度 l_{ab}

钢筋种类	混凝土强度等级								
	C20	C25	C30	C35	C40	C45	C50	C55	≥C60
HPB300	39d	34d	30d	28d	25d	24d	23d	22d	21d
HRB335、HRBF335	38d	33d	29d	27d	25d	23d	22d	21d	21d
HRB400、HRBF400、RRB400	—	40d	35d	32d	29d	28d	27d	26d	25d
HRB500、HRBF500	—	48d	43d	39d	36d	34d	32d	31d	30d

表 0-3　抗震设计时受拉钢筋基本锚固长度 l_{abE}

钢筋种类		混凝土强度等级								
		C20	C25	C30	C35	C40	C45	C50	C55	≥C60
HPB300	一、二级	45d	39d	35d	32d	29d	28d	26d	25d	24d
	三级	41d	36d	32d	29d	26d	25d	24d	23d	22d
HRB335 HRBF335	一、二级	44d	38d	33d	31d	29d	26d	25d	24d	24d
	三级	40d	35d	31d	27d	26d	24d	23d	22d	22d
HRB400 HRBF400	一、二级	—	46d	40d	37d	33d	32d	31d	30d	29d
	三级	—	42d	37d	34d	30d	29d	28d	27d	26d
HRB500 HRBF500	一、二级	—	55d	49d	45d	41d	39d	37d	36d	35d
	三级	—	50d	45d	41d	38d	36d	34d	33d	32d

注：1. 四级抗震时，$l_{abE} = l_{ab}$。

2. 当锚固钢筋的保护层厚度不大于 5d 时，锚固钢筋长度范围内应设置横向构造钢筋，其直径不应小于 d/4（d 为锚固钢筋的最大直径）；对梁、柱等构件间距不应大于 5d，对板、墙等构件间距不应大于 10d，且均不应大于 100（d 为锚固钢筋的最小直径）。

表 0-4 受拉钢筋锚固长度 l_a

钢筋种类	混凝土强度等级																
	C20	C25		C30		C35		C40		C45		C50		C55		≥C60	
	d≤25	d≤25	d>25	d≤25	d>25	d≤25	d>25	d≤25	d>25	d≤25	d>25	d≤25	d>25	d≤25	d>25	d≤25	d>25
HPB300	39d	34d	—	30d	—	28d	—	25d	—	24d	—	23d	—	22d	—	21d	—
HRB335、HRBF335	38d	33d	—	29d	—	27d	—	25d	—	23d	—	22d	—	21d	—	21d	—
HRB400、HRBF400、RRB400	—	40d	44d	35d	39d	32d	35d	29d	32d	28d	31d	27d	30d	26d	29d	25d	28d
HRB500、HRBF500	—	48d	53d	43d	47d	39d	43d	36d	40d	34d	37d	32d	35d	31d	34d	30d	33d

表 0-5 受拉钢筋抗震锚固长度 l_{aE}

钢筋种类		混凝土强度等级																
		C20	C25		C30		C35		C40		C45		C50		C55		≥C60	
		d≤25	d≤25	d>25	d≤25	d>25	d≤25	d>25	d≤25	d>25	d≤25	d>25	d≤25	d>25	d≤25	d>25	d≤25	d>25
HPB300	一、二级	45d	39d	—	35d	—	32d	—	29d	—	28d	—	26d	—	25d	—	24d	—
	三级	41d	36d	—	32d	—	29d	—	26d	—	25d	—	24d	—	23d	—	22d	—
HRB335、HRBF335	一、二级	44d	38d	—	33d	—	31d	—	29d	—	26d	—	25d	—	24d	—	24d	—
	三级	40d	35d	—	30d	—	28d	—	26d	—	24d	—	23d	—	22d	—	22d	—
HRB400、HRBF400	一、二级	—	46d	51d	40d	45d	37d	40d	33d	37d	32d	36d	31d	35d	30d	33d	29d	32d
	三级	—	42d	46d	37d	41d	34d	37d	30d	34d	29d	33d	28d	32d	27d	30d	26d	29d
HRB500、HRBF500	一、二级	—	55d	61d	49d	54d	45d	49d	41d	46d	39d	43d	37d	40d	36d	39d	35d	38d
	三级	—	50d	56d	45d	49d	41d	45d	38d	42d	36d	39d	34d	37d	33d	36d	32d	35d

注：1. 当为环氧树脂涂层带肋钢筋时，表中数据尚应乘以 1.25。

2. 当纵向受拉钢筋在施工过程中易受扰动时，表中数据尚应乘以 1.1。

3. 当锚固长度范围内纵向受力钢筋周边保护层厚度为 3d、5d（d 为锚固钢筋的直径）时，表中数据可分别乘以 0.8、0.7；中间时按内插值。

4. 当纵向受拉普通钢筋锚固长度修正系数（注 1～注 3）多于一项时，可按连乘计算。

5. 受拉钢筋的锚固长度 l_a、l_{aE} 计算值不应小于 200。

6. 四级抗震时，$l_{aE} = l_a$。

7. 当锚固钢筋的保护层厚度不大于 5d 时，锚固钢筋长度范围内应设置横向构造钢筋，其直径不应小于 d/4（d 为锚固钢筋的最大直径）；对梁、柱等构件间距不应大于 5d，对板、墙等构件间距不应大于 100（d 为锚固钢筋的最小直径）。

8. HPB300 级钢筋末端应做 180°弯钩，做法详见本图集第 58 页。

特别提示：l_{abE} 从表 0 - 2 中直接查取，l_{aE} 从表 0 - 3 直接查出，但一定要注意，抗震与非抗震的要求。

2）纵向受力钢筋谁锚入谁：与支撑受力有关

如：基础支撑柱、柱支撑梁、主梁支撑次梁、梁支撑板。纵向受力筋，板纵筋的锚入梁、梁纵筋锚入柱、次梁纵筋锚入主梁、上柱纵筋锚入下柱、最底层柱纵筋锚入基础。这就说明构件的受力钢筋谁锚入谁，与支撑和被支撑有关，支撑构件是被支撑构件的支座，纵向钢筋锚入支座内，而锚固长度更多的是指纵向钢筋进入支座内的那部分长度。

特别注意：纵向钢筋在其支座内或贯或锚，其实也可以贯穿而过的。

3）锚长的确定：与进入支座前的受力和构件本身的重要性有关

钢筋锚形和锚长，我们趋向于通过查阅对应构件的对应构造要求来确定，但发现每类纵向受力筋，锚固要求却大有不同。纵向钢筋的基本锚固长度，是立论于钢筋受到拉力而确定的，但实际纵向钢筋在进入支座前，并不都是受到拉力，也有受到压力，或不受力的情况，因此，在查看纵向钢筋的构造要求时，要注意锚固长度分为：拉锚 l_a（拉力）、压锚（压力）l'_a 和构造锚（不受力）l_{as} 等，其中 $l_a > l'_a > l_{as}$。构造锚 l_{as} 常直接取多少倍直径，如：构造腰筋 $l_{as} = 15d$，还有楼面板的底部受力筋 $l_{as} = \max(5d,$ 梁中心$)$，与抗震和基本锚固长度等无关。而对于水平构件的顶部支座负筋，由于是受拉进入支座，因此支座负筋对支座的锚固就是或拉或贯。

注意：规范规定的最小锚固长度 ≥200 mm，只对受拉锚固有效。

4）纵向钢筋锚固长度的计算点：汇交处（节点）内侧算起

由于锚固长度更多的是指纵向钢筋进入支座内的那部分长度，由从构件的汇交处（节点）内侧算起。因此纵向受力筋的计算长度就简化为：

$$长度 = 支座内长度（锚固长度）+ 支座外长度$$

支座外长度：对于一般梁和楼面板，与贯通和非贯通的截断位置有关；对于基础插筋，与伸出嵌固部位顶部长度要求有关。

5）受拉纵筋的锚形和锚形的确定：决定拉锚取值方向

拉锚的形状有直线和直角弯锚两种，它与锚固区的长度和施工要求有关，当支座区或锚固区足够长时，尽量采用直线形；当要求施工方便或锚固区的长度不足时，只能采用直角锚的形式，如梁有一种 $\geq h_c - c + 15d$ 且 $\geq 0.4 l_{ab}(l_{abE}) + 15d$ 的直角锚形。

直线锚形：拉锚取值 $l_a(l_{aE})$（查表后，再修正）。

直角锚形：拉锚取值 $l_{ab}(l_{abE})$（无须修正，直接查表）。

6）光圆钢筋的受拉锚固

除满足上述要求外，末端应做占长 $=6.25d$ 的辅助锚固弯钩，但受压和构造锚固可不做。

7. 纵向钢筋的连接构造

1）纵向钢筋连接的来由

（1）钢筋供应长度的原因：构件的跨度很大且连接位置限定死了，而钢筋的构造要求贯通，但厂家供材短了（一般为 9 m）或剩下的材料短了，等等原因，要求纵向钢筋进行连接。

（2）施工对连接位置的要求：像柱筋，要求尽量做到在每层楼面顶部连接，且层层连接。

（3）连接本身质量的缺陷：应力集中和质量的无法保证等原因，需要在受力较小处进行连接，同时，也受到供材的影响，无法达到下一个受力较小处，要求提前在上一个受力较小处先连好方可进入下一个连接区。

2）连接种类

纵向钢筋的连接分为绑搭连接、焊接、机械连接三类，连接类型和质量应符合国家现行有关标准的规定。

（1）"同一连接区段"的含义（如图 0 - 4）

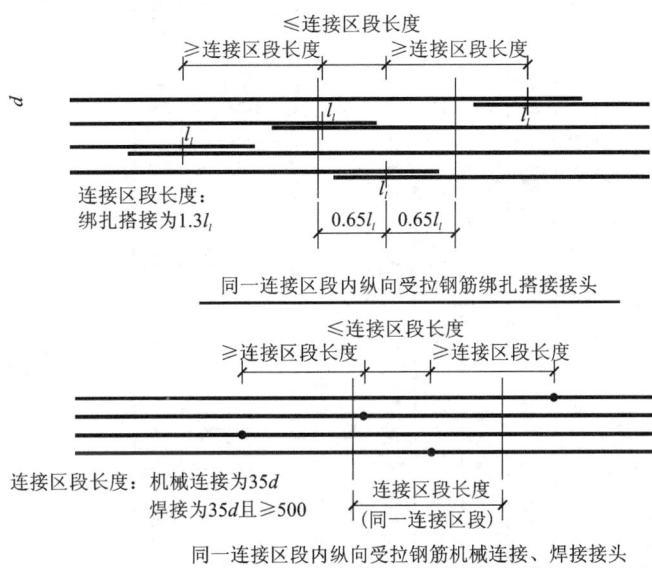

图 0 - 4 "同一连接区段"的示意图

对于绑搭连接，接头中点位于 $1.3l_l$ 连接区段长度内的绑搭连接接头均属于"同一连接区段"；而对于机械连接，接头中点位于 $35d$ 区段长度内或焊接连接点位于 $35d$ 且 ≥500 mm 区段内的接头，均属于"同一连接区段"。在同一连接区段内连接的纵向钢筋被视为同一批连接的钢筋。"同一连接区段"的确定：小连大，按小算；当同一连接区段长度不同时，取大值。

（2）连接接头面积百分率的计算公式

无论是绑搭、焊接还是机械连接接头面积百分率，均为"同一连接区段"内的接头的纵向受力钢筋截面面积与本构件同类钢筋在同一连接范围内的全部纵向钢筋截面面积的比值。

【例】 如图 0 - 4 所示，假使同一连接范围内有四组直径为 25 mm 的纵向钢筋在连接，其中位于"同一连接区段"内的连接接头有两组，因此

$$接头面积百分率 = \frac{2 \times 490.9}{4 \times 490.9} \times 100\% = 50\%$$

（3）连接接头设置要求

①受力钢筋的接头宜设置在受力较小处，同一钢筋上宜少设接头，且悬臂梁的纵向钢筋不得设置连接接头；同一构件中相邻纵向钢筋的绑搭、焊接或是机械连接接头应相互错开，需要满足的接头面积百分率，按构件的不同和设计要求处理。

②受拉、受压纵筋直径 $d > 25$ mm 时，不宜采用绑搭接头，当有抗震要求时，宜采用焊接和机械连接。轴心和小偏心受拉构件的纵向受力钢筋不得采用绑搭接头。

4）受拉钢筋绑搭接头长度根据抗震与非抗震情况直接查表得出（见表 0 - 6 ～ 表 0 - 7）

表0-6 非抗震纵向受拉钢筋搭接长度 l_l

钢筋种类及同一区段内搭接钢筋面积百分率		混凝土强度等级																
		C20	C25		C30		C35		C40		C45		C50		C55		C60	
		d≤25	d≤25	d>25	d≤25	d>25	d≤25	d>25	d≤25	d>25	d≤25	d>25	d≤25	d>25	d≤25	d>25	d≤25	d>25
HPB300	≤25%	47d	41d	—	36d	—	34d	—	30d	—	29d	—	28d	—	26d	—	25d	—
	50%	55d	48d	—	42d	—	39d	—	35d	—	34d	—	32d	—	31d	—	29d	—
	100%	62d	54d	—	48d	—	45d	—	40d	—	38d	—	37d	—	35d	—	34d	—
HPB335 HRBF335	≤25%	46d	40d	—	35d	—	32d	—	30d	—	28d	—	26d	—	25d	—	25d	—
	50%	53d	46d	—	41d	—	38d	—	35d	—	32d	—	31d	—	29d	—	29d	—
	100%	61d	53d	—	46d	—	43d	—	40d	—	37d	—	35d	—	34d	—	34d	—
HRB400 HRBF400 RRB400	≤25%	—	48d	53d	42d	47d	38d	42d	35d	38d	34d	37d	32d	36d	31d	35d	30d	34d
	50%	—	56d	62d	49d	55d	45d	49d	41d	45d	39d	43d	38d	42d	36d	41d	35d	39d
	100%	—	64d	70d	56d	62d	51d	56d	46d	51d	45d	50d	43d	48d	42d	46d	40d	45d
HRB500 HRBF500	≤25%	—	58d	64d	52d	56d	47d	52d	43d	48d	41d	44d	38d	42d	37d	41d	36d	40d
	50%	—	67d	74d	60d	66d	55d	60d	50d	56d	48d	52d	45d	49d	43d	48d	42d	46d
	100%	—	77d	85d	69d	75d	62d	69d	58d	64d	54d	59d	51d	56d	50d	54d	48d	53d

注：1. 表中数值为纵向受拉钢筋绑扎搭接接头的搭接长度。

2. 两根不同直径钢筋搭接时，表中 d 取较细钢筋直径。

3. 当环氧树脂涂层带肋钢筋时，表中数据尚应乘以1.25。

4. 当纵向受拉钢筋在施工过程中易受扰动时，表中数据尚应乘以1.1。

5. 当纵向受拉钢筋边保护层厚度为3d、5d(d为搭接钢筋的直径)时，表中数据可分别乘以0.8、0.7；中间时按内插值。

6. 当上述修正系数(注3~注5)多于一项时，可按连乘计算。

7. 任何情况下，搭接长度不应小于300。

8. HPB300级钢筋末端应做180°弯钩，做法详见本图集第58页。

表0－7　纵向受拉钢筋抗震搭接长度 l_{lE}

钢筋种类及同一区段内搭接钢筋面积百分率		C20	C25		C30		C35		C40		C45		C50		C55		C60	
		d≤25	d≤25	d>25	d≤25	d>25	d≤25	d>25	d≤25	d>25	d≤25	d>25	d≤25	d>25	d≤25	d>25	d≤25	d>25
一、二级抗震等级 HPB300	≤25%	54d	47d	—	42d	—	38d	—	35d	—	34d	—	31d	—	30d	—	29d	—
	50%	63d	55d	—	49d	—	45d	—	41d	—	39d	—	36d	—	35d	—	34d	—
HRB335 HRBF335	≤25%	53d	46d	—	40d	—	37d	—	35d	—	31d	—	30d	—	29d	—	29d	—
	50%	62d	53d	—	46d	—	43d	—	41d	—	36d	—	35d	—	34d	—	34d	—
HRB400 HRBF400	≤25%	—	55d	61d	48d	54d	44d	48d	40d	44d	38d	43d	37d	42d	36d	40d	35d	38d
	50%	—	64d	71d	56d	63d	52d	56d	46d	52d	45d	50d	43d	49d	42d	46d	41d	45d
HRB500 HRBF500	≤25%	—	66d	73d	59d	65d	54d	59d	49d	55d	47d	52d	44d	48d	43d	47d	42d	46d
	50%	—	77d	85d	69d	76d	63d	69d	57d	64d	55d	60d	52d	56d	50d	55d	49d	53d
三级抗震等级 HPB300	≤25%	49d	43d	—	38d	—	35d	—	31d	—	30d	—	29d	—	28d	—	26d	—
	50%	57d	50d	—	45d	—	41d	—	36d	—	35d	—	34d	—	32d	—	31d	—
HRB335 HRBF335	≤25%	48d	42d	—	36d	—	34d	—	31d	—	29d	—	28d	—	26d	—	26d	—
	50%	56d	49d	—	42d	—	39d	—	36d	—	34d	—	32d	—	31d	—	31d	—
HRB400 HRBF400	≤25%	—	50d	55d	44d	49d	41d	44d	36d	41d	35d	40d	34d	38d	32d	36d	31d	35d
	50%	—	59d	64d	52d	57d	48d	52d	42d	48d	41d	46d	39d	45d	38d	42d	36d	41d
HRB500 HRBF500	≤25%	—	60d	67d	54d	59d	49d	54d	46d	50d	43d	47d	41d	44d	40d	43d	38d	42d
	50%	—	70d	78d	63d	69d	57d	63d	53d	59d	50d	55d	48d	52d	46d	50d	45d	49d

注：1. 表中数值为纵向受拉钢筋绑扎搭接接头的搭接长度。

2. 两根不同直径钢筋搭接时，表中 d 取较细钢筋直径。

3. 当为环氧树脂涂层带肋钢筋时，表中数据尚应乘以1.25。

4. 当纵向受拉钢筋在施工过程中易受扰动时，表中数据尚应乘以1.1。

5. 当搭接长度范围内纵向受力钢筋周边保护层厚度为3d、5d（d 为搭接钢筋的直径）时，表中数据可分别乘以0.8、0.7；中间时按内插值。

6. 当上述修正系数（注3～5多于一项时），可按连乘计算。

7. 任何情况下，搭接长度不应小于300。

8. 四级抗震等级时，$l_{lE} = l_l$，详见本图集第61页。

9. HPB300级钢筋末端应做180°弯钩，做法详见本图集第58页。

3)搭接范围内箍筋加密(如图0-5所示)

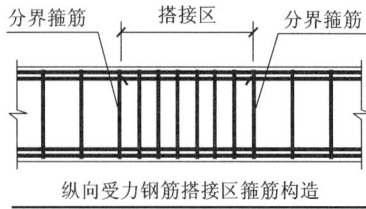

纵向受力钢筋搭接区箍筋构造

注：1. 本图用于梁、柱类构件搭接区箍筋设置。
    2. 搭接区内箍筋直径不小于$d_1/4$(d_1为搭接钢筋最大直径)，间距不应
       大于100 mm及$5d_2$(d_2为搭接钢筋最小直径)。
    3. 当受压钢筋直径大于25 mm时，尚应在搭接接头两个端面外100 mm
       的范围内各设置两道箍筋。

图0-5

分界箍和分界箍内部的配箍，与外界相比，就高不就低，如图0-6所示。

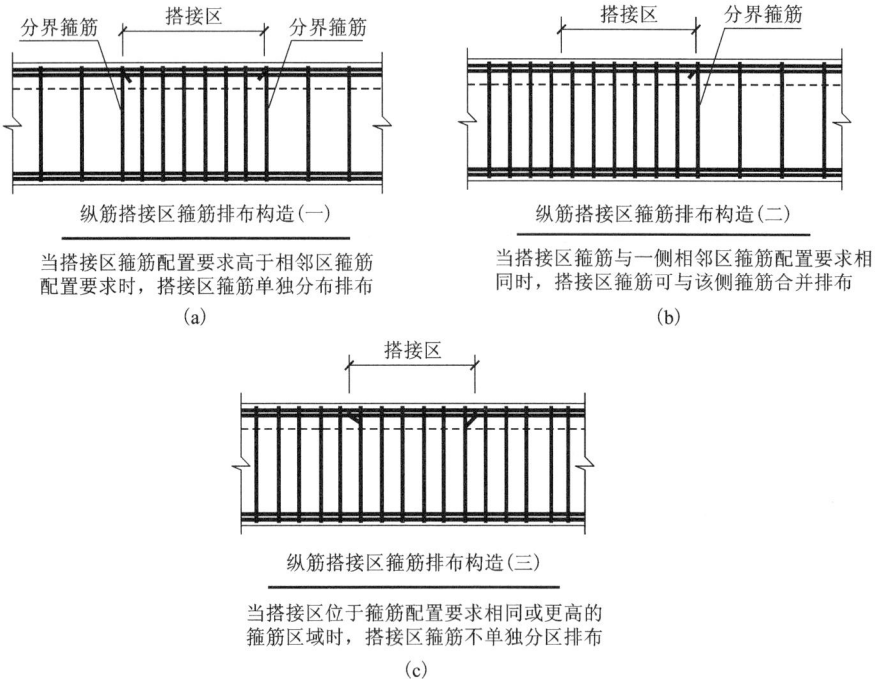

纵筋搭接区箍筋排布构造(一)

当搭接区箍筋配置要求高于相邻区箍筋
配置要求时，搭接区箍筋单独分布排布

(a)

纵筋搭接区箍筋排布构造(二)

当搭接区箍筋与一侧相邻区箍筋配置要求相
同时，搭接区箍筋可与该侧箍筋合并排布

(b)

纵筋搭接区箍筋排布构造(三)

当搭接区位于箍筋配置要求相同或更高的
箍筋区域时，搭接区箍筋不单独分区排布

(c)

图0-6

8.节点钢筋的通用构造

在现浇钢筋混凝土结构体系中，基础、柱、墙、梁、板、楼梯等各类构件都不是独立存在的，它们通过节点的连接形成一个结构整体，因此，节点在结构中起着非常关键的作用。

1)节点的概念

节点是一个空间实体，它为各种构件的交汇区域。由于钢筋混凝土结构是一个完整的结构体系，其构件与构件之间关系常表现为有主从关系和无主从关系两种。

(1)有主从关系的，其层次性体现在，基础为柱的支撑体系，柱为梁的支撑体系，梁为板

的支撑体系，板为自身支撑体系；其关联性体现在，柱与基础关联，梁与柱关联，板与梁关联。因此构件的配筋，基础应在其支撑柱的位置保持连续，柱应在其支撑梁的位置保持连续，梁应在其支撑板的位置保持连续。

若我们将支撑体系的构件称为本体构件，被支撑体系的构件称为关联构件，那么将节点归属为本体构件，是本体构件的一部分，其纵向与横向钢筋(箍筋)，应连续贯穿节点设置；并将本节点作为关联构件的端部，其纵筋主要完成在节点本体内的锚固或贯穿，横向钢筋则躲开节点布置；而当节点本体位于端部时，节点本体的纵向钢筋应在构件端部具有可靠封闭。这就是：主不管从，连续通过；从须就主，平行躲开，其余或锚或贯。

(2)无主从关系(兄弟关系)的，主要表现为彼此构件相互依托，最常见的就是等跨等高井字梁，在这样的构件交汇的节点，纵向钢筋均连续通过该节点，但横向钢筋在节点内：宽或高的构件，其横向钢筋连续通过节点；而窄或低的构件，其横向钢筋在节点内不连续或不通过节点；若构件宽度或高度相同，则任选其一横向钢筋连续通过节点或由设计指定。

2)常见节点分类及构造
(1)有主从关系的节点类型(见表0-8)

表0-8 有主从关系的常见节点分类

节点类型	节点本体构件与关联构件	
	本体构件(主)	关联构件(从)
框架柱-基础	基础	框架柱
剪力墙-基础		剪力墙
剪力墙柱-基础		剪力墙柱
基础连梁-基础		基础连梁
框架梁-框架柱	框架柱	框架梁
		屋面框架梁
板-柱	柱	无梁楼盖板
		屋面无梁楼盖板
剪力墙连梁-剪力墙(平面内)	剪力墙	剪力墙连梁
板-剪力墙(平面外)		楼面板
		屋面板
梁-剪力墙(平面外)		楼层梁
		屋面梁
基础次梁-基础主梁	基础主梁	基础次梁
次梁-主梁	主梁(框架或非框架梁)	次梁
长跨井字梁-短跨井字梁	短跨井字梁	长跨井字梁

节点类型	节点本体构件与关联构件	
	本体构件(主)	关联构件(从)
边梁 – 悬挑梁	悬挑梁	边梁
悬挑梁 – 悬挑梁	主悬挑梁	次悬挑梁
基础底板 – 基础梁	基础梁(主梁或次梁)	基础底板
板 – 梁	梁(框架梁或非框架梁)	板

构造说明:

1. 本体构件在节点处:纵向与横向钢筋(箍筋),应连续贯穿节点设置,而当节点本体位于端部时,节点本体的纵向钢筋应在构件端部具有可靠封闭;

2. 关联构件将节点作为端部,其垂直于节点的纵筋主要完成在节点内的锚固或贯穿,与节点平行的纵筋则躲开节点钢筋间距/2,横向钢筋则躲开节点50 mm布置。

(2)无主从关系(兄弟关系)的节点类型

等跨井字梁 – 等跨井字梁,基础主梁 – 基础主梁,基础次梁 – 基础次梁。

构造说明:构件交汇的节点,纵向钢筋均连续通过该节点,但横向钢筋在节点内:宽或高的构件,其横向钢筋连续通过节点;而窄或低的构件,其横向钢筋在节点内不连续或不通过节点;若构件宽度或高度相同,则任选其一横向钢筋连续通过节点或由设计指定。即:兄弟也分为兄与弟和双胞两种情况:弟让兄,双胞任选或指定。

项目一 计算独立基础构件钢筋工程量

任务一 识读独立基础平法施工图

学习目标

技能抽查要求

能依据结构施工图,按照独立基础施工图中钢筋的标注,结合构造要求,进行独立基础钢筋的工程量计算:先算单根形状和长度,后算有几根这样的钢筋,再合计得到钢筋的总重量。为预算的"套定额"做好准备。

教学要求

能力目标:能熟练地应用基础平法制图规则和钢筋的构造识读基础施工图;具有独立基础的钢筋算量能力。

知识目标:掌握独立基础的平法制图规则、钢筋构造以及钢筋计算的内容和方法。

引例:如图1-1(a)所示,并对比图1-1(b)实物照片,请思考下列问题:

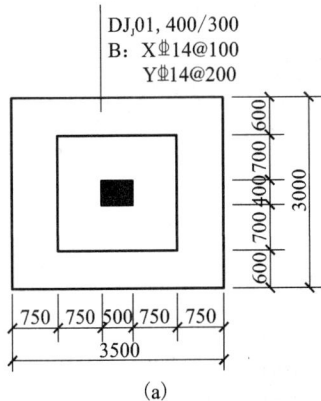

图1-1

(a)独立基础平法施工图;(b)独立基础底筋实物图

(1)哪里是集中标注和原位标注?能否根据标注的内容,正确说出本独立基础的外形、尺寸、轴线的位置、钢筋的摆放等,并画出基础大样图?

(2)X和Y方向钢筋的布置有什么要求?各方向的钢筋,"单根"的级别、规格、形状和长度。像这样的"单根"钢筋,到底需要"几根"?如何汇总求出钢筋的重量?

（3）总结计算步骤、计算方法和考虑因素，看有无快速算法？

1.1 独立基础钢筋平法识图

1.1.1 独立基础平法识图知识体系

独立基础相当于倒置的悬臂板，作为结构所有构件的起点，上层构件的本体节点，它的底板底部钢筋（B）为关键性钢筋，在本基础内连续布置，不受其他构件的影响。

1.独立基础的外形分类及钢筋构成

钢筋混凝土独立基础（简称独立基础）一般用于多层钢筋混凝土框架结构的柱下，底板常做成矩形。根据柱与柱下独立基础的连接施工方式的不同，可分为普通独立基础（现浇整体式）和杯口独立基础（装配式）两种；同时根据基础底板截面形式的不同，又各自分为阶梯形和坡形两种。如表1-1所示。

表1-1 外形分类表

类型		截面形式	示意图	代号	接柱多少
独立基础	普通	阶梯形		DJ_J	单柱、多柱
		坡形		DJ_P	
	杯口	阶梯形		BJ_J	单杯口、多杯口
		坡形		BJ_P	

普通独立基础又有单柱和多柱之分，再细化来分，多柱型又可分一般型、设基础梁的类筏型（JL）和深基短柱型（DZ）三种类型。它们共同的布筋特点是：都配有基础板底部的双向网状钢筋，都要注意柱的基础插筋构造要求。区别在于：普通型单柱基础，只配有底部钢筋；普通多柱基础有的除配有底部钢筋外，还配有顶部双向网状钢筋；设基础梁的多柱基础同时配有基础梁钢筋、基础板底部钢筋或顶部钢筋；深基短柱型除满足独立基础的一般要求外，还配有短柱钢筋。如表1-2所示。

表 1 - 2 配筋构成表

普通独立基础	分类	示意图	配筋		截面形式
			统一配筋	独自配筋	
单柱独立基础	一般型		B (X、Y)	仅 B	DJ$_J$ DJ$_P$
	深基短柱型(DZ)			B + DZ	
多柱(双柱)独立基础	一般型			仅 B	
				B + T	
	设基础梁的类筏型(JL)			B + JL	
				B + T + TL	
	深基短柱型(DZ)			B + DZ	

注：表中 B 为基础底板底部双向钢筋网，T 为基础底板顶部双向钢筋网，JL 为基础梁配筋，DZ 为深基短柱配筋。

　　杯口独立基础有单杯口和多杯口之分，同时又分为一般杯口和高杯口两种形式，它们共同的布筋特点是：由于上柱和基础采用装配式，不需要考虑基础插筋；如同普通独立基础一样，都配有基础板的底部双向网状钢筋；每个杯口顶部都配有焊接钢筋网。区别在于：高杯口侧壁外侧和短柱配有钢筋；多柱独立基础底板顶部有的还配有钢筋。

　　由于杯口基础在民用建筑中应用比较少，所以本章对杯口基础不做详细介绍。

2.普通独立基础构件的知识体系(如图1-2所示)

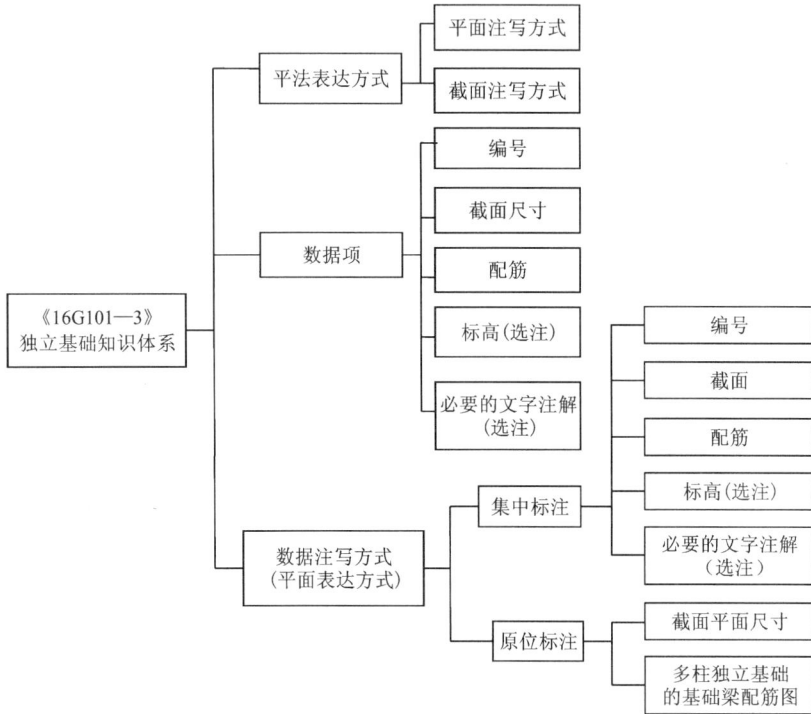

图1-2 独立基础知识体系

1.1.2 独立基础钢筋平法识图

1.普通独立基础的平面注写方式(以下简称独立基础)

独立基础的平面注写方式是指直接在独立基础平面布置图上进行数据项的标注,可分为集中标注和原位标注两部分内容。如图1-3所示。

集中标注:在基础平面布置图上拿出同样基础中的一个,在基础平面布置图上集中引注(一般是基础平面图上看不到的竖向尺寸、基础形式和没有标注的配筋等)基础形式和编号、截面竖向尺寸、配筋三项必注内容,以及基础底面标高(与基底基准标高不同时,单独注写;与基底基准标高相同时,不标注,而用文字统一说明)和必要的文字注解两项选注内容。

原位标注:在同样有集中标注的地方,标注独立基础的平面尺寸、与轴线的关系和细部配筋等,其余相同的只标注基础形式和编号。

基础平面布置图上,同样的基础,只标注基础代号和编号。

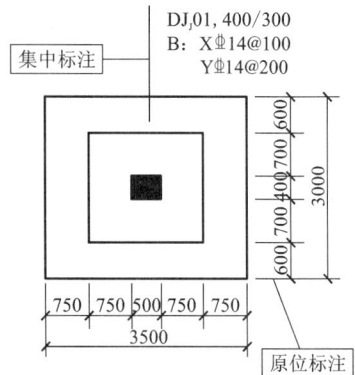

图1-3 原位标注+集中标注

2. 集中标注

1) 独立基础集中标注示意图

独立基础集中标注包括基础形式和编号、截面竖向尺寸、配筋三项必注内容，如图 1 - 4 所示。

2) 独立基础形式和编号

独立基础集中标注的第一项必注内容是基础形式和编号，它反映了基础的类型信息（DJ_J、DJ_P）和区别于其他基础的编号（1、2、3…），基础类型包括普通独立基础和杯口独立基础两类；同时根据各类基础截面样式的不同，又各分为阶形和坡形两种，见表 1 - 1。

【例 1 - 1】　DJ_P02，表示 2 号普通坡形独立基础。

3) 独立基础截面竖向尺寸

独立基础集中标注的第二项必注内容是基础的竖

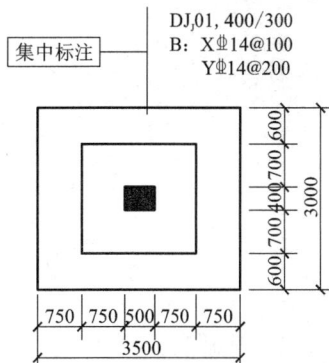

DJ$_J$01, 400/300
B: XΦ14@100
　　YΦ14@200

图 1 - 4　**DJ$_J$01 集中标注示意图**

向尺寸，普通独立基础只有由下往上的截面变化竖向尺寸一项；注写为 $h_1/h_2/\cdots$，要求由下往上表示每个台阶的高度，具体标注和意义如图 1 - 5、图 1 - 6、图 1 - 7 所示。

独立基础的平法识图，首先是指根据平法施工图的集中标注中的基础编号和截面尺寸，再结合平面布置图中的原位标注，就能得出该基础的剖面形状和尺寸，以及与定位轴线之间的关系，为本基础混凝土用量的计算和基础施工做好准备。下面举例说明。

【例 1 - 2】　DJ_J02，450/400/300，如图 1 - 5，表示本基础的竖向尺寸为 $h_1 = 450$ mm，$h_2 = 400$ mm，$h_3 = 300$ mm，基础底板厚度 $h_j = 450 + 400 + 300 = 1150$（mm）。

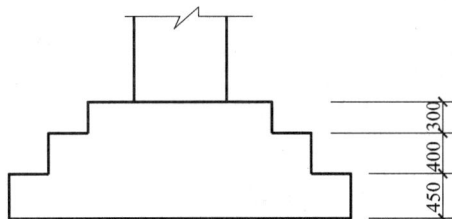

图 1 - 5　**阶形截面普通独立基础竖向尺寸**

【例 1 - 3】　DJ_J02，450，如图 1 - 6，表示本基础的竖向尺寸为 $h_1 = 450$ mm，基础底板厚度 $h_j = 450$ mm。

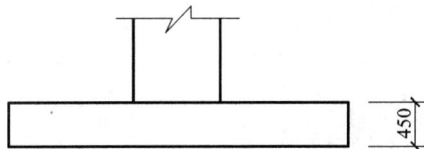

图 1 - 6　**单阶普通独立基础竖向尺寸**

【例1-4】 DJ_p02, 400/300, 如图1-7, 表示本基础的竖向尺寸为 $h_1 = 400$ mm, $h_2 = 300$ mm, 基础底板厚度 $h_j = 400 + 300 = 700(mm)$。

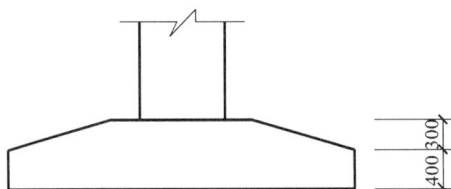

图1-7 坡形截面普通独立基础竖向尺寸

4) 独立基础配筋

独立基础集中标注中的第三项配筋也为必注项, 归纳起来, 有四种情况, 见表1-3。

表1-3 普通独立基础情况表

	配筋情况与举例	适应情况
普通独立基础配筋集中标注	1.独立基础底板的底部配筋标注 【例】B: X⚫16@150, Y⚫16@200	所有独立基础都配有底部(B)双向钢筋网
	2.独立基础底板的顶部配筋标注 【例】T: 11⚫18@100/⚫10@200	只有多柱或双柱基础才可能配有顶部(T)双向钢筋网
	3.深基短柱独基短柱配筋标注 【例】DZ: 4⚫20/5⚫18/5⚫18 ⚫10@100 -2.500~-0.050	深基短柱型可以是单柱或多柱基础(DZ)
	4.基础梁配筋标注 【例】JL02 (1B), 600×1200 9⚫16@100/⚫16@200(6) B: 4⚫25; T: 12⚫25 7/5 G8⚫14	只有多柱或双柱基础才可能配有基础梁(JL)

(1) 独立基础底板底部配筋。

独立基础底板底部双向网状配筋表示方法有两种, 具体注写规定如下:

a. 以"B"打头, 代表各种独立基础底板的底部配筋;

b. X向配筋以X打头、Y向配筋以Y打头注写; 当两向配筋相同时, 则以X&Y打头注写。见图1-8。

【例1-5】 (1)B: X&Y⚫16@150

表示基础底板底部, X和Y方向全部配有HRB400级钢筋, 公称直径全为16 mm, 分布中心间距150 mm。

（2）B：X ϕ 16@180，Y ϕ 16@150

表示基础底板底部配有 HRB400 级钢筋，X 向钢筋公称直径全为 16 mm，分布中心间距 180 mm，Y 向钢筋公称直径全为 16 mm，分布中心间距 150 mm。

以上两种配筋注写方式，都表示在基础底板的底部，按照标注的中心间距，沿基础板底平面，分别满板水平平行布置两层纵横钢筋，两向重叠互压交成网状（注意：当基础配有基础梁时，与梁底重叠的部分，平行基础梁的钢筋距离梁边 50 mm 向外布置，垂直基础梁的钢筋正常穿过基础梁），具体做法，请见 1.2 节的钢筋构造详图。

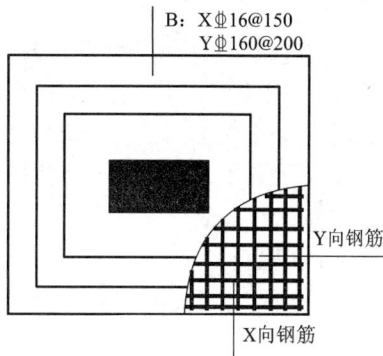

图 1-8 独立基础底板底部双向配筋示意图

（2）多柱独立基础（不带基础梁），基础顶板顶部配筋。

独立基础通常为单柱独立基础，但有时由于柱的距离较近，或上部受力较大时，导致基础底板重叠，就合并为多柱独立基础（双柱或四柱两排等）。当为双柱独立基础时，通常仅配基础底板底部钢筋；当柱的距离较大时，设计人员会根据需要，除在基础底板底部配筋外，还在两柱之间配置基础顶板顶部钢筋或设置基础梁；当为四柱独立基础时，通常可设置两道平行的基础梁。

以"T"打头，代表各种独立基础底板的顶部配筋。

a. 双柱独立基础底板顶部配筋

双柱独立基础底板顶部配筋，通常对称分布在双柱中心线两侧，注写方式为：平行于双柱轴线的双柱间纵向受力钢筋/垂直于双柱轴线的内侧分布筋。当纵向受力筋在基础底板顶面非满布时，应注明总根数；没注明总根数的，表示沿基础底板顶面满布。

【例 1-6】 T：11 ϕ 18@100/ ϕ 10@200，表示独立基础底板顶部。

"/"前 11 ϕ 18@100 表示：配置平行于两柱轴心连线的受力筋 11 根（压轴线一根，两边按间距 100 mm 各布 5 根），HRB400 级钢筋，直径为 ϕ 18 mm；

"/"后 ϕ 10@200 表示：沿底板顶部受力筋下，垂直布置分布筋，HPB300 级钢筋，直径为 ϕ 10 mm，每隔 200 mm 布置一根。

b. 四柱独立基础底板顶部双排基础梁间配筋

【例 1-7】 T： ϕ 18@100/ ϕ 10@200，表示独立基础底板顶部，两道基础梁之间：垂直于两道基础梁，每隔 100 mm 布置受力筋 ϕ 18；平行于两道基础梁，每隔 200 mm 布置分布筋 ϕ 10。

（3）普通独立深基础短柱配筋。

普通独立深基础，有一种由基础底板带短柱的形式，底板的截面形式可为阶形截面 DJ_J 或坡形截面 DJ_P，短柱的顶部可接单柱也可接双柱。

这类深基短柱普通独立基础，除了集中标注有基础底板的钢筋外，还标注有以"DZ"打头的集中标注，用以表示基础短柱的配筋和竖向尺寸，该项集中标注有三个方面的内容：先注写短柱纵筋，接着注写短柱的箍筋，最后注写短柱由底到顶的标高范围（竖向尺寸）。

其中短柱纵筋，注写为：角筋/长边中筋/短边中筋；当短柱水平截面为正方形时，注写为:角筋/X 边中筋/Y 边中筋。

【例 1-8】 如图 1-9 所示,集中标注的内容表示:在 -2.500 ~ -0.050 高度时,由于短柱水平截面为正方形,故配置的竖向受力筋为:截面四角,4⊕20 角筋;每 X 边外加 5⊕18 中筋,每 Y 边外加 5⊕18 中筋;其箍筋直径为⊕10,间距 150 mm。

(4)基础梁配筋。

基础梁的平法识图及钢筋构造图等内容,详见本书第三章筏型基础。

以"JL"打头,代表基础梁的配筋,集中标注包含五行,分别代表五个方面的内容。

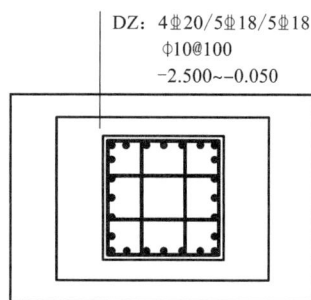

DZ:4⊕20/5⊕18/5⊕18
⊕10@100
-2.500~-0.050

图 1-9 独立基础短柱配筋示意图

【例 1-9】 如集中标注为

JL02(1B),600×1200	(梁形及尺寸)
9⊕16@100/⊕16@200(6)	(梁的箍筋)
B:4⊕25;T:12⊕25 7/5	(梁的贯通纵筋)
G8⊕14	(梁的侧面腰筋)
(××)	(梁底与基础板底面标高高差)

第一行表示为:02 号基础梁、1 跨两头外伸(1B)、梁宽 600 mm、梁高 1200 mm;

第二行表示为:箍筋为 HRB400 级钢筋,直径为 16 mm,从梁端 50 mm 开始向跨内,间距 100 mm,设置 9 道,其余间距为 200 mm,均为 6 肢箍;

第三行表示为:B 表示梁的底部配置 4⊕25 的贯通筋,T 表示梁的顶部配置 12⊕25 贯通筋,分两层布置,上层 7 根、下层 5 根;

第四行表示为:梁的两个侧面共配置 8⊕14 的纵向构造(G)腰筋,每侧各配置 4⊕14;

第五行表示为:本基础梁的梁底标高与基础底板面底标高相同,无高差。

任务二　计算独立基础钢筋工程量

1.2　独立基础钢筋构造

由于杯口基础一般用于工业建筑中,而民用建筑一般采用普通独立基础,故本节只讲解普通独立基础的钢筋构造。

根据上节介绍的普通独立基础配筋的四种情况,除去基础梁配筋构造将在第三章中做详细讲解外,其余三种配筋情况,将在本节中,根据工程实际中可能出现的各种情形,就其所要考虑的钢筋构造要求做详细讲解,这三种配筋情况分别为"独立基础底板的底部配筋构造"、"独立基础底板的顶部配筋构造"、"普通独立深基础短柱配筋构造"。

1.2.1　独立基础钢筋体系

独立基础钢筋知识体系如图 1-10 所示。

```
                              ┌─────────────────┐
                   ┌──────────┤ 矩形独立基础底板  │
                   │          │ 底部配筋一般情况 │
          ┌────────┴─┐        └─────────────────┘      ┌──────────────┐
          │底板底部钢筋│                          ┌──────┤  对称独立基础  │
          └────────┬─┘        ┌─────────────────┐│      └──────────────┘
                   │          │  长度剪短10%构造 ├┤
                   └──────────┤                 ││      ┌──────────────┐
                              └─────────────────┘└──────┤ 非对称独立基础 │
                                                        └──────────────┘

┌──────────┐                                            ┌──────────────┐
│独立基础钢筋│              ┌─────────────────┐   ┌───────┤单柱普通独立深基础│
│ 构造情况  ├──────────────┤ 普通独立深基础短柱├───┤       │  短柱配筋构造  │
└──────────┘              │ 竖向尺寸及钢筋   │   │       └──────────────┘
                          └─────────────────┘   │       ┌──────────────┐
                                                └───────┤双柱普通独立深基础│
                                                        │  短柱配筋构造  │
                                                        └──────────────┘

                                                        ┌──────────────┐
                              ┌─────────────────┐┌──────┤ 普通双柱独立基础 │
                   ┌──────────┤  双柱独立基础    ├┤      └──────────────┘
          ┌────────┴─┐        └─────────────────┘│      ┌──────────────┐
          │多柱独立基础│                          └──────┤  设基础梁的   │
          │ 顶部钢筋  │        ┌─────────────────┐       │ 双柱独立基础  │
          └────────┬─┘        │  四柱独立基础    │       └──────────────┘
                   └──────────┤                 │
                              └─────────────────┘
```

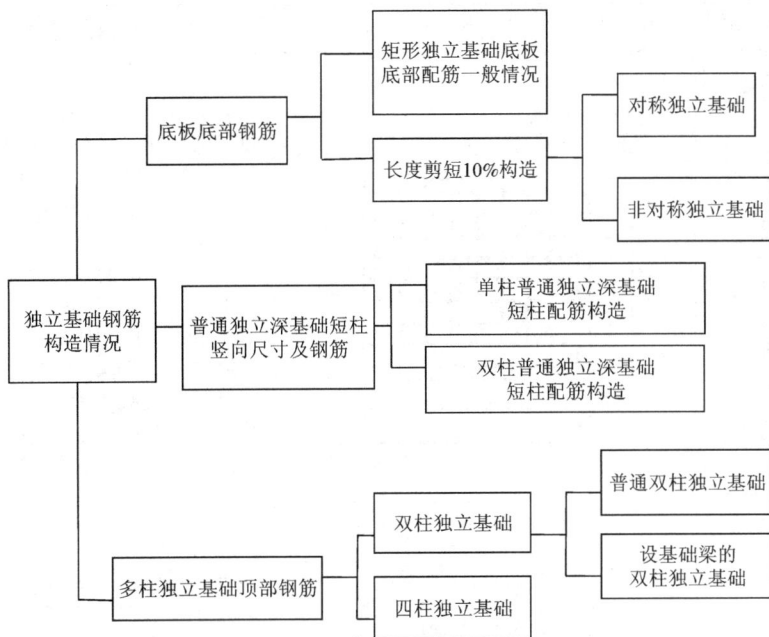

图 1 - 10　独立基础钢筋构造知识框图

1.2.2　独立基础钢筋构造

1. 独立基础底板底部钢筋网的构造情况（以 B 打头）

（1）平法《16G101—3》中，明确了独立基础板底部钢筋网的配筋构造分为一般构造和长度缩减10%两种构造情况，同时长度缩减10%的构造形式，又分为对称和不对称独立基础两种，但由于图示画出的是矩形单柱独立基础，未免给读者造成一些模糊，它来自于三个方面：

①若非对称单柱独立基础配筋长度缩减10%的情况，偏心的那边，柱中心至底板边缘的距离＜1250 mm 时，钢筋在该边不应减短，但如果≥1250 mm 呢？是不是可减短？

②对称单柱独立基础配筋长度缩减10%的情况，明确了底板两边长度都必须≥2500 mm，方可采取配筋长度减短10%形式，但是否可以不减短10%？若一边底板长度≥2500 mm，而另外一边底板长度＜2500 mm，能否长减、短不减？

③多柱独立基础底板两边长度都≥2500 mm，能否采用配筋长度缩减10%的情况？

要想解除对矩形独立基础底板底部配筋的模糊，首先介绍底板底部钢筋网的两种构造配筋情况，如表 1 - 4 所示。

由构造情况可知，在独立基础底筋的配置方面来看，应尽量趋于保守，都采用一般的情况，不缩减布置；要采用缩减10%的情况，首要条件是底板各边长度≥2500 mm，最必要的条件是：柱中心线到底板边缘的最短距离≥1250 mm。而且任何缩减后的底筋必须伸过阶形基础的第一台阶。

表 1−4 矩形独立基础底筋构造情况

独基底筋构造情况		钢筋构造图示	钢筋构造要点
一般构造情况		起步= min(75, s/2)	1. 适用条件：对各种尺寸的单柱、多柱独基都适用，但设有基础梁的多柱独基，平行于基础梁的底筋，需躲开基础梁 50 mm 布置（见设有基础梁的双柱独基配筋构造） 2. 以 X 和 Y 向的直线形钢筋，以各自的起步 min(75, s/2) 和间距 s，分别连续垂直布置，形成钢筋网 3. 每向、每根钢筋的长度，分别以各向的底边边长减去两端边的基础保护层厚度，形状为直线，若为光圆钢筋，两端应各外加 6.25d 的弯钩
		阶形独立基础底板钢筋1 坡形独立基础底板钢筋2	
长度缩减10%情况	对称	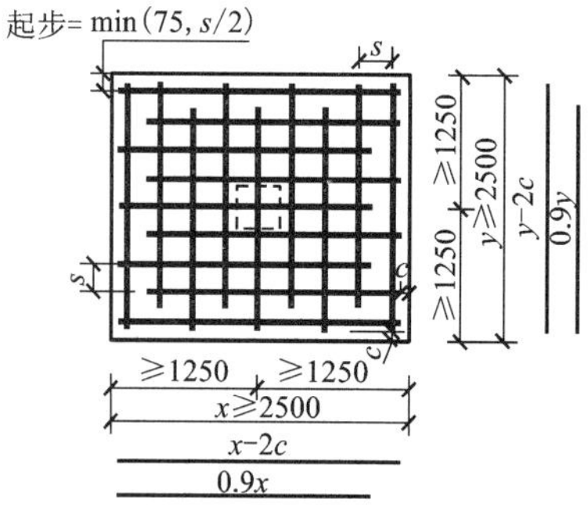 起步= min(75, s/2)	1. 适用条件：只有单柱独基底板 x 和 y 两边长度都≥2500 mm 时，才能采用，但也采用不缩减 10% 的一般构造形式；多柱基础，当柱的中心线到基础底板最外边的垂直距离都大于 1250 mm 时，也可采用本情况，但尽量不用 2. 采用本情况，x 和 y 边的钢筋需各下料两种长度的钢筋。各向最外侧的两根钢筋，长度如一般构造，不缩减。其余底筋长度"可"取相应方向底板长度的 0.9 倍，且缩减后的底筋必须伸过阶形基础的第一台阶。布置上须交错（如图示） 3. 其余构造如一般情况
	非对称	起步=min(75, s/2)	1. 适用条件：只有单柱独基底板 x 和 y 两边长度都≥2500 mm 时，才能采用，但也采用不缩减 10% 的一般构造形式 2. 当该基础某侧从柱中心至基础底板边缘的距离 <1250 mm 时，钢筋在该侧不应缩减；但当前述距离都≥1250 mm 时，也可采用对称情况布置 3. 布置时，对称边按对称情况布置，非对称边，按"隔一缩一"布置（如图示） 4. 钢筋的长度、根数和起步等要求，都等于对称情况

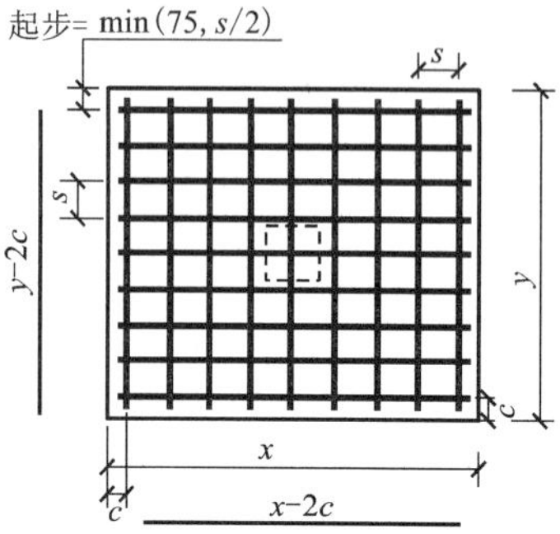

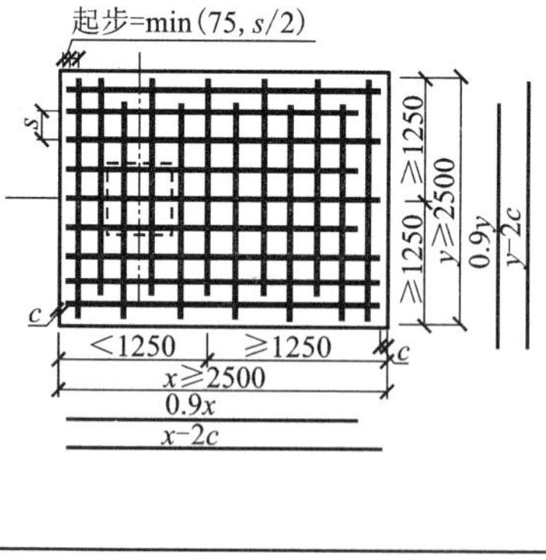

注：1. 图中"c"，代表基础底筋的混凝土保护层厚度，有设计按设计，无设计，查表取基础侧面的保护层厚度。

2. 图中"s"为各自边底筋间距。

3. 带肋钢筋的形状，就为直线形，端部不带钩；光圆钢筋为直线，但每根钢筋的两个端部需各带 6.25d 的弧弯钩，合起来要多加 12.5d 的长度（d 为钢筋的直径）。

4. 底筋离构件边缘的第一根钢筋的起步距离为≤75 mm 且≤$s/2$（s 为各自边底筋间距），即 min(75, s/2)。

再来回答前面提到的模糊概念:

①若非对称单柱独立基础配筋长度缩减10%的情况,偏心的那边,柱中心至底板边缘的距离≥1250 mm时,全可采用缩减的情况;

②对称单柱独立基础配筋长度缩减10%的情况,若一边底板长度≥2500 mm,而另外一边底板长度<2500 mm,能长边钢筋缩减、就短不减;

③多柱独立基础底板两边长度都≥2500 mm,能采用配筋长度缩减10%的情况,但柱中心至底板边缘的距离必须≥1250 mm,否则只能按一般情况布置。

(2)不带基础梁的独立基础底筋钢筋工程量的计算公式(以X向钢筋为例,如图示)

"长度":不缩减情况,长度$= x - 2c$(带肋)或长度$= x - 2c + 2 \times 6.25d$(光圆),

　　　　缩减的情况,长度$= 0.9x$(带肋)或长度$= 0.9x + 2 \times 6.25d$(光圆)

"根数":不分缩减不缩减,根数$= [y - 2 \times \min(75, s/2)] / s$(结果向上进1取整)$+ 1$

根数公式也可简化为　　根数$= y/s$(结果向上进1取整)

(3)双柱独立基础有四种情况:①只配底板底筋的普通情况,②同时配有底筋和顶筋的情况,③同时配有底筋和基础梁筋的情况,④同时配有底筋和短柱柱筋的情况。

对于这四种情况的底筋,又分为两类来看:情况①②④的底筋和情况③的底筋。

(A)情况①②④的底筋:尽量采用上述不缩减的一般情况配置;当各柱的中心线(深基短柱的是从短柱外边)到底板边缘的距离全部≥1250 mm时,也可采用缩减10%的配筋情况,但一般不鼓励采用。

此时的底筋计算公式同单柱独立基础的底筋(见独立基础底筋构造的注5)。

(B)情况③的底筋:底筋除满足不缩减的一般情况的配置要求外,平行于基础梁的底筋,在基础梁宽范围内,还需躲开基础梁≤$(s'/2)$布置,见图1-11。

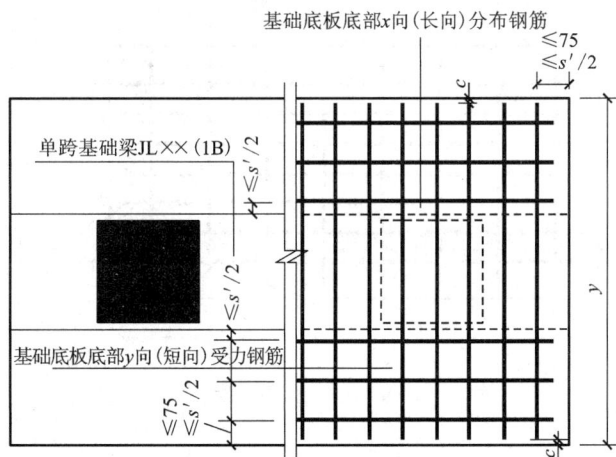

双柱有梁独立基础钢筋1

图1-11　设置基础梁的双柱普通独立基础配筋构造

带基础梁独基底筋工程量的计算公式:

图中平行于基础梁的底筋为X向钢筋,垂直于基础梁的底筋为Y向钢筋,应分开计算,假设基础梁的宽度为 b。

X 向钢筋：

"单根"长度 = 一般构造情况

$$长度 = x - 2c(带肋) \text{ 或长度} = x - 2c + 2 \times 6.25d(光圆),$$

"根数"：根数 $= 2 \times \{[y/2 - b/2 - 2 \times \min(75, s/2)]/s(结果向上进 1 取整) + 1\}$,

根数公式也可简化为：根数 $= (y - b - 100)/s(结果向上进 1 取整)$。

Y 向钢筋：

"单根"长度 = 一般构造情况

$$长度 = x - 2c(带肋) \text{ 或长度} = x - 2c + 2 \times 6.25d(光圆),$$

"根数"：根数 $= [y - 2 \times \min(75, s/2)]/s(结果向上进 1 取整) + 1$,

根数公式也可简化为　　　根数 $= y/s(结果向上进 1 取整)$。

2. 多柱独立基础底板顶部钢筋网的构造情况（以 T 打头）

普通多柱独立基础，又称为联体基础，底板顶部配置钢筋网的情况，常见于双柱普通独立基础最上台阶顶部和四柱独立基础，当设有两道平行的基础梁，按内力需要，在双梁之间及梁的长度范围内最上台阶顶部配置基础顶筋，下面来介绍底板顶部钢筋网，在双柱和四柱独立基础的两种构造配筋情况，见表 1-5。

表 1-5　普通独立基础底板顶部钢筋构造情况

独基顶筋构造情况	钢筋构造图示	钢筋构造要点
双柱独基顶部钢筋网 双柱普通独立基础钢筋2	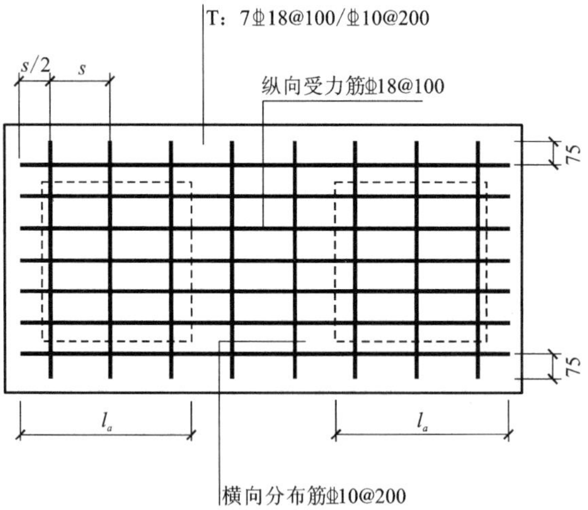 T：7⨮18@100/⨮10@200 纵向受力筋⨮18@100 横向分布筋⨮10@200	1. 纵向受力筋平行对称于双柱中心连线，两侧布置；横向分布筋布置于受力筋长度范围内，起步距离为 $s/2$ 2. 纵向受力筋两端拉锚进入柱的内侧边 l_a 3. 横向分布筋：非满布时，两边分别超出最外边纵向受力筋外各 75 mm；满布时，两端分别离顶台阶一个保护层厚度 c

续上表

独基顶筋构造情况	钢筋构造图示	钢筋构造要点
四柱独基顶筋钢筋网（16G101—3，P25）	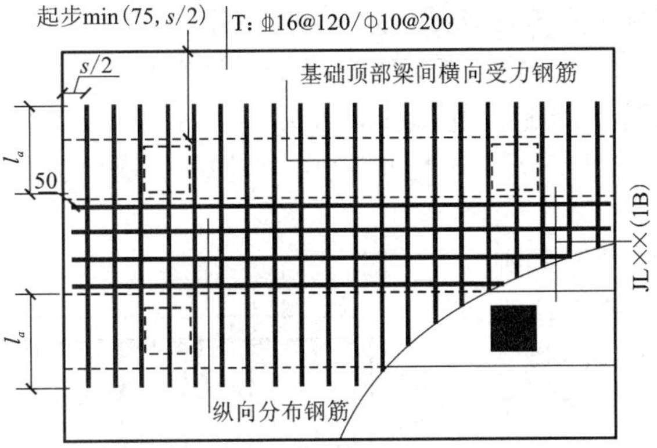	1. 横向受力筋，垂直于两基础梁布置，并布满整个最上台阶顶部，起步距离为 $\min(75, s/2)$，并分别拉锚（l_a）于两端基础梁中 2. 纵向分布筋平行于两基础梁并以 $s/2$ 为起步距离，布置于两基础梁之间；两端分别离顶台阶一个保护层厚度 c

注：1. 受力筋为带肋钢筋时，形状就为直线形，端部不带钩，受力筋为光圆钢筋时，形状也为直线，但每根钢筋的两个端部需各带 $6.25d$ 的弧弯钩，合起来要多加 $12.5d$ 的长度（d 为本钢筋的直径）；

2. 分布筋为光圆钢筋时，端部也可不做 $6.25d$ 的弧弯钩；

3. "c"代表基础底筋的混凝土保护层厚度，有设计按设计，无设计，取 ≥ 40 mm；

4. "l_a"为受力钢筋的受拉锚固长度，参见《16G101—3》第59页，若设计者对基础抗震不单独说明，均按非抗震处理。

1）双柱独立基础顶部钢筋网钢筋工程量计算公式

①纵向受力筋

"长度"：长度 = 两柱内侧净距 + $2 \times l_a$（带肋）

或：长度 = 两柱内侧净距 + $2 \times l_a$ + $2 \times 6.25d$（光圆）

"根数"：非满布时，由设计标注，

满布时，根数 = ［顶台阶横向宽度 $- 2 \times \min(75, s/2)$］$/s$（结果向上进1取整）$+1$，

或简化为，根数 = 顶台阶横向宽度$/s$（结果向上进1取整）。

②横向分布筋（分布筋光圆不做 $6.25d$ 钩）

非满布时，

"单根"：长度 = 纵向受力筋布置范围宽度 + 两端超出纵向受力筋外的长度（共150 mm），

"几根"：根数 = （纵向受力筋长度 $-$ 分布筋间距）/分布筋间距（结果向上进1取整）$+1$

或简化为，根数 = 纵向受力筋长度/分布筋间距（结果向上进1取整）。

满布时，

"单根"：长度 = 顶台阶横向宽度 $- 2c$，

"几根"：根数等于非满布情况。

2）四柱独立基础顶部钢筋网钢筋工程量计算公式

①横向受力筋

"长度"：长度 = 两梁内侧净距 + $2 \times l_a$（带肋）

或：长度 = 两梁内侧净距 + $2 \times l_a$ + $2 \times 6.25d$（光圆），

"根数"：根数 = [顶台阶纵向长度 − 2 × min(75, s/2)]/s(结果向上进 1 取整) + 1

或简化为，根数 = 顶台阶纵向长度/s(结果向上进 1 取整)。

②纵向分布筋(分布筋光圆不做 $6.25d$ 钩)

"单根"：长度 = 顶台阶纵向长度 − 2c，

"几根"：根数 = (两梁内侧净距 − 分布筋间距)/分布筋间距(结果向上进 1 取整) + 1

或简化为，根数 = 两梁内侧净距/分布筋间距(结果向上进 1 取整)。

3. 普通独立深基础底板短柱配筋的构造情况(以 DZ 打头)

普通独立深基础底板短柱分为两种情况：单柱和双柱。它们的配筋标注和构造基本相同。

(1)横向钢筋都采用：大箍配与大箍同规格、同间距的拉筋，隔一拉一，拉筋平拉纵筋；基础范围内 ≥2 道，间距 ≤500 mm，最上道离基础顶部 100 mm；短柱范围内，起步于基顶 50 mm，按照标注的间距，均匀往上布置，首尾于离短柱顶 100 mm。

(2)纵筋往下须插入基础内至少一个拉锚长，从角筋开始，每隔间距 ≤1 m，须有一根纵筋插入基底支在底板钢筋上，锚固取 max(6d, 150)；每根纵筋网上伸至短柱顶部一个保护层位置。如图 1 - 12。

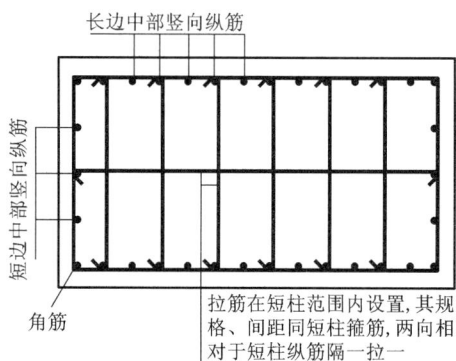

图 1 - 12　短柱钢筋构造

(3)短柱钢筋工程量计算公式：

①横向钢筋

由大箍(非复合箍)和拉筋组成，它们规格、间距全相同。

大箍：

"单根"：长度 = 短柱截面周长 − 8c + 2 × max(10d + 1.9d, 75 + 1.9d)

"几根"：根数 = (基础高/500 + 1) + (短柱高 − 50 − c)/s(向上进 1 取整) + 1

拉筋：

"单根"：X 边拉筋　长度 = 短柱截面 X 边长 − 2c + 2 × max(10d + 1.9d, 75 + 1.9d)

　　　　Y 边拉筋　长度 = 短柱截面 Y 边长 − 2c + 2 × max(10d + 1.9d, 75 + 1.9d)

"几根"：根数 = (大箍根数 − 基内大箍根数) × [(X 单边纵筋根数 − 1)/2 − 1]

根数 = (大箍根数 − 基内大箍根数) × [(Y 单边纵筋根数 − 1)/2 − 1]

②纵向钢筋

"单根"：两种钢筋形状分别对应的长度为

插入底板底部钢筋长度 = (短柱高 + 基础底板总高) − c − (c + d_x + d_y)

锚入底板钢筋长度 = 短柱高 + l_a − c

"几根"：视情况而定

插底钢筋　四根角筋和中筋内间距 ≤1 m 内一根。

锚底钢筋　除去插底的钢筋，其余全是。

其中"c"代表基础底筋的混凝土保护层厚度，查表 0 - 1；

"l_a"为受力钢筋的受拉锚固长度,查表0-3,若设计者对基础抗震不单独说明,均按非抗震处理;

"d_x和d_y"分别代表本独立基础底板底部X和Y向钢筋直径。

1.3 独立基础钢筋计算实例

独立基础钢筋的计算,主要的步骤总的来说分为相互独立两步——"单根"和"几根",这两步不分先后,各自得出结果以后,就是汇总了,汇总也就是有"几根"什么样的"单根"进行相乘。钢筋算量的基本步骤如下:

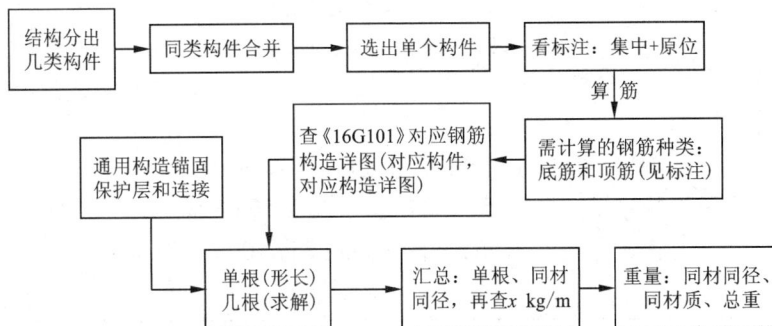

具体步骤就是:

(1)由平法施工图选定众多同类构件中的某一个;

(2)再由该构件的集中+原位标注,确定需要计算的钢筋及布置、走向;

(3)对照标准中的构造要求,得出"单根"和"几根"。

这里的"单根"就是首先分出构件中存在哪些不同类型的钢筋,然后得出每种不同钢筋的形状和长度;"几根"则是所得出的"单根"的钢筋在该计算范围内的总数。

下面以实例钢筋计算来进行说明。

1.3.1 独立基础底板底部钢筋计算实例

1. 矩形独立基础底筋不缩减的一般情况

特别注意:矩形独立基础底筋不缩减的一般情况,对各种尺寸的单柱、多柱独基,对称、非对称都适用,但设有基础梁的多柱独基,平行于基础梁的底筋,需躲开基础梁≤$[75, s'/2]$布置。

1)DJ$_J$01 平法施工图(图见引例)

若从某平法施工图中的基础平面布置图上,选定了某独立基础,如图1-13所示。

2)平法识图

由集中标注可知,这是一个单柱阶梯形普通独立基础;底板有两个台阶,底台阶高400 mm,顶台阶高300 mm;X向长度大于Y向长度,于底台阶的底部上一个保护层厚度位置,布置有左右X向和前后Y向钢筋组成的单层钢筋网,且X向钢筋应布置于Y向钢筋之下;若采用一般情况配筋,则都是分别以距底台阶边缘 min(75, $s/2$)为起步,按各自的分布间距不缩减,相互垂直布满整个底板;由于是带肋钢筋,所以每根钢筋的形状都为直线形。

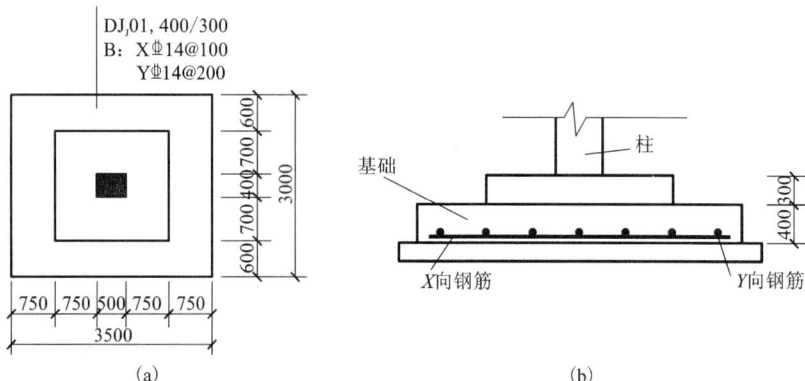

图 1 – 13　某独立基础

（a）DJ$_J$01 平法施工图；（b）DJ$_J$01 剖面示意图

3）钢筋计算

计算准备：钢筋的混凝土保护层厚度 c，查表取 $c = 20$ mm

$$X \text{ 向钢筋起步} = \min(75, s/2) = \min(75, 50) = 50(\text{mm})$$

$$Y \text{ 向钢筋起步} = \min(75, s/2) = \min(75, 100) = 75(\text{mm})$$

钢筋	计算过程	说明
X 向钢筋	①"单根"长度 $= x - 2c$（带肋） 　　　　　　$= 3500 - 2 \times 20 = 3460(\text{mm})$ 形状：_____ ②"几根"根数 $= [y - 2 \times \min(75, s/2)]/s$（结果向上进 1 取整）$+ 1$ 　　　　$= (3000 - 2 \times 50)/100 + 1 = 30(\text{根})$ 简化公式 根数 $= y/s$（结果向上进 1 取整）$= 3000/100 = 30(\text{根})$	①基础底筋的保护层厚度为底筋的端头到基础底板边缘的最小距离；两头都要有，故单根为基础边长减 $2c$ ②底筋的起步为底筋最外边钢筋的轴线到基础底板边缘的距离；有上下两个最外边钢筋，故计算距离从两个最外边钢筋算起；X 向钢筋沿 y 边长度范围内布置，计算用 y 边长 3000 mm
Y 向钢筋	①"单根"长度 $= y - 2c$（带肋） 　　　　　　$= 3000 - 2 \times 20 = 2960(\text{mm})$ 形状：_____ ②"几根"根数 $= [x - 2 \times \min(75, s/2)]/s$（结果向上进 1 取整）$+ 1$ 　　　　$= (3500 - 2 \times 75)/200 + 1 = 18(\text{根})$ 简化公式 根数 $= y/s$（结果向上进 1 取整）$= 3500/200 = 18(\text{根})$	原理同上，且 Y 向钢筋沿 x 边长度范围内布置，故计算钢筋的根数的时候，是用基础底板 x 边的边长 3500 mm，计算长度的时候用的是 y 边的边长 3000 mm

2. 矩形独立基础底筋对称缩减 10% 的情况

1）DJ$_J$01 平法施工图

如图 1 – 13 所示，柱对称于独基中心，且该基础底台阶各边尺寸 $x = 3500$ mm、$y = 3000$

mm，都大于 2500 mm，故也可采用对称缩减 10% 的情况布筋。

2）平法识图

每向底筋都布置有两种长度的钢筋，有缩减的也有不缩减的；各向底筋除最外侧钢筋不缩减外，其余全部缩减为各底台阶边长的 0.9，须超过顶台阶且交错布置；其他构造要求等同于一般情况，具体布置，见表 1-4。

3）钢筋计算

计算准备：保护层厚度与起步距离同上题

钢筋	计算过程	说明
X 向钢筋	①"单根"不缩减的钢筋长度 $=x-2c$（带肋） 　　　　$=3500-2\times20=3460$（mm）（有两根） 缩减的钢筋长度 $=0.9\times x$（带肋） 　　　　$=0.9\times3500=3150$（mm）且超过顶台阶 两种钢筋形状：_____ ②"几根"根数 $=[y-2\times\min(75,\ s/2)]/s$（结果向上进 1 　　　　取整）$+1$ 　　　　$=(3000-2\times50)/100+1=30$（根） 简化公式 根数 $=y/s$（结果向上进 1 取整）$=3000/100=30$（根） 其中 2 根为不缩减的钢筋，剩下 28 根为缩减的钢筋	①基础底筋的对称缩减布置情况，最外边两根不应缩减，按照一般情况计算长度；内侧钢筋都可缩减为基础摆边 x 的 0.9 倍，且须超过顶台阶；故有两种长度的钢筋 ②虽然钢筋的布置是对称交错的，但总的根数不受影响，所以根数仍旧按一般情况的要求，只是分清不缩减的摆最外边，缩减的摆里边
Y 向钢筋	①"单根"不缩减的钢筋长度 $=y-2c$（带肋） 　　　　$=3000-2\times20=2960$ mm/根（两根） 缩减的钢筋长度 $=0.9\times y$（带肋） 　　　　$=0.9\times3000=2700$（mm）且超过顶台阶 两种钢筋形状：_____ ②"几根"根数 $=[x-2\times\min(75,\ s/2)]/s$（结果向上进 1 　　　　取整）$+1$ 　　　　$=(3500-2\times75)/200+1=18$（根） 简化公式 根数 $=y/s$（结果向上进 1 取整）$=3500/200=18$（根） 其中 2 根为不缩减的钢筋，剩下 16 根为缩减的钢筋	原理同上，且 Y 向钢筋沿 x 边长度范围内布置，故计算钢筋的根数的时候，是用基础底板 x 边的边长 3500 mm，计算长度的时候用的是 y 边的边长 3000 mm

3. 矩形独立基础底筋非对称缩减 10% 的情况

1）DJ$_p$02 平法施工图

如图 1-14（a）所示，该基础底台阶各边尺寸 $x=3500$ mm，$y=3000$ mm，都大于 2500 mm，故也可采用缩减 10% 的情况布筋；柱虽上下对称于独基中线，但左右不对称，不对称边中，有一边尺寸为 1200 mm≤1250 mm，故应可采用非对称缩减 10% 的情况布筋。

2）平法识图

由非对称缩减的情况布筋构造要求可知，各向钢筋的最外边底筋不缩减，其余钢筋可缩减，但对称边，按对称缩减 10% 的情况布筋，且交错布置；非对称边，当某侧从柱中心至基础底板边缘的距离 <1250 mm 时，钢筋向本侧靠齐，且隔一缩一。如图 1-14（b）。

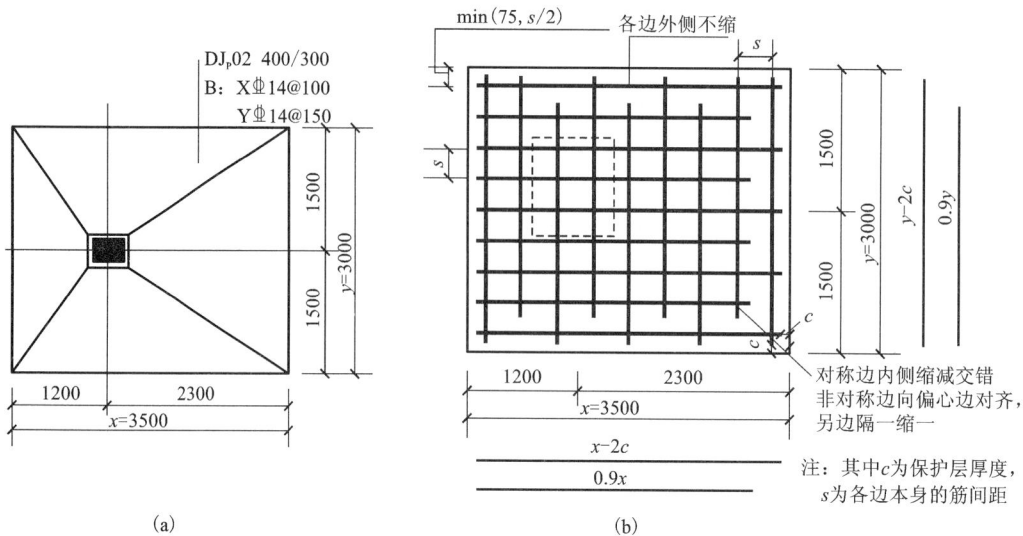

图 1-14

(a)DJ$_\mathrm{p}$02 平法施工图；(b)布筋示意图

3）钢筋计算

计算准备：钢筋的混凝土保护层厚度 c，查表取 $c = 20$ mm

X 向钢筋起步 $= \min(75, s/2) = \min(75, 50) = 50$（mm）

Y 向钢筋起步 $= \min(75, s/2) = \min(75, 75) = 75$（mm）

钢筋	计算过程	说明
X 向钢筋非对称边	①"单根"不缩减的钢筋长度 $= x - 2c$（带肋） $= 3500 - 2 \times 20 = 3460$（mm）（有两根） 缩减的钢筋长度 $= 0.9 \times x$（带肋） $= 0.9 \times 3500 = 3150$（mm）且超过顶台阶 两种钢筋形状：_____ ②"几根"根数 $= [y - 2 \times \min(75, s/2)]/s$（结果向上进 1 取整）$+ 1$ $= (3000 - 2 \times 50)/100 + 1 = 30$（根） 简化公式 根数 $= y/@$ 结果再向上进 1 取整 $= 3000/100 = 30$（根） 其中： 不缩的钢筋根数 $= 2 + (30 - 2)/2 = 16$（根） 缩减的钢筋根数 $= (30 - 2)/2 = 14$（根）	①基础底筋的非对称缩减布置情况，非对称边最外边两根不应缩减，按照一般情况计算长度；内侧钢筋隔一缩一，故有两种长度的钢筋 ②虽然钢筋的布置是非对称交错的，但总的根数不受影响，所以根数仍旧按一般情况的要求，只是在摆筋的时候，向偏心边靠齐，两最外边钢筋不缩，其余内部隔一缩一

续上表

钢筋	计算过程	说明
Y向钢筋对称边	①"单根"不缩减的钢筋长度 $= y - 2c$(带肋) 　　$= 3000 - 2 \times 20 = 2960$(mm)(有两根) 缩减的钢筋长度 $= 0.9 \times y$(带肋) 　　$= 0.9 \times 3000 = 2700$(mm)且超过顶台阶 两种钢筋形状：_____ ②"几根"根数 $= [x - 2 \times \min(75, s/2)]/s$(结果向上进1取整) $+ 1$ 　　$= (3500 - 2 \times 75)/150 + 1 = 24$(根) 简化公式 根数 $= x/s$(结果向上进1取整) $= 3500/150 = 24$(根) 其中2根为不缩减的钢筋，剩下22根为缩减的钢筋	对称边原理同对称布置情况，且 Y向钢筋沿 x 边长度范围内布置，故计算钢筋的根数的时候，是用基础底板 x 边的边长3500 mm，计算长度的时候用的是 y 边的边长3000 mm

1.3.2 多柱独立基础底板顶部钢筋计算实例

1. DJ$_J$03平法施工图

DJ$_P$03平法施工图如图1-15(a)所示。

本基础为双柱普通独立阶梯型基础，基础高度为600 mm，假设混凝土强度为C30、非抗震。

2. 平法识图

(1)集中标注中，底板顶部钢筋标注为 T:11Φ18@100/ϕ10@200，含义为：

"/"前 11Φ18@100 表示：配置平行于两柱中心连线的纵向受力筋11根（压连线一根，两边按间距100 mm各布5根），HRB400级钢筋，直径为Φ18 mm；

"/"后 ϕ10@200 表示：沿顶板受力筋下，垂直布置横向分布筋，HPB300级钢筋，直径为ϕ10 mm，每隔200 mm布置一根。

(2)构造要求如图1-15(b)所示。

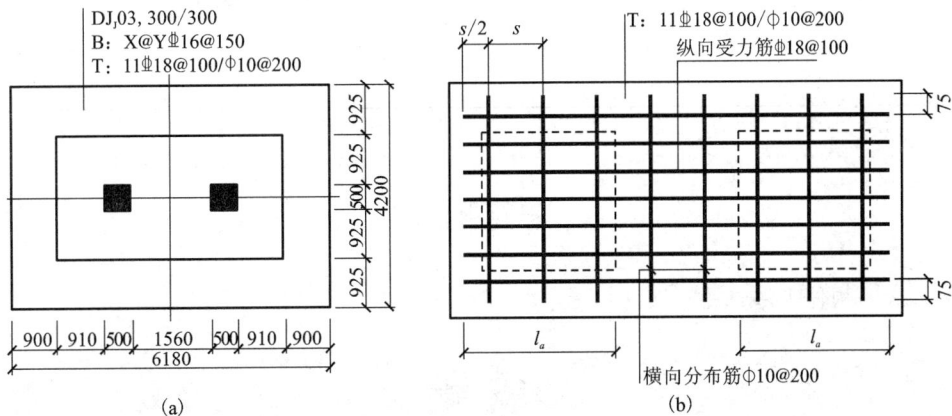

(a)

(b)

图 1-15

纵向受力筋：平行于双柱中心连线，沿连线两侧对称布置，每边伸入柱内侧边各 l_a。

横向分布筋：布置于纵向受力筋长度范围内，以离受力筋端部"分布筋间距 $s/2$"为起步，垂直受力筋布置于受力筋内侧，每根两端露出最外纵向受力筋各 75 mm。

3. 钢筋计算

计算准备：受拉钢筋的锚固长度 l_a 的取得。先根据 C30、非抗震和 HRB400 钢筋，查表 0 – 3 得 $l_a = 35d$。

本题中 $l_a = 35d$，因此 $l_a = 1 \times 35d = 35 \times 18 = 630 (\text{mm})$。

钢筋	计算过程	说明
纵向受力筋（X 向）11Φ18@100	①"单根"长度 = 两柱内侧净距 + $2 \times l_a$（带肋） = 1560 + 2 × 630 = 2820（mm） 形状：_____ ②"几根"根数 = 设计指定 = 11 根	①平行于双柱中心连线，沿连线两侧对称布置，每边伸入柱内侧边各 l_a；柱的内侧边净距由图得知为 1560 mm ②根数设计已经指定
横向分布筋（Y 向）Φ10@200	分布筋：形状直线，虽为光圆钢筋，但不做钩。 ①纵向受力筋布置宽度 = (11 − 1) × 100 = 1000（mm） 　纵向受力筋长度范围 2820（mm） ②"单根"长度 = 纵向受力筋布置宽度 + 2 × 露头 = 1000 + 2 × 75 = 1150（mm） 形状：_____ ③"几根" 根数 = (纵向受力筋长度范围 − $2 \times \dfrac{s}{2}$)/s（结果向上进 1 取整）+ 1 = (2820 − 200)/200 + 1 = 15（根） 简化公式 根数 = 纵向受力筋长度范围/s（结果向上进 1 取整） = 2820/200 = 15（根）	①纵向受力筋的布置宽度，是受力筋按规定间距摆完，头根到末根之间的距离，用来求解分布筋的长度；纵向受力筋长度范围，就是纵向受力筋的单根长度，用来求解分布筋的根数，分布筋在纵向受力筋长度范围布置 ②分布筋的露头，是指分布筋各单根布置时，长度方向两端各露出最外纵向受力筋的长度，各取 75 mm ③分布筋的起步"分布筋间距/2"，为其最外边钢筋的轴线到受力筋端部的距离，有左右两个最外边钢筋，计算距离从两个最外边钢筋算起，故"− s"。

总结拓展

独立基础构件平法识图、钢筋构造总结与拓展。

独立基础构件平法识图与钢筋构造总结

练习题

一、思考题

1. 独立基础分为哪几种类型？它们的标注内容有哪些？

2. 什么情况下独立基础受力钢筋按基础宽度的 0.9 倍计算？

3. 是否对称独立基础当基础宽度不小于 2500 mm 时，就一定要按照缩减 10% 计算呢？

4. 双柱独立基础，当基础宽度不小于 2500 mm，什么情况下，能按照缩减 10% 计算？

5. 基础底板底部钢筋的起步距离，是不是和基础底筋的保护层厚度一致？

6. 简述独立基础识图步骤及要点分别。

二、技能训练题

1. 计算图 1 - 16 中基础底部钢筋的工程量，要求分别按照一般构造和对称缩减 10% 两种构造情况进行计算（C30 混凝土，二 a 类环境）。

2. 计算图 1 - 17 基础底板钢筋工程量，要求写出完整的计算步骤（C30 混凝土，二 a 类环境）。

3. 计算图 1 - 18 中双柱独立基础底板底部钢筋和顶部钢筋（C30 混凝土，二 a 类环境，不考虑抗震）。

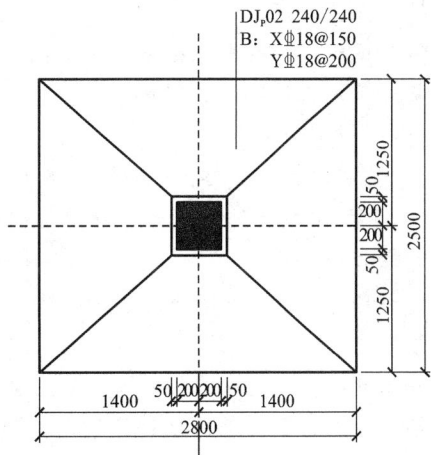

图 1 - 16

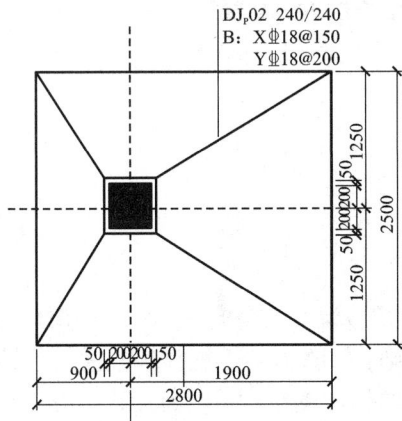

图 1 - 17

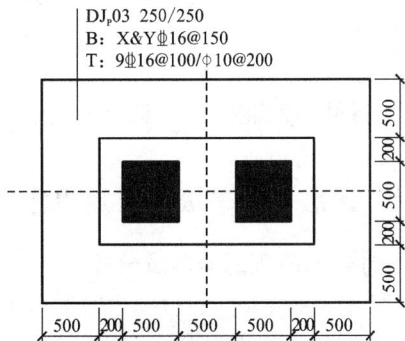

图 1 - 18

项目二　计算条形基础钢筋工程量

学习目标

技能抽查要求

能够正确识读条形基础平法施工图，确定计量单位，正确列出相应工程量计算式，准确计算条形基础构件钢筋工程量。

行业、企业标准要求

(1)能够熟练和完整地识读条形基础施工图；

(2)能够准确地计算条形基础中的钢筋工程量。

教学要求

能力目标：能够识读条形基础平法施工图，确定计量单位，准确计算条形基础构件钢筋工程量。

知识目标：掌握条形基础构件平法制图规则，熟悉条形基础构件标准构造要求，熟练地应用平法构造计算条形基础构件钢筋工程量。

引例

计算教材附图办公楼基础平面图中条形基础(包括 $TJB_p - 1$ 和 $JL - 1$)构件钢筋工程量。

任务一　识读条形基础平法施工图

2.1　条形基础钢筋平法识图

2.1.1　条形基础平法识图知识体系

(一)条形基础的概念及分类

连续的带状基础，故也称为带形基础。一般位于砖墙或混凝土墙下，用以支承墙体构件。

条形基础整体上可分为两类：一为梁板式条形基础，如图 2 - 1，该类基础适用于钢筋混凝土框架结构、框架—剪力墙结构、部分框支剪力墙结构和钢结构；二为板式条形基础，如图 2 - 2，该类基础适用于钢筋混凝土剪力墙和砌体结构。

(二)条形基础平法施工图的表示方法

条形基础平法施工图，有平面注写和截面注写两种表达方式，施工图会根据具体情况选择一种，或将两种方式相结合进行条形基础的表示。

在条形基础平面布置图上，会将条形基础平面与基础所支承的上部结构的柱、墙一起绘制。当基础底面标高不同时，会注明与基础底面基准线标高不同之处的范围和标高。

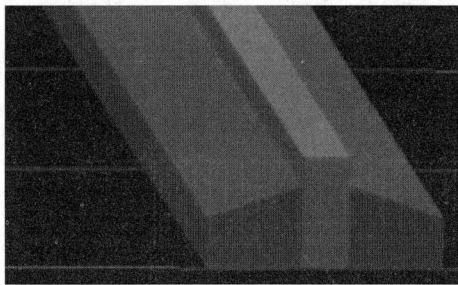

图 2-1 梁板式条形基础

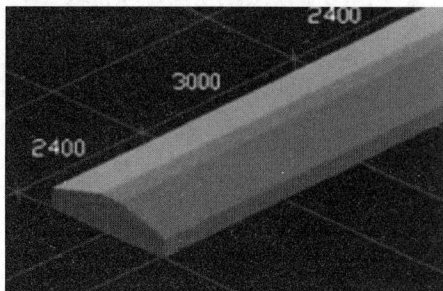

图 2-2 板式条形基础

当梁板式基础梁中心或板式条形基础板中心与建筑定位轴线不重合时，应标注其定位尺寸；对于编号相同的条形基础，可仅选择一个进行标注。

平法施工图会将梁板式条形基础分解为基础梁和条形基础底板分别进行表达。对于板式条形基础则仅表达条形基础底板。

(三)条形基础的平面注写方式

条形基础的平面注写方式是指直接在条形基础平面布置图上进行数据项的标注，可分为集中标注和原位标注两部分内容。如图 2-3。

集中标注是在基础平面布置图上集中引注，包括基础梁编号、截面尺寸、配筋三项必注内容，以及基础梁底面标高(与基础底面基准标高不同时)和必要的文字注解两项选注内容。

原位标注是在基础平面布置图上标注各跨的尺寸和配筋。

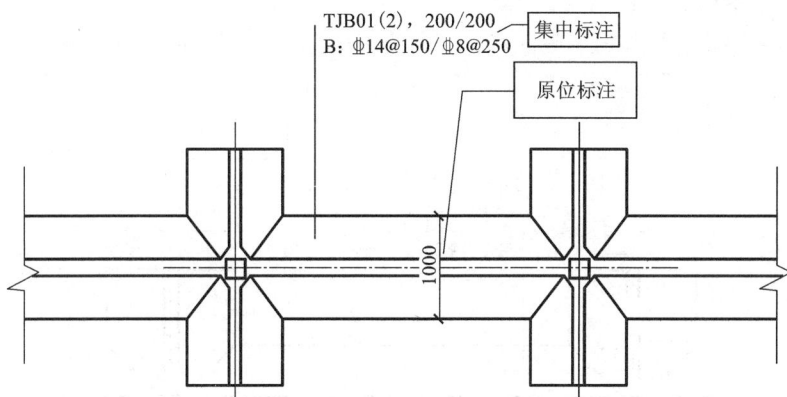

图 2-3 条形基础的平面注写方式

(四)条形基础知识体系

条形基础构件的知识体系如图 2-4 所示。

条形基础知识体系
- 平法表达方式
  - 平面注写方式
  - 截面注写方式
- 数据项
  - 编号
  - 截面尺寸
  - 配筋
  - 标高（选注）
  - 必要的文字注解（选注）
- 条形基础底板数据注写方式（平面表达方式）
  - 集中标注
    - 编号
    - 截面尺寸
    - 配筋
    - 标高（选注）
    - 必要的文字注解（选注）
  - 原位标注
    - 底板平面尺寸
    - 原位注写修正内容
- 基础梁数据注写方式（平面表达方式）
  - 集中标注
    - 编号
    - 截面竖向尺寸
    - 配筋
    - 标高（选注）
    - 必要的文字注解（选注）
  - 原位标注
    - 梁端或柱下区域底部全部纵筋
    - 附加箍筋或吊筋
    - 外伸部分变截面高度
    - 原位注写修正内容

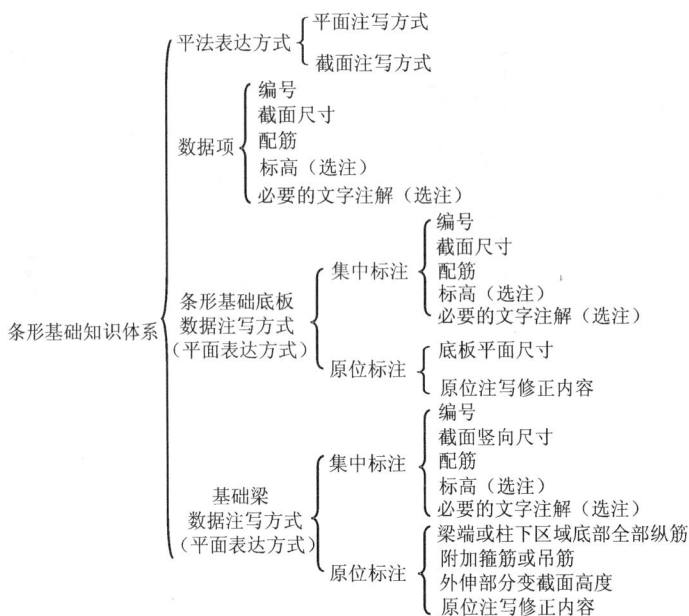

图 2-4　条形基础平法识图知识体系

2.1.2　条形基础钢筋平法识图

(一)条形基础梁平法识图

1.集中标注

1)基础梁集中标注示意图

基础梁集中标注包括编号、截面尺寸、配筋三项必注内容，如图 2-5 所示。

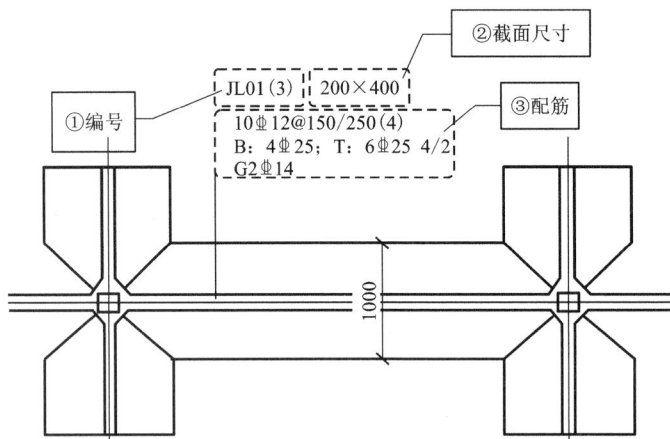

②截面尺寸

JL01(3)　200×400

①编号

10ϕ12@150/250(4)
B: 4ϕ25；T: 6ϕ25 4/2
G2ϕ14

③配筋

1000

图 2-5　条形基础集中标注

42

2）基础梁编号

基础梁集中标注和第一项必注的内容是基础梁编号，由"代号"、"序号"、"跨数及是否有外伸"三项组成，如图 2 -6 所示。

基础梁编号中标注的"代号"、"序号"、"跨数及是否有外伸"三项符号的具体表示方法见表2 -1 所示。

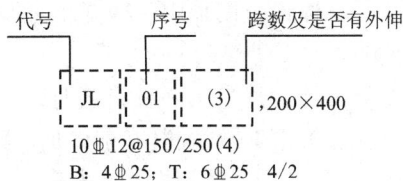

图 2 -6　基础梁集中标注

表 2 -1　基础梁编号

类　型	代　号	序　号	跨数及是否有外伸
基础梁	JL	××	（××）：端部无外伸，括号内数字表示跨数
		××	（××A）：一端有外伸
		××	（××B）：两端有外伸

【例】　JL02（4）表示基础梁02，4跨，端部无外伸；

　　　　JL05（2A）表示基础梁05，2跨，一端有外伸；

　　　　JL04（3B）表示基础梁04，3跨，两端有外伸。

3）基础梁截面尺寸

基础梁集中标注的第二项必注内容是截面尺寸。基础梁截面尺寸用 $b \times h$ 表示梁截面宽度和高度，当为加腋梁时，用 $b \times h$ Y$c_1 \times c_2$ 表示。其中 c_1 为腋长，c_2 为腋高。分别见图 2 -7 和图 2 -8。

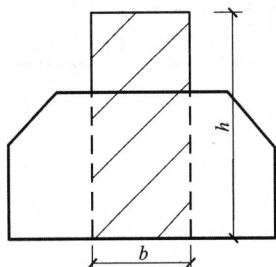

图 2 -7　基础梁截面尺寸

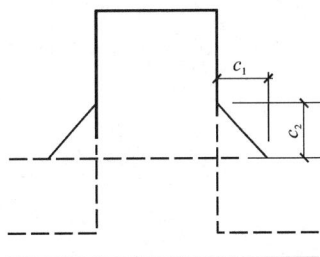

图 2 -8　基础梁截面尺寸（加腋）

4）基础梁配筋识图

（1）基础梁配筋标注内容。

基础梁集中标注的第三项必注内容是配筋，主要注写内容包括箍筋、底部、顶部及侧部纵向钢筋，如图 2 -9 所示。

（2）箍筋。

基础梁箍筋表示方法：

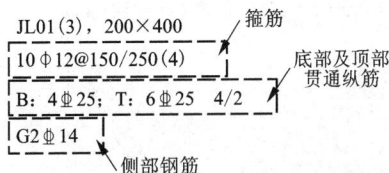

图 2 -9　基础梁配筋标注内容

①当具体设计仅采用一种箍筋间距时,注写钢筋级别、直径、间距与肢数(箍筋肢数写在括号内);

②当具体设计采用两种箍筋时,用"/"分隔不同箍筋,按照从基础梁两端向跨中的顺序注写。先注写第1段箍筋(在前面加注箍筋道数),在斜线后再注写第2段箍筋(不再注写箍筋道数)。具体的平法识图,见表2-2。

表2-2 基础梁箍筋识图

箍筋表示方法	识 图
$\phi12@150(2)$	只有一种间距,双肢箍 JL01(3),200×400 $\phi12@150(2)$ B:4Φ25; 只有一种箍筋间距
$5\phi12@150/250(2)$	两端各布置5根$\phi12$间距150的箍筋,中间剩余部位按间距250布置,均为双肢箍 JL01(3),200×400 $5\phi12@150/250(2)$ B:4Φ25;T:6Φ25 4/2 两端各: $5\phi12@150(2)$ 中间剩余部位: $\phi12@250(2)$ L
$6\phi12@150/5\phi14@200/\phi14@250(4)$	两端向里,先各布置6根$\phi12$间距150的箍筋,再往里两侧各布置5根$\phi14$间距200的箍筋,中间剩余部位按间距250的箍筋,均为四肢箍 JL01(3),200×400 $6\phi12@150/5\phi14@200/$ $\phi14@250(4)$ B:4Φ25;T:6Φ25 4/2 两端第一种箍筋: $6\phi12@150(4)$ 中间剩余部位箍筋: $\phi14@250(4)$ 两端第二种箍筋: $5\phi14@200(4)$ L

续上表

箍筋表示方法	识 图
5φ12@150(4)/φ14@250(2)	两端各布置5根φ12间距150的四肢箍筋，中间剩余部位布置φ14间距250的双肢箍筋 JL01(3)，200×400 5φ12@150(4)/ φ14@250(2) B:4Φ25；T: 6Φ25 4/2 中间剩余部位： φ14@250(2) 两端各： 5φ12@150(4) *L*

(3)底部及顶部贯通纵筋。

①以 B 打头，注写梁底部贯通纵筋(不应少于梁底部受力钢筋总截面面积的1/3)。当跨中所注根数少于箍筋肢数时，需要在跨中增设梁底部架立筋以固定箍筋，采用"＋"将贯通纵筋与架立筋相连，架立筋注写在加号后面的括号内。

②以 T 打头，注写梁顶部贯通纵筋。注写时用分号";"将底部和顶部贯通纵筋分隔开，如有个别跨与其不同者按原位注写的规定处理。

③当梁底部或顶部贯通纵筋多于一排时，用"／"将各排纵筋自上而下分开。

【例】 B:4Φ25；T: 12Φ25 7/5 表示梁底部配置贯通纵筋为 4Φ25；梁顶部配置贯通纵筋上一排为 7Φ25，下一排为 5Φ25，共 12Φ25。

(4)侧面纵向钢筋。

以大写字母 G 打头注写梁两侧面对称设置的纵向构造钢筋的总配筋值(当梁腹板净高不小于450 mm 时，根据需要配置)。拉筋按构造要求配置，直径为8(注明者除外)，间距为箍筋间距的两倍。

【例】 G8Φ14 表示梁每个侧面配置纵向构造钢筋4Φ14，共配置8Φ14。

当需要配置抗扭纵向钢筋时，梁两个侧面设置的抗扭纵向钢筋以 N 打头。

【例】 N8Φ16 表示梁的两个侧面共配置8Φ16的纵向抗扭钢筋，沿界面周边均匀对称设置。

5)基础梁底面标高

基础梁集中标注的第四项内容是基础梁底面标高，是选注内容。当条形基础的底面标高与基础底面基准标高不同时，将条形基础底面标高注写在"( )"内。

6)必要的文字注解

基础梁集中标注的第五项内容是必要的文字注解，是选注内容。当基础梁的设计有特殊要求时，宜增加必要的文字注解。

2.原位标注

1)梁端部及柱下区域底部全部纵筋

(1)梁端部及柱下区域底部全部纵筋，是指该位置的所有纵筋，包括底部非贯通纵筋和已集中标注的底部贯通纵筋。见图 2-10。

①当基础梁端或梁在柱下区域的底部全部纵筋多于一排时，用"/"将各排纵筋自上而下分开。

②当同排纵筋有两种直径时，用"+"将两种直径的纵筋相连。

③当梁中间支座或梁在柱下区域两边的底部纵筋配置不同时，需在支座两边分别标注；当梁中间支座两边的底部纵筋相同时，可仅在支座的一边标注。

④当梁支座底部全部纵筋与集中注写过的底部贯通纵筋相同时，可不再重复做原位标注。

⑤竖向加腋梁加腋部位钢筋，需在设置加腋的支座处以 Y 打头注写在括号内。

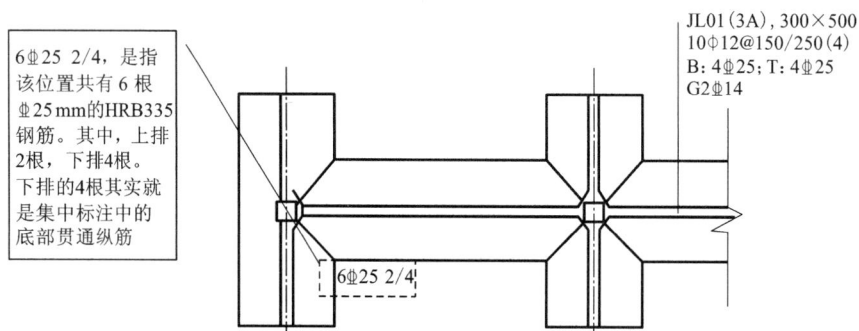

6Φ25 2/4，是指该位置共有 6 根Φ25 mm的HRB335钢筋。其中，上排 2 根，下排4根。下排的4根其实就是集中标注中的底部贯通纵筋

JL01(3A)，300×500
10Φ12@150/250(4)
B：4Φ25；T：4Φ25
G2Φ14

6Φ25 2/4

图 2-10　基础梁端部及柱下区域原位标注

（2）基础梁端部及柱下区域原位标注的识图，见表 2-3。

表 2-3　基础梁端部及柱下区域原位标注识图

表 示 方 法	识 图
JL01(3A)，300×500 10Φ12@150/250(4) B：4Φ25；T：4Φ25 6Φ25 2/4	上下两排，上排2Φ25是底部非贯通纵筋，下排4Φ25是集中标注的底部贯通纵筋
JL01(3A)，300×500 10Φ12@150/250(4) B：2Φ25；T：4Φ25 2Φ25+2Φ20	由两种不同直径钢筋组成，用"+"连接，其中2Φ25是集中标注的底部贯通纵筋，2Φ20底部非贯通纵筋

续上表

表 示 方 法	识 图
JL01(3A),300×500 10Φ12@150/250(4) B:2Φ25; T:4Φ25 4Φ25　　4Φ25　　5Φ25 ①　　②	（1）中间支座柱下两侧底部配筋不同。②轴左侧4Φ25，其中2根为集中标注的底部贯通筋，另2根为底部非贯通纵筋；②轴右侧5Φ25，其中2根为集中标注的底部贯通纵筋，另3根为底部非贯通纵筋 （2）②轴左侧为4根，右侧为5根，它们直径相同，只是根数不同，则其中4根贯穿②轴，右侧多出的1根进行锚固
JL01(3A),300×500 10Φ12@150/250(4) B:2Φ25; T:4Φ25 2Φ20	
底部贯通纵筋为2Φ25，第三跨经原位标注修正为2Φ20，就出现了两种不同配置的底部贯通纵筋，这种情况下，应将配置较大的伸至配置较小的那跨的跨中进行连接	

2）附加箍筋或吊筋

当两向基础梁十字交叉，但交叉位置无柱时，应根据抗力需要设置附加箍筋或吊筋。平法标注是直接在平面图相应位置(平面图十字交叉梁中刚度较大的条形基础主梁上)引注总配筋值(附加箍筋的肢数注在括号内)。当多数附加箍筋或吊筋相同时，可在条形基础平法施工图上统一注明。少数与统一注明值不同时再原位直接引注。

（1）附加箍筋。

附加箍筋的平法标注，见图2-11，表示每边各加4根，共8根附加箍筋。

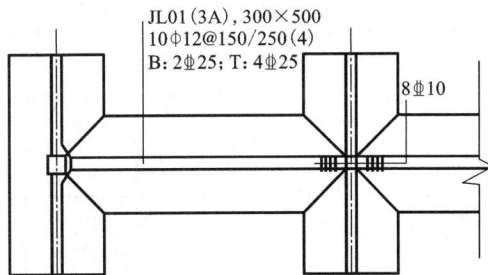

JL01(3A),300×500
10Φ12@150/250(4)
B:2Φ25; T:4Φ25

8Φ10

图2-11 基础梁附加箍筋平法标注

（2）附加吊筋。

附加吊筋的平法标注，见图2-12。

附加吊筋施工效果图，见图2-13。

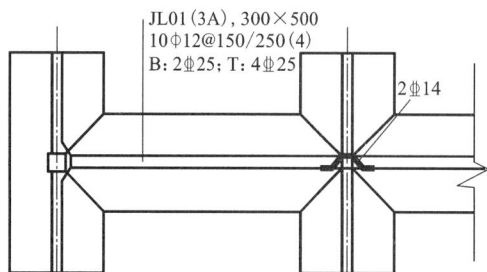

图 2 - 12　基础梁附加吊筋平法标注

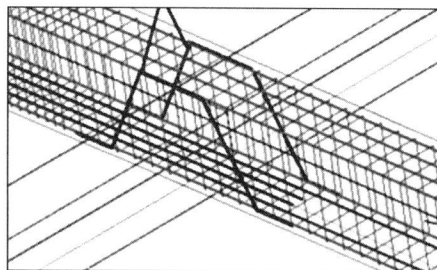

图 2 - 13　基础梁附加吊筋施工效果图

3）外伸部位的变截面高度尺寸

基础梁外伸部位如果有变截面，应注写变截面高度尺寸。当基础梁外伸部位采用变截面高度时，在该部位原位注写 $b \times h_1/h_2$，h_1 为根部截面高度，h_2 为尽端截面高度，如图 2 - 14 所示。

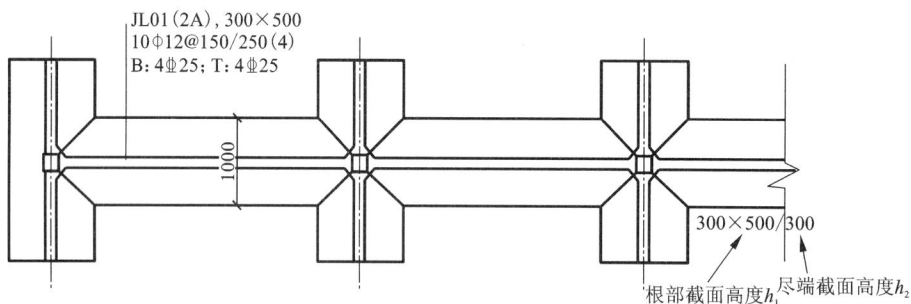

图 2 - 14　基础梁外伸部位变截面高度尺寸

基础梁外伸部位变截面尽端高度值具体如表 2 - 4 所示。

表 2 - 4　基础梁外伸部位尽端尺寸标注

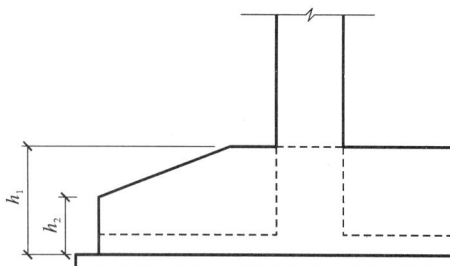

4）原位标注修正内容

当在基础梁上集中标注的某项内容（如截面尺寸、箍筋、底部与顶部贯通纵筋或架立筋、

48

梁侧面纵向构造钢筋、梁底面标高等)不适用于某跨或某外伸部位时,将其修正内容原位标注在该跨或该外伸部位,施工时原位标注取值优先。如图 2 – 15,JL01 集中标注的截面尺寸为 300×500,第 3 跨原位标注为 300×400,表示第 3 跨发生了截面变化。

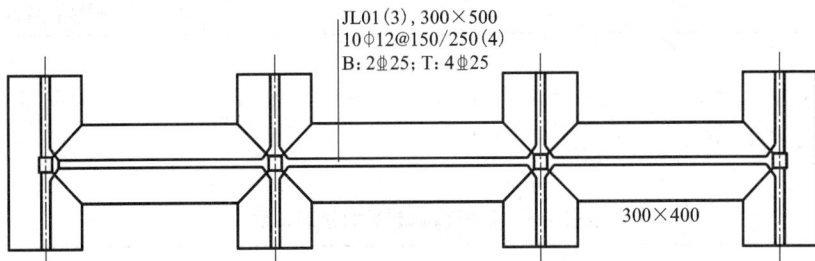

图 2 – 15　原位标注修正内容

(二)条形基础底板的平法识图

1. 集中标注

1)条形基础底板集中标注示意图

条形基础底板集中标注包括编号、截面竖向尺寸、配筋三项必注内容,见图 2 – 16。

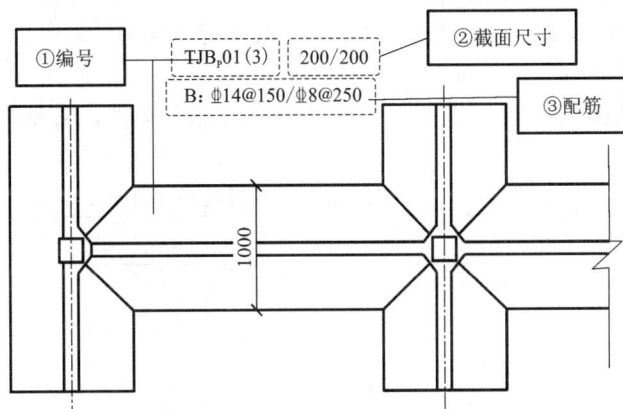

图 2 – 16　条形基础底板集中标注示意图

2)条形基础底板编号表示方法

条形基础底板集中标注的第一项必注内容是基础梁编号,由三项组成,见图 2 – 17。

条形基础底板编号中的"代号"、"序号"、"跨数及是否有外伸"三项符号的具体表示方法,见表 2 – 5。

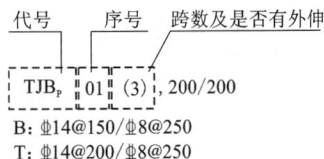

图 2 – 17　条形基础底板编号平法标注

49

表 2 - 5　条形基础底板编号

类　　型		代　　号	序　　号	跨数及有无外伸
条形基础底板	阶形	TJB_J	××	（××）：端部无外伸
	坡形	TJB_P	××	（××A）：一端有外伸
				（××B）：两端有外伸

条形基础底板的代号由大写字母"TJB"表示，另加下标"J"和"P"以区分阶形和坡形条形基础底板，见表 2 - 6。

表 2 - 6　条形基础底板的阶形与坡形

坡　　形	阶　　形

【例】　TJB_J01(2) 表示阶形条形基础底板 01，2 跨，端部无外伸；

　　　　TJB_P02(3A) 表示坡形条形基础底板 02，3 跨，一端有外伸；

　　　　TJB_P03(4B) 表示坡形条形基础底板 03，4 跨，两端有外伸。

3）条形基础底板截面竖向尺寸标注

条形基础底板截面竖向尺寸用"$h_1/h_2/\cdots$"自下而上进行标注，见表 2 - 7。

表 2 - 7　条形基础底板截面竖向尺寸识图

分　　类	识　　图
坡形条形基础截面竖向尺寸	TJB_P01(3)，200/300　B：⹀14@150/⹀8@250　识图
单阶形条形基础截面竖向尺寸	TJB_J01(3)，200　B：⹀14@150/⹀8@250　识图
多阶形条形基础截面竖向尺寸	TJB_J01(3)，200/250　B：⹀14@150/⹀8@250　识图

4）条形基础底板及顶部配筋

条形基础底板配筋分两种情况，一种是只有底部配筋，另一种是双梁条形基础还有顶部配筋，以"B"打头注写条形基础底板底部的横向受力钢筋，以"T"打头注写条形基础底板顶部的横向受力钢筋。注写时，用"/"分隔条形基础底板的横向受力钢筋与构造配筋。

条形基础底板底部钢筋识图，见图2－18。

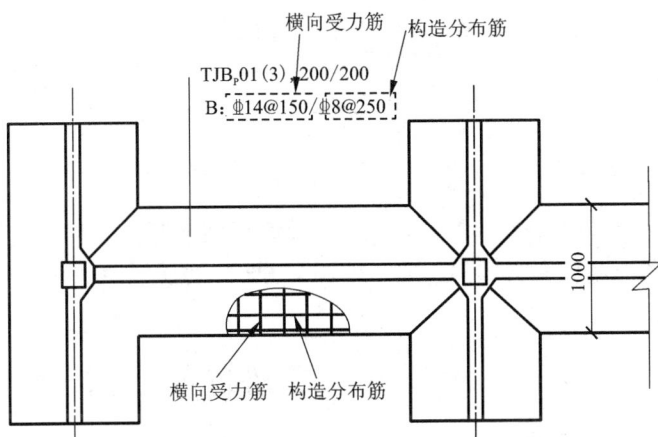

图2－18　条形基础底板底部钢筋识图

双梁条形基础平法施工图，见图2－19。

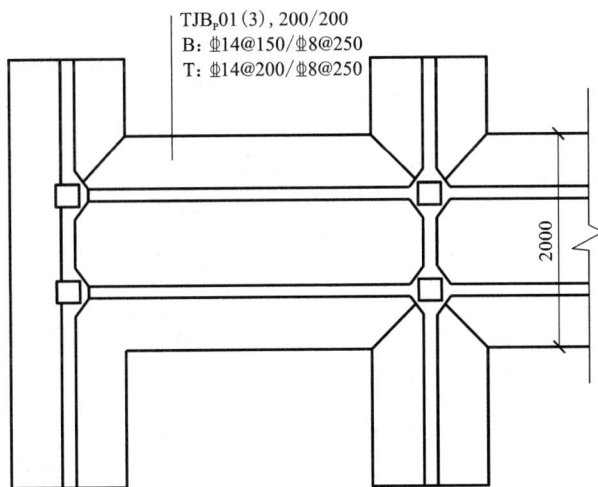

图2－19　双梁条形基础平法施工图

2. 原位标注

1）条形基础底板的平面尺寸

条形基础底板的原位标注，见图2－20，注写条形基础底板的平面尺寸。

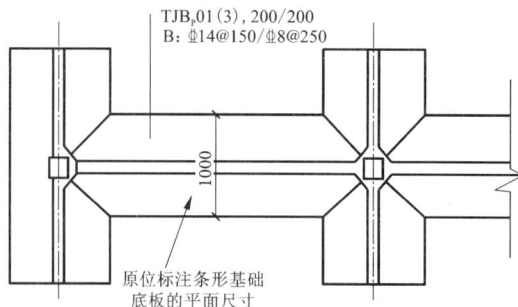

图 2–20 条形基础底板原位标注

2）修正内容

当在条形基础底板上集中标注的某项内容，如底板截面竖向尺寸、底板配筋、底板宽面标高等，不适用于条形基础底板的某跨或某外伸部分时，可将其修正内容原位标注在该跨或该外伸部位。

任务二 计算条形基础钢筋工程量

2.2 条形基础钢筋构造

2.2.1 条形基础钢筋体系

条形基础的钢筋构造是指条形基础的各种钢筋在实际工程中可能出现的各种构造情况，知识结构如图 2–21。

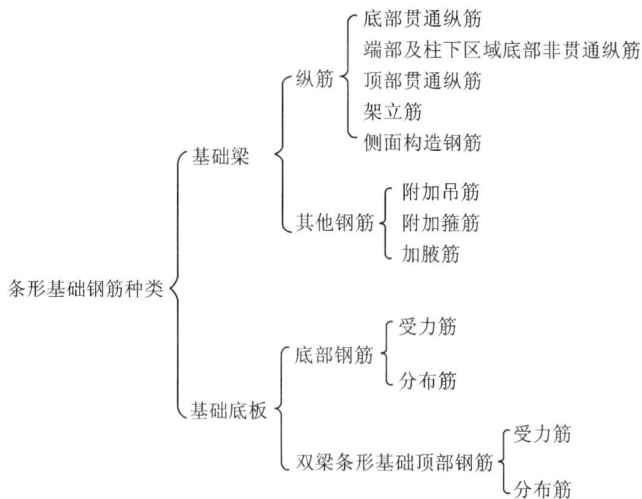

图 2–21 条形基础钢筋体系

2.2.2 条形基础钢筋构造

（一）基础梁 JL 钢筋构造

1. 基础梁 JL 端部与外伸部位钢筋构造

基础梁 JL 端部与外伸部位钢筋构造见表 2–8。

表 2 – 8　基础梁 JL 端部与外伸部位钢筋构造（图集《16G101—3》第 81 页）

名称	构造图
端部等截面外伸构造 基础梁端部等截面外伸构造	
端部变截面外伸构造 基础梁端部变截面外伸构造	
端部无外伸构造 （梁板式筏形基础梁 端部无外伸构造） 基础梁端部无外伸构造	
构造说明	端部等（变）截面外伸构造中，当从柱内边算起的梁端部外伸长度不满足直锚要求时，基础梁下部钢筋应伸至端部后弯折，且从柱内边算起水平段长度 $\geqslant 0.6 l_{ab}$，弯折段长度 15d。

2. 基础梁 JL 梁底不平和变截面部位钢筋构造

基础梁 JL 梁底不平和变截面部位钢筋构造见表 2-9。

表 2-9　基础梁 JL 梁底不平和变截面部位钢筋构造(图集《16G101—3》第 83 页)

名称	构造图
梁底有高差钢筋构造 基础梁梁底有高差钢筋构造	
梁底、梁顶均有高差钢筋构造 梁底梁顶有高差钢筋构造	
梁底、梁顶均有高差钢筋构造(仅用于条形基础) 梁底梁顶有高差钢筋构造2	

续上表

名称	构造图
梁顶有高差钢筋构造 基础梁梁顶有高差钢筋构造	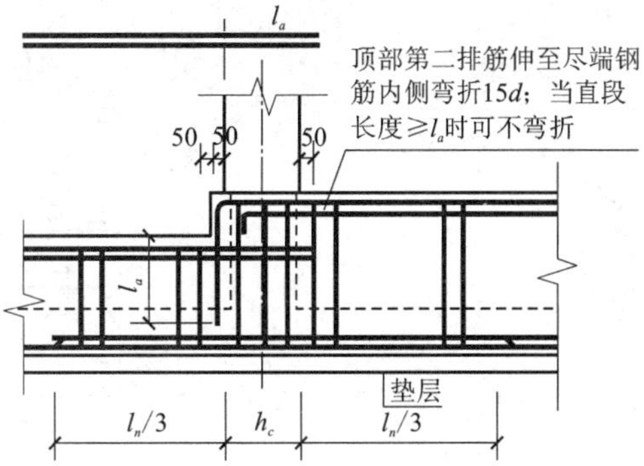l_a 顶部第二排筋伸至尽端钢筋内侧弯折15d；当直段长度≥l_a时可不弯折 50 50 50 l_a 垫层 $l_n/3$ h_c $l_n/3$
柱两边梁宽不同钢筋构造 柱两边梁宽不同钢筋构造	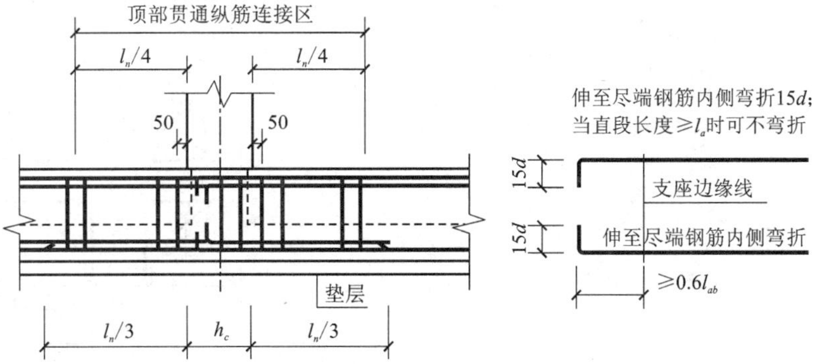顶部贯通纵筋连接区 $l_n/4$ $l_n/4$ 50 50 伸至尽端钢筋内侧弯折15d；当直段长度≥l_a时可不弯折 15d 支座边缘线 15d 伸至尽端钢筋内侧弯折 ≥$0.6l_{ab}$ 垫层 $l_n/3$ h_c $l_n/3$
构造说明	1. 当基础梁变标高及变截面形式与上图不同时，其构造应由设计者另行设计；如果要求施工方参照上图的构造方式，应提供相应改动的变更说明 2. 梁底高差坡度根据场地实际情况可取30°、45°或60°角

3. 基础梁侧面构造纵筋和拉筋

基础梁侧面构造纵筋和拉筋见表2－10。

表2－10　基础梁侧面构造纵筋和拉筋(图集《16G101—3》第82页)

名称	构造图
基础梁侧面构造纵筋和拉筋 基础侧面纵筋、拉筋构造	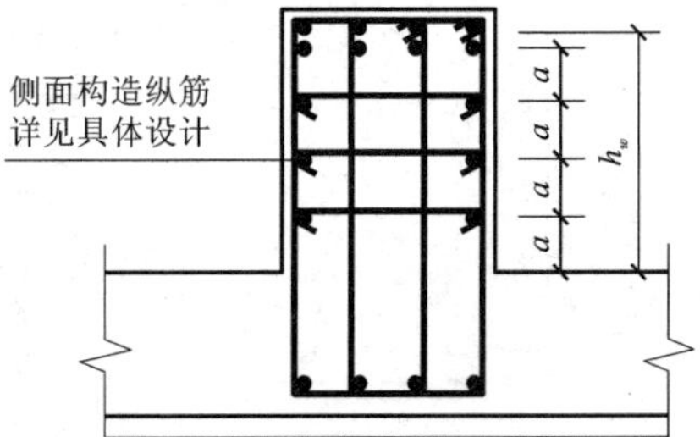侧面构造纵筋详见具体设计 a a a a h_w ($a≤200$)

名称	构造图
构造一 有柱十字相交侧面纵筋拉筋构造	侧腋　基础梁　侧面构造钢筋 15d　15d　15d　15d
构造二 有柱丁字相交侧面纵筋拉筋构造1	侧面构造钢筋 15d　15d　15d 侧腋　基础梁
构造三 有柱丁字相交侧面纵筋拉筋构造2	侧面构造钢筋 15d　15d　15d 侧腋　基础梁
构造四 无柱十字相交侧面纵筋拉筋构造	基础梁　侧面构造钢筋 15d　15d　15d

续上表

名称	构造图
构造五 无柱丁字相交侧面纵筋拉筋构造	
构造说明	1. 梁侧钢筋的拉筋直径除注明外均为 8 mm，间距为箍筋间距的 2 倍。当设计有多排拉筋时，上下两排拉筋竖向错开设置 2. 基础梁侧面纵向构造钢筋搭接长度为 15d。十字交叉的基础梁，当相交位置有柱时，侧面构造纵筋锚入梁包柱侧腋内 15d（如构造一）；当无柱时侧面构造纵筋锚入交叉梁内 15d（如构造四）。丁字相交的基础梁，当相交位置无柱时，横梁外侧的构造纵筋应贯通，横梁内侧的构造纵筋锚入交叉梁内 15d（如构造五） 3. 基础梁侧受扭纵筋的搭接长度为 l_l，其锚固长度为 l_a，锚固方式同梁上部纵筋

4. 基础梁 JL 与柱结合部侧腋构造

基础梁 JL 与柱结合部侧腋构造见表 2 – 11。

表 2 – 11　基础梁 JL 与柱结合部侧腋构造（图集《16G101—3》第 84 页）

名称	构造图
十字交叉基础梁与柱结合部侧腋构造（各边侧腋宽出尺寸与配筋均相同）	
丁字交叉基础梁与柱结合部侧腋构造	

续上表

名称	构造图
无外伸基础梁与角柱结合部侧腋构造	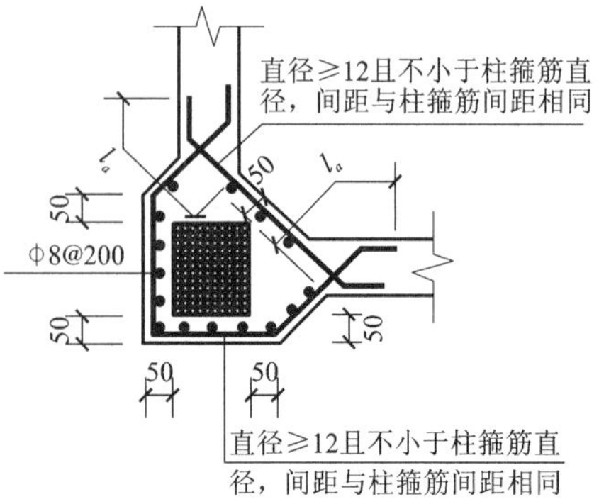直径≥12且不小于柱箍筋直 径，间距与柱箍筋间距相同 50 Φ8@200 50 50 50 50 50 直径≥12且不小于柱箍筋直 径，间距与柱箍筋间距相同
基础梁中心穿柱侧腋构造	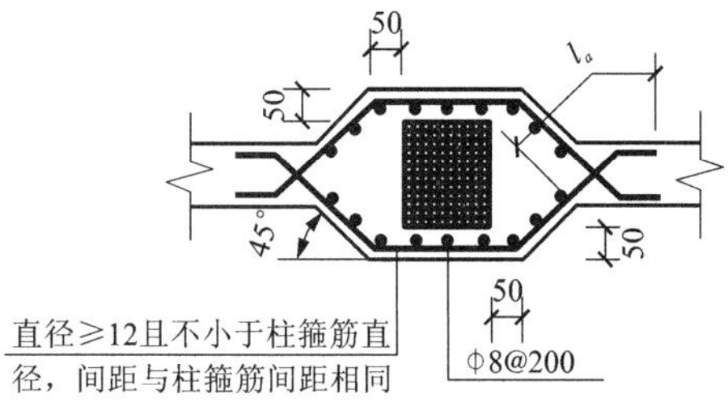50 50 45° 50 50 直径≥12且不小于柱箍筋直 径，间距与柱箍筋间距相同 Φ8@200
基础梁偏心穿柱与柱结合部侧腋构造	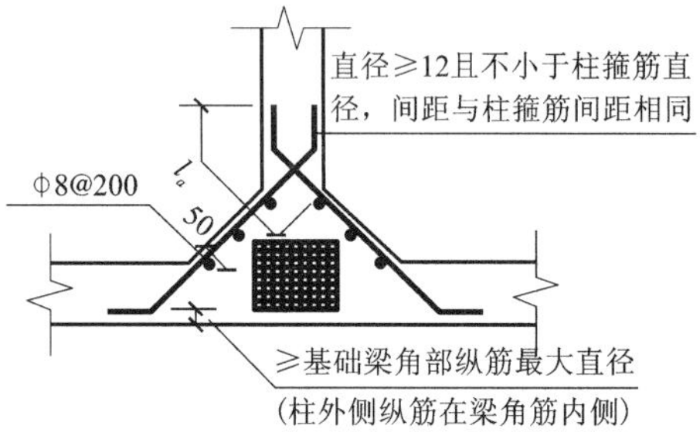直径≥12且不小于柱箍筋直 径，间距与柱箍筋间距相同 Φ8@200 50 ≥基础梁角部纵筋最大直径 (柱外侧纵筋在梁角筋内侧)
构造说明	1. 除基础梁比柱宽且完全形成梁包柱的情况外，所有基础梁与柱结合部位均按上图加侧腋 2. 当基础梁与柱等宽，或柱与梁的某一侧面相平时，存在因梁纵筋与柱纵筋同在一个平面内导致直通交叉遇阻情况，此时应适当调整基础梁宽度使纵筋直通锚固 3. 当柱与基础梁结合部位的梁顶面高度不同时，梁包柱侧腋顶面应与较高基础梁的梁顶面一平（即在同一平面上），侧腋顶面至较低梁顶面高差内的侧腋，可参照角柱或丁字交叉基础梁包柱侧腋构造进行施工

5. 箍筋构造情况

基础梁箍筋构造见表 2 - 12 所示。

表 2 - 12 基础梁箍筋构造(图集《16G101—3》第 80 页)

钢筋构造要点:	
（1）箍筋起步距离为 50 mm； （2）基础梁变截面外伸、梁高加腋位置，箍筋高度渐变；	 箍筋起步距离
（3）节点区域箍筋按梁端第一种箍筋设置；	 JL19(1)，200×400 5Φ12@150/250(4) B: 4Φ25; T: 6Φ25 4/2 中间剩余部位： Φ12@250(4) 两端各： 5Φ12@150(4) 节点内箍筋按梁端第一种箍筋设置： Φ12@150(4) L
（4）当纵筋采用搭接连接时（参照图集《16G101—3》第 60 页）	搭接区内箍筋直径不小于 $d_1/4$（d_1 为搭接钢筋最大直径），间距不应大于 100 mm 及 $5d_2$（d_2 为搭接钢筋最小直径） 当受压钢筋直径大于 25 mm 时，尚应在搭接接头两个端面外 100 mm 的范围内各设置两道箍筋

（二）条形基础底板钢筋构造

1. 条形基础底板钢筋构造情况总述

条形基础底板钢筋的构造情况，如表 2 - 13 所示（图集《16G101—3》第 76 ~ 78 页）。

表 2 - 13 条形基础底板钢筋构造情况

条形基础交接处钢筋构造	转角（两向无外伸）	梁下
		墙下
	丁字交接	梁下
		墙下
	十字交接	梁下（也适用于转角均有外伸）
		墙下
条形基础底板宽度≥2500		受力筋缩减 10%
条形基础端部钢筋构造		端部无交接底板
条形基础底板不平钢筋构造		条形基础底板不平钢筋构造

2. 条形基础底板配筋横断面构造

条形基础底板配筋的横断面，钢筋构造见图 2 – 22 和图 2 – 23 所示。

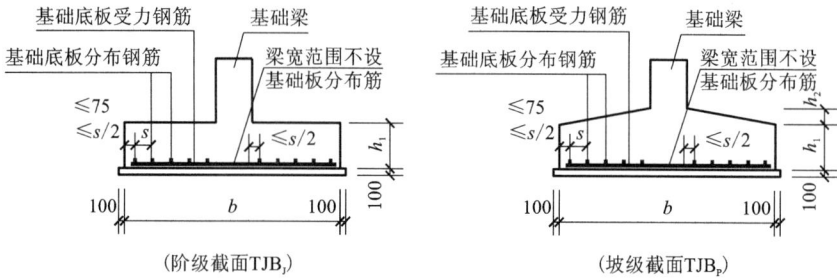

图 2 – 22　一般条形基础配筋横断面图（图集《16G101—3》第 76 页）

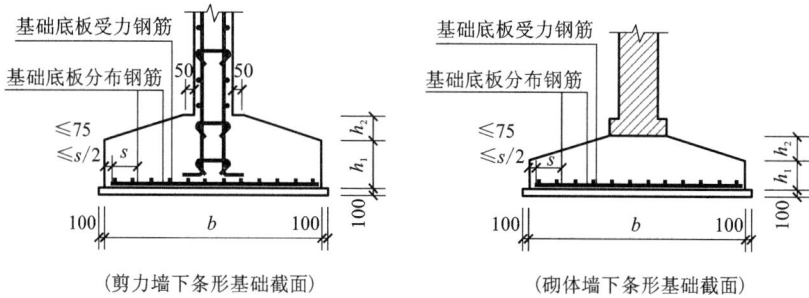

图 2 – 23　墙下条形基础配筋横断面图（图集《16G101—3》第 77 页）

3. 条形基础转角交接（两向无外伸）钢筋构造

条形基础底板转角交接（两向无外伸），钢筋构造见表 2 – 14 所示。

表 2 – 14　条形基础转角交接（两向无外伸）钢筋构造

平法施工图：

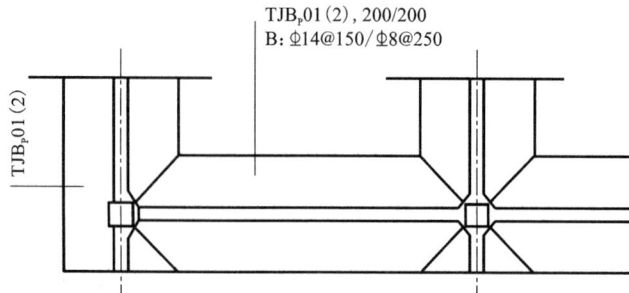

续上表

钢筋构造要点：

一般情况（图集《16G101—3》第76页）

（1）条形基础底板钢筋起步距离取 $\min(s/2,75)$（s 为钢筋间距）；

（2）在两向受力钢筋交接处的网状部位，分布钢筋与同向受力钢筋的搭接长度为150 mm；

（3）分布筋在梁宽范围内不布置，离基础梁起步距离为 $s/2$。

有梁条形基础底板转角相交钢筋构造

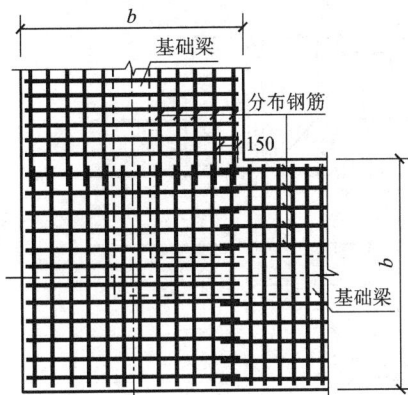

墙下条形基础（图集《16G101—3》第77页）

（1）条形基础底板钢筋起步距离取 $\min(s/2,75)$（s 为钢筋间距）；

（2）在两向受力钢筋交接处的网状部位，分布钢筋与同向受力钢筋的搭接长度为150 mm；

（3）分布筋在墙厚范围内也需布置。

墙下条形基础底板转角相交钢筋构造

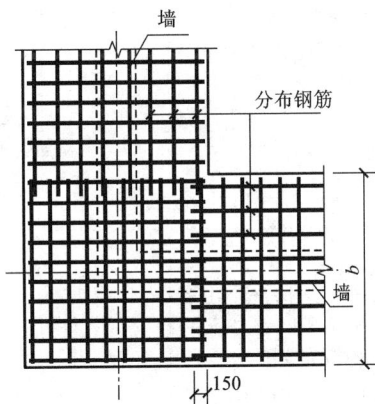

4.条形基础丁字交接钢筋构造

条形基础底板丁字交接，钢筋构造见表2-15所示。

表 2 – 15　条形基础丁字交接钢筋构造

平法施工图：

TJB$_p$04(2)
B：Φ14@150/Φ8@250

TJB$_p$03(2)，200/200
B：Φ16@150/Φ8@250

有梁条形基础底板
丁字相交钢筋构造

墙下条形基础底板
丁字相交钢筋构造

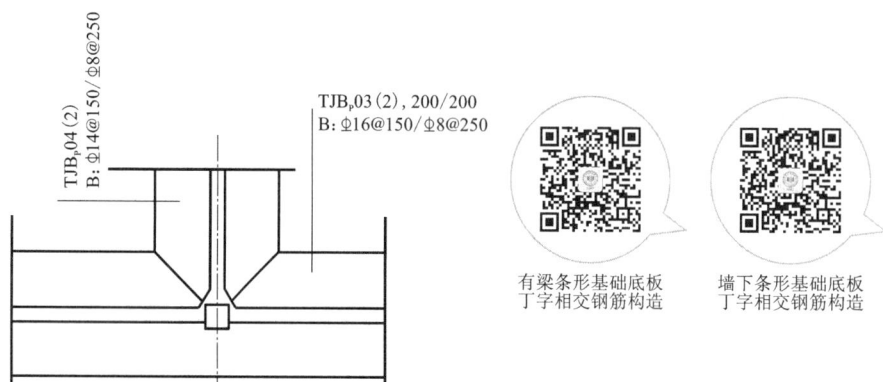

钢筋构造要点：

一般情况（图集《16G101—3》第 76 页）

（1）丁字交接时，丁字横向受力筋贯通布置，丁字竖向受力筋在交接处伸入 $b/4$ 范围布置；
（2）一向分布筋和另一向没有与受力筋交接的分布筋（$b/4$ 范围外）均贯通，与受力筋交接的分布筋（$b/4$ 范围内）与受力筋搭接 150 mm；
（3）分布筋在梁宽范围内不布置，离基础梁起步距离为 $s/2$。

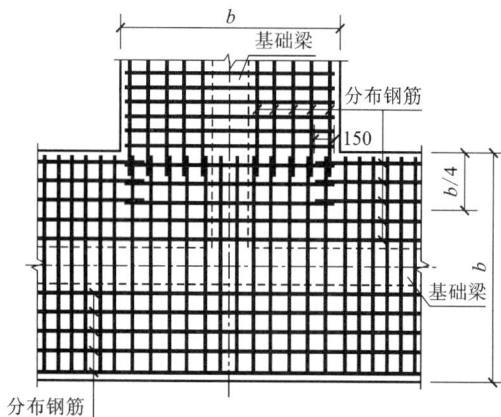

墙下条形基础（图集《16G101—3》第 84 页）

（1）丁字交接时，丁字横向受力筋贯通布置，丁字竖向受力筋在交接处伸入 $b/4$ 范围布置；
（2）一向分布筋和另一向没有与受力筋交接的分布筋（$b/4$ 范围外）均贯通，与受力筋交接的分布筋（$b/4$ 范围内）与受力筋搭接 150 mm；
（3）分布筋在墙厚范围内也需布置。

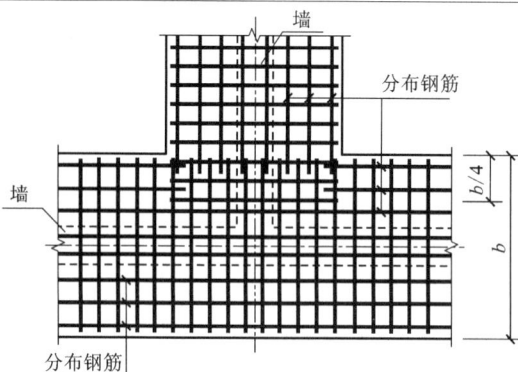

5. 条形基础十字交接钢筋构造

条形基础底板十字交接，钢筋构造见表 2 – 16 所示。

表 2 – 16 条形基础十字交接钢筋构造

平法施工图：

TJB$_p$06(2)
B:Φ14@150/Φ8@250

TJB$_p$05(2)，200/200
B:Φ16@150/Φ8@250

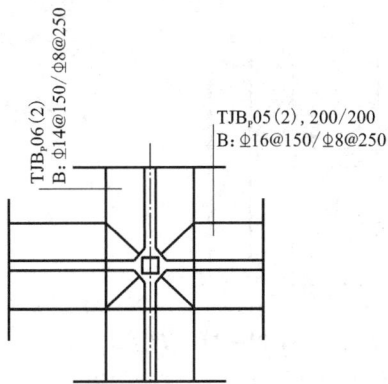

有梁条形基础底板
十字相交钢筋构造

墙下条形基础底板
十字相交钢筋构造

墙下基础底板钢筋构造

钢筋构造要点：

有梁条形基础(图集《16G101—3》第 76 页)

（1）十字交接时，一向受力筋贯通布置，基础梁内不布置受力筋；另一向受力筋在交接处伸入 $b/4$ 范围布置；
（2）在未说明哪向受力筋贯通布置时按较大的受力筋贯通布置；
（3）没有与受力筋交接的分布筋（$b/4$ 范围外）均贯通，与受力筋交接的分布筋（$b/4$ 范围内）与受力筋搭接 150 mm；
（4）分布筋在梁宽范围内不布置，离基础梁起步距离为 $s/2$。

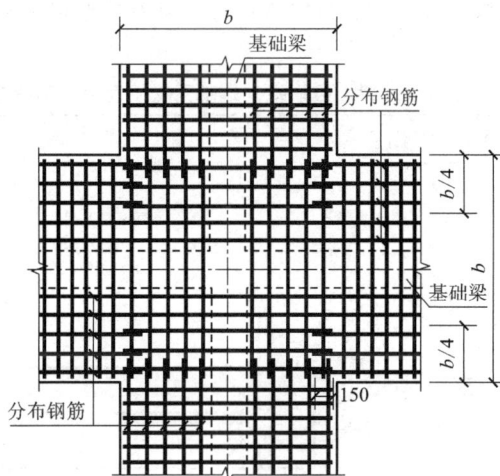

墙下条形基础(图集《16G101—3》第 77 页)

（1）十字交接时，一向受力筋贯通布置，另一向受力筋在交接处伸入 $b/4$ 范围布置；
（2）在未说明哪向受力筋贯通布置时按较大的受力筋贯通布置；
（3）没有与受力筋交接的分布筋（$b/4$ 范围外）均贯通，与受力筋交接的分布筋（$b/4$ 范围内）与受力筋搭接 150 mm；
（4）分布筋在墙厚范围内也需布置。

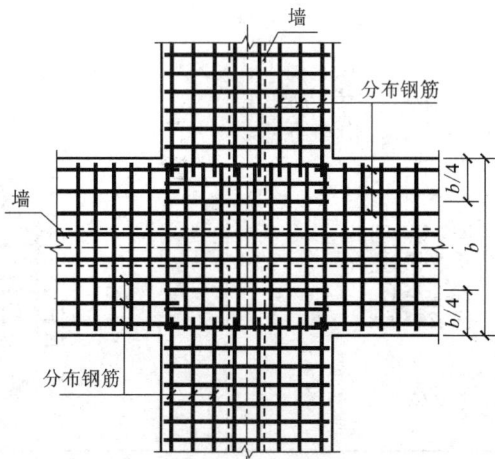

6. 条形基础底板受力筋长度缩短 10% 构造

当条形基础底板宽度 ≥2500 mm 时,底板受力筋长度缩短 10% 交错配置,见图 2 - 24 所示。

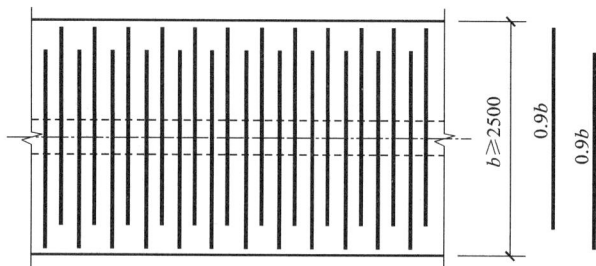

基础底板受力筋
缩短10%筋构造

图 2 - 24　条形基础底板受力筋长度缩短 10% 构造(图集《16G101—3》第 78 页)

(底板交接区的受力钢筋和无交接底板时端部第一根钢筋不应减短)

7. 条形基础端部无交接底板钢筋构造

条形基础端部无交接底板,另一向为基础联系梁(没有基础底板),钢筋构造见表 2 - 17 所示。

表 2 - 17　条形基础端部无交接底板钢筋构造(图集《16G101—3》第 76 页)

平法施工图:

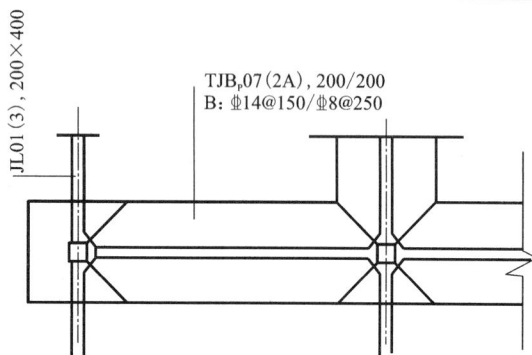

钢筋构造要点:
端部无交接底板,受力筋在端部 b 范围内相互交叉,分布筋与受力筋搭接 150 mm 端部无交接基础底板钢筋构造	

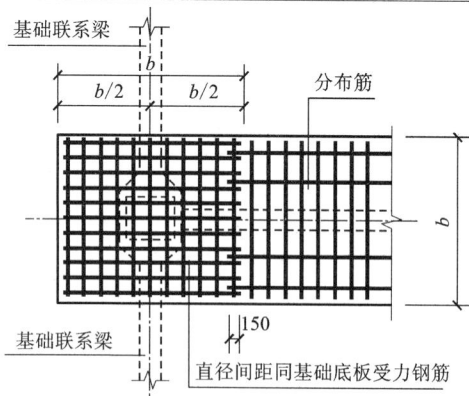

8.条形基础底板不平钢筋构造

条形基础底板不平,钢筋构造见表 2-18 所示。

表 2-18 条形基础底板不平钢筋构造(图集《16G101—3》第 78 页)

平法施工图:

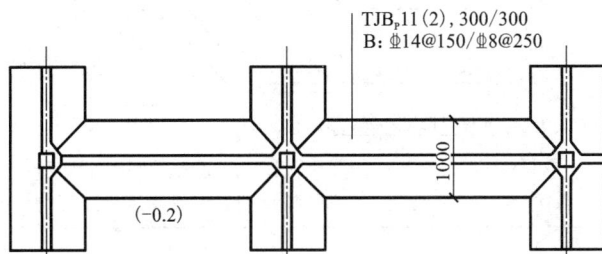

钢筋构造要点:

条形基础底板不平的位置,用与底板受力筋规格相同的钢筋进行连接,与分布筋搭接 150 mm

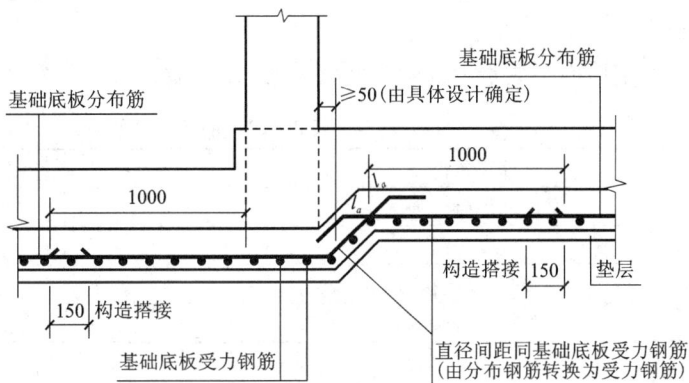

墙下条形基础底板不平构造1

柱下条形基础底板板底不平构造
(板底高差坡度 α 取 45°或按设计)

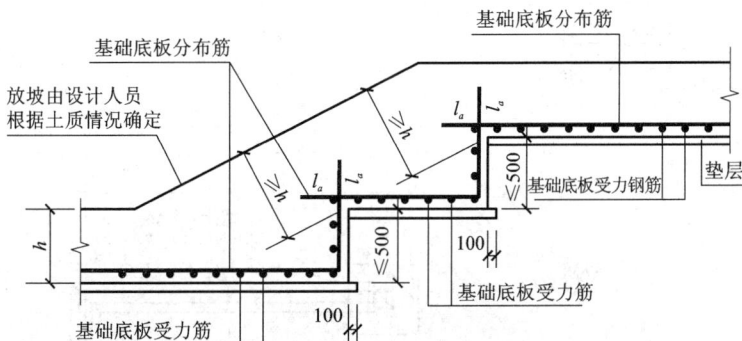

墙下条形基础底板板底不平构造(一)

墙下条形基础底板
不平构造

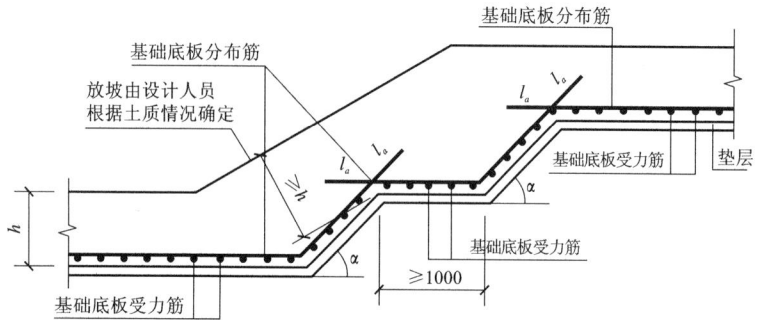

墙下条形基础底板板底不平构造(二)
(板底高差坡度 α 取45°或按设计)

2.3 条形基础钢筋计算实例

上一节主要详细讲解了条形基础的平法钢筋构造,本节就这些钢筋构造情况进行具体的举例计算。

查本书所附案例条形基础构件结构施工图,得出计算条件如表 2-19:

表 2-19 钢筋计算条件

计算条件	数据
梁构件混凝土强度	C30
抗震等级	二级
梁构件纵筋连接方式	焊接
钢筋定尺长度	9000(参照湖南省消耗量标准)

2.3.1 基础梁钢筋计算实例

计算附图"基础平面图"中 JL01 的钢筋工程量

1.平法施工图

见图 2-25 所示。

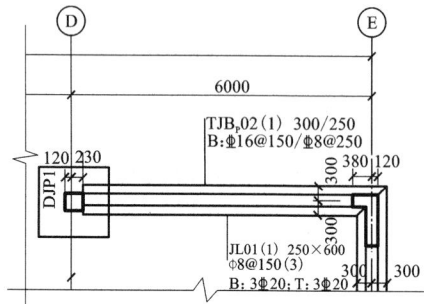

图 2-25

2. 钢筋计算

(1)计算参数,见表 2 - 20。

表 2 - 20 JL - 1 钢筋计算参数

参数名称	参数值	数据来源
梁保护层厚度 c	40 mm	办公楼结构设计说明第 1 页
基础锚固长度 l_a	$l_a = 35d$	《16G101—3》第 59 页
箍筋起步距离	50 mm	《16G101—3》第 81 页

(2)钢筋计算过程,见表 2 - 21。

表 2 - 21 钢筋计算过程

钢筋	计算过程	说明
底部贯通纵筋 B:3⨁20	左、右两端为无外伸构造 钢筋伸至柱侧腋(50 mm)弯折 15d	左、右两端有梁包柱侧腋 50 mm,钢筋伸至尽端弯折 15d
	净跨长 $+ h_c + 50 - c$(保护层厚度) $+ 15d + h_c + 50 - c + 15d$ $= (6000 - 230 - 380) + 350 + 50 - 40 + 15 \times 20 +$ 　$500 - 40 + 50 + 15 \times 20$ $= 6860$(mm)	
	底部贯通纵筋⨁20 总长 6860 mm × 3 = 20580 mm = 20.58 m	
顶部贯通纵筋 T:3⨁20	左、右两端为无外伸构造 钢筋伸至柱侧腋(50 mm)弯折 15d	左、右两端有梁包柱侧腋 50 mm,钢筋伸至尽端弯折 15d
	净跨长 $+ h_c + 50 - c$(保护层厚度) $+ 15d + h_c + 50 - c + 15d$ $= (6000 - 230 - 380) + 350 + 50 - 40 + 15 \times 20 + 500$ 　$- 40 + 50 + 15 \times 20$ $= 6860$(mm)	
	顶部贯通纵筋⨁20 总长 6860 mm × 3 = 20580 mm = 20.58 m	
箍筋 Φ8@150(3)	1. 箍筋长度	
	三肢筋长度计算公式 外大箍的计算长度 $= (b - 2c) \times 2 + (h - 2c) \times 2 + [\max(10d, 75) + 1.9d] \times 2$ 内拉筋的计算长度 $= (h - 2c) + [\max(10d, 75) + 1.9d] \times 2$	
	外大箍计算长度 $= (250 - 2 \times 40) \times 2 + (600 - 2 \times 40) \times 2 + 11.9 \times 8 \times 2 = 1570.4$(mm) 内小箍计算长度 $= (600 - 2 \times 40) + 11.9 \times 8 \times 2 = 710.4$(mm)	
	2. 箍筋根数	
	计算公式 根数 = (梁净跨长度 - 起步距离)/间距 + 1	
	总根数 = 37 + 4 + 5 = 46(根)	
	净长处根数 = (6000 - 230 - 380 - 50 × 2)/150 + 1 = 37(根) 左端节点内根数 = 350/150 + 1 = 4(根) 右端节点内根数 = 500/150 + 1 = 5(根)	左端节点处为柱梁相交 起步距离:50 mm
	箍筋Φ8 总长度 = (1570.4 mm + 710.4 mm) × 46 = 104916.8 mm = 104.92 m	

（3）钢筋汇总表

表 2 – 22　JL01 钢筋汇总表

钢筋规格	钢筋比重（kg/m）	钢筋名称	重量计算式	总重（kg）
$\phi 8$	0.395	箍筋	$104.92 \times 0.395 = 41.44$	41.44
$\Phi 20$	2.468	底部贯通纵筋	$20.58 \times 2.468 = 50.72$	50.79
$\Phi 20$	2.468	顶部贯通纵筋	$20.58 \times 2.468 = 50.72$	50.79

2.3.2　条形基础底板钢筋计算

计算附图"基础平面图"中 TJBp – 2 的钢筋工程量。

1. 平法施工图

见图 2 – 26 所示。

图 2 – 26

2. 钢筋计算

（1）计算参数，见表 2 – 23。

表 2 – 23　TJB$_p$ – 2 钢筋计算参数

参数名称	参数值	数据来源
基础保护层厚度 c	40 mm	办公楼结构设计说明第 1 页
底板起步距离	$\min(s'/2, 75)$	《16G101—3》第 81 页

（2）钢筋计算过程，见表 2 – 24。

表 2 – 24　钢筋计算过程

钢筋	计算过程	说明
条形基础底板受力钢筋 B：$\Phi 16@150$	（1）计算受力钢筋长度： 受力钢筋平行于基础底板宽度方向 （2）计算受力钢筋分部范围： 分部在梁全长范围内，包括两向基础底板相交处	
	1. 受力钢筋长度 受力钢筋长度 = 基础底板宽 $-2 \times c = 600 - 2 \times 40 = 520$（mm）	
	2. 受力钢筋根数 受力钢筋根数 $= (6000 - 230 + \dfrac{350}{2} + 300 \times 2 - 150)/150 + 1 = 44$（根） 梁端（柱下）$(600 - 2 \times 75)/150 + 1 = (600 - 150)/150 + 1 = 4$ 根 合计：$44 + 4 = 48$（根）	
	条形基础底板受力钢筋$\Phi 16$总长 520 mm $\times 48 = 24960$ mm $= 24.96$ m	

续上表

钢筋	计算过程	说明
条形基础底板分布钢筋 B：⚍8@250	（1）计算分布钢筋长度： 分布钢筋平行于基础底板长度方向，与另一向基础底板受力筋搭接150 mm （2）计算受力钢筋分部范围： 分部在基础梁两侧的基础底板范围内	
	1. 分布钢筋长度 分布钢筋长度 $= 6000 - 230 + \dfrac{350}{2} + c - 300 \times 2 + c + 150 \times 2 = 5725\,(\text{mm})$	
	2. 分布钢筋根数 总跟数 $= 1 \times 2 = 2\,(\text{根})$	
	每侧分布钢筋根数 $= (300 - 125 - 75 - 250/2)/250 + 1 = 1\,(\text{根})$	
	条形基础底板分布钢筋⚍8总长 $5725 \times 2 = 11450\ \text{mm} = 11.45\ \text{m}$	

（3）钢筋汇总表

表 2 - 25　TJBp - 2 钢筋汇总表

钢筋规格	钢筋比重（kg/m）	钢筋名称	重量计算式	总重（kg）
⚍8	0.395	底板分布钢筋	$11.45 \times 0.395 = 4.52$	4.52
⚍16	1.58	底板受力纵筋	$24.96 \times 1.58 = 39.44$	39.44

总结拓展

条形基础构件平法识图、钢筋构造总结与拓展。

条形基础构件平法识图与钢筋构造总结

练习题

一、判断题

1. 梁板式条形基础适用于钢筋混凝土框架结构、框架—剪力墙结构、框支剪力墙结构和钢结构。（　　）

2. 板式条形基础适用于钢筋混凝土剪力墙结构和砌体结构。（　　）

3. 基础梁 JL 的平面注写方式，分集中标注、截面标注、列表标注和原位标注四部分内容。（　　）

4. 当具体设计仅采用一种箍筋间距时，注写钢筋级别、直径、间距与肢数（箍筋肢数写在括号内）。（　　）

5. 当同排纵筋有两种直径时,用","将两种直径的纵筋相连。(   )

6. 当梁端(柱下)区域的底部全部纵筋与集中注写过的底部贯通纵筋相同时,可不再重复做原位标注。(   )

7. 基础梁有外伸情况下下部钢筋外伸构造第一排伸至梁边向上弯折12d,第二排伸至梁边截断。(   )

8. 条形基础底板一般在短向配置分布筋,在长向配置受力主筋。(   )

9. 条形基础通常采用坡形截面或单阶形截面。(   )

10. 16ϕ12@150(4)/200(2)表示箍筋为二级钢,直径为12,梁的两端各有8个四肢箍,间距150,梁中跨部分,间距为200,双肢箍。(   )

二、选择题

1. 增设梁底部架立筋以固定箍筋,采用(   )符号将贯通纵筋与架立筋相连。

A. 斜线/   B. 加号后的括号内   C. 横线 -   D. 分号;

2. 当梁底部或顶部贯通纵筋多于一排时,用(   )将各排纵筋自上而下分开。

A. 斜线/   B. 加号 +   C. 横线 -   D. 分号;

3. 梁式条形基础除了计算基础底板横向受力筋与分布筋外,还应计算梁的(   )钢筋。

A. 纵筋和箍筋   B. 纵筋和架立筋

C. 箍筋和架立筋   D. 负筋和纵筋

4. 基础主梁有外伸情况下下部钢筋外伸构造(   )。

A. 伸至梁边向上弯折15d

B. 伸至梁边向上弯折12d

C. 第一排伸至梁边向上弯折15d,第二排伸至梁边向上弯折12d

D. 第一排伸至梁边向上弯折12d,第二排伸至梁边截断

5. 基础梁箍筋信息标注为10ϕ12@100/ϕ12@200(6),它表示(   )。

A. 直径为12的一级钢,从梁端向跨内,间距100设置5道,其余间距为200,均为6肢箍

B. 直径为12的一级钢,从梁端向跨内,间距100设置10道,其余间距为200,均为6肢箍

C. 直径为12的一级钢,加密区间距100设置10道,其余间距为200,均为6肢箍

D. 直径为12的一级钢,加密区间距100设置5道,其余间距为200,均为6肢箍

6. 十字相交的基础梁,其侧面构造纵筋锚入交叉梁内(   )。

A. 10d B. 12d C. 15d D. 20d

7. 当图纸标有:JL8(3),300×700 Y500×250表示(   )。

A. 8号基础梁,3跨,截面尺寸为宽300、高700,基础梁加腋,腋长500、腋高250

B. 8号基础梁,3跨,截面尺寸为宽300、高700,基础梁加腋,腋高500、腋长250

C. 8号基础梁,3跨,截面尺寸为宽700、高300,第三跨变截面根部高500、端部高250

D. 8号基础梁,3跨,截面尺寸为宽300、高700,第一跨变截面根部高250、端部高500

三、技能训练题

计算题已知条件:混凝土强度等级——C30;抗震等级——二级;基础及基础梁保护层厚度——40 mm。

1.计算下图中 JL01 的钢筋工程量。

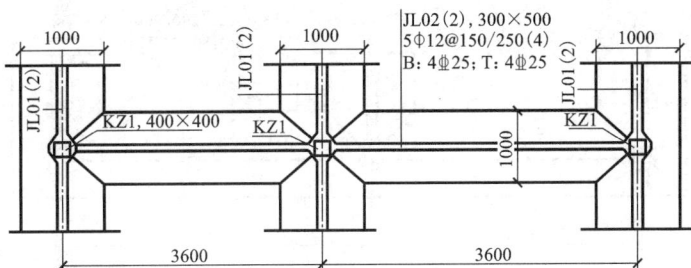

2.计算下图中 JL02 的钢筋工程量。

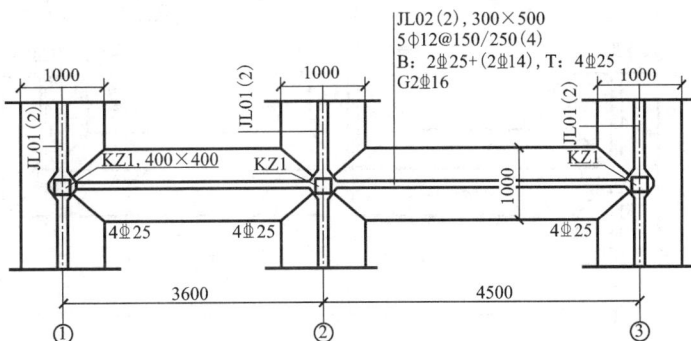

3.计算下图中 JL03 的钢筋工程量。

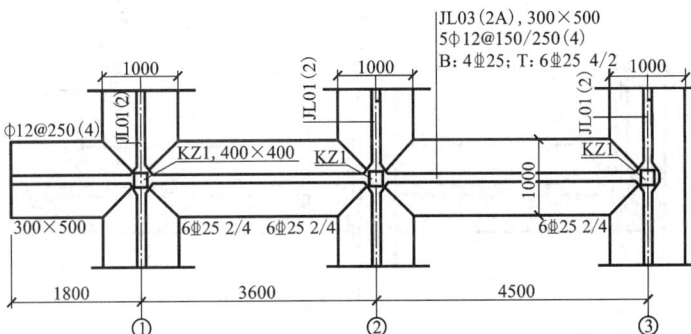

4.计算下图中 JL04 的钢筋工程量。

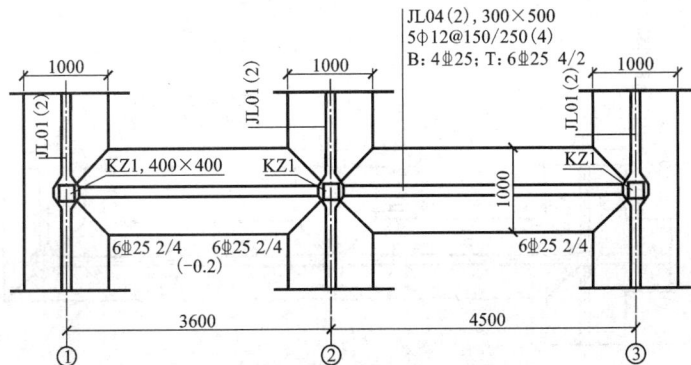

5. 计算下图中 TJB$_p$01 的钢筋工程量。

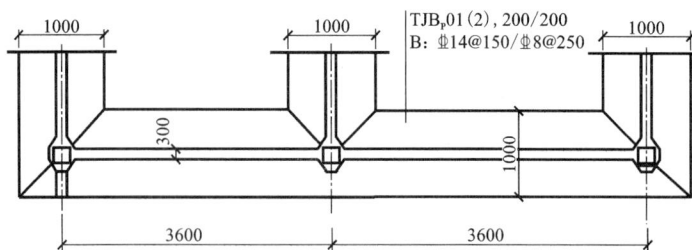

6. 计算下图中 TJB$_p$02 的钢筋工程量。

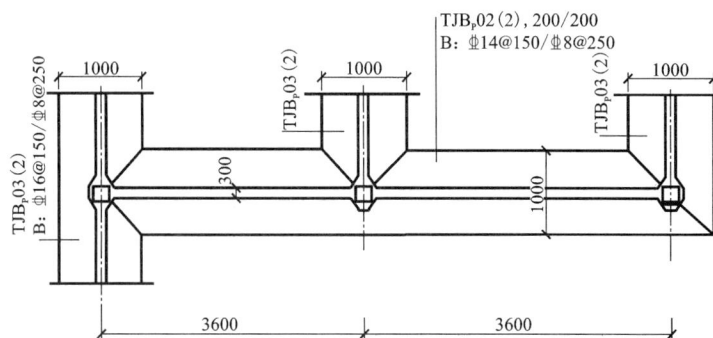

7. 计算下图中 TJB$_p$03 的钢筋工程量。

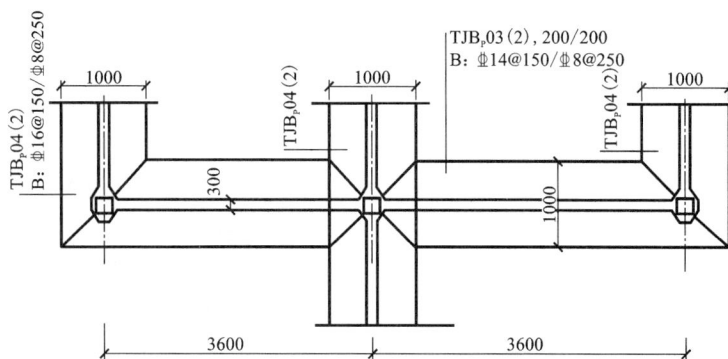

8. 计算下图中 TJB$_p$04 的钢筋工程量。

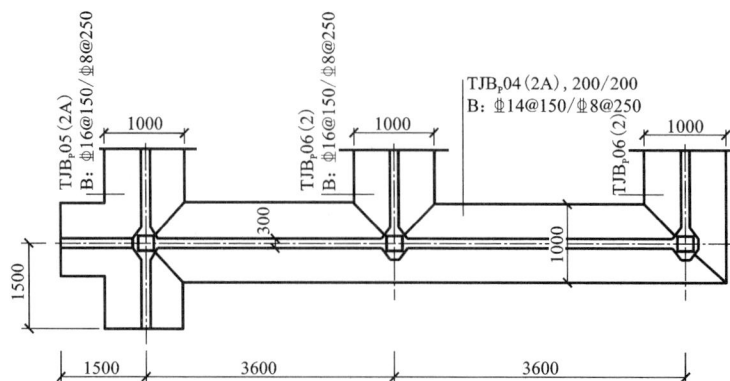

项目三 计算筏形基础钢筋工程量

学习目标

技能抽查要求

能依据结构施工图,按照筏形基础施工图中基础主梁、基础次梁以及梁板式筏基的平板钢筋的标注,结合构造要求,进行筏形基础钢筋的工程量计算:先计算单根钢筋长度,后计算钢筋根数,合计得到钢筋的总重量。为预算的"套定额"做好准备。

教学要求

能力目标:能熟练地应用基础平法制图规则和钢筋的构造读识基础施工图;具有筏形基础的钢筋算量能力。

知识目标:掌握筏形基础的平法制图规则、钢筋构造以及钢筋计算的内容和方法。

看一看,想一想:

(1)请同学们对照筏形基础的平法施工图和实物照片,仔细观察钢筋的组成和位置,以及筏形基础的平法施工图的标注规律。

(2)仔细观察实物图,分清筏形基础构件的组成,并指出:基础梁的顶部钢筋在哪里,有什么布置规律,侧面腰筋有几根? LPB 的钢筋布置形式,正中为什么显得稀散些,周边布置得密些,到了角上更密? 马凳筋在哪里,它的外形、作用和分布要求是什么?

(3)杆件钢筋构成后如"笼",板筋构成后如"网",你发现了吗?

JL02(3B) 300×500   6Φ20 2/4   12Φ12@50(4)

4Φ20

JL02(3B)   6Φ20 2/4   4Φ20

JL02(3B)   6Φ20 2/4

JL01(3A) 300×600   JCL01(3) 300×500
7Φ12@100/200(4)   Φ10@200(2)
B4Φ20: T4Φ20   B2Φ20: T2Φ20
G2Φ14

JL02(3B)   6Φ20 2/4   JL01(3A)   4Φ20   JL01(3A)

KZ01
600×600

2000 5700 4800 4800

1950 6600 5700 6600 2000

① ② ③ ④

D C B A

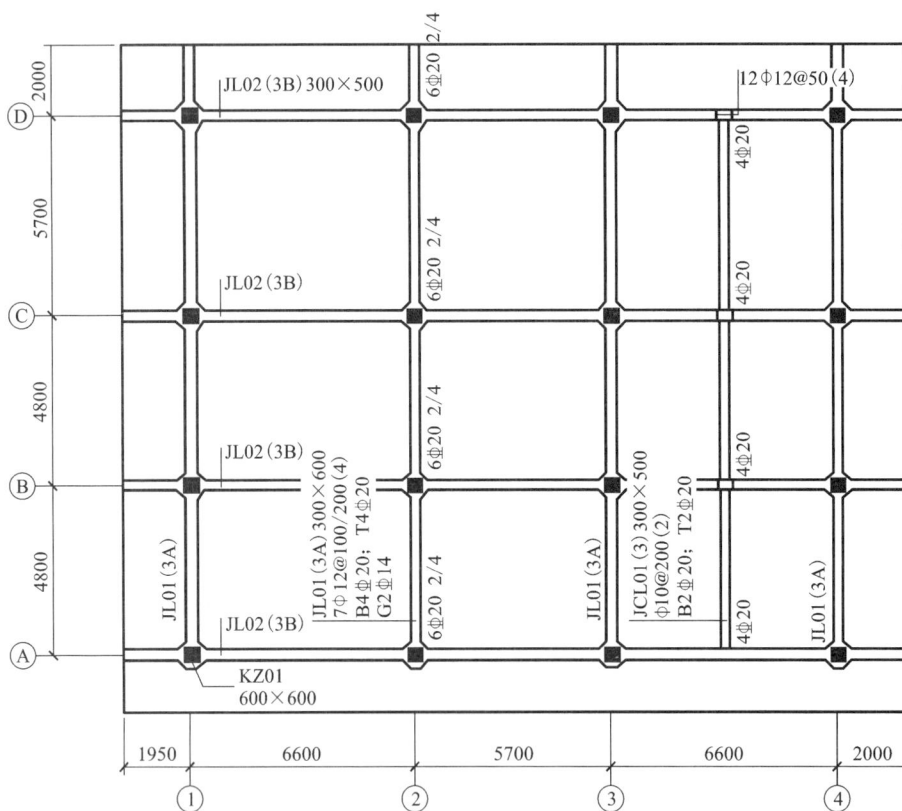

任务一　识读梁板式筏形基础平法施工图

3.1　筏形基础钢筋平法识图

3.1.1　筏形基础平法识图知识体系

1.了解筏形基础

筏形基础常用于高层建筑框架柱或剪力墙下，当地基软弱而荷载较大时，常将基础底板连成一片而成为筏形基础。筏形基础的整体性好，能调整基础各部分的不均匀沉降。筏形基础可分为平板式和梁板式两种类型。平板式筏基是在地基上做一整快钢筋混凝土底板，柱子直接支立在底板上(柱下筏板)或直接建墙(墙下筏板)。梁板式筏基如倒置的肋形楼盖，若梁在底板的上方称为上梁式，在底板的下方称为下梁式。

平板式筏基分为两种，一种是基础平板带板带(柱下板带、跨中板带)，一种是不带板带，直接由基础平板组成；梁板式筏基由基础主梁、基础次梁和基础平板组成，本章主要介绍梁板式筏形基础，筏形基础的分类及构成见图3-1。

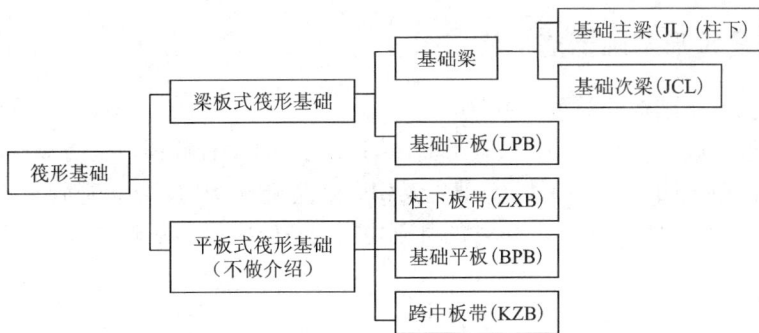

图 3 - 1　筏形基础的分类与构成

2. 梁板式筏形基础平法识图知识体系

由于平板式筏形基础并不常见，所以本章主要介绍梁板式筏形基础，其平法识图知识体系见图 3 - 2。

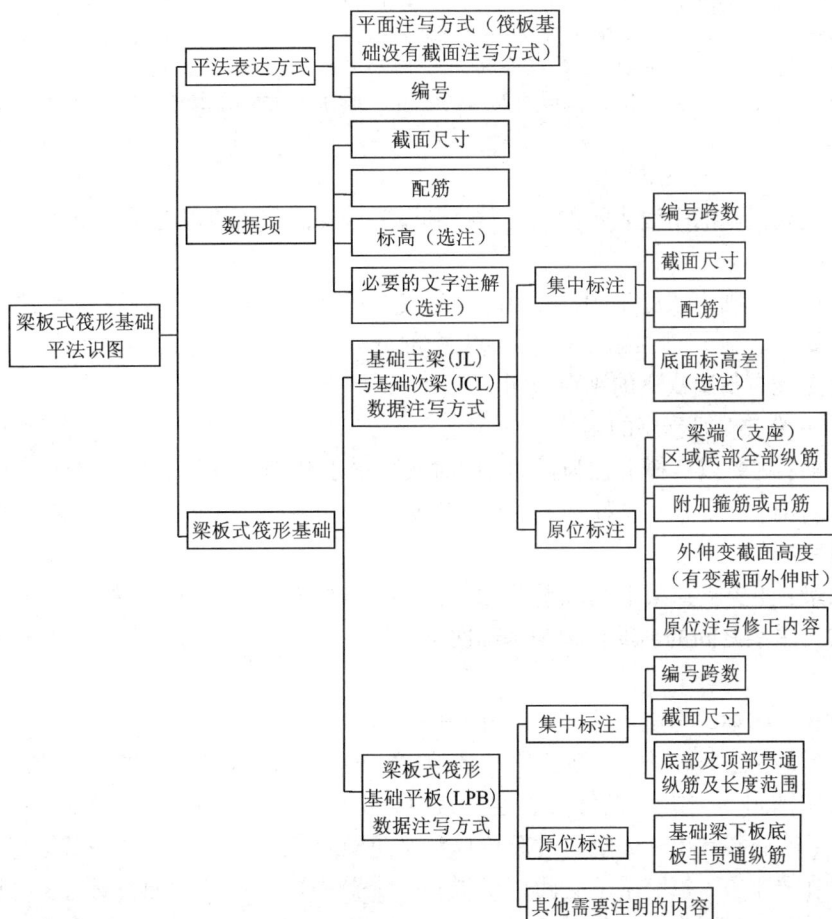

图 3 - 2　梁板式筏形基础平法识图知识体系

3.1.2 梁板式筏形基础钢筋平法识图

1. 梁板式筏形基础构件类型及编号

梁板式筏形基础平法施工图，只有平面注写方式，而没有截面注写方式，其平面注写方式是在基础平面布置图上，分构件[基础主梁(JL)、基础次梁(JCL)和基础平板(LPB)]单独采用集中+原位标注进行表达，其包含的基础主梁、基础次梁和基础平板，按照表3-1的规定进行编号。

表3-1　梁板式筏形基础构件编号

构件类型	代号	序号	跨数及有无外伸
基础主梁(柱下)	JL	××	(××)或(××A)或(××B)
基础次梁	JCL	××	(××)或(××A)或(××B)
梁板式基础平板	LPB	××	分别在 X、Y 两向的贯通筋之后表达

注：1. (××A)为一端有外伸，(××B)为两端有外伸，外伸不计入跨数，(××)为无外伸。

2. 基础主梁跨数的识别，与被其支撑的柱有关，两柱之间算一跨；

基础次梁跨数的识别，与其通过的主梁有关，两列主梁之间为一跨；

基础平板跨数的识别，以构成柱网的主轴线为准，两主轴线之间无论有几道辅助轴线，均按一跨考虑，因此它一般是不考虑基础次梁的。

有了梁板式筏基的平法表示的构件类型和编号，我们就可以既分清不同的构件，又区分同类构件。

梁板式筏形基础平法施工图，由两部分组成，一为基础主梁与基础次梁平法施工图，另一为基础平板平法施工图，因此我们从这两个部分分别说起。

2. 基础主梁与基础次梁的平面识图

1) 基础主梁与次梁支座的划分

基础主梁：主要以支撑上柱为目的，同时兼顾梁下基础平板的支撑，因此一般将带有上柱的梁作为基础主梁，并以支撑的上柱交汇节点区作为基础主梁的支座区，带柱的支座与支座之间作为跨度的划分。

基础次梁：主要支撑梁下基础平板，以补充基础主梁对基础平板支撑的不足，因此一般将连接主梁与主梁之间的辅助梁称为基础次梁，并以基础主梁作为支座，以基础主梁作为其跨度的划分。

2) 基础主、次梁的平法表达方式(如图3-3所示)

在基础梁的平法标注中，基础主梁与基础次梁的平法表达方式一致(只是在构造方面略有不同)，都以集中+原位标注综合表达。其中集中标注——将全梁的共性在第一跨中引出来集中表达，若局部有出入，则通过原位标注来进行修正；原位标注——以每跨为一单元。①底筋标注在梁下方，每跨梁下有两个梁端和一个跨中可标注三个原位标注；②除底筋外，其余与集中标注不同的信息，包含梁截面尺寸、箍筋、顶筋、标高等都标注在梁上方；③原位优先表现为，有原位标注的按原位标注，没有原位标注的按集中标注。

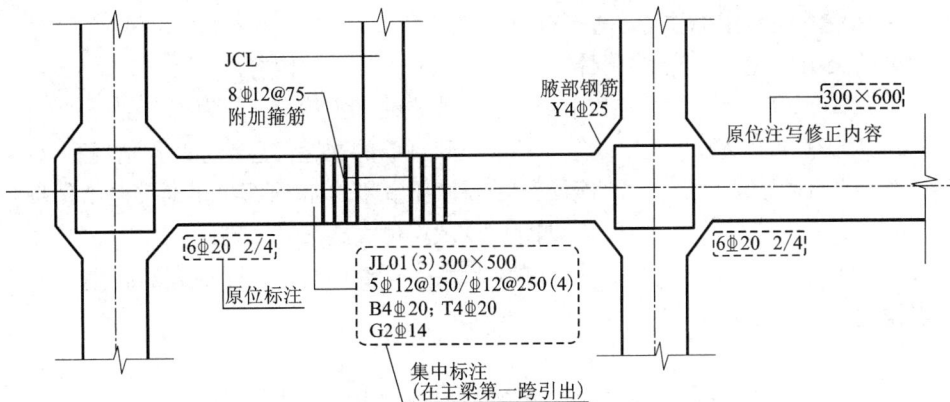

JCL

8Φ12@75
附加箍筋

腋部钢筋
Y4Φ25

300×600

原位注写修正内容

6Φ20 2/4

原位标注

JL01(3)300×500
5Φ12@150/Φ12@250(4)
B4Φ20；T4Φ20
G2Φ14

6Φ20 2/4

集中标注
(在主梁第一跨引出)

图3-3　梁板式筏形基础基础主梁平法表达方式

结合图3-3、图3-4与图3-5来进一步说明：

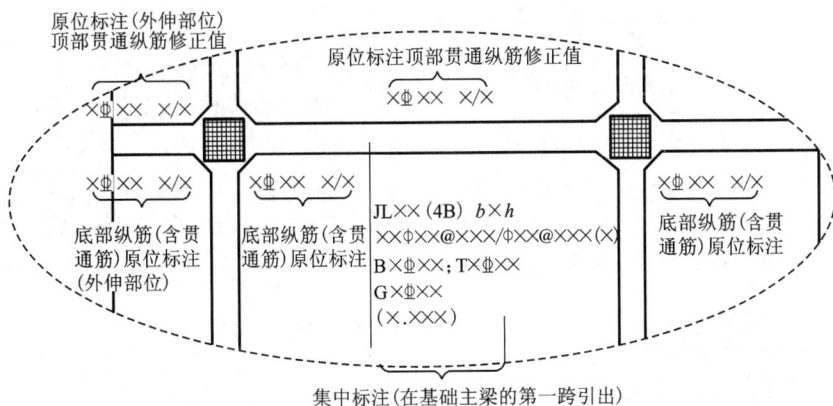

原位标注(外伸部位)
顶部贯通纵筋修正值

原位标注顶部贯通纵筋修正值

×Φ×× ×/×

×Φ×× ×/×

×Φ×× ×/×

×Φ×× ×/×

底部纵筋(含贯
通筋)原位标注
(外伸部位)

底部纵筋(含贯
通筋)原位标注

JL××(4B) b×h
××Φ××@×××/Φ××@×××(×)
B×Φ××；T×Φ××
G×Φ××
(×.×××)

底部纵筋(含贯
通筋)原位标注

集中标注(在基础主梁的第一跨引出)

图3-4　梁板式筏形基础基础主梁平法表达方式

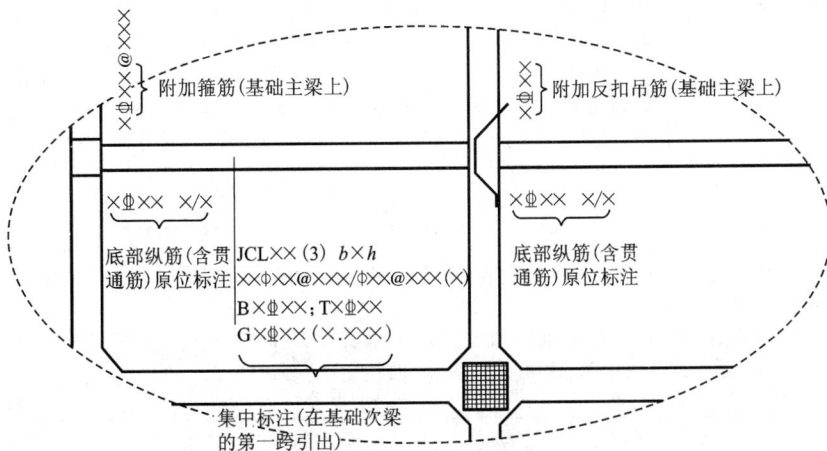

××××
×Φ××@×××
×××

附加箍筋(基础主梁上)

×Φ××
×××

附加反扣吊筋(基础主梁上)

×Φ×× ×/×

底部纵筋(含贯
通筋)原位标注

JCL××(3) b×h
××Φ××@×××/Φ××@×××(×)
B×Φ××；T×Φ××
G×Φ××(×.×××)

×Φ×× ×/×

底部纵筋(含贯
通筋)原位标注

集中标注(在基础次梁
的第一跨引出)

图3-5　梁板式筏形基础基础次梁平法表达方式

3）集中标注——集中标注应在基础梁第一跨引出

基础梁的集中标注，一般分为五排，分别表达五个方面的内容。

JL01（3）300×500	第一排：反映梁的基本信息，分为三个部分；
5ϕ12@150/ϕ12@250（4）	第二排：反映箍筋的配置信息，分两种情况；
B：4ϕ20；T：4ϕ20	第三排：反映梁底部 B 和顶部 T 贯通筋基本信息；
G2ϕ14	第四排：反映梁侧面腰筋基本情况；
（+0.300）	第五排：反映本梁底面与基础平板底面高差。

解释说明与举例见表 3－2。

表 3－2(a)　第一排：反映梁的基本信息，分为三个部分

注写形式	表达内容	附加说明
JL××（×B）或 JCL××（×B）	基础主梁（JL）或基础次梁（JCL）编号，具体包括：代号、序号（跨数及外伸状况）	（×A）：一端外伸；（×B）：两端外伸；（×）：无外伸
$b×h$	截面尺寸：梁宽×梁高	当加腋时，用 $b×h$ Y$c_1×c_2$ 表示，其中 c_1 为腋长，c_2 为腋宽（侧平腋居多）

【例】①JL01（3）300×500，表示：01 号基础主梁，共三跨，梁两端无外伸，梁宽为 300 mm，高为 500 mm
②JL03（3A）300×500，表示：03 号基础主梁，共三跨，梁一端有外伸，梁宽为 300 mm，高为 500 mm

表 3－2(b)　第二排：反映箍筋的配置信息，分两种情况

注写形式	表达内容	附加说明
①ϕ××@×××（×） ②××ϕ××@×××/ϕ××@×××（×）	①只采用一种箍筋间距：包含其强度等级、直径、间距（肢数）； ②采用两种箍筋间距：第一种箍筋道数、强度等级、直径、间距/第二种箍筋（肢数）	①当采用一种箍筋间距时，注写钢筋级别、直径、间距与肢数（写在括号内）。 ②当采用两种箍筋时，用"／"分隔不同箍筋，按照从基础梁两端向跨中的顺序注写。先注写第一段箍筋（在前面加注箍数），在斜线后再注写第二段箍筋（不再加注箍数）；无特殊情况，支座内和外伸部位的箍筋按第一种箍筋间距

【例】①ϕ14@150（2）表示：本基础梁采用的箍筋，钢筋级别为 HPB300，直径 14 mm，间距全为 150 mm，箍筋肢数为 2 肢
②5ϕ12@150/ϕ12@250（4）表示：箍筋级别为 HRB400，直径 12 mm，分别从每跨梁两端向跨中，每间距 150 mm 各设置 5 道，其余间距为 250 mm，均为 4 肢箍

表 3 – 2(c)　第三排：反映梁底部 B 和顶部 T 贯通筋基本信息

注写形式	表达内容	附加说明
B×Φ××；T×Φ××	底部(B)贯通纵筋根数、强度等级、直径； 顶部(T)贯通纵筋根数、强度等级、直径	①以"B"打头先注写梁底部贯通纵筋。当跨中所注根数少于箍筋肢数时，需要在跨中加设架立筋以固定箍筋，注写时用加号"+"将贯通筋与架立筋相连，架立筋注写在加号后面的括号内；以"T"打头注写梁顶部贯通纵筋。注写时用分号"；"将底部与顶部纵筋分割开来，如个别跨与其不同，则在该跨进行原位标注。 ②当梁底部或顶部贯通纵筋多于一排时，用斜线"/"将各排纵筋自上而下分开

【例】①B：4Φ20；T：4Φ20 表示：梁的底部配置 4 根Φ20 贯通纵筋，梁顶配置 4 根Φ20 的贯通纵筋，全部采用 HRB400 级钢筋；

②B8φ28 3/5 表示：梁底部贯通纵筋，上一排纵筋为 3 根φ28，下一排纵筋为 5 根φ28，全部采用 HRB400 级钢筋。

表 3 – 2(d)　第四排：反映梁侧面腰筋基本情况

注写形式	表达内容	附加说明
①G×Φ×× ②N×Φ××	①梁侧面全部构造(G)贯通纵筋根数、强度等级、直径； ②梁侧面全部抗扭(N)贯通纵筋根数、强度等级、直径；每侧均匀对称配置 x/2 根	①当梁腹板高度 h_w≥450 mm 时，梁两个侧面设置构造纵筋，以 G 打头注写总配筋值，且对称配置，其搭接与锚固长度可取 15d。 ②当需要配置抗扭纵筋时，梁两个侧面设置受扭纵筋以 N 打头，其搭接长度为 l_1，锚固长度为 l_a，其锚固方式同基础梁上部纵筋

【例】①G2Φ14 表示：梁的两个侧面共配置 2Φ14 的纵向构造筋，每侧各配置 1Φ14

②N8Φ16 表示：梁的两个侧面共配置 8Φ16 的纵向抗扭纵筋，沿侧面周边均匀对称设置，每侧各配置 4Φ16

表 3 – 2(e)　第五排：反映本梁底面与基础平板底面高差

注写形式	表达内容	附加说明
(×.×××)	表示梁底面相对于筏形基础基础平板底面标高的高差 "–"表示低于 "+"表示高于 不注 表示平于	基础梁底面标高高差是指相对于筏形基础平板底面标高的高差值。该项为选注值，有高差时须将高度差写入括号内，无高度差时不注。 基础梁与筏板平板顶平叫高位板，基础梁与筏板平板底平叫低位板，其余叫中位板

【例】①(–300)表示：梁底低于平板底 300 mm

②(+300)表示：梁底高于平板底 300 mm

③不注　表示：梁底与平板底齐平

4）基础主、次梁的原位标注——主要有四个方面的内容

（1）基础主、次梁端（支座）区域底部全部纵筋。

基础主、次梁端（支座）区域底部全部纵筋，系包括已经在集中标注写过的贯通筋在内的所有纵筋，注写在梁端（支座）区域底部，分下列三种情况。

表 3－3

情况	举例
①梁端（支座）区域底部纵筋多于一排时，用斜线"/"将各排纵筋自上而下分开	【例】梁端（支座）区域底部纵筋注写为"6 Φ 20 2/4"，则表示上一排纵筋为 2 Φ 20，下一排纵筋为 4 Φ 20。 其中下一排的 4 Φ 20，为在集中标注写过的贯通筋 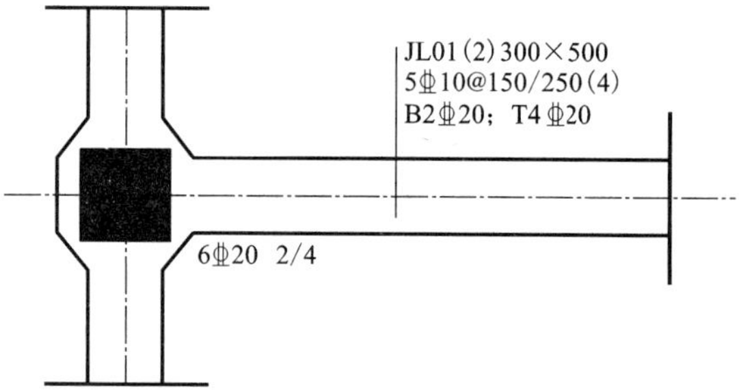 JL01(2)300×500 5Φ10@150/250(4) B2Φ20；T4Φ20 6Φ20 2/4
②当同排纵筋有两种直径时，用加号"＋"将两种直径的纵筋相连	【例】梁端（支座）区域底部纵筋注写为"2 Φ 20 ＋ 2 Φ 18"，表示一排纵筋由两种不同直径钢筋（20 mm 和 18 mm）组合 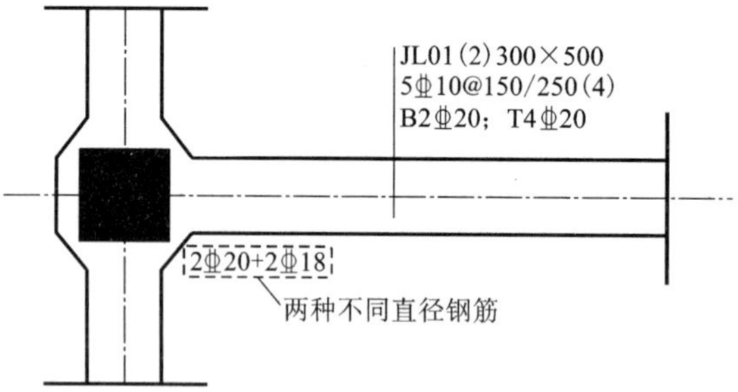 JL01(2)300×500 5Φ10@150/250(4) B2Φ20；T4Φ20 2Φ20+2Φ18 两种不同直径钢筋

续上表

情况	举例
③当梁中间支座两边的底部纵筋配置不同时，须在两边分别标注；当梁中间支座两边的底部纵筋相同时，可仅在支座的一边标注配筋值	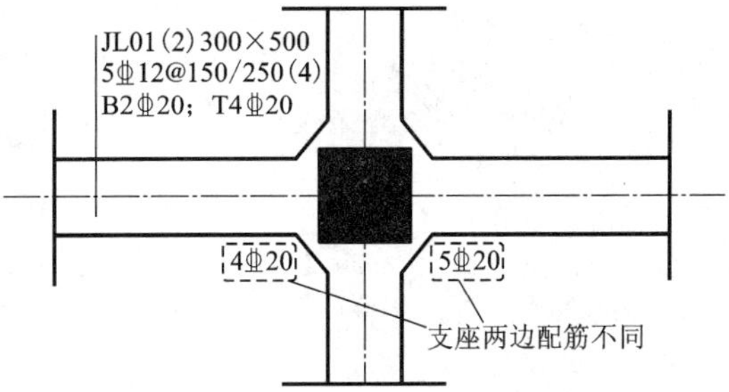 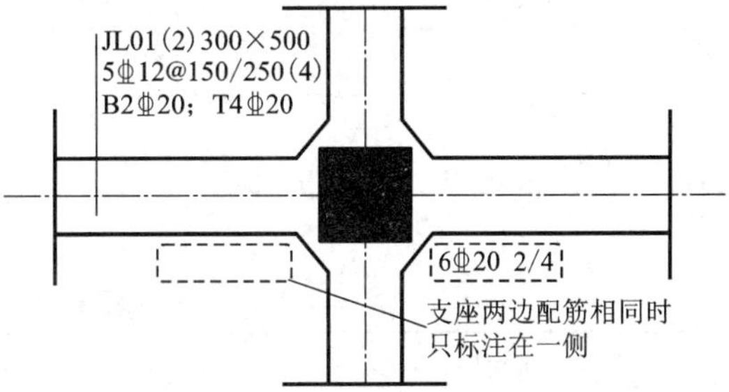 JL01(2)300×500 5⊈12@150/250(4) B2⊈20；T4⊈20 4⊈20　5⊈20 支座两边配筋不同 JL01(2)300×500 5⊈12@150/250(4) B2⊈20；T4⊈20 6⊈20 2/4 支座两边配筋相同时只标注在一侧

（2）注写在基础主梁上的附加箍筋或（反扣）吊筋。

基础主、次梁的交汇处，往往需要在主梁上，次梁两侧一定范围内，加附加箍筋或（反扣）吊筋，以增强主梁对次梁的支撑，平法标注中是将其直接画在平面图的主梁上，用线引注总配筋值（附加箍的肢数注在括号内），当多数附加箍筋或（反扣）吊筋相同时，可在基础主梁平法施工图上统一注明，少数与统一注明值不同时，再原位标注；同时我们也可以通过附加箍所加的位置，判别谁是主梁，谁是次梁。

表 3 – 4

情况	举例
①附加箍筋，加在主梁上，次梁两侧，离次梁边 50 mm，以主梁距箍筋加密间的一半对称布置，其中 s 为附加箍布置范围	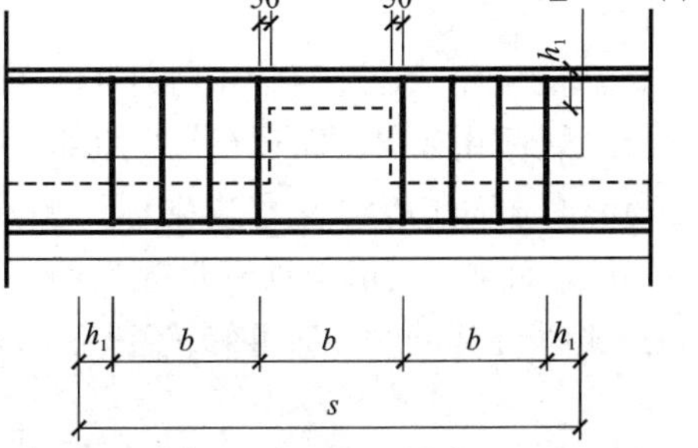 50　50　8⊈12@75(4) h_1　b　b　b　h_1 s 表示次梁两边，每边各加4道、直径 $d=12$ mm、强度等级为 HRB400 级、肢数为4的附加箍筋

续上表

情况	举例
附加(反扣)吊筋,加在主梁上,扣过次梁顶部两侧,各伸出次梁宽边 50 mm,对称 60° 往下伸入主梁底筋上,再平走 $20d$	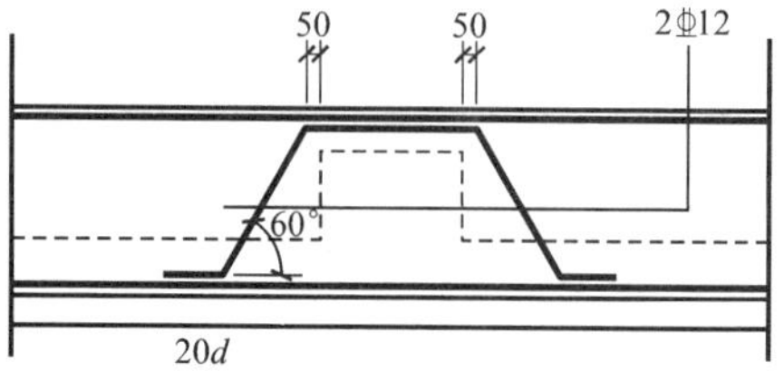 表示在主、次梁的交汇处,主梁上、次梁顶部,并排布置两根直径 $d = 12$ mm、强度等级为 HRB400 级的附加(反扣)吊筋

(3)外伸部位的变截面高度尺寸。

表 3 – 5

情况	举例
基础主、次梁外伸部位如果有变截面,则在该部位,梁的上边,原位标注为 $b \times h_1/h_2$,h_1 为根部截面高度,h_2 为最外端截面高度,b 为梁宽	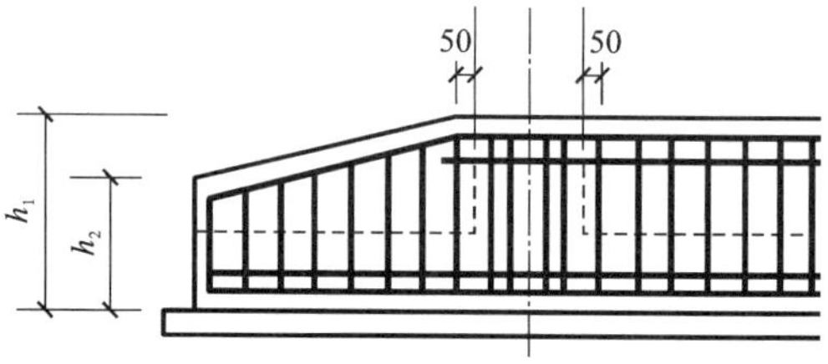 【例】若注写为 300 × 500/300,表示外伸部位,梁宽为 300 mm,根部截面高度为 500 mm,尽端高度为 300 mm

(4)原位标注的修正内容。

原位标注的修正,是针对集中标注的某项内容进行更改,除了梁底部钢筋修正注写在梁底外,其余一般标注在梁的跨中(或外伸部位)上部。

原位标注的修正内容,除了集中标注的梁编号不能修正外,其余某项内容(梁的截面尺寸,是否加腋、箍筋、底部与顶部贯通纵筋或架立筋、梁侧面纵向钢筋,梁底面标高等)不适用于某跨或某外伸部分时,都可修正注写在该部位。以修正梁加腋为例,见表 3 – 6。

表 3 - 6

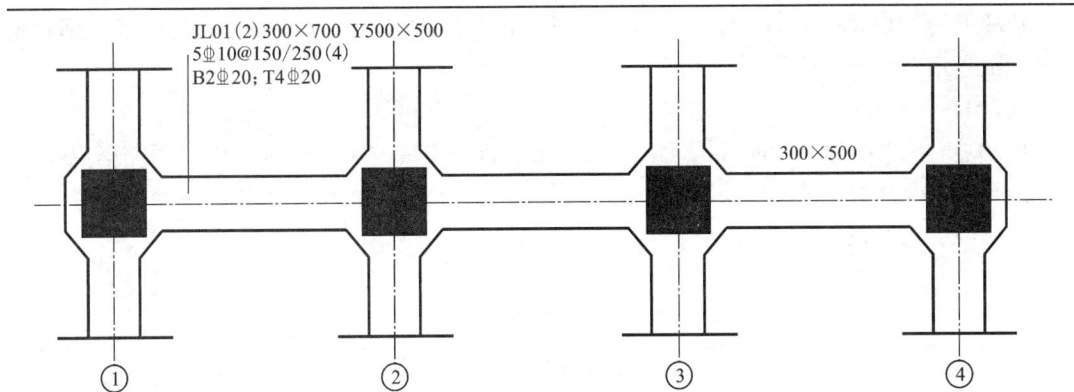

JL01 (2) 300×700 Y500×500
5Φ10@150/250(4)
B2Φ20; T4Φ20

300×500

① ② ③ ④

当多跨基础主梁的集中标注中已注明加腋(基础梁以加平腋居多),而该梁某跨根部不需要加腋,则应在该跨原位标注等截面的 $b×h$,以修正集中标注中的加腋信息。如图所示,集中标注中截面尺寸为 300 × 700 Y 500 ×500,而第三跨原位标注为 300 ×500,表示第三跨不仅截面尺寸发生了变化,而且该跨不需要加腋

3. 梁板式筏形基础平板的平法识图

梁板式筏形基础平板(LPB)的平面注写,分板底部与板顶部贯通纵筋的集中标注,与板底部附加非贯通纵筋的原位标注两部分内容。当仅设置贯通纵筋而非设置附加非贯通纵筋时,则仅做集中标注。

读识梁板式筏形基础平板(LPB)平法施工图,我们首先应该知道:集中标注是从所表达的板区双向均为第一跨(X 与 Y 双向首跨)的板上引出,其中 X 向为图面上的从左往右方向,Y 向为从下往上方向;原位标注的板底部附加非贯通纵筋,同样也是在配置相同跨的第一跨,用垂直于基础主梁的粗虚线表达;"板区"划分原则为:板厚相同,底部及顶部配筋相同的区域为同一板块区。如图 3 -6。

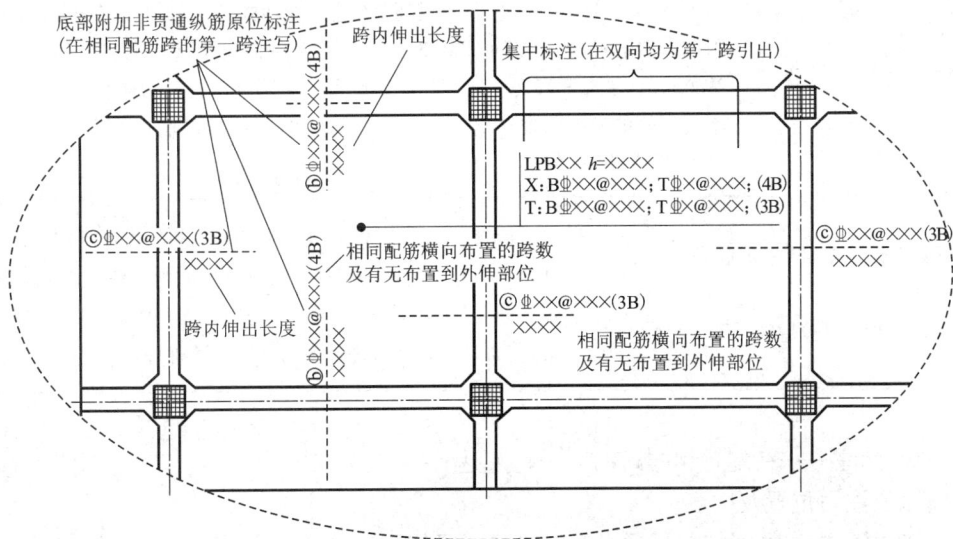

图 3 - 6 梁板式筏形基础基础平板平法表达方式

1)集中标注——集中标注应在双向均为第一跨引出

基础平板 LPB 的集中标注，一般分为三排，分别表达三个方面的内容，其中第二排和第三排分别表示双向贯通配筋。

LPB01　　$h = 500$　　　　　　　　第一排：反映基础平板基本信息

X：B$\pm$14@200；T$\pm$12@180；（4A）　第二排：反映板底和板顶 X 向贯通筋信息

Y：B$\pm$12@200；T$\pm$12@180；（2）　第三排：反映板底和板顶 Y 向贯通筋信息

解释说明与举例见表 3-7。

表 3-7

注写形式	表达内容	附加说明
LPB××	基础平板的编号＝代号(LPB)和序号(××)	为梁板梁板式筏形基础平板
$h = ××××$	基础平板厚度	同一板区范围内，不包括外伸
【例】LPB01　$h = 500$　表示：01 号梁板梁板式筏形基础平板，平板厚度为 500 mm		
X：B$\pm$××@×××；T$\pm$××@×××；（×、×A、×B） Y：B$\pm$××@×××；T$\pm$××@×××；（×、×A、×B）	X 向（或 Y 向）底部（B）与顶部（T）贯通纵筋强度等级、直径、间距及其总长度，布置跨数及有无外伸） （×A）：走×跨，加一端外伸； （×B）：走×跨，加两端外伸； （×）：只走×跨，无外伸	底筋应有不少于 1/3 贯通全跨，并注意与非贯通筋组合设置的具体要求（如隔一布一），顶筋应全跨贯通
"隔一布一"的两种情况： ①贯通筋两种规格（不分顶部和底部） ②底部贯通筋与非贯通筋组合	【例】$\pm$10/12@100 表示贯通纵筋为$\pm$10、$\pm$12"隔一布一"，彼此之间间距为 100 mm，但直径为 10 mm 的钢筋、直径为 12 mm 的钢筋间距分别为 100 mm 的两倍，即 200 mm。底部或顶部"隔一布一"，由设计决定。 【例】贯通筋 B$\pm$22@300，非贯通筋⑤$\pm$22@300（3）。原位注写的平板底部附加非贯通筋为⑤$\pm$22@300(3)，该三跨范围内集中标注的底部贯通筋为$\pm$22@300，在该三跨支座处实际横向设置的底部纵筋合计为$\pm$22@150。 不同规格的底部附加非贯通筋与集中标注的底部贯通筋也可采用同样的组合形式，也隔一布一	
【例】X：B$\pm$14@200；T$\pm$12@180；（4A） Y：B$\pm$12@200；T$\pm$12@180；（2）	表示基础平板 X 向底部配置$\pm$14 间距 200 mm 的贯通纵筋，顶部配置$\pm$12 间距 180 mm 的贯通纵筋，纵向总长度为四跨一端有外伸；Y 向底部配置$\pm$12 间距 200 mm 的贯通纵筋，顶部配置$\pm$12 间距 180 mm 的贯通纵筋，纵向总长度为两跨，没有外伸	

2)原位标注——在配置相同跨的第一跨表达

（1）原位注写位置及内容。

板底部原位标注的附加非贯通纵筋，应在配置相同跨的第一跨表示（当在基础梁悬挑部位单独配置时则在原位表示）。在配置相同跨的第一跨（或基础梁外伸部分），垂直于基础梁绘制一段中粗虚线(当该筋通长在设置外伸部分或短跨板下部时,应画至对边或贯通短跨),在虚线上注写编号(如①②等)、配筋值、横向布置的跨数及是否布置到外伸部位。

(2)(××)为横向布置的跨数,(××A)为横向布置的跨数及一端基础梁的外伸部分,(××B)为横向布置的跨数及两端基础梁的外伸部位。

(3)原位标注说明见表3-8。

表3-8　梁板式筏形基础基础平板 LPB 原位标注说明

板底部附加非贯通筋的原位说明:原位标注应在基础梁下相同配筋的第一跨下注写

注写形式	表达内容	附加说明
⊗ ⊈××@××(××、×A、×B) —————————————— ×××× ——基础梁	底部附加非贯通筋编号、强度等级、直径、间距(相同配筋横向配置的跨数及有无布置到外伸部位);自梁中心线分别向两边跨内的伸出长度,注在中粗虚线段下方	①板底部附加非贯通纵筋向两边跨内的伸出长度值注写在线段的下方位置,当该筋向两侧对称伸出时,可仅在一侧标注,另一侧不注;②当布置在边梁下时,向基础平板外伸部分一侧的伸出长度与方式按标准构造,设计不注;③底部附加非贯通筋相同者,可仅注写一处,其他只注写编号于中粗虚线段上方;④横向连续布置的跨数及是否布置到外伸部位,不受集中标注贯通纵筋的板区限制;⑤与贯通筋组合设置时的具体要求详见相应制图规则
修正内容原位注写	某部位与集中标注不同的内容	原位标注的修正内容取值优先

【例】在基础平板第一跨中粗虚线段上方注写有③⊈14@250(2),下方一侧注写有2400,表示在第一跨到第二跨板两跨;该基础梁下横向配置⊈14@250且编号为③的底部附加非贯通筋;自梁中心线分别向两边跨内的伸出长度相同,全为2400 mm,因此该钢筋单根长度为4800 mm

4. 应在图中注明的其他内容

(1)当在基础平板周边沿侧面设置纵向构造钢筋时,应在图中注明。

(2)应注明基础平板的外伸部位的封边方式,当采用 U 形钢筋封边时应注明其规格、直径及间距。

(3)当基础平板外伸变截面高度时,应注明外伸部位的 h_1/h_2, h_1 为根部截面高度, h_2 为最外端截面高度。

(4)当基础平板厚度大于 2 m 时,应注明具体构造要求。

(5)当在基础平板外伸阳角部位设置放射筋时,应注明放射筋的强度等级、直径、根数以及设置方式等。

(6)当在板的分布范围内采用拉筋时,应注明拉筋的强度等级、直径、双向间距等。

(7)应注明混凝土垫层厚度以及强度等级。

任务二 计算梁板式筏形基础钢筋工程量

3.2 梁板式筏形基础钢筋构造

3.2.1 梁板式筏形基础钢筋种类

梁板式筏形基础包含基础主梁(JL)、基础次梁(JCL)以及基础平板(LPB)三大构件,它们各自包含的钢筋种类,见图3-7。

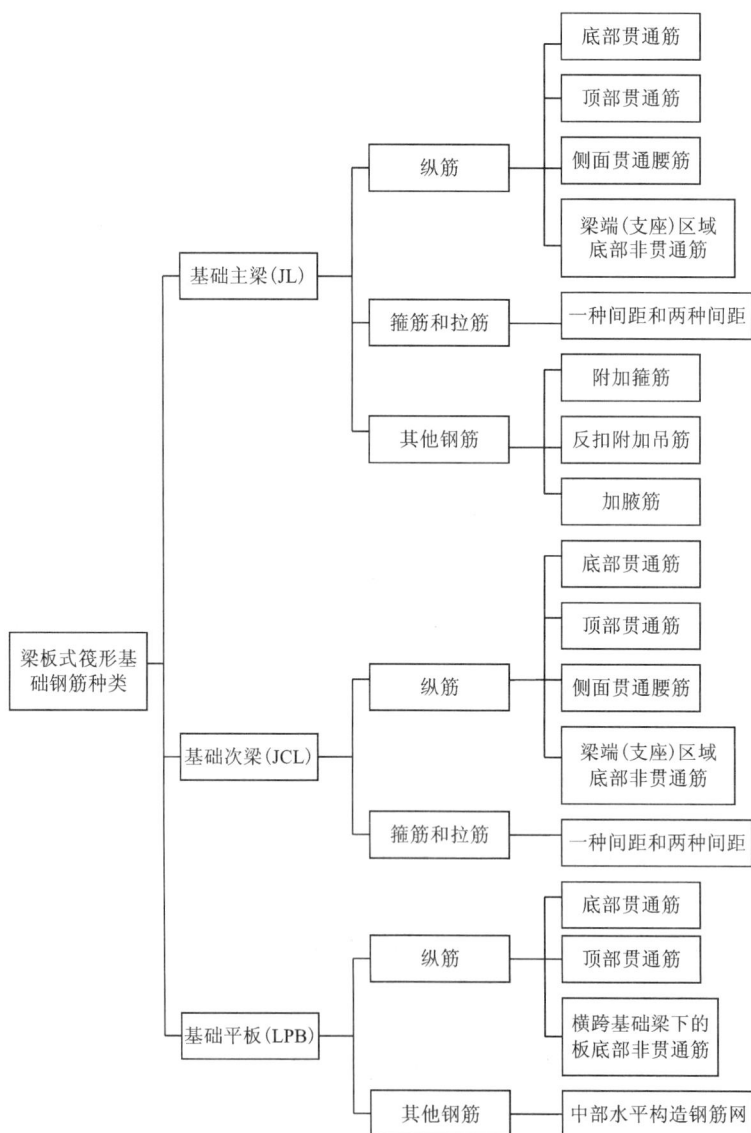

图3-7 梁板式筏形基础钢筋种类

3.2.2　梁板式筏形基础钢筋构造

梁板式筏形基础的三个主要构件——基础主梁(JL)、基础次梁(JCL)、基础平板(LPB)，是有主从关系的，反映在 JL—JCL 中，JL 为主、JCL 为从；JL—LPB 中，JL 为主、LPB 为从；JCL—LPB 中，JCL 为主、LPB 为从。因此在它们的交汇处(节点)的配筋构造中，应根据节点的主从关系考虑是否连续或躲让。所谓连续，就是两构件相遇时，主构件的钢筋(纵向钢筋和横向钢筋)连续不断地通过节点，从构件则必须躲让；而所谓躲让，则是从构件中与主构件相平行的钢筋，不进入节点，应该躲开一个规定的距离，而与主构件相垂直的钢筋对主构件节点，或锚或贯。

若无主从关系，如 JL、JCL、LPB 三大构件中，JL 对 JL 无主从关系，JCL 对 JCL 也无主从关系，它们的交汇节点构造，基本为小让大、瘦让胖、矮让高、相同无设计则任选。

明白了上述两种关系，能为我们更好地理解平法节点构造，同时也为钢筋算量的分区做好准备，在每个"分区"内，都要考虑平行躲让钢筋的起步，以及垂直锚贯钢筋的构造要求。

同一构件在中间支座两边出现差别时，中间支座两边的顶部和底部纵向钢筋在支座处，应该遵循的原则是：有差互锚，无差互通。而箍筋则选大的箍满整个支座。

1. 梁板式筏形基础主梁(JL)钢筋的构造(参考项目二　基础主梁构造)

基础主梁的钢筋组成，包含纵向钢筋、横向钢筋(箍筋和拉筋)以及其他钢筋，见图 3-7。

它们一般的构造形式，见图 3-8。

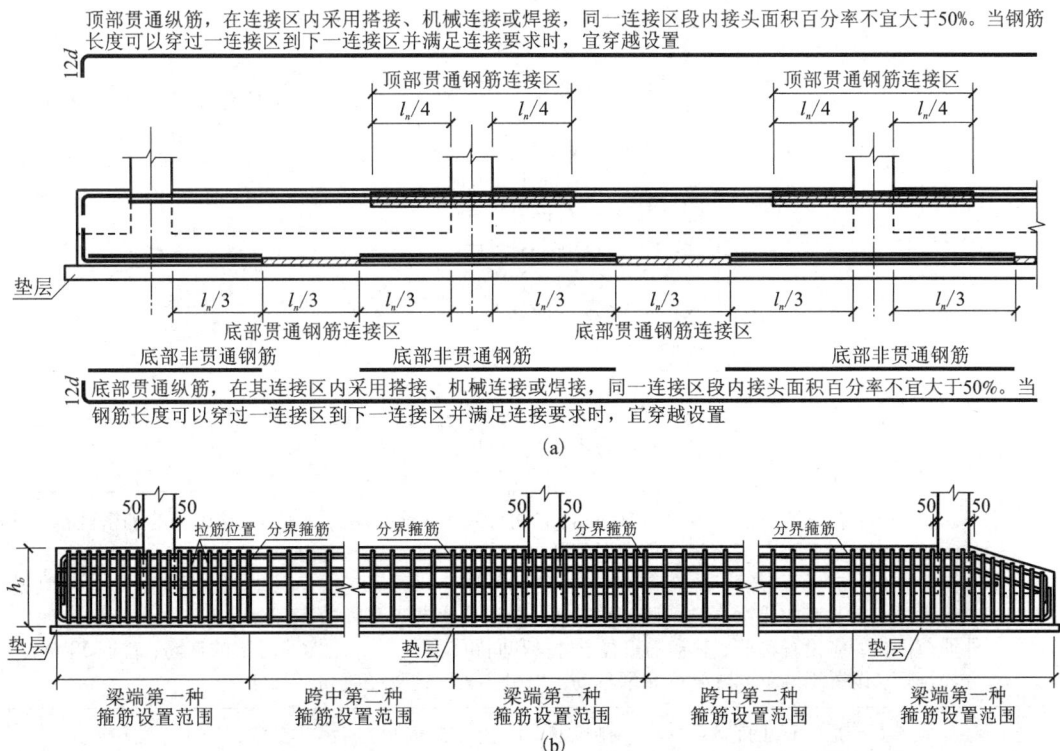

图 3-8

(a)基础梁(JL)底部和顶部纵向钢筋构造；(b)基础梁(JL)箍筋与拉筋构造

一般构造要求总结如表 3-9。

表 3-9　JL 钢筋一般构造总结

钢筋种类		跨内布置特色	连接位置（基础梁中间段）	锚固特点
顶部纵筋（包括集中标注的顶筋"T"或原位修正的顶筋）		全为贯通筋	①于支座及支座边 $l_n/4$ 范围内连，但外伸及离端部支座的 $l_n/4$ 范围内，不设连接区；②强调的是连接，弱化与中间支座的关系	（基础梁端部构造）①第一层顶筋，伸至端部最外端，然后无外伸弯折 $15d$，有外伸弯折 $12d$；②其余层顶筋：无外伸，伸至端节点最外端，然后弯折 $15d$，有外伸则伸入节点内侧一个拉锚长 l_a 即可，而不伸至外伸尽端；③拉锚性质：与支座的关系：对中间支座，或锚或贯，但鼓励贯通；端部无外伸支座，则须参与包边（与底筋成对连通）；锚固长为 l_a
侧面腰筋	构造："G"	全为贯通筋	规范不明确，即可理解为：可在任意位置连，或见节点就锚	搭接和锚固长度全为 $15d$（无论端部和中间段）；对任何节点，或锚或贯皆可
	抗扭："N"	全为贯通筋		锚固方式同顶部纵筋；锚固长度为 l_a，搭接长度为 l_l；对任何节点，或锚或贯皆可
底部纵筋	贯通筋"B"（集中标注）	全为贯通筋	①拉锚于端节点，贯穿中间节点②连接区为本跨跨中的 $l_{ni}/3$ 范围③当两毗邻跨的底部贯通纵筋配置不同时，应将配置较大一跨的底部贯通纵筋越过其标注的跨数终点或起点，伸至配置较小的毗邻跨的跨中连接区进行连接	①最底层底筋，伸至端部最外端，然后无外伸弯折 $15d$，有外伸弯折 $12d$；②其余层底筋：无外伸，伸至端节点最外端，然后弯折 $15d$，有外伸则伸至外伸尽端即可，不弯折；③拉锚性质，节点宜穿越布置
	非贯通（节点原位标注，除集中标注的贯通筋）	贯穿节点各伸出 $l_n/3$	由于是非贯通筋，长度不长，不用考虑连接的问题	在基础梁的端部，构造与底部贯通筋完全一致
箍筋			①净跨范围内：首箍距节点边或柱边 50 mm；若两种间距，梁两端为加密区，跨中为非加密区；若只一种间距，表示全净跨内箍筋为一种布置间距，无加密及非加密区之分②节点范围内：应设置箍筋，其箍筋直径、材料和间距，就近等于梁净跨端部的箍筋；节点两侧梁宽或高不同，按梁的或梁高的一侧配置箍筋；首道取离节点最外边 50 mm③外伸范围内：应设置箍筋，其箍筋直径、材料和间距，就近等于梁净跨端部的箍筋；首道 50 mm④分界箍筋：设置于两不同配置的相邻箍筋区域分界处，且直径就高不就低		
拉筋			①有腰筋才有拉筋，有几排腰筋就有几排拉筋，且上下排拉筋竖向错开设置；②拉筋的设置应随腰筋和箍筋的布置范围而设置，净跨范围内距腰筋起始锚固点 50 mm 开始设置；③间距为箍筋非加密区间距的 2 倍（有两种间距）或箍筋间距的 2 倍（一种间距），且 ≤600 mm；④直径除设计注明外，均为 8 mm，材料可直接取 HPB300 级钢筋		

续上表

附加箍	①在主梁上，次梁两侧各 50 mm，对称设置，箍筋的直径、材料、道数及间距由设计指定（若无指定，附加箍＝本梁箍，间距＝梁箍加密区间距/2，道数由设计指定）；②次梁宽及次梁两侧附加箍设置范围内，主梁箍筋照常设置，不受附加箍筋的影响
附加吊	①附加（反扣）吊筋的高度应根据主梁高度推算，但顶部平直段不得低于次梁顶面标高，同时注意顶部平直段与主梁顶部钢筋的净距满足通用构造的规范要求（具体构造见后页的构造详图）；②附加（反扣）吊筋由设计注明，加在主梁上，主梁与次梁的交汇处
l_n 净跨的取值	①不涉及别的跨影响的，取本跨的净跨长，如底部非贯通筋在端部节点的伸出长度 $l_n/3$ 和底部贯通筋在跨中 $l_n/3$ 连接区（端取本）；②涉及别的跨影响的，取左右相邻净跨长的较大值，如底部非贯通筋在中间节点的伸出长度 $l_n/3$ 和顶部贯通筋在中间节点的两边 $l_n/4$ 连接区（中取大）

下面分三个方面进行具体说明，即基础主梁的纵筋、横向钢筋、其他钢筋。

1）基础主梁的纵向钢筋构造

基础主梁的纵向钢筋包含：以贯通形式存在的有底部贯通筋、顶部贯通筋、侧面腰筋；以非贯通形式存在的有底部非贯通筋。

但纵筋在布置过程中，将会遇见下列情况，见图 3 - 9。

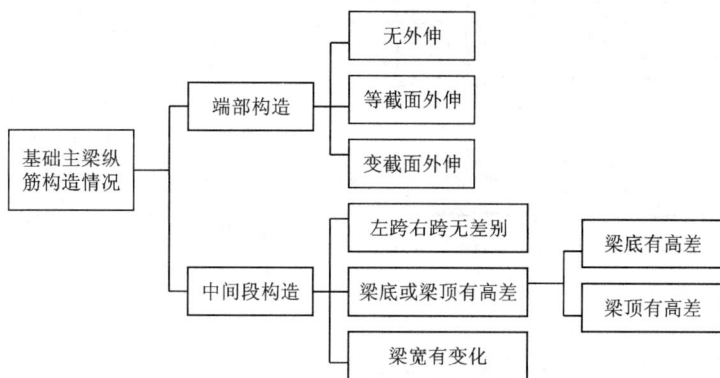

图 3 - 9 基础主梁纵向钢筋构造

我们将基础主梁的纵筋分为两组，一组为底部和顶部纵筋，一组为侧面腰筋。根据基础梁从梁端到另一端的布置情况，将纵筋分为端部和中间段的构造情况分别进行详细讲解。

（1）基础主梁底部和顶部纵筋构造要点。

基础主梁底部和顶部纵筋于梁端部无外伸时的构造，施工中原则上要求：无论贯通或非贯通筋，顶筋和底筋一层和一层、二层和二层成对连通，剩余纵筋伸至梁端部尽端后，皆弯折 $15d$，但考虑到造价和施工的区别，故本章不做具体介绍。

表 3 - 10　基础主梁底部和顶部纵筋于梁端部的构造要点

类型	钢筋构造图示	钢筋构造要点 （l_n 为端部支座第一跨的净跨度）
无外伸	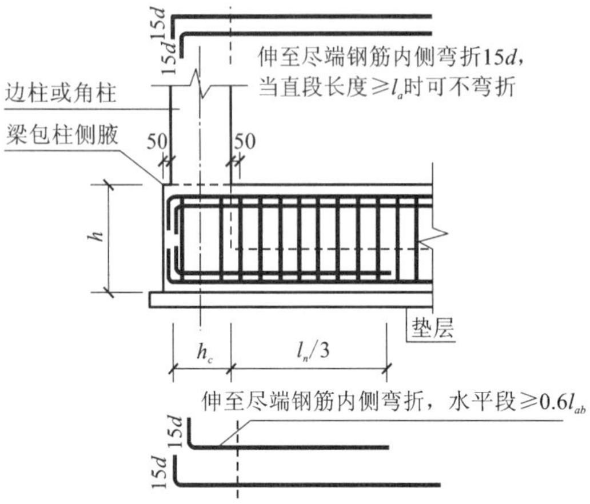	①基础梁底部最下排、顶部最上排钢筋伸至端部后弯折 15d，且与梁包柱侧腋的水平构造蝶筋绑扎在一起； ②基础梁顶部下排钢筋伸至尽端钢筋内侧后弯折 15d，当水平段长度 $\geq l_a$ 时可不弯折，基础梁底部上排钢筋伸至尽端钢筋内侧后弯折 15d，且满足水平段长度 $\geq 0.6l_{ab}$； ③梁端底部非贯通筋，向跨内延伸长度，无论第一层还是第二层均为 $l_n/3$，第三层以上的伸出长度由设计指定； ④顶部贯通筋于端部支座及支座边 $l_n/4$ 范围内，不设连接区
等截面外伸	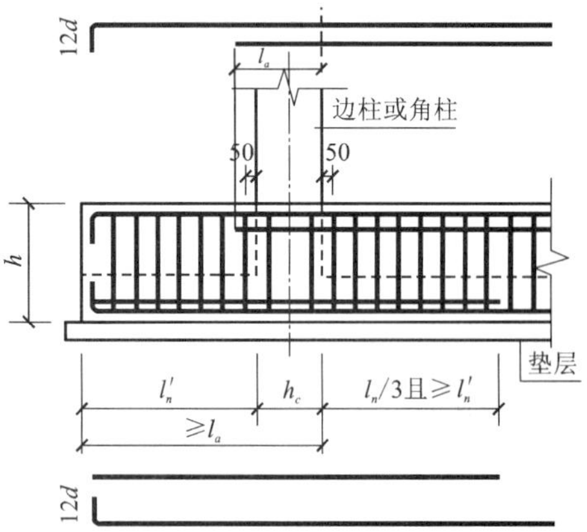	①基础梁顶部最上排和底部最下排钢筋应伸至端部后弯折 12d； ②顶部下排钢筋，可不伸入外伸尽端，而只伸入柱内侧边一个拉锚长 l_a 即可，而底部上排钢筋，则应伸至外伸尽端，但可不弯折 12d； ③当外伸段 $l'_n + h_c \leq l_a$ 时，基础梁下部钢筋应伸至端部后弯折 15d，且从柱内边算起水平段长度 $\geq 0.6l_{ab}$； ④梁端底部非贯通筋，向跨内延伸长度，无论第一层还是第二层为 $\max(l_n/3，l'_n)$（l'_n 为外伸长度），第三层以上的伸出长度由设计指定； ⑤顶部贯通筋于端部支座及支座边 $l_n/4$ 范围内，不设连接区
变截面外伸	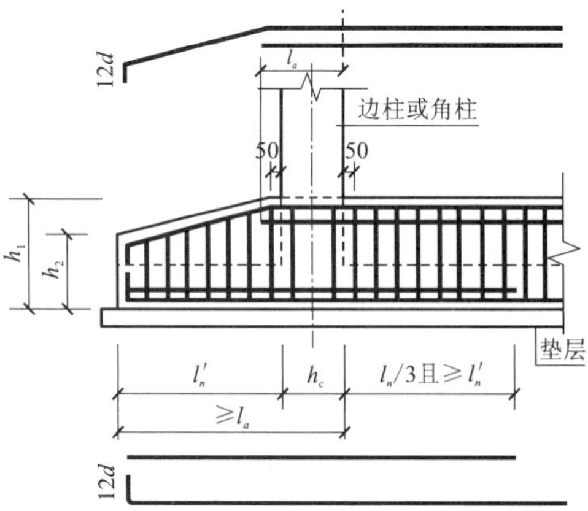	①构造要求与等截面外伸一致； ②基础梁根部高度为 h_1，端部高度为 h_2； ③外伸段顶部钢筋的伸出长度，应考虑坡度系数的影响，利用勾股定理来计算

同一基础主梁在中间支座两边可能没有差别，也有可能出现差别，这些差别的出现，一般于梁的平法标注中，在梁的上部的原位修正标注中显示出来。中间支座两边顶部和底部的纵向钢筋在支座处，应该遵循的原则是：有差互锚，无差互通。

表 3 – 11　基础主梁底部和顶部纵筋于梁中间段的构造要点

类型	钢筋构造图示	钢筋构造要点 （l_n 为支座两侧净跨度的较大值）
左跨右跨无差别	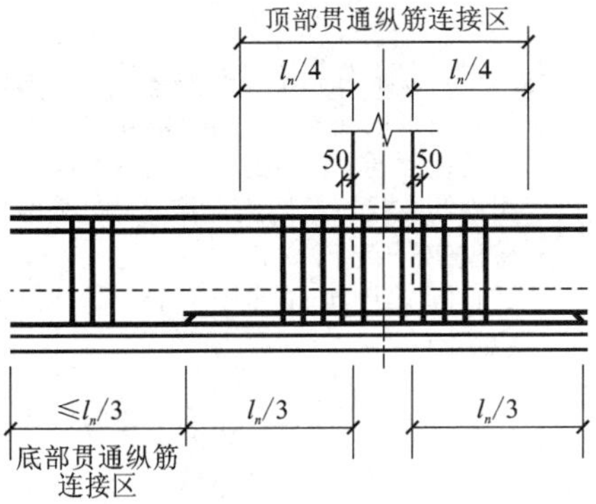	①无差互通：由于中间节点的左跨和右跨梁没有差别，因此顶部和底部纵向钢筋直接连续通过节点，具体情况，如图 3 - 2 - 2； ②两毗邻跨底部贯通筋设置不同时，应将配置较大一跨的底筋越过其标注的跨数终点或起点，伸至配置较小的毗邻跨的跨中连接区内进行连接； ③支座两边顶部纵筋直径相同但根数不同时，应将配筋小的钢筋全部与大侧同筋，且穿过中间支座，配筋大侧的多余钢筋拉锚（l_a）于中间支座，且至少伸至柱对边内侧
梁底有高差	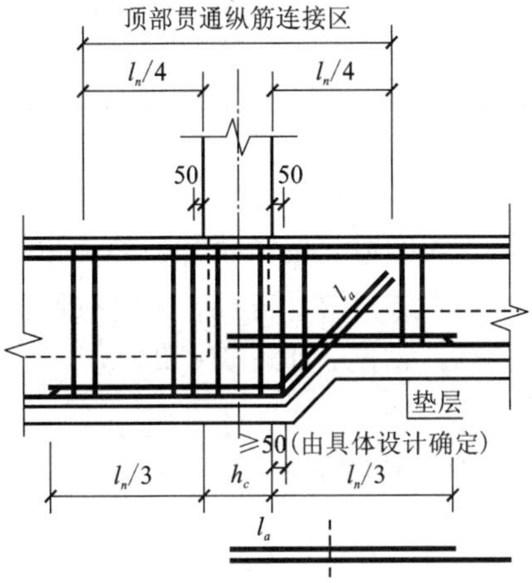	①无差互通：梁顶无高差，梁顶的纵筋连续通过中间节点； ②有差互锚：梁底有高差，则梁底的纵筋，无论贯通筋或非贯通筋，均于阴角相互延伸一个拉锚长度 l_a； ③梁底高差坡度，根据现场可取 30°、45°、60°，计算时可取 45°
梁顶有高差	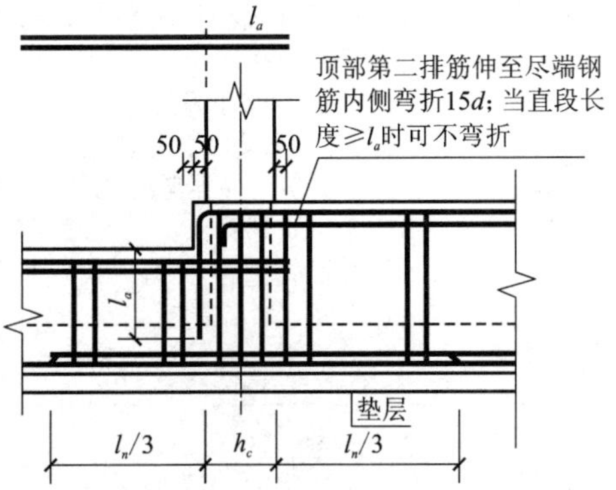	①无差互通：梁底无高差，梁底的纵筋无论贯通筋或非贯通筋，均连续通过中间节点； ②有差互锚：梁顶有高差，则高梁梁顶的第一排纵筋，与低梁所有顶筋，均于阴角相互延伸一个拉锚长度 l_a； ③高梁顶部第二排钢筋，伸至尽端钢筋内侧弯折 15d，当直线段长度 ≥l_a 时可不弯折

类型	钢筋构造图示	钢筋构造要点 （l_n 为支座两侧净跨度的较大值）
梁宽有变化	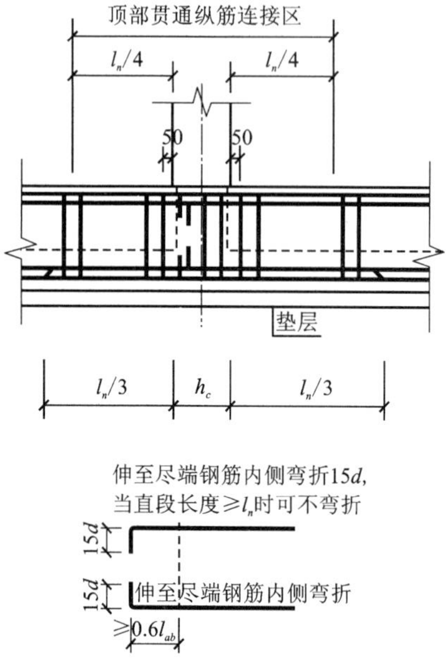 顶部贯通纵筋连接区 $l_n/4$　$l_n/4$ 50　50 垫层 $l_n/3$　h_c　$l_n/3$ 伸至尽端钢筋内侧弯折15d, 当直段长度≥l_n时可不弯折 15d 15d　伸至尽端钢筋内侧弯折 ≥0.6l_{ab}	如图，支座右侧梁较左侧梁宽，左侧在右侧的投影范围内无差异，右侧的宽出部分有差异。 ①无差互通：较窄的左侧梁钢筋应与较宽的右侧钢筋在投影范围内保持一致，全部相互连续通过中间节点； ②右侧宽出部分的钢筋构造，与端部无外伸构造相同

（2）基础主梁的侧面腰筋构造要点。

基础主梁的侧面腰筋分为两种，一种为带"G"头的构造腰筋，而另一种为带"N"头的抗扭腰筋，它们构造的关键区别，主要反映在连接长度和锚固两个方面，所以我们平法识图的时候，一定要注意集中或原位标注中侧面腰筋的"带头"情况，如表 3–12。

表 3–12　基础主梁的侧面腰筋的构造要点

类型	基础梁	钢筋构造图示	钢筋构造要点
构造腰筋	带腋十字交叉，且交叉处有柱	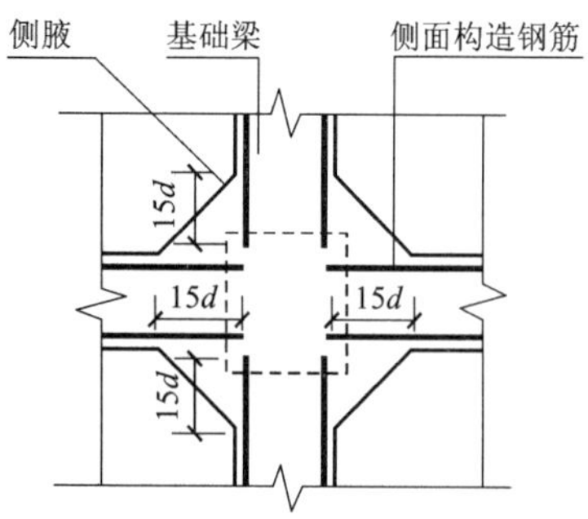 侧腋　基础梁　侧面构造钢筋 15d 15d　15d 15d	①搭接和锚固长度全为15d，由于构造腰筋直径较小，且15d也较短，因此我们可以理解为：见支座就锚，全为贯通筋，因此构造腰筋可以单跨单跨的计算，并不考虑全梁贯通而只考虑单跨贯通； ②侧面构造腰筋锚入梁包柱侧腋内15d

续上表

类型	基础梁	钢筋构造图示	钢筋构造要点
构造腰筋	不带腋十字交叉		①搭接和锚固长度全为15d，由于构造腰筋直径较小，且15d也较短，因此我们可以理解为：见支座就锚，全为贯通筋，因此构造腰筋可以单跨单跨地计算，并不考虑全梁贯通而只考虑单跨贯通； ②侧面构造腰筋锚入交叉梁内15d
	丁形交叉		①交叉位置无柱时，见图，除横梁外侧构造腰筋贯通外，其余锚入交叉梁内15d； ②交叉位置有柱时，各梁（三边）侧面构造腰筋锚入梁包柱侧腋内15d，同带腋十字交叉基础梁的情况
抗扭腰筋	标注位置和布置要求同侧面构造腰筋		①锚固方式同顶部纵向贯通筋，锚固长度为l_a，搭接长度为l_l，全为贯通筋，任意位置连； ②当抗扭腰筋直径较小时，可考虑见支座就锚，锚固长度为l_a，只考虑单跨的贯通和单跨计算，当抗扭腰筋直径较粗时，如顶部纵筋，全梁贯通，但任意位置连，只锚固于基础梁端部，锚固长度为l_a

2）基础主梁的横向钢筋构造

基础主梁的横向钢筋包括箍筋和与侧面纵筋相配合的拉筋。

基础主梁的箍筋标注大多包括一种间距和两种间距这两种情况，但都需要考虑位置，见图 3 - 10。

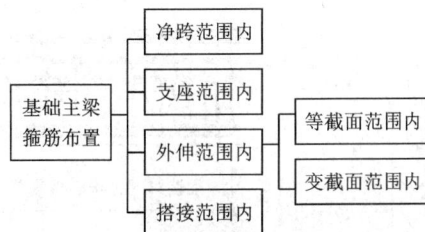

图 3 - 10 基础主梁箍筋布置位置情况

表 3 – 13　基础主梁的横向钢筋构造要点

类型	钢筋构造图示	钢筋构造要点
拉筋	(a)直形拉筋　(b)S形拉筋 侧面构造纵筋详见具体设计	①$a \leqslant 200$ mm； ②其余见表 3 – 2 – 1 有关拉筋的主要内容； ③拉筋长度 = 梁宽 – 2 × 基础主梁保护层厚度 + 2 × 弯钩长（拉筋弯钩等同于梁箍弯钩构造）； ④上下排拉筋竖向错开设置，为计算拉筋道数的关键，加上拉筋的起步距离和间距，就能计算出拉筋的道数来（见后拉筋计算实例分析）
箍筋 净跨范围内	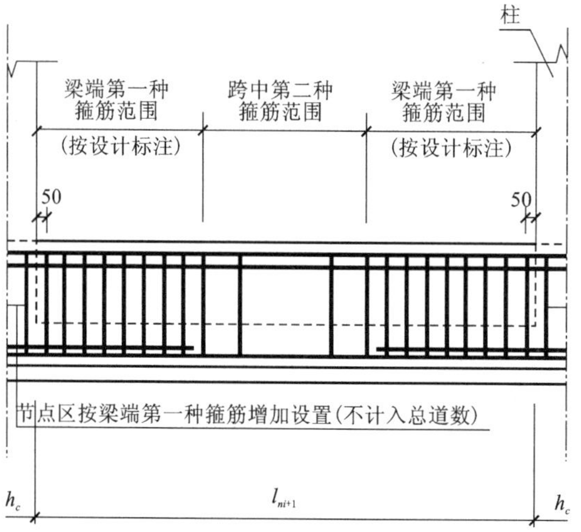 柱 梁端第一种箍筋范围（按设计标注）　跨中第二种箍筋范围　梁端第一种箍筋范围（按设计标注） 50　　50 节点区按梁端第一种箍筋增加设置（不计入总道数） h_c　　l_{ni+1}　　h_c	①首箍距柱边 50 mm；若两种间距，梁两端为加密区，跨中为非加密区；若只一种间距，表示全净跨内箍筋为一种布置间距，无加密与非加密区之分。 ②计算箍筋数量时，我们先计算单跨梁两端的第一种箍筋（加密区）的根数和所占用的范围，然后计算非加密区箍筋道数［等于（梁净跨 – 两段加密区范围）/第二种箍筋间距（非加密区）（向上取整）– 1］
箍筋 支座范围内	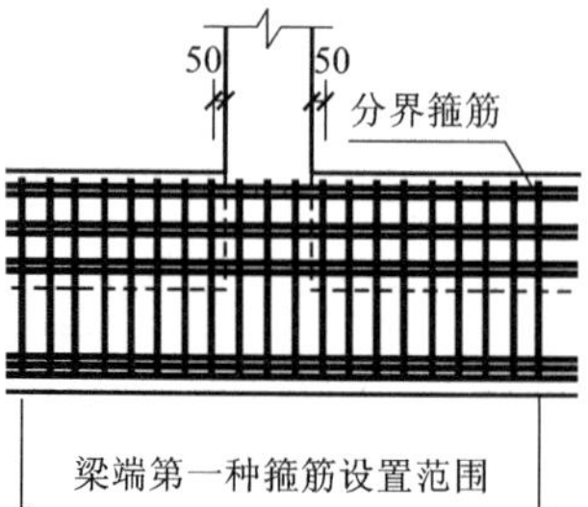 50　50　分界箍 梁端第一种箍筋设置范围	①应设置箍筋，其箍筋直径、材料和间距，就近等于梁净跨端部的箍筋；节点两侧梁宽或高不同，按梁宽的或梁高的一侧配置箍筋。 ②首箍距节点边或柱边 50 mm ③分界箍设置于两不同配置的相邻箍筋区域分界处，且就高不就低

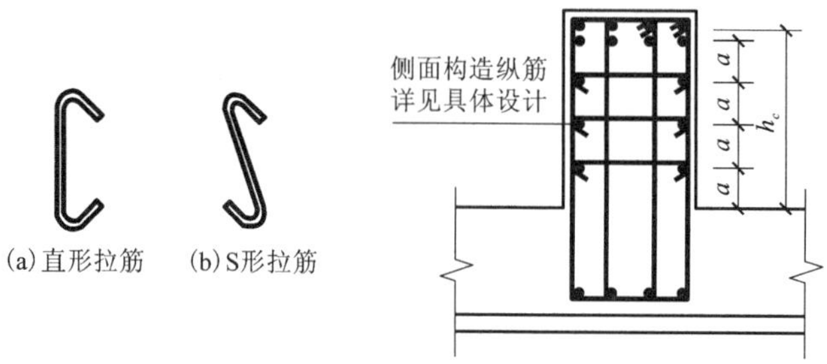

94

续上表

类型		钢筋构造图示	钢筋构造要点
箍筋	等截面外伸范围	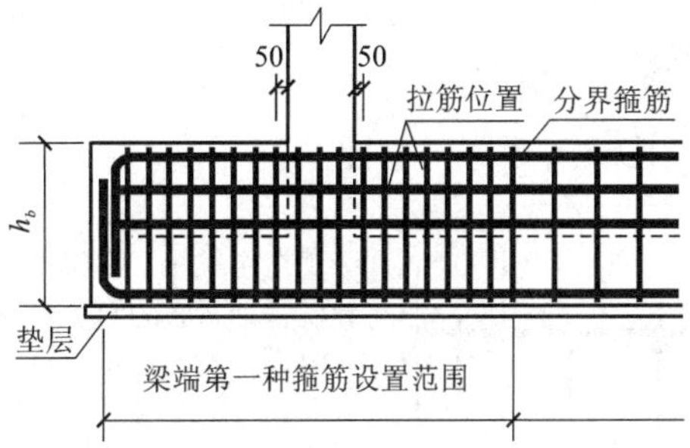	①应设置箍筋，其箍筋直径、材料和间距，就近等于梁净跨端部的箍筋；首道 50 mm。 ②等截面外伸箍筋间距等于梁端第一种箍筋间距，箍筋大小在外伸段没有变化，直接等于本梁梁端箍筋大小。 ③分界箍设置于两不同配置的相邻箍筋区域分界处，且就高不就低
	变截面外伸范围	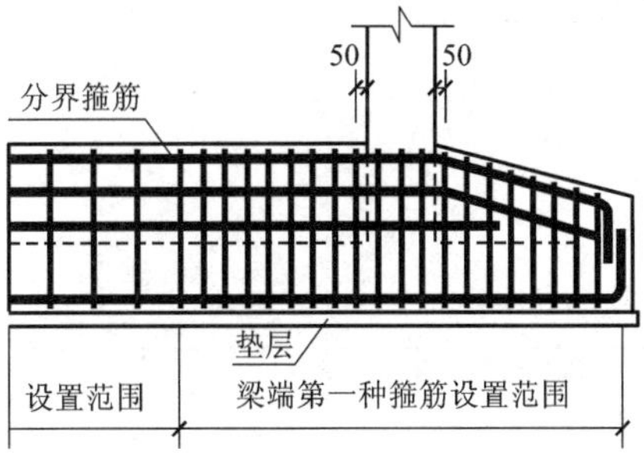	①应设置箍筋，其箍筋直径、材料和间距，就近等于梁净跨端部的箍筋；首道 50 mm。 ②变截面外伸箍筋间距等于梁端第一种箍筋间距，但箍筋大小应随截面的变小而变小。 ③分界箍设置于两不同配置的相邻箍筋区域分界处，且就高不就低
	搭接范围内	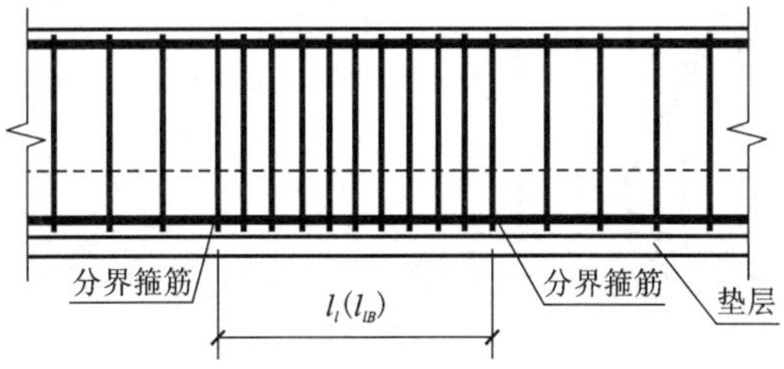	①搭接长度范围内箍筋加密，要与周边箍筋的直径和间距做全面比较，就高不就低。 ②搭接区内箍筋直径应 $\geqslant d_1/4$（d_1 为搭接纵筋最大直径）；间距 $\leqslant 5d_2$（d_2 为搭接纵筋较小直径），且 $\leqslant 100$ mm（详见通用构造搭接箍筋加密要求）

3）基础主梁的其他钢筋构造

基础主梁的其他钢筋主要包括附加箍筋、附加反扣吊筋和加腋筋。

附加箍筋、附加反扣吊筋有一个共同的特点，加在主梁上、主次梁的交汇处、次梁的两侧对称，同时以附加钢筋来作为判别谁是主梁的标志——交汇处，谁加了附加钢筋，谁就是主梁。具体构造，见表 3-14。

表 3 − 14 附加箍筋、附加反扣吊筋的构造要点

类型	钢筋构造图示	钢筋构造要点
附加箍筋	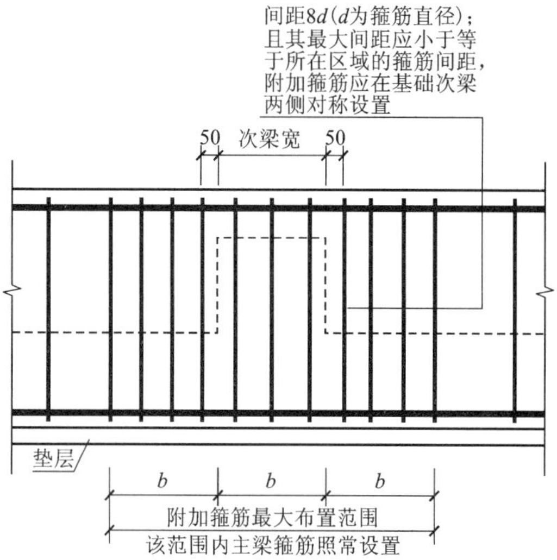 间距8d(d为箍筋直径)；且其最大间距应小于等于所在区域的箍筋间距，附加箍筋应在基础次梁两侧对称设置 50 次梁宽 50 垫层 b b b 附加箍筋最大布置范围 该范围内主梁箍筋照常设置	①在主梁上，次梁两侧各50 mm、对称设置，箍筋的直径、材料、道数及间距由设计指定(若无指定，附加箍 = 本梁箍，间距 = 梁箍加密区间距/2，且≤8倍箍筋直径，道数由设计指定)； ②次梁宽及次梁两侧附加箍设置范围内，主梁箍筋照常设置，不受附加箍筋的影响
附加反扣吊筋	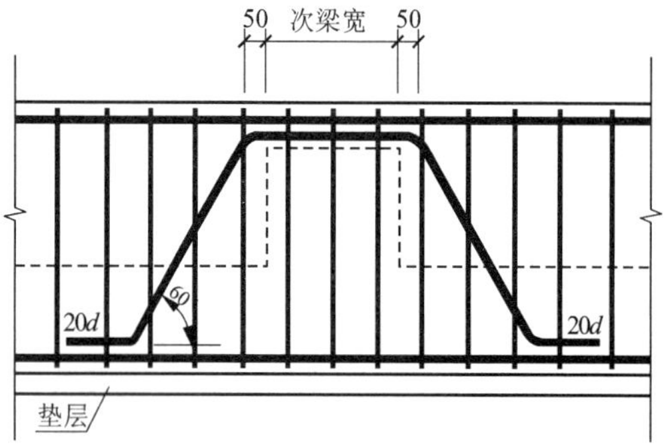 50 次梁宽 50 20d 20d 垫层	①附加(反扣)吊筋的高度应根据主梁高度推算，但顶部平直段不得低于次梁顶面标高，同时注意顶部平直段与主梁顶部钢筋的净距满足通用构造的规范要求(具体构造见后页的构造详图)； ②附加(反扣)吊筋由设计注明，加在主梁上，主梁与次梁的交汇处

梁板式筏形基础基础主梁与柱的结合部(节点)，除基础梁比柱宽，且完全形成梁包柱的情况外(设计时经常设计成宽扁梁，即基础梁宽大于柱宽尺寸至少100 mm，这样就不必加腋了)，须对交汇处的梁进行加腋处理，常以侧腋(平腋)居多，结合部的侧腋构造情况分为五种，见表 3 − 15。

表 3 - 15 基础主梁与柱结合部(节点)侧腋钢筋构造情况

类型	钢筋构造图示	钢筋构造要点
十字交叉	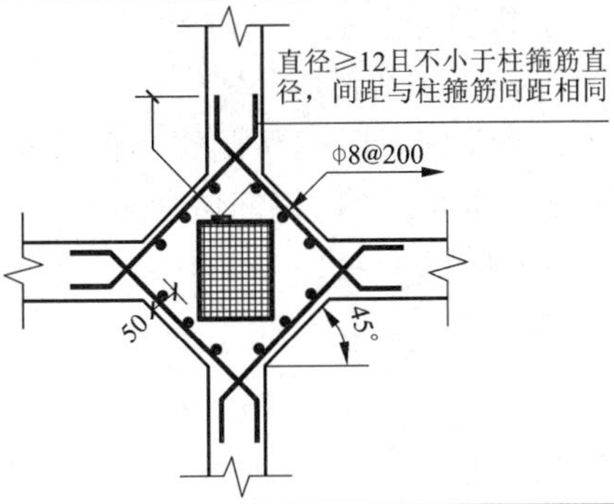 直径≥12且不小于柱箍筋直径,间距与柱箍筋间距相同 Φ8@200 50 45°	①基础梁与柱的结合部侧腋钢筋,由侧腋水平构造蝶筋及其分布筋组成,均可不在施工图上标注,直接按相关标准图集上的构造规定即可。 ②侧腋蝶筋的规格取≥12 mm 且不小于柱直径;平行于柱箍,以间距同柱箍间距布置;如图中模式,两头自腋边阴角锚入梁宽对边,锚固长度自腋边阴角算起,各为 l_a。 ③侧腋蝶筋的分布筋,HPB300 级光圆钢筋,Φ8@ 200,垂直布置于蝶筋内侧、全体腋边范围内阴角打止(基础梁内不布),并与柱纵筋平行;立于 LPB 顶部钢筋上(低板位),站脚长 100 mm,如图: 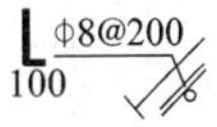 $\llcorner$ $\dfrac{\Phi8@200}{100}$ $/$ ④同一节点各边侧腋尺寸及配筋均相同。 ⑤基础梁与柱的结合部的侧腋钢筋,布置于基础梁非板厚范围内,即腋厚范围内。 ⑥侧腋水平构造蝶筋的间距与柱箍筋直径相同,为保守起见,理解为正上柱箍筋加密区间距;下起步距腋底 50 mm,上起步距腋顶 100 mm
丁字交叉	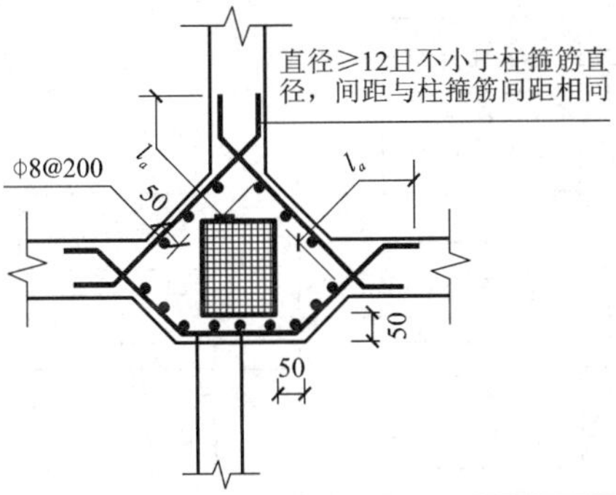 直径≥12且不小于柱箍筋直径,间距与柱箍筋间距相同 Φ8@200 l_a 50 50 50	
无外伸转角	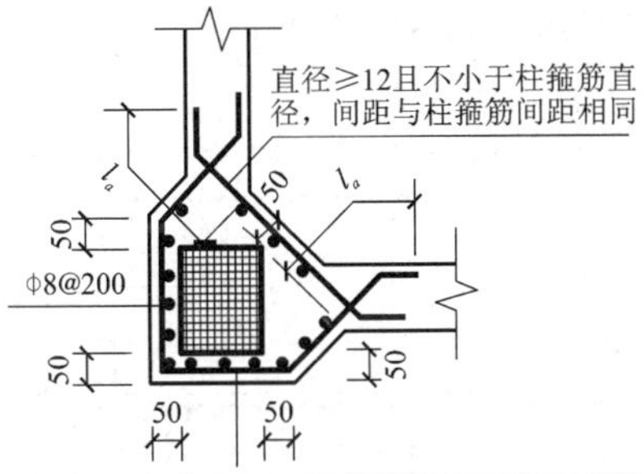 直径≥12且不小于柱箍筋直径,间距与柱箍筋间距相同 l_a 50 Φ8@200 50 50 50	
中心穿柱	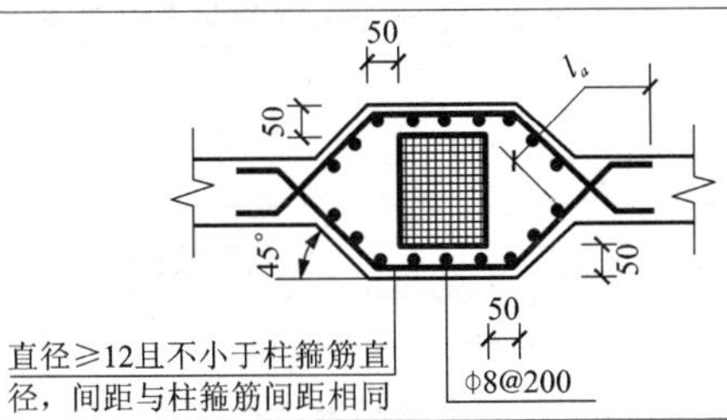 50 50 l_a 45° 50 50 直径≥12且不小于柱箍筋直径,间距与柱箍筋间距相同 Φ8@200	
偏心穿柱	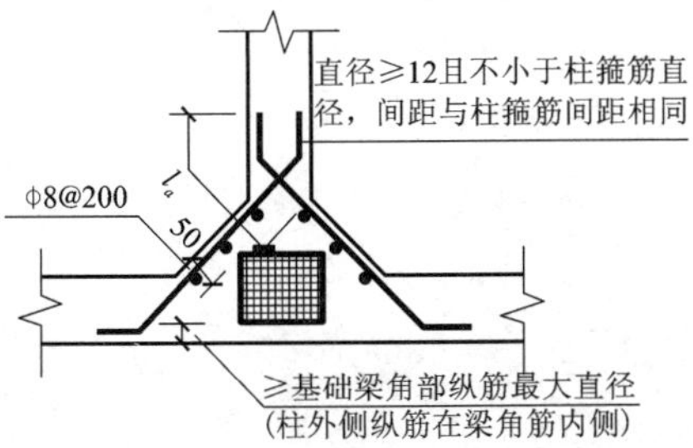 直径≥12且不小于柱箍筋直径,间距与柱箍筋间距相同 Φ8@200 l_a 50 ≥基础梁角部纵筋最大直径(柱外侧纵筋在梁角筋内侧)	

2. 梁板式筏形基础次梁(JCL)钢筋的构造

梁板式筏形基础基础次梁的钢筋构造，与基础主梁的钢筋构造类似，主要由纵向钢筋和横向钢筋(箍筋和拉筋)组成，而且对次梁的要求普遍低于主梁，主要反映在端部无外伸不需要包边(成对连通)，还有顶部纵筋的锚固长度变成了构造锚固。

与基础主梁类似，基础次梁的纵向钢筋包含：以贯通形式存在的有底部贯通筋、顶部贯通筋、侧面腰筋，以非贯通形式存在的有底部非贯通筋，横向钢筋包含箍筋和拉筋两种。

但钢筋在布置过程中，也将会遇见下列情况，见图3-11。

基础次梁纵筋和箍筋的整体构造见图3-12。

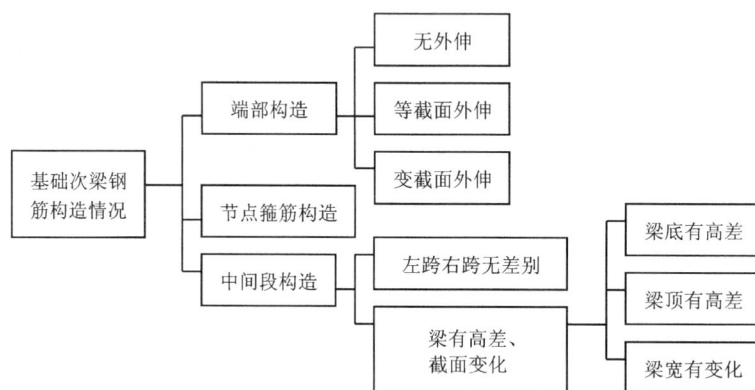

图 3-11　基础次梁钢筋构造情况

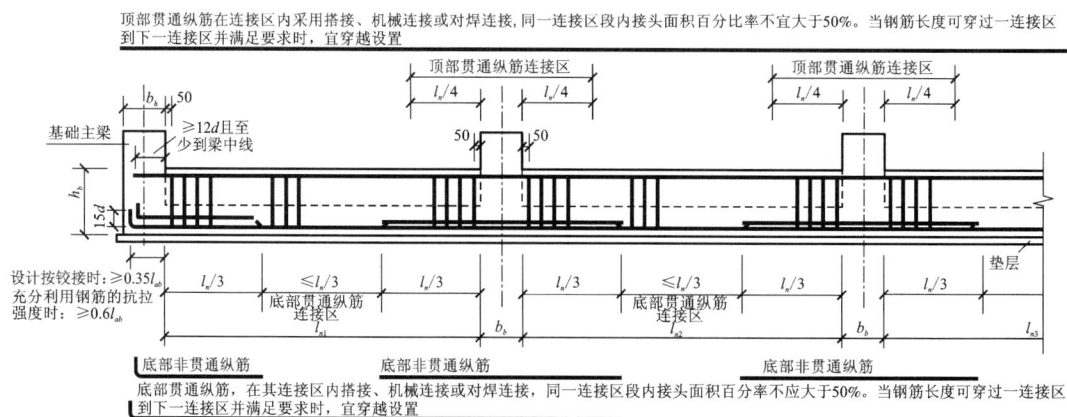

图 3-12　基础次梁(JCL)纵向钢筋与箍筋的整体构造

我们能从整体构造中，得出下列构造特点，见表3-16。

表 3 - 16 JCL 钢筋一般构造总结

钢筋种类		构造特点
顶部纵筋(包括集中标注的顶筋"T"或原位修正的顶筋)		①全为贯通筋,基础主梁为基础次梁的支座,顶部纵筋对任何支座的布置,或贯或锚,锚固等同于端部无外伸构造,基础次梁顶部贯通纵筋无论几排,连接区皆为基础主梁两边 $l_n/4$ 再加主梁宽范围,即 $2 \times l_n/4 + b_b$。 ②基础次梁端部无外伸时,基础梁顶部纵筋锚入端部基础主梁的构造为伸入支座 $\geq 12d$ 且至少到主梁中线;同时顶筋若锚入中间支座的构造,也等同于无外伸端。 ③基础次梁端部等截面、变截面外伸构造同基础主梁
侧面腰筋	构造:"G"头腰	同基础主梁(并不要求全梁全长贯通,只要求跨内贯通),具体见基础主梁相关构造
侧面腰筋	抗扭:"N"头腰	同基础主梁(并不要求全梁全长贯通,只要求跨内贯通),具体见基础主梁相关构造
底部纵筋	贯通筋"B"(集中标注)	①全为贯通筋,基础主梁为基础次梁的支座,连接区域与要求同基础主梁 ②端部无外伸时,底部纵筋锚入端部基础主梁的构造为:伸至端部弯折 $15d$,并要求满足当设计按铰接时 $\geq 0.35l_{ab}$;当充分利用钢筋的抗拉强度时 $\geq 0.6l_{ab}$。具体形式,由设计指定。 ③基础次梁端部等截面、变截面外伸构造同基础主梁,但当外伸段 $l'_n + h_c \leq l_a$ 时,基础次梁下部钢筋应伸至端部后弯折 $15d$;从梁内边算起水平段长度由设计指定,但当设计按铰接时 $\geq 0.35l_{ab}$,当充分利用钢筋的抗拉强度时 $\geq 0.6l_{ab}$
底部纵筋	非贯通(节点原位标注,除集中标注的贯通筋)	①基础次梁端部等截面、变截面外伸构造同基础主梁,但当外伸段 $l'_n + h_c \leq l_a$ 时,基础次梁下部钢筋应伸至端部后弯折 $15d$;从梁内边算起水平段长度由设计指定,但当设计按铰接时 $\geq 0.35l_{ab}$,当充分利用钢筋的抗拉强度时 $\geq 0.6l_{ab}$。 ②端部无外伸时,同底部贯通筋,底部纵筋锚入端部基础主梁的构造为:伸至端部弯折 $15d$,并要求满足,当设计按铰接时 $\geq 0.35l_{ab}$,当充分利用钢筋的抗拉强度时 $\geq 0.6 l_{ab}$。具体形式,由设计指定。 ③向跨内延伸长度要求,非贯通筋跨内伸入 $\geq l_n/3$,同基础主梁,但计算点为基础主梁梁侧边,而非柱内侧边
箍筋		①基础次梁箍筋仅在净跨内和外伸段设置,节点区内不设,起步箍筋的起步距离为基础主梁边 50 mm。净跨内箍筋的设置要求同基础主梁相关构造。 ②当基础次梁有外伸时,如果设计未注明,基础次梁外伸部位按梁端第一种箍筋设置,要求同基础主梁相关构造
拉筋		同基础主梁拉筋相关构造
l_n 净跨的取值		同基础主梁相关构造(见表 3-9)

就端部、中间段可能出现的情况,我们下面做详细说明(见表 3-17)。

表 3 – 17　基础次梁端部、中间段箍筋及顶部和底部纵筋的构造情况

类型		钢筋构造图示	钢筋构造要点
中间段节点两边梁情况的配筋构造(l_n：支座两侧净跨较大值)	梁无差别	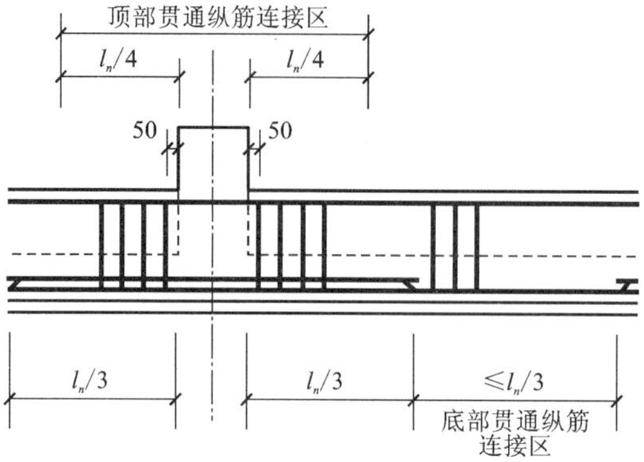	①基础次梁箍筋仅在净跨内设置，节点区内不设，起步箍筋的起步距离为基础主梁边 50 mm，净跨内箍筋设置同主梁。 ②"无差互通"；但对顶筋，相关构造中除了提倡贯过中间支座的情况外，还提供了一种见支座就锚的情况供选择，锚固长度和要求等同于端部无外伸构造。 ③其余同基础主梁构造
	梁底有高差	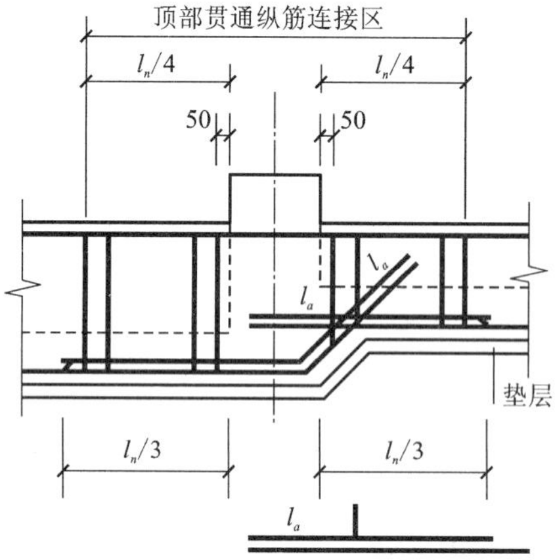	①基础次梁箍筋仅在净跨内设置，节点区内不设，起步箍筋的起步距离为基础主梁边 50 mm，净跨内箍筋设置同主梁。 ②纵筋构造"有差互锚，无差互通"同基础主梁相关构造。 ③其余同基础主梁构造
	梁顶有高差	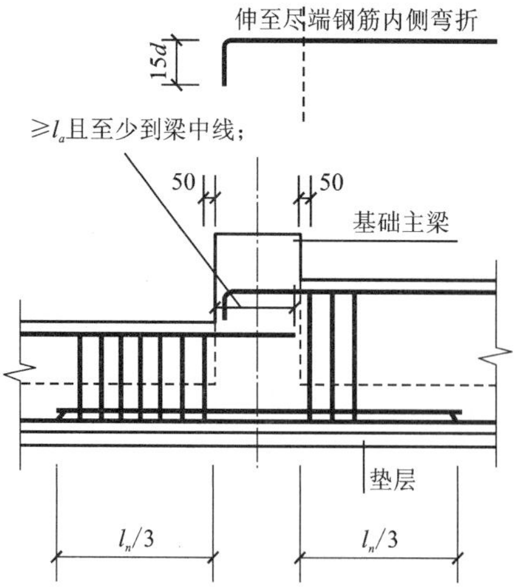	①基础次梁箍筋仅在净跨内设置，节点区内不设，起步箍筋的起步距离为基础主梁边 50 mm，净跨内箍筋设置同主梁。 ②纵筋构造"无差互通"：梁底无高差，连续通过，同主梁相关构造。 ③"有差互锚"：梁顶有高差，低梁所有顶筋，于阴角延伸一个拉锚长度 l_a，且至少过中心线；而高梁顶部所有纵筋，伸至尽端钢筋内侧弯折 15d

续上表

类型		钢筋构造图示	钢筋构造要点
中间段节点两边梁情况的配筋构造（l_n：支座两侧净跨较大值）	梁宽有变化	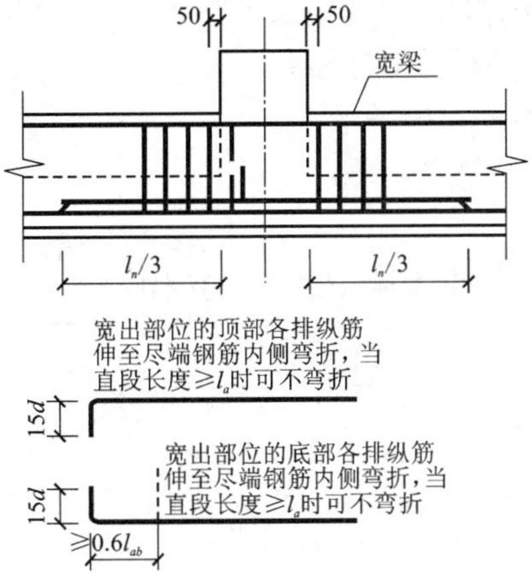	①基础次梁箍筋仅在净跨内设置，节点区内不设，起步箍筋的起步距离为基础主梁边 50 mm，净跨内箍筋设置同主梁。 ②纵筋构造"无差互通"：窄梁和与窄梁重叠的宽梁纵筋，连续通过，同主梁相关构造。 ③宽出部位的顶部、底部各排纵筋，均伸至尽端钢筋内侧弯折 15d，当直段长 > l_a 时，可不弯折；且底部纵筋支座内的平直段须 ≥ 0.6l_{ab}
次梁端部配筋构造（l_n：第一跨净跨值）	无外伸	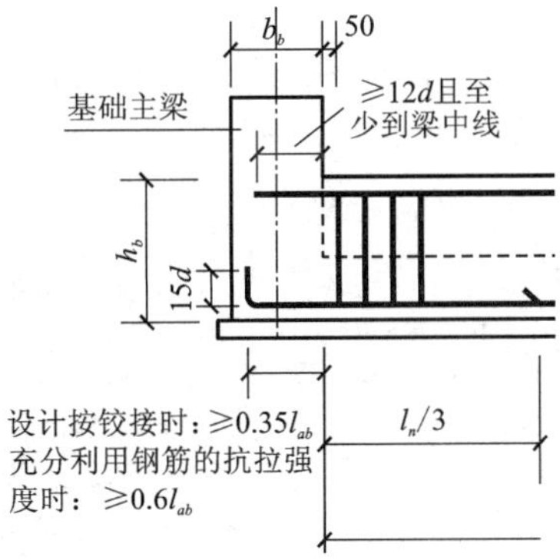	①基础次梁箍筋仅在净跨内设置，节点区内不设，起步箍筋的起步距离为基础主梁边 50 mm，净跨内箍筋设置同主梁。 ②顶部纵筋锚入端部基础主梁的构造为：伸入支座 ≥ 12d 且至少到主梁中线。 ③底部纵筋伸至端部弯折 15d，并要求满足当设计按铰接时 ≥ 0.35l_{ab}，当充分利用钢筋的抗拉强度时 ≥ 0.6l_{ab}；具体形式，由设计指定。 ④非贯通筋跨内伸入从主梁边算起 ≥ $l_n/3$
	等截面外伸	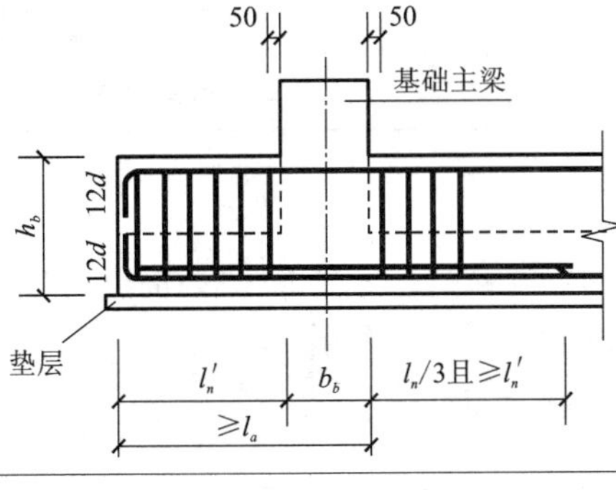	①基础次梁箍筋仅在净跨内设置，节点区内不设，起步箍筋的起步距离为基础主梁边 50 mm，净跨内箍筋的设置要求同基础主梁相关构造。 ②如果设计未注明，基础次梁外伸部位按梁端第一种箍筋设置，要求同基础主梁相关构造。 ③次梁顶部或底部纵筋的构造同基础主梁相关构造
	变截面外伸	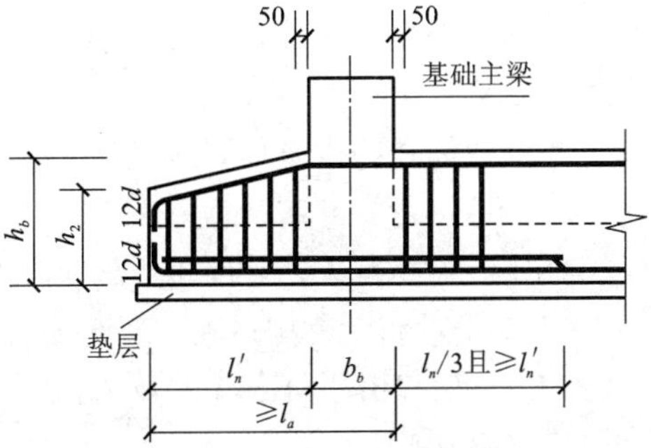	①基础次梁箍筋仅在净跨内设置，节点区内不设，起步箍筋的起步距离为基础主梁边 50 mm，净跨内箍筋的设置要求同基础主梁相关构造。 ②如果设计未注明，基础次梁外伸部位按梁端第一种箍筋设置，要求同基础主梁相关构造。 ③次梁顶部或底部纵筋的构造同基础主梁相关构造

3. 梁板式筏形基础平板(LPB)钢筋的构造

梁板式筏形基础的基础平板的跨数是以构成柱网的主轴线为准,两主轴线之间无论有几道辅助轴线(例如框筒结构中混凝土内筒中的几道墙体或某些次梁),均按一跨考虑。根据与基础梁的底部的位置关系,又分低板位、高板位和中板位。

1)基础平板(LPB)的钢筋的基本特点

基础平板(LPB)的钢筋的基本特点,见表3－18。

表 3 - 18　基础平板 LPB 主要纵筋的布筋基本特点

布筋特点	基本解释
板筋网	板筋的布置特点:两向钢筋形成网,但顶网分布匀称,因为 LPB 的顶部纵筋要求全为贯通筋,原位标注只对底部纵筋进行调整;而底网分布为梁下密,中间疏,因为受原位标注的影响,使得在分柱下区域和跨中区域的底部纵筋在双向交汇区域,出现不同的钢筋组合,详见分柱下区域和跨中区域的底部纵筋组合情况。 找网:有 X 方向的钢筋,就去找 Y 方向的钢筋,这样才能形成网,相互寻找,实在找不到,用分布筋顶上
板分离	①顶筋"T"和底筋"B"分离设置,相互没有多少联系,因此钢筋构造也是分开描述的 ②顶筋和底筋分离设置,因此我们能看出有两层钢筋网:顶网和底网
板如梁	板纵筋的构造要求,分别对应相似于基础次梁纵筋的要求
板无箍、腰	①板一般不配置箍筋和腰筋,使得板筋变得比较简单,只剩顶筋和底筋了 ②由于防冲切的要求,LPB 的最小厚度须≥300 mm,由于施工人员的踩踏和钢筋的定位等,为避免板上部钢筋扭曲和下陷,马凳或撑铁用作支撑板顶钢筋网和保持顶网、底网之间的距离,作为措施钢筋是必不可少的;马凳虽然是措施性钢筋但应归入实体项目而不能归入措施项目,做造价时,应计算马凳钢筋工程量,并合并在总钢筋工程量中,它既不能套用预埋铁,也不能并在措施费中,同时更不能在施工中用其他硬物,如木头、石子等替代
板中心	①非贯通筋的伸出长的标注以梁中心线为起点; ②顶部"T"纵筋伸入梁中的锚固长度,不小于 12d 且至少到梁中心

2)LPB 的钢筋构造中的柱下区域和跨中区域

梁板式筏形基础的基础平板(LPB)的钢筋构造,分柱下区域和跨中区域。平板的同一层钢筋,何向纵筋在下,何向纵筋在上,应按具体设计说明。

LPB 钢筋的柱下区域和跨中区域,见图3－13。

由图可知:

柱下区域:单排 X 向或 Y 向底部非贯通筋延伸至跨内的全部非贯通筋长度范围所围成的区域,区域宽度取决于设计标注的非贯通筋长度。

跨中区域:同向相邻 X 向或 Y 向底部非贯通筋在跨内延伸不到的区域,区域宽度取决于除去柱下区域剩下宽度。

顶部纵筋的连接区域,与其平行布置的所在区域有关,平行布于柱下区域,则连接区为柱两边 $l_n/4$ 再加柱宽 h_c 范围,即 $2 \times l_n/4 + h_c$;平行布于跨中区域,则连接区为主梁两边 $l_n/4$ 再加主梁宽 b_b 范围,即 $2 \times l_n/4 + b_b$;其中 l_n 为左右相邻跨净长的较大值。但顶部钢筋的 X 向和 Y 向贯通筋的布置组合不受柱下和跨中区域影响。

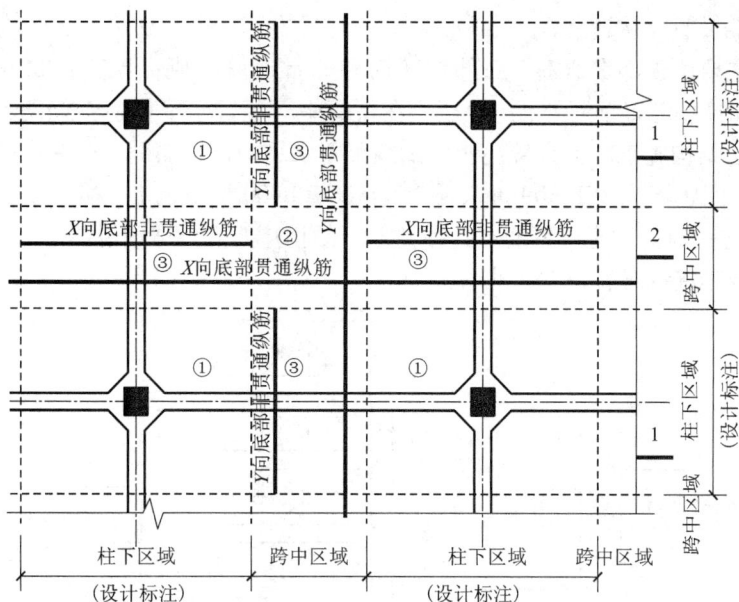

图 3 – 13　梁板式筏形基础基础平板（LPB）底部钢筋平面布置图

底部纵筋的连接区域，在本跨跨中 $l_{ni}/3$，不受柱下和跨中区域影响，但钢筋的组合却受影响，以一个板格为例：

如图 3 – 13 正中这四根梁所围成的板格，底部钢筋的组合和布筋特点，见表 3 – 19。

表 3 – 19　柱下和跨中区域重叠区底部纵筋的组合

重叠区域	板格中的位置	布筋组合和布筋特点
X 向和 Y 向非贯通筋围成的双向柱下区域重叠区	四角区域 如图 3 – 13 中①区	①本区域既有同向的贯通筋和非贯通筋，又有与之垂直的另向的贯通筋和非贯通筋； ②布筋特点：同向皆"隔一布一"
X 向和 Y 向双向跨中区域重叠区	板格中心区域 如图 3 – 13 中②区	①本区域只有相垂直的 X 向和 Y 向贯通筋； ②布筋特点：相互正常布置
X 向或 Y 向柱下区域与 Y 向或 X 向跨中区域重叠区	除去四角和板格中心的梁边区域 如图 3 – 13 中③区	①本区域只有一个同向的贯通筋和非贯通筋，外加与之垂直的另向的贯通筋； ②布筋特点：同向贯通筋和非贯通筋"隔一布一"，另向的贯通筋正常布置

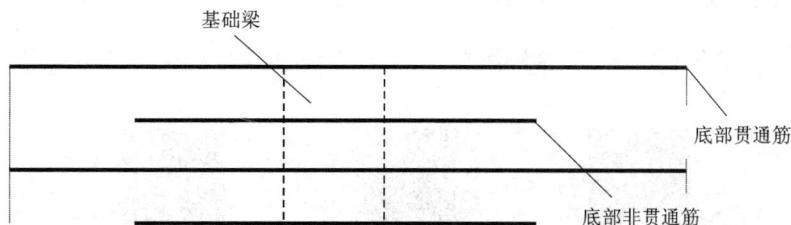

图 3 – 14　LPB 底部非贯通筋与同向底部贯通筋"隔一布一"示意图

103

3)LPB 钢筋的具体构造

LPB 钢筋主要由顶部贯通筋、底部贯通筋和非贯通筋组成;但若 LPB 的厚度大于 2 m 时,除在底部和顶部配置钢筋外,一般还要在板的中部配置水平构造钢筋网,其平面标注方法是直接在平法结构施工图上直接注明中部须配置水平构造钢筋网,水平构造钢筋的直径不宜小于 12 mm,间距不宜大于 300 mm,材料可选 HPB300 及以上。

下面我们只就 LPB 的主要钢筋在各种情况下的构造要点做详细说明。

LPB 的主要钢筋的各种情况,见图 3 – 15。

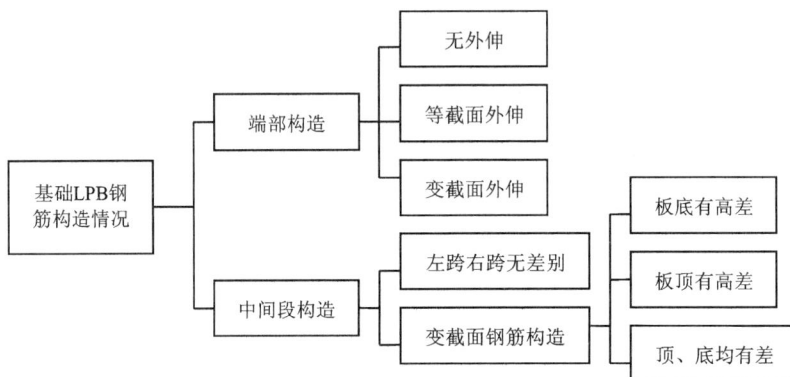

图 3 – 15　基础平板(LPB)钢筋构造情况

我们分两步来说明,首先介绍一般构造要求,包括端部构造和中间段无截面标高变化的情况,并就外伸部位的封边做详细说明;然后介绍 LPB 所能遇到的特殊情况,即变截面、有高差的情况。

(1)梁板式筏形基础的基础平板(LPB)的钢筋一般构造要点见表 3 – 20、表 3 – 21。

梁板式筏形基础
钢筋三维示意图

梁板式筏形基础
上部钢筋三维示意图

梁板式筏形基础
下部钢筋三维示意图

筏板端部无外伸
钢筋构造

筏板等截面外伸
钢筋构造

筏板变截面外伸
钢筋构造

筏板U形封边
钢筋构造

筏板交错封边
钢筋构造

筏板底有高差
钢筋构造

筏板顶有高差
钢筋构造

筏板底板顶有高差
钢筋构造

表3-20 中间段无截面/高差变化情况的钢筋构造(以柱下区域为例)

钢筋构造图示	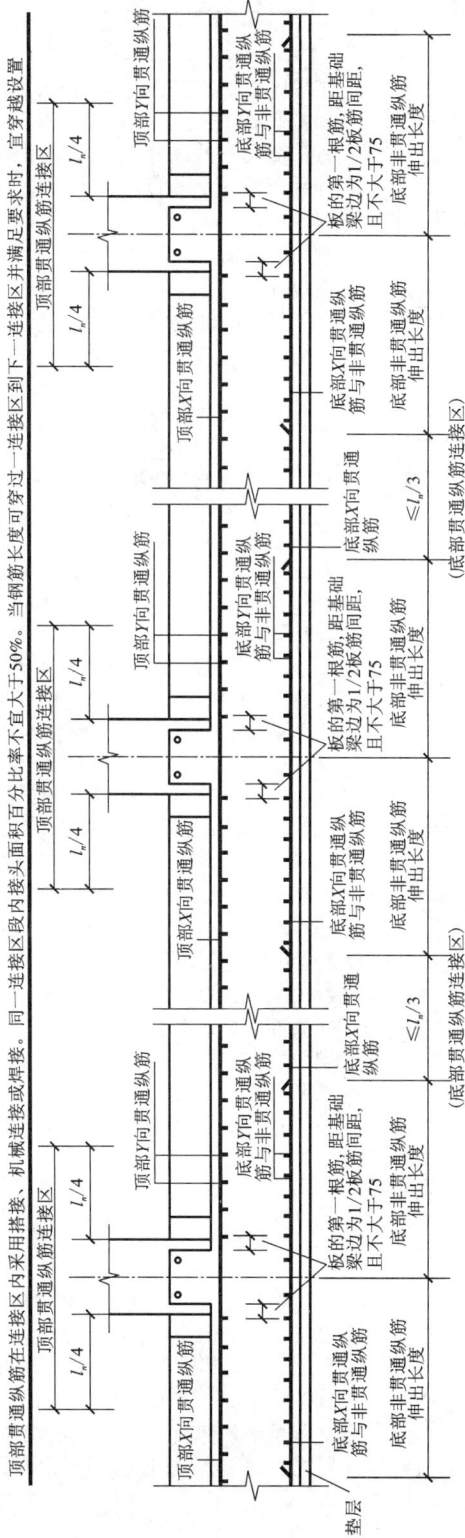

钢筋构造要点

①顶部纵筋的连接区域，受其平行布置的所在区域有关，平行布于柱下区域中区域，则连接区为柱下区域，平行布于跨中区域，则连接筋的连接区为柱两边 $l_n/4$ 再加主梁宽 b_b 范围，即 $2 \times l_n/4 + b_b$ 范围；其中 l_n 为左右相邻跨净跨长的较大值。底部纵筋的连接区为支座区域，即 $2 \times l_n/4 + h_c$ 范围，其中 l_n 为左右相邻跨净跨长的较大值。平行布于跨中区域的连接区为柱下区域，在本跨跨中区域，自梁中心线算起。其中 l_{ni} 为本跨净跨长度，底部非贯通纵筋向跨内伸出长度，具体见设计标注。

②基础平板的顶部和底部钢筋的起步距离均为距基础梁边 1/2 倍板筋间距，且 ≤75 mm，即 min(板筋间距/2, 75)。

③梁板式筏形基础平板的基础平板起步和连接区域与柱下区域起步和连接基本相同。

④注意前面讲述的跨中区域与柱下区域布筋区别。见本节第(2)小节。

表 3－21　端部一般构造情况

类型	钢筋构造图示	钢筋构造要点
无外伸	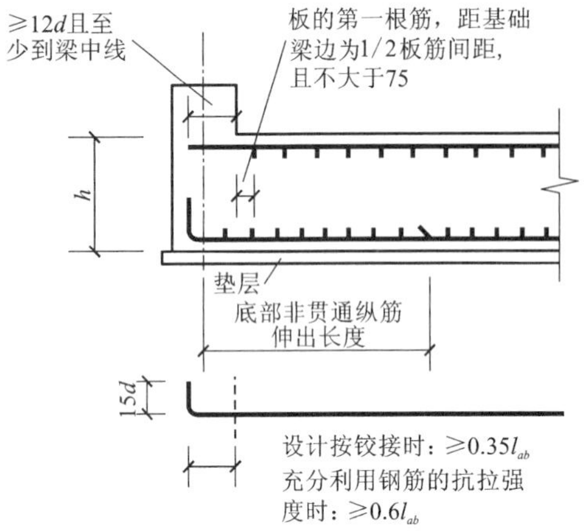 ≥12d且至少到梁中线　板的第一根筋，距基础梁边为1/2板筋间距，且不大于75　h　垫层　底部非贯通纵筋伸出长度　15d　设计按铰接时：≥0.35l_{ab}　充分利用钢筋的抗拉强度时：≥0.6l_{ab}	①锚固构造与 JCL 一样：伸入端部梁内的顶部贯通筋，长度≥12d，且至少到梁中线；伸入端部梁内的底部贯通和非贯通筋伸至端部顶靠梁外侧纵筋、弯折15d、并要求水平段满足，当设计按铰接时≥0.35l_{ab}，当充分利用钢筋的抗拉强度时≥0.6l_{ab}，具体形式，由设计指定；（计算长度）②平行于梁轴线的顶部和底部纵筋，起步第一根距梁内边 min（板筋间距/2，75）；（计算根数）③底部非贯通筋的跨内延伸长度，由设计确定（注意自梁中线算起），计算长度时还须加上梁内的15d弯折和梁中线以外的长度，即端部无外伸非贯通长度 = 跨内延伸长度 + 15d + [梁宽/2 - c - ($d_{梁箍}$ + $d_{梁纵筋}$)]
等截面外伸	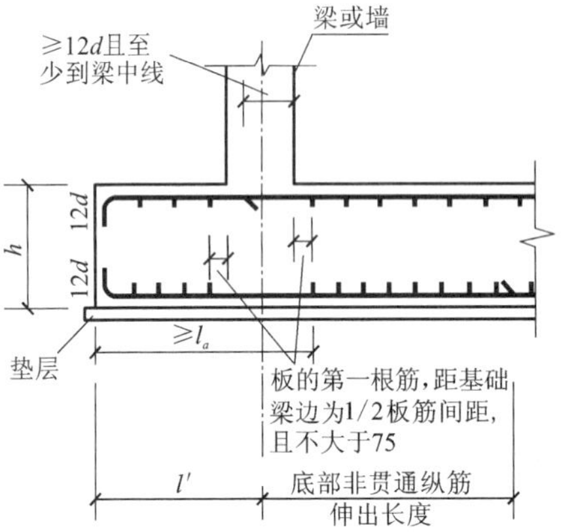 梁或墙　≥12d且至少到梁中线　h　12d　12d　垫层　≥l_a　板的第一根筋，距基础梁边为1/2板筋间距，且不大于75　l'　底部非贯通纵筋伸出长度	①板外伸的最外端要封边，何种封边形式，设计指定；②板顶部纵筋：参与封边的伸至外伸最外端后弯折（本图是以 U 形封边为例的，所以弯折12d，间距200 mm），不参与封边的则只伸入梁内侧边 max（12d，梁宽/2）；③板底部纵筋，则全部伸至外伸尽端：参与封边的，满足封边钢筋间距，并向上弯折（本图是以 U 形封边为例的，所以弯折12d，间距200 mm），不参与封边的则只弯折12d（当自梁内边算到外伸尽端≤l_a 时，底部纵筋应伸至外伸尽端后至少弯折15d，自梁内边算起水平段由设计指定，或≥0.35l_{ab}，或≥0.6l_{ab}；④底部非贯通筋的跨内延伸长度，由设计确定（注意自梁中线算起），长度 = 水平段（跨内延伸长度 + l' - c）+ 弯折长注意：l'从梁中线算起，弯折长由封边形式确定
变截面外伸	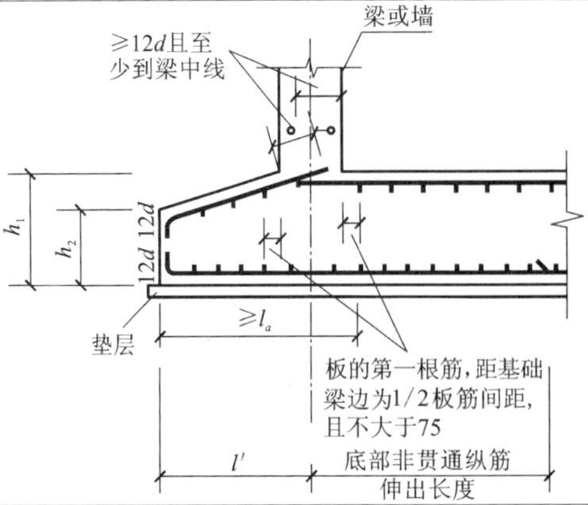 梁或墙　≥12d且至少到梁中线　h_1　h_2　12d　12d　垫层　≥l_a　板的第一根筋，距基础梁边为1/2板筋间距，且不大于75　l'　底部非贯通纵筋伸出长度	①纵筋构造与等截面外伸基本相同；②唯一不同的是，顶部外伸段即可单配钢筋参与封边，其锚入梁内≥l_a，也可直接弯折顶部纵筋伸入外伸尽端参与封边；③若单配外伸顶部封边钢筋，则顶部所有纵筋全部只伸入梁内侧边 max（12d，梁宽/2）

106

续上表

类型		钢筋构造图示	钢筋构造要点
外伸封边构造	U形封边	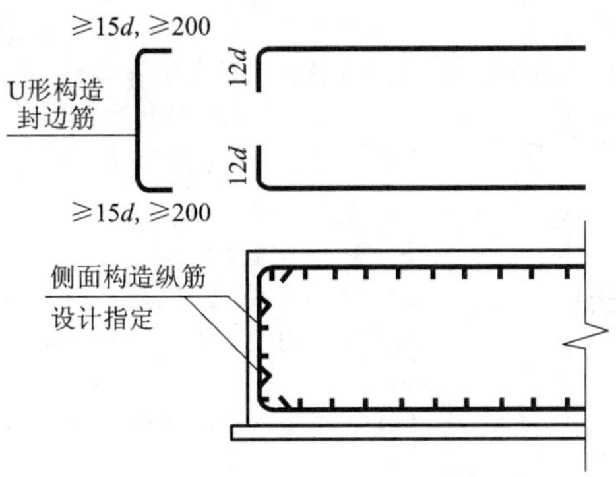	封边的作用有两点：由于筏板厚，防侧面温度和收缩裂缝和护角；封边钢筋是构造钢筋而非受力筋，无须太粗，平法定出了钢筋的规格和间距：直径 ≥ 12 mm，间距 ≤200 mm，材料为 ≥ HRB335；常为 φ12@200。 ①筏形基础的底部和顶部纵筋(顶部纵筋还包括单配情况的外伸封边筋)中参与封边全部钢筋：伸至外伸尽端后至少弯折12d； ②另配 U 形封边构造钢筋(常为 φ12@200)，及侧面构造筋(常为 φ12@200)，封边钢筋可采用 HRB400 级钢筋
	交错封边	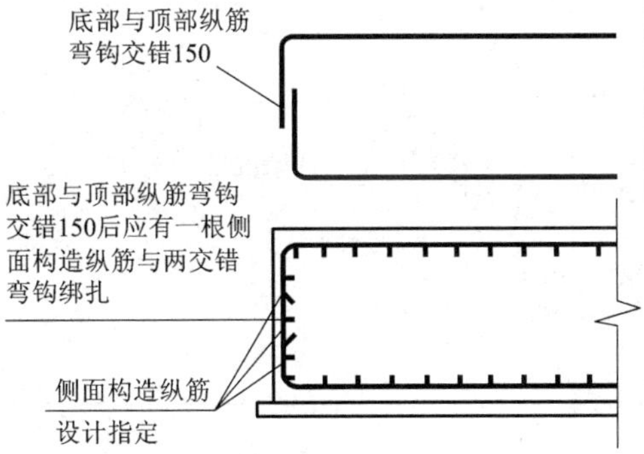	①纵向钢筋交错封边：顶筋与底筋交错150 mm，并设置侧面构造筋(常为 φ12@200)； ②具体构造见图示； ③当板很厚时，这种封边形式很浪费钢筋； ④只有板薄或底筋和顶筋粗、上下 12d 时很近或重叠时，就无须单配封边构造钢筋，只须双方重叠 150 即可 ⑤交错点，并不一定要求在板厚正中，一般采用"小迎粗，粗不动(12d)"

(2)梁板式筏形基础的基础平板(LPB)的钢筋的特殊情况，见表3-22。

表3-22　LPB 的钢筋的特殊情况

类型	钢筋构造图示	钢筋构造要点
板底有高差	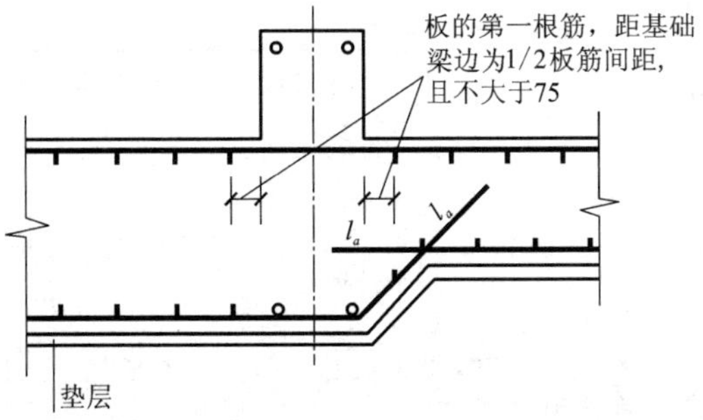	①与梁垂直的板筋，同基础次梁相应构造："有差互锚"(阴角处互锚≥l_a)，"无差互通"(梁左右两边的纵向钢筋连续通过梁宽节点)； ②平行于梁轴线的起步板筋，均距梁侧面 min(板筋间距 s/2, 75)向板内布置，梁内不布； ③其余同无差别的板筋一般构造

类型	钢筋构造图示	钢筋构造要点
板顶有高差	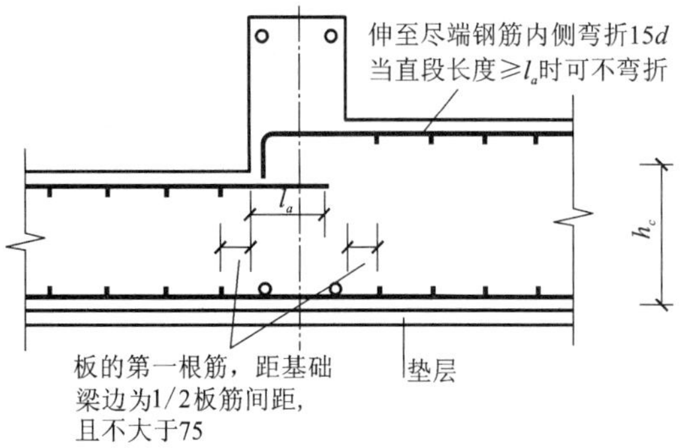 伸至尽端钢筋内侧弯折15d 当直段长度≥l_a时可不弯折 l_a h_c 板的第一根筋，距基础梁边为1/2板筋间距，且不大于75 垫层	①与梁垂直的板筋，同基础次梁相应构造："有差互锚"，低板所有顶筋，于阴角延伸一个拉锚长度l_a；而高板顶部所有纵筋，伸至尽端钢筋内侧弯折15d，当直线长度≥l_a时，可不弯折；"无差互通"，梁左右两边的纵向板筋连续通过梁宽节点； ②平行于梁轴线的起步钢筋，均距梁侧面min(板筋间距 s/2, 75)向板内布置，梁内不布； ③其余同无差别的板筋一般构造
顶、底均有差	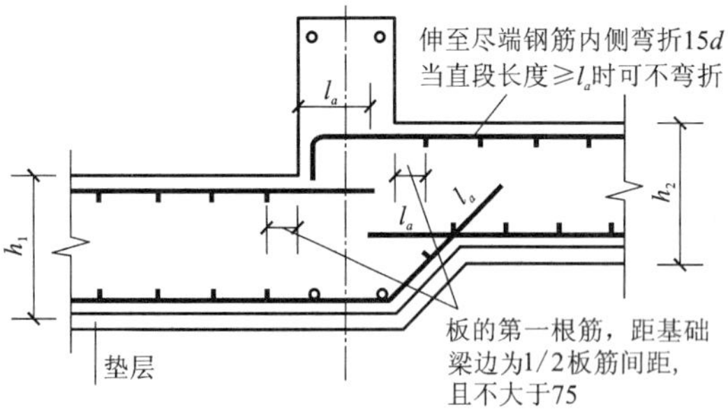 伸至尽端钢筋内侧弯折15d 当直段长度≥l_a时可不弯折 l_a l_a l_b h_2 h_1 垫层 板的第一根筋，距基础梁为1/2板筋间距，且不大于75	为上面两种情况的结合体

3.3 梁板式筏形基础钢筋计算实例

上节我们介绍了梁板式筏形基础各类构件(JL、JCL、LPB)的平法钢筋构造，本节就这些构件的实际平法标注和钢筋构造情况举例计算。

1.构件计算的统一条件

本小节所有构件计算的统一条件，见表3-23。

表3-23　构件计算的统一条件及参数

计算条件	计算条件取值	计算条件	计算条件取值
混凝土强度	C30	带肋钢筋定尺长度	9000 mm
抗震等级	二级抗震	c	保护层厚度，取 40 mm
纵筋连接方式	除特殊要求，本节按工程预算的要求，只考虑接头个数；按定型尺寸每超过 9000 mm，增加一个接头，并不考虑实际施工的连接情况(焊接和机械连接只考虑接头个数，绑搭增加一个l_{lE}/接头) 接头个数 = (L/9000) -1 (向上取整)	拉锚长度	$l_a = 29d$（Ⅱ级钢）/35d(Ⅲ级钢)
		l_{lE}长度	35d(Ⅱ级钢)/42d(Ⅲ级钢)
		l'_n	外伸净长

续上表

计算条件	计算条件取值	计算条件	计算条件取值
h_c	柱宽	l_n	梁净跨长（支座内对内）
$b_{次}/h_{次}$	次梁宽/次梁高	$b_{主}/h_{主}$	主梁宽/主梁高
总长与总轴线长	①两端均无外伸（不标）：总长 = 总轴线长 + 两端支座的各一半 ②两端均有外伸（B）：总长 = 总轴线长 ③一头有、一头无外伸（A）：总长 = 总轴线长 + 无外伸端支座的一半		

2. 梁板式筏形基础各类构件(JL、JCL、LPB)钢筋计算公式

1)基础主梁(JL)钢筋计算公式

(1)一般情况(截面无尺寸和高差变化等)。

①纵筋(单根长)。

(ⅰ)端部两端均无外伸时

要求：底部和顶部钢筋全部伸至支座尽头一个保护层厚度后，弯折$15d$。

顶、底部贯通筋长度：$L = 梁总长 - 2c + 15d \times 2 + 接头$

接头个数 $= L/9000 - 1$（向上取整）

底部非贯通筋(端部下、上排)长度：

$L = 15d + [支座宽（柱宽 h_c）+ 50 - c] + 首跨 l_n/3$　　　（50 为腋宽）

底部非贯通筋(中部上、下排)长度：

$L = h_c + 2 \times \max(左跨 l_n/3, 右跨 l_n/3)$

(ⅱ)端部两端均外伸时

要求：顶部第一排纵筋和底部最底排纵筋伸至外伸边缘一个保护层厚度后，弯折$12d$；底部非底排纵筋伸至外伸边缘一个保护层厚度即可；顶部非第一排纵筋不伸入外伸端，只须自支座内边一个拉锚长即可。

顶部上排、底部所有贯通筋长度：

$L = 梁总长（包括外伸端部）- 2c + 12d \times 2 + 接头$

顶部下排贯通筋长度：

$L = 梁总长（包括外伸端部）- 左[外伸净长 l'_n + 支座宽（柱宽 h_c）]$
　　$- 右[外伸净长 l'_n + 支座宽（柱宽 h_c）] + 2l_a（或 l_{aE}）+ 接头$

　$= 梁总轴线长 - 左外伸轴线长 - 右外伸轴线长 - (h_{c左} + h_{c右})/2 + 2l_a（或 l_{aE}）+ 接头$

接头个数 $= L/9000 - 1$（向上取整）

底部非贯通筋(端部下排)长度：

$L = 左[外伸净长 l'_n + 支座宽（柱宽 h_c）]或右[外伸净长 l'_n + 支座宽（柱宽 h_c）] + 12d - c + \max(首跨 l_n/3, l'_n)$

或 $= 梁总轴线长 - 左（或右）外伸轴线长 - h_{c左}（或 h_{c右}）/2 + 12d - c + \max(首跨 l_n/3, l'_n)$

底部非贯通筋(端部上排)长度：

$L = 左(l'_n + h_c)或右(l'_n + h_c) - c + \max(首跨 l_n/3, l'_n)$

或 $= 左（或右）外伸轴线长 l' + h_{c左}（或 h_{c右}）/2 - c + \max(首跨 l_n/3, l'_n)$

底部非贯通筋(中部上、下排)长度：

$L = h_c + 2 \times \max($左跨 $l_n/3$，右跨 $l_n/3)$

（ⅲ）端部一头外伸，一头无外伸时

顶部上排、底部所有贯通筋长度：

$L = $梁总长(包括外伸端部)$ - 2c + 12d + 15d + $接头

顶部下排贯通筋长度：假使左端无外伸，右端有外伸。

$L = $梁总长(包括外伸端部)$ - c + 15d - $右$\left[$外伸净长 $l'_n + $支座宽(柱宽 $h_c)\right] +$

$\quad l_a($或 $l_{aE}) + $接头

底部非贯通筋长度等同于上面两种情况（ⅰ、ⅱ）的复合体

（ⅳ）侧面腰筋(包含"G"头构造腰筋和"N"头抗扭腰筋)

它们的钢筋算量是：虽然都是"见支坐就锚"，但抗扭腰筋由于两头都拉锚(l_a 或 l_{aE})进入支座，很长，所以抗扭腰筋全梁贯通；构造腰筋由于"有腋锚入腋，无腋锚入柱"，且两头锚固长度为构造锚固 $15d$，很短，所以以单跨和单个外伸为一个单元分跨计算。

"N"头抗扭腰筋长度：全梁贯通

$L = $梁总长(包括外伸端部)$ - 2c + $接头

"G"头构造腰筋长度：以单跨和单个外伸为一个单元然后进行合并，但边梁外侧构造腰筋要求全梁贯通

边梁外侧构造腰筋长度：$L = $梁总长(包括外伸端部)$ - 2c + $接头

边梁内侧和中部各梁构造腰筋长度：

有腋：

单跨内长度：$l = $净跨长 $l_n - ($左腋宽$ + $右腋宽$) + 15d \times 2$

外伸段长度：$l = $净伸长 $l'_n - $端腋宽$ + 15d - c$

合并后总长：$L = \sum$单跨内长度$ + \sum$外伸段长度(有外伸加外伸，无外伸取0)

假设有 n 个柱子，且柱宽和腋宽全相等，

$L = $梁总长(可能包括外伸端部)$ - ($柱宽 $h_c) \times n - (n-1)$腋宽$ + 15d \times 2(n-1) +$

$\quad \sum$外伸段长度(有外伸加外伸，无外伸取0)

无腋：

单跨内长度：$l = $净跨长 $l_n + 15d \times 2$

外伸段长度：$l = $净伸长 $l'_n + 15d - c$

合并后总长：$L = \sum$单跨内长度$ + \sum$外伸段长度(有外伸加外伸，无外伸取0)

假设有 n 个柱子，且柱宽全相等，

$L = $梁总长(可能包括外伸端部)$ - ($柱宽 $h_c) \times n + 15d \times 2(n-1) +$

$\quad \sum$外伸段长度(有外伸加外伸，无外伸取0)

②箍筋和拉筋。

首先确定拉筋的拉法——"贴箍拉腰"，这样拉筋和箍筋的侧面保护层厚度相同。

（ⅰ）拉筋计算：有腰才有拉，有几排腰就有几排拉，多排交错，起步柱边(或腋边)50 mm，间距 $= \min($梁非加密区间距$ \times 2$，600 mm)，直径无特殊要求取 $d = 8$ mm。

"单根长" $l = $梁宽 $b_{主} - 2c + 2 \times \left[$非抗震：$6.9d$，抗震：$\max(10d, 75$ mm$) + 1.9d\right]$

"根数"也以单跨和单个外伸为一个计算单元然后进行合并

有腋：单排两边起步各 50 mm，多排交错

单排，跨内根数 = [净跨长 l_n - (左腋宽 + 右腋宽) - 100]/拉筋间距 + 1(四舍五入)

双排，跨内根数 = 2 × [净跨长 l_n - (左腋宽 + 右腋宽) - 100]/拉筋间距 - 1(四舍五入)

n 排，跨内根数 = n × [净跨长 l_n - (左腋宽 + 右腋宽) - 100]/拉筋间距 + 1 - n(四舍五入)

单排，外伸根数 = [净伸长 l'_n - 端腋宽 - 50]/拉筋间距 + 1(四舍五入)

n 排，外伸根数 = n × [净伸长 l'_n - 端腋宽 - 50]/拉筋间距 + 1 - n(四舍五入)

合并后总根数：N = ∑单跨内根数 + ∑外伸段根数(有外伸加外伸，无外伸取 0)

无腋：单排两边起步各 50 mm，多排交错

单排，跨内根数 = (净跨长 l_n - 100)/拉筋间距 + 1(四舍五入)

双排，跨内根数 = 2 × (净跨长 l_n - 100)/拉筋间距 - 1(四舍五入)

n 排，跨内根数 = n × (净跨长 l_n - 100)/拉筋间距 + 1 - n(四舍五入)

单排，外伸根数 = (净伸长 l'_n - 50)/拉筋间距 + 1(四舍五入)

n 排，外伸根数 = n × (净伸长 l'_n - 50)/拉筋间距 + 1 - n(四舍五入)

合并后总根数：D = ∑单跨内根数 + ∑外伸段根数(有外伸加外伸，无外伸取 0)

快速算法：

有腋：单排，跨内根数 = 轴距/拉筋间距 - 2

无腋：单排，跨内根数 = 轴距/拉筋间距 - 1

（ⅱ）**箍筋计算**：基础主梁的箍筋有两种布筋形式——只标注一种间距、标注有两种间距，其中标注有两种间距的，加密区的箍筋道数是固定的，因此计算时一定要注意。同时在计算时一定要注意"道"、"肢"、"个"的不同含义，加密区和非加密区的标注间距，说的是前"道"与后"道"的中心距离，但每"道"箍筋可能是由几"个"箍筋组成的(多"肢")的复合箍，箍筋的复合配置须满足：大箍套小箍，尽量封闭箍，叠合不超过三层。

【例】　平法标注箍筋最后为：(2)表示 2 肢箍：每道，由一个封闭 2 肢箍，组成 2 肢

　　　　　　　　　　　　　　　(4)表示 4 肢箍：每道，由两个封闭 2 肢箍，组成 4 肢

"单根长"：

基础梁内一般都配有 2 肢箍、4 肢箍、6 肢箍，除 2 肢箍是只有一个 2 肢的大箍组成一道外，其余都是复合箍，这里分别给出复合 4 肢箍的封闭大箍(外箍)和 4 肢箍的封闭小箍(内箍)长度计算公式：箍筋长 = 2 × (箍宽 + 箍高 + 单个箍钩)。

封闭 2 肢大箍(外箍)长度计算公式：采用"贴箍拉腰"形式

"单个箍筋长"：

$L = 2 × \{($梁宽 $b_主 - 2c) + ($梁高 $h_主 - 2c) + [$非抗震：6.9d，抗震、抗扭：$\max(11.9, 1.9d + 75$ mm$)]\}$

考虑到基础梁的箍筋直径常 $d \geq 8$ mm，10d = 10 × 8 mm = 80 mm ≥ 75 mm

公式变成：

非抗震：$L = 2 × [(b_主 - 2c) + (h_主 - 2c) + 6.9d]$

抗震或抗扭：$L = 2 × [(b_主 - 2c) + (h_主 - 2c) + 11.9d]$

4 肢箍的封闭 2 肢小箍(内箍)长度计算公式：先于大箍内摆匀纵筋才配小箍，箍高与大箍相同

"单个箍筋长"：

$L = 2 \times \{[(梁宽\ b_主 - 2c)/3 + d_{梁纵筋}] + (梁高\ h_主 - 2c) + [非抗震:6.9d, 抗震、抗扭: \max(11.9, 1.9d + 75\ mm)]\}$

考虑到基础梁的箍筋直径常 $d \geqslant 8$ mm，$10d = 10 \times 8$ mm $= 80$ mm $\geqslant 75$ mm

公式变成：

非抗震：$L = 2 \times \{[(b_主 - 2c)/3 + d_{梁纵筋}] + (h_主 - 2c) + 6.9d\}$

抗震或抗扭：$L = 2 \times \{[(b_主 - 2c)/3 + d_{梁纵筋}] + (h_主 - 2c) + 11.9d\}$

"几道"： 梁箍道数的计算，原则上，以单跨和单个外伸为一个单元然后进行合并，但也可根据实际情况，取全梁全长统一来算；若计算结果出现小数时，跨内只有一种间距，结果"四舍五入"，跨内有两种间距，结果"向上取整"；有附加钢筋时，由于主梁箍筋正常布，不受附加钢筋的影响，所以附加箍筋只数根数，单加。

标注一种间距：

支座内配本梁箍：（本梁比交汇梁高或宽时，节点布高或宽梁箍），各箍筋起步为 50 mm。

跨内道数 $=$（净跨长 $l_n - 2 \times 50$）/箍筋间距 $+ 1 +$ 附加箍筋（四舍五入）

外伸道数 $=$（净伸长 $l'_n - 2 \times 50$）/箍筋间距 $+ 1$（四舍五入）

支座道数 $=$（支座宽 $- 2 \times 50$）/箍筋间距 $+ 1$（四舍五入）

总道数 $= \sum$ 跨内道数 $+ \sum$ 支座道数 $+ \sum$ 外伸道数（有外伸加外伸，无外伸取 0）$+ \sum$ 附加箍筋

总道数也可以是 $D =$（梁总长 $- 2c$）/箍筋间距 $+ 1 + \sum$ 附加箍筋（四舍五入）

支座内无本梁箍：（本梁比交汇梁低或窄时，节点布高或宽梁箍），各箍筋起步为 50 mm。

跨内道数 $=$（净跨长 $l_n - 2 \times 50$）/箍筋间距 $+ 1 +$ 附加箍筋（四舍五入）

外伸道数 $=$（净伸长 $l'_n - 2 \times 50$）/箍筋间距 $+ 1$（四舍五入）

总道数 $D = \sum$ 跨内道数 $+ \sum$ 外伸道数（有外伸加外伸，无外伸取 0）$+ \sum$ 附加箍筋

总道数也可以是 $D =$（梁总长 $- 2c -$ 所有支座宽）/箍筋间距 $+ 1 + \sum$ 附加箍筋（四舍五入）

标注两种间距：通常跨内加密区道数已知，假设为 n 道。跨中为非加密区（第二种间距），梁两端为加密区（第一种间距），支座内和外伸段按梁端加密区间距加密

支座内配本梁箍：（本梁比交汇梁高或宽时，节点布高或宽梁箍），各箍筋起步为 50 mm。总道数 $=$ 加密区道数 $+$ 非加密区道数

跨内道数 $= 2n + [$净跨长 $l_n - 2 \times (n-1) \times$ 加密区间距 $- 2 \times 50]$/非加密区间距 $- 1 +$ 附加箍筋（向上取整）

外伸道数 $=$（净伸长 $l'_n - 2 \times 50$）/加密区间距 $+ 1$（四舍五入）

支座道数 $=$（支座宽 $- 2 \times 50$）/加密区间距 $+ 1$（四舍五入）

总道数 $= \sum$ 跨内道数 $+ \sum$ 支座道数 $+ \sum$ 外伸道数（有外伸加外伸，无外伸取 0）$+ \sum$ 附加箍筋

支座内无本梁箍：（本梁比交汇梁低或窄时，节点布高或宽梁箍），各箍筋起步为 50 mm。总道数 $=$ 加密区道数 $+$ 非加密区道数

跨内道数 $= 2n + [$净跨长 $l_n - 2 \times (n-1) \times$ 加密区间距 $- 100]$/非加密区间距 $- 1 +$ 附加箍筋（向上取整）

外伸道数 $=$（净伸长 $l'_n - 100$）/加密区间距 $+ 1$（四舍五入）

总道数 $= \sum$ 跨内道数 $+ \sum$ 外伸道数（有外伸加外伸，无外伸取 0）$+ \sum$ 附加箍筋

（2）特殊情况（截面有尺寸和高差变化等）。

截面有尺寸和高差变化等，我们就以变化处为分界，分为分界左边和分界右边，分成两段一般情况来算：纵筋分别在分界的两段全部贯通，并结合"有差互锚，无差连续"分清在全梁谁从头到尾贯通，谁只在分界左边或右边贯通，结合构造要求来计算；同时箍筋、拉筋也是以变化处进行分界，分界节点处按照节点一般构造要求"小让大、低让高、窄让宽"布置箍筋。

具体公式，这里就不详细介绍了。

2）基础次梁（JCL）钢筋计算公式

计算公式与主梁钢筋计算公式大体相同，变化的只是，顶筋和底筋关键是顶筋在端部的构造，以及不加侧腋，箍筋不设于支座内，无附加箍筋

（1）一般情况（截面无尺寸和高差变化等）。

①纵筋（单根长）。

（ⅰ）端部两端均无外伸时（底部贯通筋与非贯通筋、顶部贯通筋）

底部贯通筋长度：全部伸至支座尽头一个保护层厚度后，弯折 $15d$。

$L = 梁总长 - 2c + 15d \times 2 + 接头$

底部非贯通筋（端部下、上排）长度：伸至支座尽头一个保护层厚度后，弯折 $15d$。

$L = 15d + (支座宽 \, b_主 - c) + 首跨 \, l_n/3$

底部非贯通筋（中部上、下排）长度：

$L = b_主 + 2 \times \max(左跨 \, l_n/3, 右跨 \, l_n/3)$

顶部贯通筋长度：顶筋全为贯通筋；全部伸入支座 $\geq 12d$，且至少到梁中线。

$L = 梁总长 - 左端 \, b_{主左} + \max(12d, b_{主左}/2) - 右端 \, b_{主右} + \max(12d, b_{主右}/2) + 接头$

当 $12d \geq b_主/2$ 时，顶部贯通筋长度近似为：

$L = 梁总轴线长 + (12d - 主梁宽/2) + 接头$

当 $12d < b_主/2$ 时，顶部贯通筋长度近似为：

$L = 梁总轴线长 + 接头$

接头个数 $= L/9000 - 1$（向上取整）

（ⅱ）端部两端均外伸时：（类似基础主梁相同情况，只是不成对连通）

要求：顶部第一排纵筋和底部最底排纵筋伸至外伸边缘一个保护层厚度后，弯折 $12d$；底部非底排纵筋伸至外伸边缘一个保护层厚度即可；顶部非第一排纵筋不伸入外伸端，只须自支座内边 $\max(12d, b_主/2)$ 长即可。

顶部上排、底部所有贯通筋长度：

$L = 梁总长（包括外伸端部） - 2c + 12d \times 2 + 接头$

顶部下排贯通筋长度：

$L = 梁总长 - 左端 \, b_{主左} + \max(12d, b_{主左}/2) - 右端 \, b_{主右} + \max(12d, b_{主右}/2) + 接头$

当 $12d \leq b_主/2$ 时，顶部贯通筋长度近似为：

$L = 梁总轴线长 - 外伸轴线长 + 接头$

接头个数 $= L/9000 - 1$（向上取整）

底部非贯通筋（端部下排）长度：

$L = 左（外伸净长 \, l'_n + 主梁宽 \, b_{主左}）或右（外伸净长 \, l'_n + 主梁宽 \, b_{主右}） + 12d - c + \max(首跨 \, l_n/3, l'_n)$

底部非贯通筋(端部上排)长度：

$L = 左(l'_n + b_{主左})$ 或右$(l'_n + b_{主右}) - c + \max(首跨 l_n/3, l'_n)$

或 $L = 左(或右)外伸轴线长 + b_{主左}(或 b_{主右})/2 - c + \max(首跨 l_n/3, l'_n)$

底部非贯通筋(中部上、下排)长度：

$L = b_{主} + 2 \times \max(左跨 l_n/3, 右跨 l_n/3)$

(ⅲ)端部一头外伸，一头无外伸时：假使左端无外伸，右端有外伸。

顶部上排贯通筋长度近似为：

$L = 梁总轴线长(包括外伸) - c + 12d + 接头$

顶部下排贯通筋长度近似为：

$L = 梁总轴线长 - 外伸轴线长 + 接头$

底部所有通筋长度：

$L = 梁总长(包括外伸端部) - 2c + 12d + 15d + 接头$

底部非贯通筋长度等同于上面两种情况(ⅰ、ⅱ)的复合体。

(ⅳ)侧面腰筋(包含"G"头构造腰筋和"N"头抗扭腰筋)

它们的钢筋算量是：虽然都是"见支坐就锚"，但抗扭腰筋由于两头都拉锚(l_a 或 l_{aE})进入支座，很长，所以抗扭腰筋全梁贯通；构造腰筋两头锚固长度为构造锚固 $15d$，很短，所以以单跨和单个外伸为一个单元计算。

"N"头抗扭腰筋长度：全梁贯通

$L = 梁总长(包括外伸端部) - 2c + 接头$

"G"头构造腰筋长度：也以单跨和单个外伸为一个计算单元然后进行合并，但边梁外侧构造腰筋要求全梁贯通

边梁外侧构造腰筋长度：$L = 梁总长(包括外伸端部) - 2c + 接头$

边梁内侧和中部各梁构造腰筋长度：(由于次梁一般不加侧腋，所以次梁构造腰筋 $15d$ 锚入主梁中)

单跨内长度：$l = 净跨长 l_n + 15d \times 2$

外伸段长度：$l = 净伸长 l'_n + 15d - c$

合并后总长：$L = \sum 单跨内长度 + \sum 外伸段长度(有外伸加外伸，无外伸取 0)$

假设与 n 根主梁相交，且主梁宽 $b_{主}$ 全相等，

$L = 梁总长(可能包括外伸端部) - 主梁宽 b_{主} \times n + 15d \times 2(n-1) +$
　　$\sum 外伸段长度(有外伸加外伸，无外伸取 0)$

②箍筋和拉筋。

首先确定拉筋的拉法——"贴箍拉腰"，这样拉筋和箍筋的侧面保护层厚度相同。

(ⅰ)拉筋计算：有腰才有拉，有几排腰就有几排拉，多排交错，起步柱边(或腋边)50 mm，间距 $= \min(梁非加密区间距 \times 2, 600 \text{ mm})$，直径无特殊要求取 $d = 8 \text{ mm}$。

"单根长" $l = 次梁宽 b_{次} - 2c + 2 \times [非抗震：6.9d，抗震：\max(10d, 75 \text{ mm}) + 1.9d]$

即非抗震：$l = 次梁宽 b_{次} - 2c + 2 \times 6.9d$

抗震：$l = 次梁宽 b_{次} - 2c + 2 \times 11.9d$ ($10d = 10 \times 8 \text{ mm} = 80 \text{ mm} \geqslant 75 \text{ mm}$)

"根数"也以单跨和单个外伸为一个计算单元然后进行合并，计算方法同主梁无腋时拉筋算法。

114

（ⅱ）箍筋计算：基础次梁箍筋仅在净跨内和外伸段设置，节点区内不设，起步箍筋的起步距离为基础主梁边 50 mm。净跨内、外伸段箍筋的标注和设置要求同基础主梁相关构造。

"单根长"：同基础主梁计算方法。

"几道"：同基础主梁支座内无本梁箍计算方法，有附加箍则加附加箍。

（2）特殊情况（截面有尺寸和高差变化等）。

我们同样以变化处为分界，分为分界左边和分界右边，分成两段一般情况来算，分界处如何处理，见相应的构造要求

3）梁板式筏形基础基础平板（LPB）钢筋计算公式

LPB 一般不配箍筋和腰筋，但由于外伸要求封边，所以必须配有封边钢筋和构造分布筋，一般以 U 形封边为主；同时由于要支撑和隔开底部和顶部钢筋网，必须配有马凳筋或撑铁（板厚≥800 mm）。

（1）LPB 主筋的钢筋计算公式。

布筋原则是：垂直于支座，或锚或贯；平行于支座，躲开起步

①一般情况（截面无尺寸和高差变化等）。

（ⅰ）端部两端均无外伸时

顶部贯通筋：以 X 向钢筋为例：

要求：顶筋全为贯通筋；全部伸入支座≥12d，且至少到梁中线。

"单根长"（LPB 一般不用 HPB300 钢筋，不须 6.25d 钩）

L = 布本筋 X 向板总长 – 左端梁宽 $b_{梁左}$ + max（12d，$b_{梁左}$/2）– 右端梁宽 $b_{梁右}$ + max（12d，$b_{梁右}$/2）+ 接头

当 12d≤$b_{梁}$/2 时，顶部贯通筋长度近似为：

L = 布本筋 X 向总轴线长 + 接头

接头个数 = L/9000 – 1（向上取整）（软件本来就少算了很多接头）

"几根"

取值点为：布筋范围的 Y 向尺寸，顶筋不受"隔一布一"影响；

起步距梁边：min（板筋间距/2，75）；

也以平行于顶筋的单跨和单个外伸为一个计算单元然后进行合并；

若计算结果出现小数时：跨内只有一种间距，结果"四舍五入"；跨内有两种间距，结果"向上取整"。（参考现行造价软件）

单跨根数：N = ［Y 向净跨长 – 2×min（板筋间距/2，75）］/顶筋间距 +1（四舍五入）

Y 向净跨长 = Y 向轴距长 – 左轴到梁内边的距离 – 右轴到梁内边的距离

逐一算出 X 向顶筋所设置的所有单跨内的根数，然后合并相加。

总根数 = Σ 单跨根数

单跨根数近似等于：

N = 单跨轴距/顶筋间距 – 1 根（或 2 根）（四舍五入）

（2 倍顶筋间距≥梁宽 – 1；2 倍顶筋间距≤梁宽 – 2）

底部贯通筋：（以 X 向钢筋为例）

要求：伸入支座对边尽头并顶靠梁外侧纵筋，然后弯折 15d，并要求水平段满足，当设计按铰接时≥0.35l_{ab}，当充分利用钢筋的抗拉强度时≥0.6 l_{ab}，具体形式，由设计指定。考虑到

造价算量的粗放性,计算如下:

"单根长"(LPB 一般不用 HPB300 钢筋,不须 6.25d 钩)

L = 布本筋 X 向板总长 $-2c+2\times15d+$ 接头

"几根"与顶部贯通筋一致,于保守起见,受"隔一布一"影响,起步挤占底部非贯通筋 $\min($ 板筋间距/2,75)起步。

单跨根数:$N=[Y$ 向净跨长 $-2\times\min($ 板筋间距/2,75)]/底筋间距 $+1$(四舍五入)

Y 向净跨长 $=Y$ 向轴距长 $-$ 左轴到梁内边的距离 $-$ 右轴到梁内边的距离

逐一算出 X 向底筋所设置的所有单跨内的根数,然后合并相加。

总根数 $=\sum$ 单跨根数

单跨根数近似等于:

$N=$ 单跨轴距/底筋间距 -1 根(或 2 根)(四舍五入)

(2 倍底筋间距 $\geqslant$ 梁宽 -1;2 倍底筋间距 $\leqslant$ 梁宽 -2)

底部非贯通筋:以 X 向钢筋为例,所压的梁为 Y 向梁,所压梁的梁宽,简称梁宽。

由于不论端部还是中间支座的非贯通筋伸入跨内长度皆从梁中线算起,伸出长度由设计标出,布置的起步钢筋受"隔一布一"影响,被底部贯通筋挤占了 $\min($ 板筋间距/2,75)的起步,因此应少算两头共两根底部非贯通筋/跨梁。

"单根长"(LPB 一般不用 HPB300 钢筋,不须 6.25d 钩)

端部(不外伸)非贯通筋长度:

$L=$ 梁中线跨内延伸长度 $+15d+[$ 梁宽/2 $-c-(d_{梁箍}+d_{梁纵筋})]$

近似长度

$L=$ 梁中线跨内延伸长度 $+15d+$ 梁宽/2 $-c$

中间支座非贯通筋长度:

$L=$ 左跨伸出长度 $+$ 右跨伸出长度 $+$ 支座宽(主梁为 $b_{主}$)

"几根"以其说压梁的单跨净跨为一计算单元,然后合并,注意每跨要少两根;算法与顶部贯通筋类似。

单跨根数:

$N=[Y$ 向压梁净跨长 $-2\times\min($ 板筋间距/2,75)]/底筋间距 -1(四舍五入)

Y 向压梁净跨长 $=Y$ 向轴距长 $-$ 左轴到梁内边的距离 $-$ 右轴到梁内边的距离

逐一算出 X 向底筋所设置的所有单跨内的根数,然后合并相加

总根数 $=\sum$ 单跨根数

单跨根数近似等于:

$N=$ 单跨压梁轴距/底筋间距 -3 根(或 4 根)(四舍五入)

(2 倍底筋间距 $\geqslant$ 梁宽 -3;2 倍底筋间距 $\leqslant$ 梁宽 -4)

(ⅱ)端部两端均外伸时

顶部贯通筋(以 X 向钢筋为例)

要求:顶筋全为贯通筋;每隔 200 mm 有一顶部贯通筋伸至外伸尽端,然后弯折 12d 参与封边,其余剩下的贯通筋伸入支座 $\geqslant12d$,且至少到支座中线。

"单根长"(LPB 一般不用 HPB300 钢筋,不须 6.25d 钩)

参与封边的贯通筋长度:

$L = $ 布本筋 X 向板总长 $- 2c + 2 \times 12d + $ 接头

或 $= $ 布本筋 X 向板总轴线长 $- 2c + 2 \times 12d + $ 接头

不参与封边的贯通筋长度：同两端无外伸的情况

$L = $ 布本筋 X 向板总长 $- $ 左端梁宽 $b_{梁左} + \max(12d, b_{梁左}/2) - $ 右端梁宽 $b_{梁右} + \max(12d, b_{梁右}/2) + $ 接头

或近似 $= $ 布本筋 X 向轴线总长 $+ $ 接头

"几根"同两端无外伸的底部贯通筋公式。

底部贯通筋：（以 X 向钢筋为例）

要求：全部伸至外伸尽端，然后弯折 $12d$，每隔 200 mm，有一底部贯通筋或非贯通筋参与封边。

"单根长"（LPB 一般不用 HPB300 钢筋，不须 $6.25d$ 钩）

$L = $ 布本筋 X 向板总长 $- 2c + 2 \times 12d + $ 接头

或 $= $ 布本筋 X 向板总轴线长 $- 2c + 2 \times 12d + $ 接头

"几根"同两端无外伸的底部贯通筋公式。

底部非贯通筋：

要求：只是在端部外伸部位的非贯通筋与两端无外伸的端部钢筋不一样，端部外伸部位的非贯通筋须全部伸至外伸尽端，然后弯折 $12d$，每隔 200 mm，有一底部贯通筋或非贯通筋参与封边。以 X 向钢筋为例：

"单根长"（LPB 一般不用 HPB300 钢筋，不须 $6.25d$ 钩）

端部（有外伸）非贯通筋长度：

$L = $ 跨内延伸长度 $+ $ 外伸轴线长 $(l') + 12d - c$（跨内延伸长度由设计标出）

中间支座非贯通筋长度：同两端不外伸的底部非贯通筋公式

"几根"同两端无外伸的底部非贯通筋公式。

ⅲ. 端部一头外伸，一头无外伸时：假使左端无外伸，右端有外伸。

为复合体：一头外伸的参看两头外伸的，一头无外伸的就参看两头无外伸的构造要求。

顶部贯通筋：（以 X 向钢筋为例）

要求：顶筋全为贯通筋，无外伸端，钢筋伸入支座 $\geq 12d$，且至少到支座中线；

有外伸端，钢筋每隔 200 mm，有一钢筋伸至外伸尽端弯折 $12d$，其余钢筋伸入支座 $\geq 12d$，且至少到支座中线。

"单根长"（LPB 一般不用 HPB300 钢筋，不须 $6.25d$ 钩）

参与封边的顶部贯通筋：

$L = $ 布本筋 X 向板总长 $- $ 左端梁宽 $b_{梁左} + \max(12d, b_{梁左}/2) + 12d - c$

或近似 $= $ 布本筋 X 向轴线总长 $+ 12d - c + $ 接头

不参与封边的顶部贯通筋：

$L = $ 布本筋 X 向板总长 $- $ 左端梁宽 $b_{梁左} + \max(12d, b_{梁左}/2) - $ 右端梁宽 $b_{梁右} + \max(12d, b_{梁右}/2) + $ 接头

或近似 $= $ 布本筋 X 向轴线总长 $+ $ 接头

"几根"同两端无外伸的顶部贯通筋公式

底部贯通筋、非贯通筋：（以 X 向钢筋为例）

要求：有外伸端，底部贯通筋全部伸至外伸尽端，然后弯折$12d$，每隔200 mm，有一底部贯通筋或非贯通筋参与封边。

无外伸端，底部贯通筋全部伸至支座对边尽头并顶靠梁外侧纵筋，然后弯折$15d$，并要求水平段满足，当设计按铰接时$\geq 0.35 l_{ab}$，当充分利用钢筋的抗拉强度时$\geq 0.6 l_{ab}$。具体形式，由设计指定；考虑到造价算量的粗放性，计算如下：

贯通筋"单根长"（LPB 一般不用 HPB300 钢筋，不须$6.25d$钩）

L = 布本筋 X 向板总长 $-2c + 15d + 12d +$ 接头

　　= 布本筋 X 向板总轴线长 $-2c + 15d + 12d +$ 接头

"几根"同两端无外伸的底部非贯通筋公式

②**特殊情况（截面有尺寸和高差变化等）。**

我们同样以变化处为分界，分为分界左边和分界右边，分成两段一般情况来算，并结合"有差互锚，无差连续"分清在全板谁从头到尾贯通，谁只在分界左边或右边贯通，结合构造要求来计算；分界处如何处理，见相应的构造要求。

（2）LPB 外伸端 U 形封边钢筋及板边构造封边分布筋计算公式。

LPB 的外伸端部，要求封边，并与板边构造钢筋相互绑扎在一起，形成整个封边构造，假设外伸尽端板厚为h_2，板外伸边长度为l_1。

①**U 形封边构造钢筋。**

如图所示，U 形封边钢筋，有设计按设计，无设计按本图，这里只介绍本图的情况及计算公式。

"单根"如左图，取 HRB335 级，直径$d = 12$ mm，间距200 mm。

弯折$\geq \max(15d, 200)$；紧靠板顶、底纵筋绑扎，上下各一个保护层厚度c。

由已知条件得出：单根长 $= h_2 - 2c + \max(15d, 200) \times 2$

"几根"由于板筋的起步距离为 $\min$（板筋间距/2，75 mm），两边各有一个起步，封边跟着板筋走，因此此边封边钢筋的根数为：

$N = [l_1 - 2 \times \min($板筋间距/2，75 mm$)]/200 + 1$（四舍五入）

或近似为　$N = l_1/200$（四舍五入）

②**板边侧面构造分布筋。**

"单根"如左图，取 $\geq$ HRB335 级，直径$d = 12$ mm，间距200 mm，封边钢筋内侧，沿板外伸边长度方向布置，两边离侧端边各一个保护层厚度c。

由已知条件得出：单根长 $= l_1 - 2c +$ 接头

"几根"沿板外伸尽边厚度h_2方向平行布置于封边钢筋内侧，但顶端和底端被板本身的 X 向或 Y 向贯通筋占领。由已知条件得出本外伸边板边构造钢筋根数为：

$N = (h_2 - 2c)/200 + 1 - 2$（四舍五入）$ = (h_2 - 2c)/200 - 1$（四舍五入）

（3）LPB 板筋的马凳筋计算。

①**马凳筋的概念。**

马凳筋，施工术语。它的形状像凳子故俗称马凳，也称撑筋。如图 3 - 16。它用于上下两层板钢筋中间，起固定顶层板钢筋保持顶筋与底筋正确距离的作用。做造价时，因其工程量比

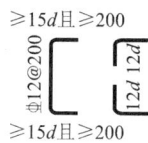

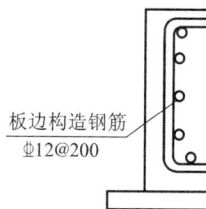

较大而不可忽略其实体钢筋消耗量,应计算马凳钢筋工程量,并合并在总钢筋工程量中。

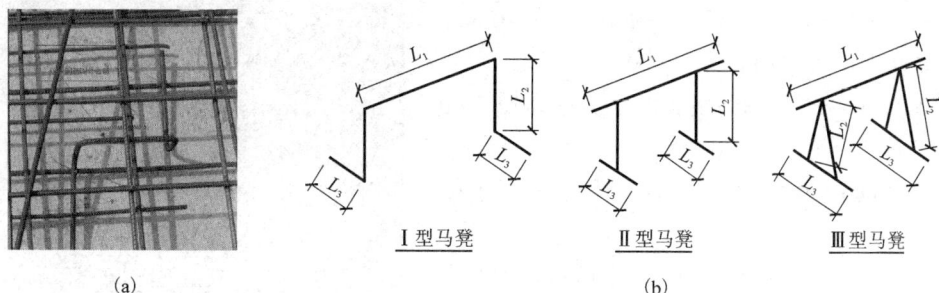

图 3-16　马凳筋的基本形式

马凳钢筋一般图纸上不注,只有个别设计者设计马凳,大都由项目工程师在施工组织设计中详细标明其规格、长度和间距。

②马凳筋的基本要求。

马凳的上部 L_1 支撑在板顶部钢筋网的最下皮钢筋下;下部 L_3 为了防止返锈,不得支撑在模板和板底部钢筋的垫块上,而是支撑于板底部钢筋网的最下皮钢筋上。

通常马凳的规格比板受力筋小一个级别,如板筋直径 $\phi 12$ 可用直径为 $\phi 10$ 的钢筋做马凳,当然也可与板筋相同。纵向和横向的间距一般为 1 m,也就是 1 根/m²;不过具体问题还得具体对待,如果是双层双向的板筋为 $\phi 8$,钢筋刚度较低,需要缩小马凳之间的距离,如间距为 800×800,如果是双层双向的板筋为 $\phi 6$ 马凳间距则为 500×500。有的板钢筋规格较大,如采用直径 $\phi 14$,那么马凳间距可适当放大。当基础厚度较大时(大于 800 mm)不宜用马凳,而是用支架(撑铁)更稳定和牢固。板厚很小时可不配置马凳,如小于 100 mm 的板马凳的高度小于 50 mm,无法加工,可以用短钢筋头或其他材料(如塑料支撑)代替。

总之,马凳设置的原则是固定牢上层钢筋网,能承受各种施工活动荷载,确保上层钢筋的保护层在规范规定的范围内和上下钢筋网有有效的间隔距离。

③马凳筋根数的计算。

马凳的根数可按面积进行计算(一般为每平方一个,当规定了马凳筋的横向和纵向间距时,按下式计算)

马凳筋根数 = 板筋分布净面积/(马凳筋的横向间距×纵向间距)

因为筏板基础的平板顶筋全为贯通筋,须算全净面积;如果板筋设计成底筋加支座负筋的形式,且没有温度筋时那么马凳个数必须扣除中空部分。梁可以起到马凳筋作用,所以马凳个数须扣梁。电梯井、楼梯间和板洞部位无须马凳不应计算,楼梯马凳另行计算。

④马凳筋的长度计算(以Ⅰ型马凳为例)。

马凳高度 L_2 = 板厚 - 2×保护层厚度 - 上部板筋与板最下排钢筋直径之和;

上平直段 L_1 为板顶筋间距 +50 mm(也可以是 80 mm,马凳上放一根上部钢筋);

下部两个平直段尺寸 L_3,可做一样长,也可做成一长一短:但至少保证一个平直段尺寸 L_3 为板底筋间距 +50 mm,不一样长设计时,另一个平直段尺寸 L_3 为 100 mm;

这样马凳的上部能放置 1~2 根钢筋,下部 4 点(或 3 点)平稳地支承在板的下部钢筋上。

马凳筋不能接触模板和垫块，防止马凳筋返锈。

⑤马凳筋的规格直径的选用。

当板厚≤140 mm，板受力筋和分布筋≤10 mm时，马凳筋直径可采用φ8；

当140 mm＜h≤200 mm，板受力筋≤12 mm时，马凳筋直径可采用φ10；

当200 mm＜h≤300 mm 时，马凳直径可采用φ12；

当300 mm＜h≤500 mm 时，马凳直径可采用φ14；

当500 mm＜h≤700 mm 时，马凳直径可采用φ16；

图 3－17

厚度大于 800 mm 最好采用钢筋支架或角钢支架，如图 3－17。

⑥马凳筋的排列。

马凳排列可按矩形阵列也可梅花阵列，一般是矩形阵列。马凳方向要一致。如图 3－18。

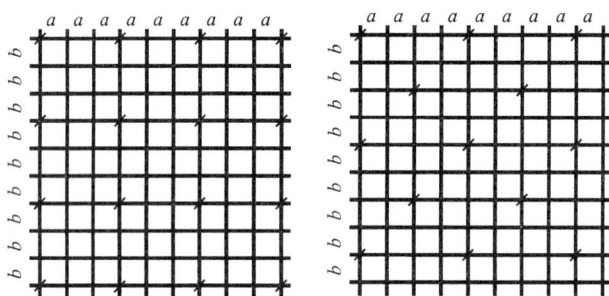

图 3－18　马凳的排列(左为矩形阵列、右为梅花阵列)

⑦筏板基础中措施钢筋。

大型筏板基础中措施钢筋不一定采用马凳筋，而当筏板厚度大于 800 mm 时，往往采用钢支架形式，支架必须经过计算才能确定它的规格和间距，才能确保支架的稳定性和承载力。在确定支架的荷载时除计算上部钢筋荷载外考虑施工荷载。

支架立柱前后间距一般为 1500 mm，在立柱上只需设置一个方向的通长角铁，这个方向应该是与上部钢筋最下一皮钢筋垂直，平行间距一般为 2000 m。除此之外还要用斜撑焊接。

支架的设计应该要有计算式，经过审批和监理及建设单位确认才能施工，不能只凭经验，支架规格、间距过小造成浪费，支架规格、间距过大可能造成基础钢筋整体塌陷严重后果。所以支架设计不能掉以轻心。

3.3.1　梁板式筏形基础基础主梁(JL)钢筋计算实例

如图 3－19 为梁板式筏形基础基础主梁、基础次梁平法施工示意图，计算基础主梁 JL01 的钢筋工程量。

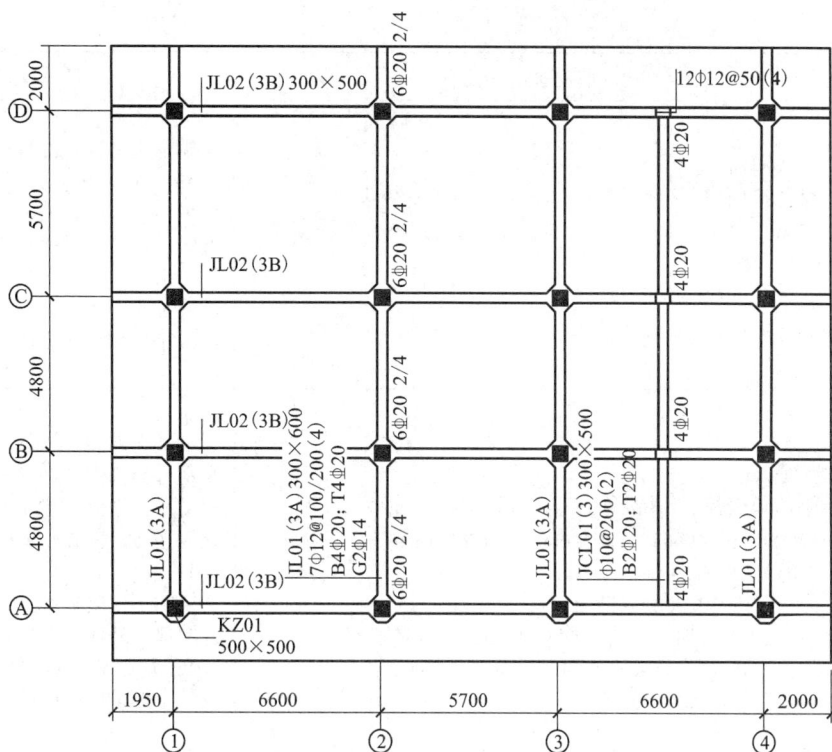

图 3-19　梁板式筏形基础基础主梁、基础次梁平法施工示意图

（1）计算条件：KZ01 的尺寸为 500 mm×500 mm，抗震等级为二级，混凝土强度等级为 C30，基础保护层厚度为 40 mm，连接方式只考虑接头个数，钢筋定尺长 9000 mm。

（2）钢筋算量。

钢筋	计算过程	说明
顶部贯通筋 4Φ20	16G：先算单根 L_1 = 梁总长（包括外伸端部）$-2c+12d+15d+$接头 $= 17600 - 2 \times 40 + 12 \times 20 + 15 \times 20 = 18060$（mm） 接头个数 $= L/9000 - 1$ $= 18060/9000 - 1 \approx 2$ 合计：$L = 18060$ mm $\times 4 = 72.24$ m　共 8 个接头	①端部无外伸：底部和顶部钢筋全部伸至支座尽头一个保护层厚度后，弯折 $15d$； ②梁中部全梁贯通； ③端部有外伸：顶部第一排纵筋和底部最底排纵筋伸至外伸边缘一个保护层厚度后，弯折 $12d$
	成对连通：先算单根 L_1 = 梁总长（包括外伸端部）$-2c+12d+h/2+$接头 $= 17600 - 2 \times 40 + 12 \times 20 + 600/2 = 18060$（mm） 接头个数 $= L/9000 - 1$ $= 18060/9000 - 1 \approx 2$ 因此，共 4Φ20 底部贯通筋与 4Φ20 顶部贯通筋成对 合计：$L = 18060$ mm $\times 4 = 72.24$ m　共 8 个接头	①端部无外伸：底部和顶部钢筋全部伸至支座尽头一个保护层厚度后，弯折至梁部相互焊接，成对连通，剩余不成对的则弯折 $15d$； ②梁中部全梁贯通； ③端部有外伸：顶部第一排纵筋和底部最底排纵筋伸至外伸边缘一个保护层厚度后，弯折 $12d$

续上表

钢筋	计算过程	说明
底部贯通筋 4⏀20	11G：先算单根 L_1 = 梁总长（包括外伸端部）－ $2c$ ＋ $12d$ ＋ $15d$ ＋ 接头 　 = $17600 - 2 \times 40 + 12 \times 20 + 15 \times 20 = 18060$（mm） 接头个数 = $L/9000 - 1$ 　　　　 = $18060/9000 - 1 \approx 2$ 合计：$L = 18060$ mm $\times 4 = 72.24$ m　共 8 个接头	①端部无外伸：底部和顶部钢筋全部伸至支座尽头一个保护层厚度后，弯折 $15d$； ②梁中部全梁贯通； ③端部有外伸：顶部第一排纵筋和底部最底排纵筋伸至外伸边缘一个保护层厚度后，弯折 $12d$
	成对连通：先算单根 L_1 = 梁总长（包括外伸端部）－ $2c$ ＋ $12d$ ＋ $h/2$ ＋ 接头 　 = $17600 - 2 \times 40 + 12 \times 20 + 600/2 = 18060$（mm） 接头个数 = $L/9000 - 1$ 　　　　 = $18060/9000 - 1 \approx 2$ 因此，共 $4⏀20$ 底部贯通筋与 $4⏀20$ 顶部贯通筋成对 合计：$L = 18060$ mm $\times 4 = 72.24$ m　共 8 个接头	①端部无外伸：底部和顶部钢筋全部伸至支座尽头一个保护层厚度后，弯折至梁部相互焊接，成对连通，剩余不成对的则弯折 $15d$； ②梁中部全梁贯通； ③端部有外伸：顶部第一排纵筋和底部最底排纵筋伸至外伸边缘一个保护层厚度后，弯折 $12d$
底部非贯通筋 2⏀20	底部二层：每支座各 $2⏀20$，先算单根 ①A 轴端部无外伸： $L_1 = 15d$ ＋［支座宽（柱宽 h_c）＋ $50 - c - 20 - 25$］＋ 首跨 $l_n/3$ 　 = （$15 \times 20 + 500 + 50 - 40 - 20 - 25$）＋ $1450 = 2215$（mm） ②中间段（B、C 轴） B 轴：$L_2 = h_c + 2 \times \max$（左跨 $l_n/3$，右跨 $l_n/3$） 　　　 = $500 + 2 \times \max$（1450，1450）$= 3400$（mm） C 轴：$L_3 = h_c + 2 \times \max$（左跨 $l_n/3$，右跨 $l_n/3$） 　　　 = $500 + 2 \times \max$（1450，1750）$= 4000$（mm） ③D 轴外伸段 $L_4 = (l'_n + h_c) - c + \max$（首跨 $l_n/3$，l'_n） 　 = $1750 + 500 - 40 + \max$（1750，1750）$= 3960$（mm） 合计：$L = 2 \times$（2215 mm ＋ 3400 mm ＋ 4000 mm ＋ 3960 mm）＝ 27.15（m）	①底部二层非贯通筋伸至支座尽头、一层（最底层）底筋内侧，弯折 $15d$； ②中间段的非贯通筋贯过中间支座，两边各伸入跨内 $\max$（左跨 $l_n/3$，右跨 $l_n/3$）； ③弯折 $12d$，底部非底排纵筋伸至外伸边缘一个保护层厚度即可，不弯折，贯过支座，跨内伸入 $\max$（首跨 $l_n/3$，l'_n）
构造腰筋 G 2⏀14	锚入腋中　Y：300×300　非边梁，先算单根 ①单跨内长度：l = 净跨长 l_n －（左腋宽 ＋ 右腋宽）＋ $15d \times 2$ AB 跨：$l_{AB} = 4300 - (300 + 300) + 15 \times 14 \times 2 = 4120$（mm） BC 跨：$l_{BC} = 4300 - (300 + 300) + 15 \times 14 \times 2 = 4120$（mm） CD 跨：$l_{CD} = 5200 - (300 + 300) + 15 \times 14 \times 2 = 5020$（mm） ②外伸段长度：$l$ = 净伸长 l'_n － 端腋宽 ＋ $15d - c$ D 端外伸：$l_D = 1750 - 300 + 15 \times 14 - 40 = 1620$（mm） 单排 $2⏀14$ 全梁：$L = 2 \times$（4120 mm ＋ 4120 mm ＋ 5020 mm ＋ 1620 mm）$= 29.76$（m）	①跨内加腋：贯过跨中，两边分别锚入腋内 $15d$； ②外伸段构造腰筋，一头伸入端支座腋内 $15d$，贯过外伸全长，伸至外伸边缘一个保护层厚度即可

续上表

钢筋	计算过程	说明
拉筋 Φ8	贴箍拉腰、单排腰， ①"单根长" $l = $ 梁宽 $b_主 - 2c + 2 \times 11.9d$ $\qquad = 300 - 2 \times 40 + 2 \times 11.9 \times 8 = 410$（mm） ②"几根"单排，跨内根数 $=[$净跨长 $l_n - ($左腋宽 + 右腋宽$) - 100]/$拉筋间距 $+ 1$ AB 跨：跨内根数 $= (4300 - 300 - 300 - 100)/400 + 1 \approx 10$（根） BC 跨：跨内根数 $= (4300 - 300 - 300 - 100)/400 + 1 \approx 10$（根） CD 跨：跨内根数 $= (5200 - 300 - 300 - 100)/400 + 1 \approx 12$（根） 单排，外伸根数 $=$（净伸长 l'_n - 端腋宽 - 50）/拉筋间距 $+ 1$ D 端外伸：外伸根数 $= (1750 - 300 - 50)/400 + 1 \approx 5$（根） 合计全梁：$N = 10 + 10 + 12 + 5 = 37$（根） 合计总长Φ8：$37 \times 410$ mm $= 15.17$（m）	①"贴箍拉腰"，这样拉筋和箍筋的侧面保护层厚度相同；二级抗震，$10d = 10 \times 8 = 80 > 75$； ②有腋：单排两边起步离腋边各 50 mm，跟着构造腰筋走，拉筋间距为梁箍筋非加密区间距的两倍，且 $\leqslant 600$ mm，本题梁箍筋为 7Φ12@100/@200，非加密区间距为 200 mm，即拉筋间距 $= 2 \times 200$ mm $= 400$ mm
箍筋 7Φ12 @100/ @200 (4)	大箍套小箍： **"单道箍筋"**4 肢箍：由两个箍子组成——"大箍套小箍"组合 ①大箍（最外箍）单根长：外包长 抗震：$L_大 = 2 \times [(b_主 - 2c) + (h_主 - 2c) + 11.9d]$ $\qquad = 2 \times [(300 - 2 \times 40) + (600 - 80) + 11.9 \times 12]$ $\qquad = 1765.6$（mm）≈ 1770（mm） ②小箍（内箍）单根长：外包长（梁纵筋直径为 20 mm） 抗震：$L_小 = 2 \times \{[(b_主 - 2c)/3 + d_{梁纵筋}] + (h_主 - 2c) + 11.9d\}$ $\qquad = 2 \times [(300 - 80)/3 + 20 + (600 - 80) + 11.9 \times 12]$ $\qquad = 1512$（mm）≈ 1515（mm） 合计单道箍筋长度：$L = L_大 + L_小 = 1770$ mm $+ 1515$ mm $= 3.285$ m **"几道"** 7Φ12@100/@200(4)　$n = 7$ 全梁无附加箍 假设支座内各配本梁箍；箍筋各自的起步全为 50 mm ③跨内道数 $= 2n + [$净跨长 $l_n - 2 \times (n - 1) \times$ 加密区间距 $- 2 \times 50]/$非加密区间距 $- 1 +$ 附加箍筋 AB 跨：跨内道数 $= 2 \times 7 + (4300 - 2 \times 6 \times 100 - 100)/200 - 1$ $\qquad = 28$（道） BC 跨：跨内道数 $= 2 \times 7 + (4300 - 2 \times 6 \times 100 - 100)/200 - 1$ $\qquad = 28$（道） CD 跨：跨内道数 $= 2 \times 7 + (5200 - 2 \times 6 \times 100 - 100)/200 - 1$ $\qquad = 32.5 \approx 33$（道） ④外伸道数 $=$（净伸长 $l'_n - 2 \times 50$）/加密区间距 $+ 1$（四舍五入） D 端外伸道数 $= (1750 - 2 \times 50)/100 + 1 = 17.5 \approx 18$（道） ⑤支座道数 $=$（支座宽 $- 100$）/加密区间距 $+1$（四舍五入） 假设 A、B、C、D 共 4 支座宽全相等，全部等于柱宽 500 mm A 支座道数 $= (500 - 100)/100 + 1 = 5$（道） 合计总道数 $= 28 + 28 + 33 + 18 + 5 \times 4 = 127$（道） 合计总长 $= 127 \times 3.285$ m $= 417.195$ m　　Φ12	箍筋长度，计算的是箍筋的外包线尺寸长度，先算一半，然后乘二。 4 肢箍大箍套小箍示意图 ①大箍为梁的最外围箍筋，四周离梁边都只一个保护层厚度，且二级抗震，箍筋直径为 Φ12，$10d > 75$，箍筋长度变为长方形周长 + 双钩长，先算一半，然后乘二； ②4 肢箍的封闭 2 肢小箍（内箍）长度计算公式：先于大箍内摆匀纵筋才配小箍，1/3 是针对纵筋来算的，因此小箍宽度要比大箍宽度的 1/3 要宽出一个纵筋直径，箍高与大箍相同； ③标注两种间距：通常跨内加密区道数已知，现为 7 道，跨中为非加密区（第二种间距），梁两端为加密区（第一种间距）； ④⑤支座内和外伸段按梁端加密区间距加密，两端起步全为 50 mm

3.3.2 梁板式筏形基础基础次梁（JCL）钢筋计算实例

计算图 3-19 中基础次梁 JCL01 的钢筋工程量。

（1）计算条件：抗震等级为二级，混凝土强度等级为 C30，基础保护层厚度为 40 mm，连接方式只考虑接头个数，钢筋定尺长 9000 mm。

（2）钢筋算量。

钢筋	计算过程	说明
顶部贯通筋 T2Φ20	两头无外伸，先算单根 由于：$12d = 12 \times 20 = 240 >$ 主梁宽$/2 = 300/2 = 150$，大 90 mm 单根长：$L =$ 梁总轴线长 $+ (12d -$ 主梁宽$/2) \times 2$ 　　　　　 $= 15300 + (240 - 150) \times 2 = 15480$（mm） 接头个数 $= L/9000 - 1$ 　　　　　 $= 15480/9000 - 1 \approx 1$ 合计：总长 $= 15480$ mm $\times 2 = 30.96$（m）　共两个接头	①基础主梁 JL02 为 JCL01 次梁的支座，支座宽为主梁 JL02 梁宽，设为 300 mm； ②顶部纵筋全梁贯通，两边锚入两不外伸梁端各 $\max(12d, b_{主}/2)$
底部贯通筋 B2Φ20	两头无外伸，先算单根 单根长：$L =$ 梁总长 $- 2c + 15d \times 2 +$ 接头 　　　　　 $= 15600 - 2 \times 40 + 15 \times 20 \times 2 = 16120$（mm） 接头个数 $= 16120/9000 - 1 \approx 1$ 合计：总长 $= 16120$ mm $\times 2 = 32.24$ m　共两个接头	底部贯通筋全梁贯通，全部伸至支座尽头一个保护层厚度后，弯折 $15d$
底部非贯通筋 2Φ20	与底部贯通筋同排，短而不考虑连接问题。 ①端部非贯通筋长度：$L = 15d + ($支座宽 $b_{主} - c) +$ 首跨 $l_n/3$ A 端：$L_A = 15 \times 20 + (300 - 40) + 1500 = 2060$（mm） D 端：$L_D = 15 \times 20 + (300 - 40) + 1800 = 2360$（mm） ②中间非贯通筋长度：$L = b_{主} + 2 \times \max($左跨 $l_n/3$，右跨 $l_n/3)$ B 中：$L_B = 300 + 2 \times \max(1500, 1500) = 3300$（mm） C 中：$L_C = 300 + 2 \times \max(1500, 1800) = 3900$（mm） 合计：$L = 2 \times (2060$ mm $+ 2360$ mm $+ 3300$ mm $+ 3900$ mm$)$ 　　　　 $= 23.24$ m	①底部非贯通筋（端部下、上排）：伸入支座对边尽头并顶靠梁外侧纵筋，然后弯折 $15d$，并要求水平段满足，当设计按铰接时$\geqslant 0.35 l_{ab}$，当充分利用钢筋的抗拉强度时$\geqslant 0.6 l_{ab}$，具体形式由设计指定； ②中间段的非贯通筋贯过中间支座，两边各伸入跨内 $\max($左跨 $l_n/3$，右跨 $l_n/3)$
箍筋 Φ10@200 (2)	①大箍（最外箍）单根长：外包长，1 道 $=$ 一个大箍 抗震：$L_{大} = 2 \times [(b_{次} - 2c) + (h_{次} - 2c) + 11.9d]$ 　　　　 $= 2 \times [(300 - 2 \times 40) + (500 - 80) + 11.9 \times 10]$ 　　　　 $= 1518 \approx 1520$（mm/道） ②"几道"三跨，两端不外伸，只有跨内箍筋，一种间距； 跨内道数 $= ($净跨长 $l_n - 2 \times 50)/$箍筋间距 $+ 1 +$ 附加箍筋 AB 跨：跨内道数 $= (4500 - 2 \times 50)/200 + 1 \approx 23$（道） BC 跨：跨内道数 $= (4500 - 2 \times 50)/200 + 1 \approx 23$（道） CD 跨：跨内道数 $= (5400 - 2 \times 50)/200 + 1 \approx 28$（道） 合计总道数 $= 23 + 23 + 28 = 74$（道）　每道长 1520 mm 合计总长 $= 74 \times 1520$ mm $= 112.48$ m	①箍筋长度，计算的是箍筋的外包线尺寸长度，先算一半，然后乘二，2 肢箍为梁大箍，也为梁的最外围钢筋，四周离梁边都只一个保护层厚度，二级抗震，$10d > 75$； ②基础次梁箍筋仅在净跨内和外伸段设置，节点区内不设，起步箍筋的起步距离为基础主梁边 50 mm

3.3.3　梁板式筏形基础基础平板(LPB)钢筋计算实例

见 LPB 平法施工图，如图 3-20。

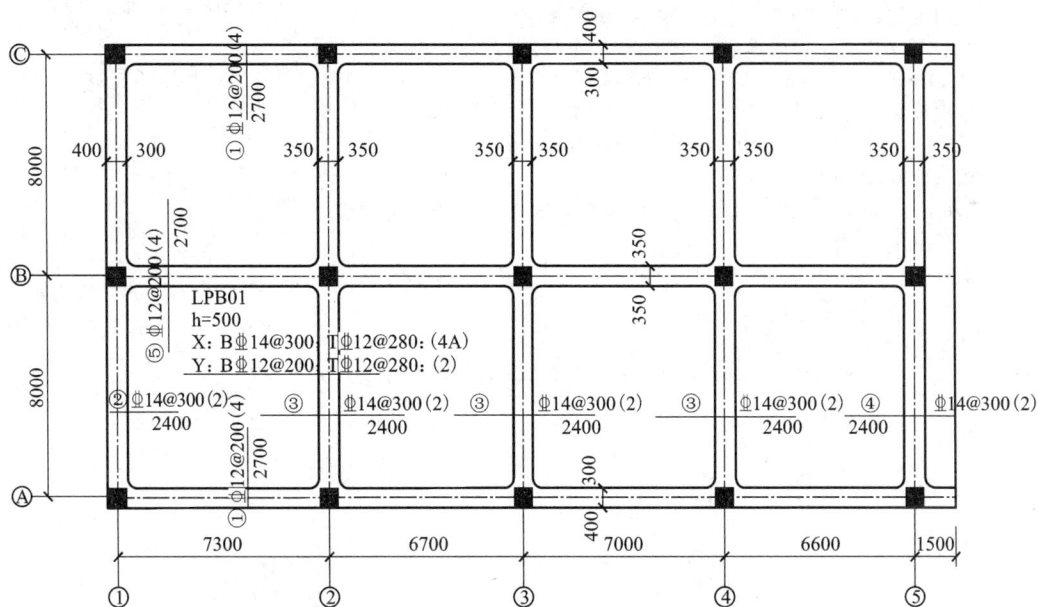

图 3-20　LPB 平法施工图

(1)计算条件：抗震等级为二级，混凝土强度等级为 C30，基础保护层厚度为 40 mm，连接方式只考虑接头个数，钢筋定尺长 9000 mm，要求计算基础主梁 LPB01 的钢筋工程量。

(2)钢筋算量。

确定封边形式(X 向⑤轴有外伸，Y 向无外伸，故只有⑤轴 X 向要封边，①轴 X 向与 Y 向端部不封边)

板厚 $h=500$ mm，X 向顶部、底部贯通筋：BΦ14@200；TΦ12@180；X 向底部外伸非贯通筋④Φ14@250(2)，若采用 U 形封边的弯折 $12d$ 构造，则底筋的 $12d=12\times14$ mm $=168$ mm取 170 mm、顶筋的 $12d=12\times12$ mm $=144$ mm 取 145 mm，$500-170-145-2c=105$(mm)，两个头子很近；考虑到若采用 U 形封边形式，封边构造钢筋直径$\geqslant\Phi$12、间距$\leqslant200$，封边钢筋的长度公式如下：单根长 $=h_2-2c+\max(15d,200)\times2=500-2\times40+2\times\max(15\times12,200)=820$(mm)，反而划不来，因此采用重叠 150 的交错封边形式。

再由于顶筋为Φ12，底筋为Φ14，而规范并没有明确说明交错的具体位置，为了省钢筋，我们采用底筋为Φ14 的按规范弯折 $12d=12\times14$ mm $=168$ mm 取 170 mm 不变，延长顶部钢筋Φ12 的与底筋在板的下部交错 150 mm，因此顶部钢筋Φ12 在外伸边要弯折 $=500-2c-20=400$(mm)。"小迎粗，粗不变($12d$)"

我们确定了封边的构造形式后，我们就可以具体计算钢筋的工程量了。

钢筋	计算过程	说明
顶部贯通筋	X：T$\oplus$12@200(4A) 一头外伸，一头不外伸 **"单根"**由于一轴向内偏心了 50 mm，$12d = 12 \times 12$ mm = 144 mm，取 145 mm < 350 mm，未到 1 轴梁中线 单根长：$L = $ 总板长 $- 350 - c + 400 + $ 接头 $\qquad = 29500 - 350 - 40 + 400 = 29510$（mm） 接头个数：$L/9000 - 1 \approx 3$ **"几根"**本钢筋布置两格四跨，两格分别为轴 A—B、B—C，且轴距和净跨相同 根数 $= 2 \times [\, l_{nAB} - 2 \times \min($板筋间距 $s/2$，75$)\,]/$板筋间距 $s + 1$ $\qquad = 2 \times [\, 7350 - 2 \times 75\,]/200 + 1$ $\qquad = 74$（根） 合计总长 $= 74 \times 29510$ mm $= 2183.74$ m 共 222 个接头	①1 轴端部无外伸：锚固构造与 JCL 一样，伸入端部梁内的顶部贯通筋长度 $\geqslant 12d$，且至少到梁中线，起步离梁内边 $\min($板筋间距 $s/2$，75$)$； ②中间跨内全线贯通； ③5 轴端部有外伸：每隔 200 mm 有一顶部贯通筋伸至外伸尽端，然后弯折至少 $12d$ 参与封边，其余剩下的贯通筋伸入支座 $\geqslant 12d$，且至少到支座中线；由于板筋间距 s 为 200 mm，与封边构造钢筋最大间距相同，因此全部参与封边，弯折取 400 mm
	Y：T$\oplus$12@200(2) 两头皆不外伸，但外伸段布置本钢筋。 **"单根"**由于 A、C 轴向内偏心了 50 mm，$12d = 12 \times 12$ mm = 144 mm，取 145 mm < 350 mm，未到 A、C 轴梁中线；A、C 边梁有外伸 跨内单根长：$L_1 = $ 总板宽 $- 2 \times 350 + $ 接头 $\qquad = 16800 - 2 \times 350 = 16100$（mm） 接头个数：$16100/9000 - 1 \approx 1$ 外伸单根长：等于跨内长（A、C 边梁有外伸） **"几根"**本钢筋布置四格两跨，还有外伸段；四格分别为轴 1—2、2—3、3—4、4—5，但轴距和净跨不同，单独算： 跨内根数 $= [$净跨 $l_n - 2 \times \min($板筋间距 $s/2$，75$)\,]/$板筋间距 $s + 1$ 外伸根数 $= [$净外伸 $l'_{n外} - 2 \times \min($板筋间距 $s/2$，75$)\,]/$板筋间距 $s + 1$ $\min($板筋间距 $s/2$，75$) = \min(200/2$，75$) = 75$ 12 跨：跨内根数 $= (6650 - 2 \times 75)/200 + 1 \approx 34$（根） $\oplus$12@200 23 跨：跨内根数 $= (6000 - 2 \times 75)/200 + 1 \approx 30$（根） $\oplus$12@200 34 跨：跨内根数 $= (6300 - 2 \times 75)/200 + 1 \approx 32$（根） $\oplus$12@200 45 跨：跨内根数 $= (5900 - 2 \times 75)/200 + 1 \approx 30$（根） $\oplus$12@200 5 跨外：外伸根数 $= (1150 - 2 \times 75)/200 + 1 \approx 6$（根） $\oplus$12@200 合计总长 $= 16100$ mm $\times (34 + 30 + 32 + 30 + 6)$ $\qquad = 2125.2$ m 共 132 个接头	①轴 A、C 无外伸：锚固构造与 JCL 一样，伸入端部梁内的顶部贯通筋长度 $\geqslant 12d$，且至少到梁中线； ②中间跨内全线贯通， ③起步离梁内边 $\min(s/2$，75$)$，梁宽范围内不布与之平行的板筋，但允许垂直贯过

续上表

钢筋	计算过程	说明
底部贯通筋	X：BΦ14@300(4A) 一头外伸，一头不外伸 **"单根"** $12d = 12 \times 14$ mm $= 168$ mm，取 170 mm 单根长：$L = $ 总板长 $- 2c + 15d + 12d + $ 接头 $= 29500 - 2 \times 40 + 15 \times 14 + 170$ $= 29800$（mm） 接头个数：$29800/9000 - 1 \approx 3$ **"几根"** 本钢筋布置两格四跨，两格分别为轴 $A—B$、$B—C$，且轴距和净跨相同：$\min($板筋间距 $s/2, 75) = \min(300/2, 75) = 75$ 根数 $= 2 \times \{[l_{nAB} - 2 \times \min($板筋间距 $s/2, 75)]/@ + 1\}$ $= 2 \times [(7350 - 2 \times 75)/300 + 1]$ $= 50$（根） 合计总长 $= 50 \times 29800$ mm $= 1490$ m 共 150 个接头	①伸入端部梁内的底部贯通和非贯通筋伸至端部顶靠梁外侧纵筋、弯折 $15d$，并要求水平段满足，当设计按铰接时 $\geq 0.35l_{ab}$；当充分利用钢筋的抗拉强度时 $\geq 0.6l_{ab}$，具体形式，由设计指定； ②中间跨内全线贯通； ③板底部纵筋，则全部伸至外伸尽端一个保护层厚度，弯折 170 mm， ④起步离梁内边 $\min($板筋间距 $s/2, 75)$，梁宽范围内不布与之平行的板筋，但允许垂直贯过
	Y：BΦ12@200(2) 两头皆不外伸，但外伸段布置本钢筋 **"单根"** 跨内单根长：$L_1 = $ 总板宽 $- 2c + 2 \times 15d + $ 接头 $= 16800 - 2 \times 40 + 2 \times 15 \times 12 = 17080$（mm） 接头个数：$17080/9000 - 1 \approx 1$ 外伸单根长：等于跨内长（A、C 边梁有外伸） **"几根"** 本钢筋布置四格两跨，还有外伸段；四格分别为轴 $1—2$、$2—3$、$3—4$、$4—5$，但轴距和净跨不同，单独算： 跨内根数 $= [$净跨 $l_n - 2 \times \min($板筋间距 $s/2, 75)]/$板筋间距 $s + 1$ 外伸根数 $= [$净外伸 $l'_{n外} - 2 \times \min($板筋间距 $s/2, 75)]/$板筋间距 $s + 1$ $\min($板筋间距 $s/2, 75) = \min(200/2, 75) = 75$ 12 跨：跨内根数 $= (6650 - 2 \times 75)/200 + 1 \approx 34$（根） Φ12@200 23 跨：跨内根数 $= (6000 - 2 \times 75)/200 + 1 \approx 30$（根） Φ12@200 34 跨：跨内根数 $= (6300 - 2 \times 75)/200 + 1 \approx 32$（根） Φ12@200 45 跨：跨内根数 $= (5900 - 2 \times 75)/200 + 1 \approx 30$（根） Φ12@200 5 跨外：外伸根数 $= (1150 - 2 \times 75)/200 + 1 \approx 6$（根） Φ12@200 合计总长 $= 17080$ mm $\times (34 + 30 + 32 + 30 + 6)$ $= 2254.56$ m 共 132 个接头	①伸入端部梁内的底部贯通和非贯通筋伸至端部顶靠梁外侧纵筋、弯折 $15d$，并要求水平段满足，当设计按铰接时 $\geq 0.35l_{ab}$；当充分利用钢筋的抗拉强度时 $\geq 0.6l_{ab}$，具体形式，由设计指定； ②中间跨内全线贯通； ③起步离梁内边 $\min($板筋间距 $s/2, 75)$，梁宽范围内不布与之平行的板筋，但允许垂直贯过

钢筋	计算过程	说明
底部附加非贯通筋	梁中线伸出 2700，但一头锚入边梁中 **"单根长"** 单根长度：L = 梁中线伸出长 + 梁宽/2 $-2c+15d$ $= 2700 + 700/2 - 2 \times 40 + 15 \times 12$ $= 3150$（mm） **"几根"** ①号钢筋统一布于 A、C 轴全梁四格，但外伸不布，四格分别为轴 1—2、2—3、3—4、4—5，但轴距和净跨不同，单独算： 跨内根数 = ［净跨 l_n $- 2 \times$ min（板筋间距 $s/2$，75）］/板筋间距 s -1 min（板筋间距 $s/2$，75）= min（200/2，75）= 75 12 跨：跨内根数 = $(6650 - 2 \times 75)/200 - 1 \approx 32$（根）　　$\oplus 12$ 23 跨：跨内根数 = $(6000 - 2 \times 75)/200 - 1 \approx 28$（根）　　$\oplus 12$ 34 跨：跨内根数 = $(6300 - 2 \times 75)/200 - 1 \approx 30$（根）　　$\oplus 12$ 45 跨：跨内根数 = $(5900 - 2 \times 75)/200 - 1 \approx 28$（根）　　$\oplus 12$ 合计总根数 = $2 \times (32 + 28 + 30 + 28) = 236$（根） 合计总长 = 236×3150 mm = 743.4 m	①伸入不外伸端部尽头，然后弯折 $15d$； ②由于不论端部还是中间支座的非贯通筋伸入跨内长度皆从梁中线算起，伸出长度由设计标出，布置的起步钢筋受"隔一布一"影响，被底部贯通筋挤占了 min（板筋间距 $s/2$，75）的起步，因此应少算两头共两根底部非贯通筋/跨梁； ③A、C 轴布筋完全相同
①号钢筋 $\oplus 12$ @ 200 （4）		
②号钢筋 $\oplus 14$ @ 300 （2）	梁中线伸出 2400，但一头锚入边梁中 **"单根长"** 单根长度：L = 梁中线伸出长 + 梁宽/2 $-2c+15d$ $= 2400 + 700/2 - 2 \times 40 + 15 \times 14$ $= 2880$（mm） **"几根"** ②号钢筋统一布于 1 轴 AB、BC 跨两格，但轴距和净跨相同，统一算： 跨内根数 = ［净跨 l_n $- 2 \times$ min（板筋间距 $s/2$，75）］/板筋间距 s -1 min（板筋间距 $s/2$，75）= min（300/2，75）= 75 AB 跨：跨内根数 = $(7350 - 2 \times 75)/300 - 1 \approx 23$（根）　　$\oplus 14$ 合计总根数 = $2 \times 23 = 46$（根） 合计总长 = 46×2880 mm = 132.48 m	①伸入不外伸端部尽头，然后弯折 $15d$； ②由于不论端部还是中间支座的非贯通筋伸入跨内长度皆从梁中线算起，伸出长度由设计标出，布置的起步钢筋受"隔一布一"影响，被底部贯通筋挤占了 min（板筋间距 $s/2$，75）的起步，因此应少算两头共两根底部非贯通筋/跨梁； ③AB、BC 跨布筋完全相同
③号钢筋 $\oplus 14$ @ 300 （2）	**"单根长"** 单根长度：$L = 2 \times$ 梁中线伸出长 = $2400 \times 2 = 4800$（mm） **"几根"** ③号钢筋统一布于 2、3、4 轴 AB、BC 跨两格，但轴距和净跨相同，统一算： 跨内根数 = ［净跨 l_n $- 2 \times$ min（板筋间距 $s/2$，75）］/板筋间距 s -1 min（板筋间距 $s/2$，75）= min（300/2，75）= 75 AB 跨：跨内根数 = $(7350 - 2 \times 75)/300 - 1 \approx 23$（根）　　$\oplus 14$ 合计总根数 = $6 \times 23 = 138$（根） 合计总长 = 138×4800 mm = 662.4 m	①梁中线伸出 2400 mm，左右相同，只标一边，且布于 6 根等跨梁底； ②由于不论端部还是中间支座的非贯通筋伸入跨内长度皆从梁中线算起，伸出长度由设计标出，布置的起步钢筋受"隔一布一"影响，被底部贯通筋挤占了 min（板筋间距 $s/2$，75）的起步，因此应少算两头共两根底部非贯通筋/跨梁

续上表

钢筋	计算过程	说明
底部附加非贯通筋	④号钢筋⚡14@300(2) 参与封边 "单根长" **单根长度:** $L = 梁中线跨内伸出长 + 中线外伸轴线长 + 12d - c$ $= 2400 + 1500 + 170 - 40 = 4030(mm)$ **"几根"** ④号钢筋统一布于 5 轴 AB、BC 跨两格,但轴距和净跨相同,统一算: 跨内根数 $= [净跨 l_n - 2 × \min(板筋间距 s/2, 75)]/$板筋间距 $s - 1$ $\min(板筋间距 s/2, 75) = \min(300/2, 75) = 75$ mm AB 跨:跨内根数 $= (7350 - 2 × 75)/300 - 1 ≈ 23(根)$ ⚡14 合计总根数 $= 2 × 23 = 46(根)$ 合计总长 $= 46 × 4030$ mm $= 185.38$ m	①板底部纵筋,则全部伸至外伸尽端一个保护层厚度,弯折 $12d = 170$ mm; ②自梁中线,一头伸入跨内 2400 mm,一头参与封边,本图梁中线外伸轴线长 $= 1500$ mm; ③由于不论端部还是中间支座的非贯通筋伸入跨内长度皆从梁中线算起,伸出长度由设计标出,布置的起步钢筋受"隔一布一"影响,被底部贯通筋挤占了 $\min(板筋间距 s/2, 75)$ 的起步,因此应少算两头共两根底部非贯通筋/跨梁
	⑤号钢筋⚡12@200(4) **"单根长"** 单根长度:$L = 2 × 梁中线伸出长 = 2700 × 2 = 5400(mm)$ **"几根"** ①号钢筋统一布于 B 轴全梁四跨,但外伸不布,四跨分别为轴 1—2、2—3、3—4、4—5,但轴距和净跨不同,单独算: 跨内根数 $= [净跨 l_n - 2 × \min(板筋间距 s/2, 75)]/$板筋间距 $s - 1$ $\min(板筋间距 s/2, 75) = \min(200/2, 75) = 75$ 12 跨:跨内根数 $= (6650 - 2 × 75)/200 - 1 ≈ 32(根)$ ⚡12 23 跨:跨内根数 $= (6000 - 2 × 75)/200 - 1 ≈ 28(根)$ ⚡12 34 跨:跨内根数 $= (6300 - 2 × 75)/200 - 1 ≈ 30(根)$ ⚡12 45 跨:跨内根数 $= (5900 - 2 × 75)/200 - 1 ≈ 28(根)$ ⚡12 合计总根数 $= 32 + 28 + 30 + 28 = 118(根)$ 合计总长 $= 118 × 5400$ mm $= 637.2$ m	①梁中线伸出 2700 mm,左右相同,只标一边,且布于 B 轴、四跨、非等跨梁底; ②由于不论端部还是中间支座的非贯通筋伸入跨内长度皆从梁中线算起,伸出长度由设计标出,布置的起步钢筋受"隔一布一"影响,被底部贯通筋挤占了 $\min(板筋间距 s/2, 75)$ 的起步,因此应少算两头共两根底部非贯通筋/跨梁
侧面构造钢筋⚡12@200	$d ≥ 12$ mm、板筋间距 ≤200 mm 由此采用的侧面构造钢筋 由计算准备中的分析,板厚 $h = 500$ mm,采用交错外伸封边的形式,延长⚡12的顶部钢筋与 12d 的底部钢筋⚡14 重叠 150 mm,这样就不用再另配封边构造钢筋了,但还是需要侧面构造分布筋,且重叠正中须配一根, **"单根"** 单根长:$L = 总板宽 - 2c = 16800 - 2 × 40 = 16720(mm)$ 接头个数 $= 16720/9000 - 1 ≈ 1$ **"几根":** 总根数 $= 2$ 根 合计总长 $= 2 × 16720$ mm $= 33.44$ m	①采用何种封边方式,见计算准备中的分析; ②外伸长度方向为总板的宽度方向; ③由于板厚 $h = 500$ mm,而侧面构造钢筋的间距为 200 mm,重叠靠下,且重叠正中须配一根,因此须多配一根

钢筋	计算过程	说明
马凳筋 ⏀14	采用 Ⅰ 型马凳,其规格为⏀14,1 根/m² 马凳筋根数: 马凳筋根数 = 板筋分布净面积/(马凳筋的横向间距×纵向间距) 格 12、AB 内:板筋分布净面积 = 7.35 × 6.65 = 48.89(m²) 马凳筋根数 = 49 根 格 23、AB 内:板筋分布净面积 = 7.35 × 6.00 = 44.1(m²) 马凳筋根数 = 44 根 格 34、AB 内:板筋分布净面积 = 7.35 × 6.3 = 46.31(m²) 马凳筋根数 = 46 根 格 45、AB 内:板筋分布净面积 = 7.35 × 5.9 = 43.37(m²) 马凳筋根数 = 43 根 外伸,AC 内:板筋分布净面积 = 1.15 × 15.4 = 17.71(m²) 马凳筋根数 = 18 根 BC 格内相应等同,外伸单算: 合计:总马凳筋根数 = 2 ×(49 + 44 + 46 + 43)+ 18 = 382(根) 单根马凳筋长:采用下平直段 L3 相等做法; 马凳高度 L₂ = 板厚 − 2×保护层厚度 − 上部板筋与板最下排钢筋直径之和; 上平直段 L₁ 为板顶筋间距 + 50 mm; 下平直段 L₃ 为板顶筋间距 + 50 mm $L_2 = 500 − 2 × 40 − (12 + 12 + 14) = 382(mm)$ $L_1 = 200 + 50 = 250(mm)$ $L_3 = 150 + 50 = 200(mm)$ 单根马凳筋长 = $L_1 + 2 ×(L_2 + L_3)$ 　　　　　　= 250 mm + 2 ×(382 mm + 200 mm)= 1414 mm ≈ 1415 mm 合计总长 = 382 × 1415 mm = 540.53 m	①板厚 h = 500 mm < 800 mm,故配马凳筋;当 300 mm < h ≤ 500 mm 时,马凳直径可采用 ⏀14,1 根/m²; ②板顶筋间距为 200 mm,底筋间距由于"隔一布一",因此为 150 mm; ③上部长 L₁ 应用顶筋间距 200 mm,下部长 L₃ 应用底筋间距 150 mm; ④马凳的上部 L₁ 支撑在板顶部钢筋网的最下皮钢筋下,下部 L₃ 为了防止返锈,不得支撑在模板和板底部钢筋的垫块上,而是支撑于板底部钢筋网的最下皮钢筋上; ⑤板顶部钢筋全为贯通筋,全部需要支撑,因此板筋分布净面积代表板格内的全部净面积,为净跨之乘积

总结拓展

筏形基础构件平法识图、钢筋构造总结与拓展。

筏形基础平法识图与钢筋构造总结

思考题

1. 比较梁板式筏形基础 JL、JCL、LPB 三大构件，在一般情况、有高差、变截面等情况下的钢筋构造方面的异同。尽量进行平行比较法，这样就能更好地加深记忆。

2. 由 JL、JCL、LPB 三大构件的钢筋构造特点，我们能看出谁重要谁次要吗？

3. 对比 JL、JCL、LPB 三大构件，想一想，钢筋安装时的施工顺序。

4. 为什么在钢筋算量中，贯通筋要考虑连接接头的问题，而非贯通筋则不用考虑？

5. 我们进行钢筋算量中得出的连接接头，真的能应用于施工实际吗？到底是多算了接头还是少算了接头？

6. 对比三大构件中贯通筋的计算公式，你能发现有什么相同的特点吗？为什么没有考虑贯通筋钢筋构造中的连接区？

练习题

1. 计算基础主梁 JL02 钢筋工程量，要求写出计算过程。

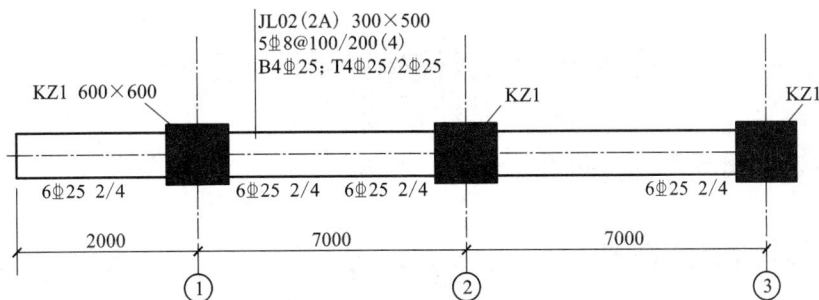

JL02(2A) 300×500
5⏀8@100/200(4)
B4⏀25；T4⏀25/2⏀25

KZ1 600×600

KZ1

KZ1

6⏀25 2/4   6⏀25 2/4 6⏀25 2/4   6⏀25 2/4

2000   7000   7000

① ② ③

图 3－21 基础主梁平法施工图

2. 计算基础次梁 JCL01 钢筋工程量，要求写出计算过程。

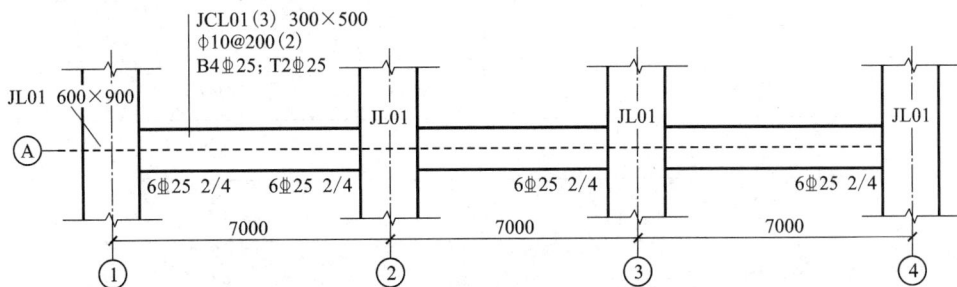

JCL01(3) 300×500
⏀10@200(2)
B4⏀25；T2⏀25

JL01 600×900

JL01   JL01   JL01

Ⓐ

6⏀25 2/4   6⏀25 2/4   6⏀25 2/4   6⏀25 2/4

7000   7000   7000

① ② ③ ④

图 3－22 基础次梁平法施工图

项目四 计算柱构件钢筋工程量

学习目标

技能抽查要求

能够正确识读柱平法施工图,确定计量单位,正确列出相应工程量计算式,准确计算柱构件钢筋工程量。

教学要求

能力目标:能够识读柱平法施工图,确定计量单位,准确计算柱构件钢筋工程量。

知识目标:掌握柱构件平法制图规则,熟悉柱构件标准构造要求,熟练地应用平法构造计算柱构件钢筋工程量。

任务一 识读柱构件平法施工图

4.1 柱构件钢筋平法识图

4.1.1 柱构件平法识图知识体系

1. 柱构件分类(见表4-1)

表4-1 柱构件分类

柱类型	代号
框架柱	KZ
转换柱	ZHZ
芯柱	XZ
梁上柱	LZ
剪力墙上柱	QZ

2.柱构件平法识图知识体系(见表4-2)

表4-2　柱构件平法识图知识体系

柱构件识图知识体系		《16G101—1》页码
柱平法施工图制图规则	平法施工图表示方法	第8页
	列表注写方式	第8~9页
	截面注写方式	第10页
列表注写方式示例		第11页
截面注写方式示例		第12页

4.1.2　柱构件钢筋平法识图

1.柱平法施工图表达方式

柱平法施工图系在柱平面布置图上采用"列表注写方式"和"截面注写方式"表达。

柱列表注写方式,指在柱平面布置图上(一般只需采用适当比例绘制一张柱平面布置图,包括框架柱、框支柱、梁上柱和剪力墙上柱),分别在同一编号的柱中选择一个(有时需要选择几个)截面标注几何参数代号;在柱表中注写柱编号、柱段起止标高、几何尺寸(含柱截面对轴线的偏心情况)与配筋的具体数值,并配以各种柱截面形状及其箍筋类型图的方式,来表达柱平法施工图。如图4-1。

截面注写方式,指在柱平面布置图的柱截面上,分别在同一编号的柱中选择一个截面,以直接注写截面尺寸和配筋具体数值的方式来表达柱平法施工图。

当纵筋采用两种直径时,需要注写截面各边中部筋的具体数值(对于采用对称配筋的矩形截面柱,可仅在一侧注写中部筋,对称边省略不注)。如图4-2。

在柱平法施工图中,注明各结构层的楼面标高、结构层高及相应的结构层号,并注明上部结构嵌固部位位置。

上部结构嵌固部位的注写表达为:

框架柱嵌固部位在基础顶面时,无需注明。

框架柱嵌固部位不在基础顶面时,在层高表嵌固部位标高下使用双细线注明,并在层高表下注明上部结构嵌固部位标高。

框架柱嵌固部位不在地下室顶板,但仍需考虑地下室顶板对上部结构实际存在嵌固作用时,可在层高表地下室顶板标高下使用双虚线注明(如图4-3),此时首层柱箍筋加密区长度范围及纵筋连接位置均按嵌固部位要求设置。

2.柱构件识图方法

柱构件平法识图,主要分为两个层次:

第一层次:通过柱构件的编号,在柱平法施工图上,识别出是哪一根柱;

第二层次:就具体的一根柱,识别列表注写与截面注写每个符号所表达的含义。

图4-1 列表注写方式示例

柱表

柱号	标高	b×h（圆柱直径）	b₁	b₂	h₁	h₂	全部纵筋	角筋	b边一侧中部筋	h边一侧中部筋	箍筋类型号	箍筋	备注
KZ1	-4.530~-0.030	750×700	375	375	150	550	28Φ25				1(6×6)	Φ10@100/200	
	-0.030~19.470	750×700	375	375	150	550	24Φ25				1(5×4)	Φ10@100/200	
	19.470~37.470	650×600	325	325	150	450		4Φ22	5Φ22	4Φ20	1(4×4)	Φ10@100/200	
	37.470~59.070	550×500	275	275	150	350		4Φ22	5Φ22	4Φ20	1(4×4)	Φ8@100/200	
XZ1	-4.530~8.670						8Φ25				按标准构造详图	Φ10@100	⑤×Ⓒ轴KZ1中设置

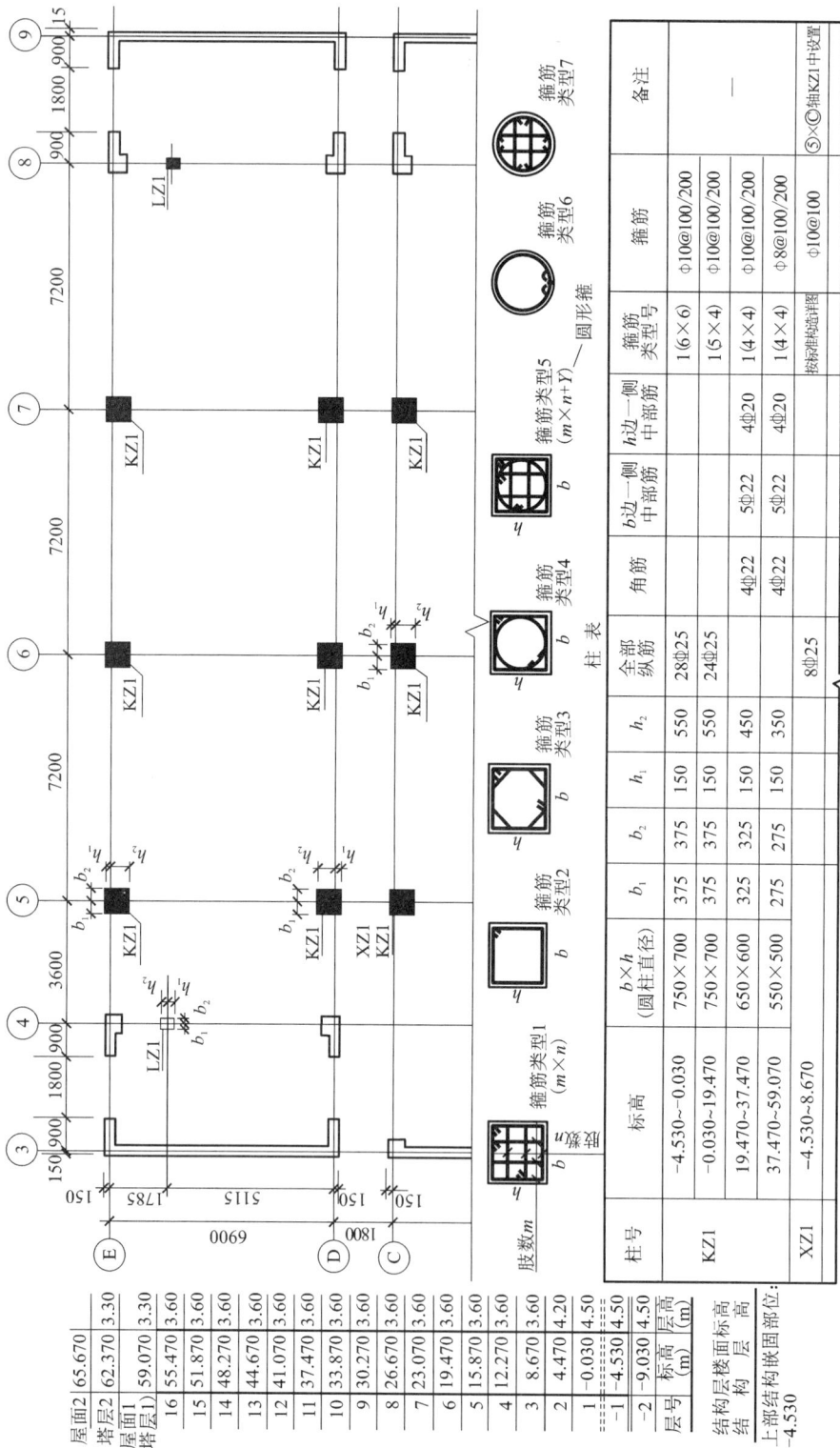

-4.530~59.070柱平法施工图（局部）

注：1. 如采用非对称配筋，需在柱表中增加相应栏目分别表示各边中部筋。
　　2. 箍筋对纵筋至少隔一拉一。

箍筋类型1 (m×n)　箍筋类型2　箍筋类型3　箍筋类型4　箍筋类型5 (m×n+Y)　箍筋类型6 圆形箍　箍筋类型7

肢数m　肢数n

结构层楼面标高 结构层高

层号	标高(m)	层高(m)
屋面2	65.670	
塔层2	62.370	3.30
屋面1(塔层1)	59.070	3.30
16	55.470	3.60
15	51.870	3.60
14	48.270	3.60
13	44.670	3.60
12	41.070	3.60
11	37.470	3.60
10	33.870	3.60
9	30.270	3.60
8	26.670	3.60
7	23.070	3.60
6	19.470	3.60
5	15.870	3.60
4	12.270	3.60
3	8.670	3.60
2	4.470	4.20
1	-0.030	4.50
-1	-4.530	4.50
-2	-9.030	4.50

上部结构嵌固部位：-4.530

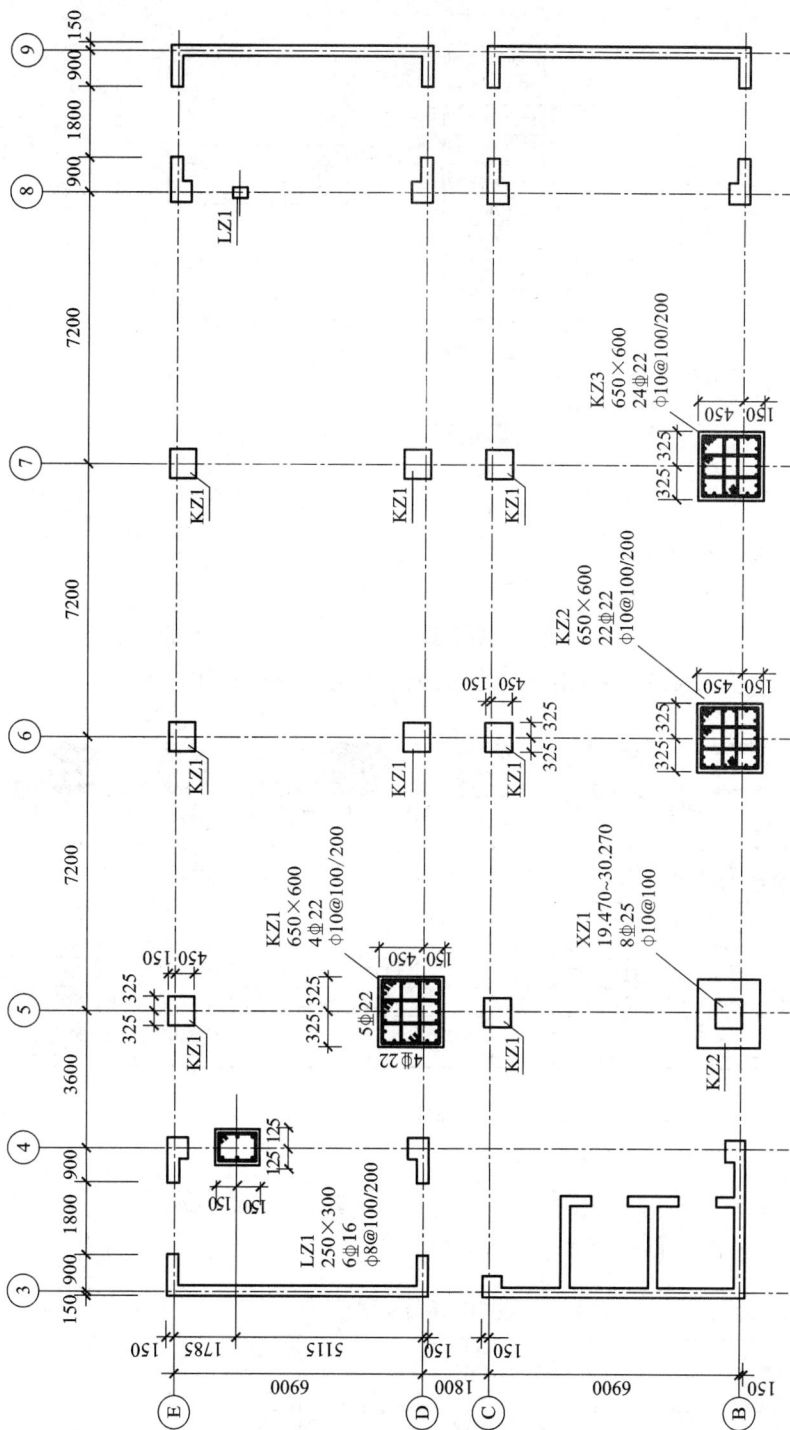

图4-2 截面注写方式示例

层号	标高(m)	层高(m)
8	26.670	3.60
7	23.070	3.60
6	19.470	3.60
5	15.870	3.60
4	12.270	3.60
3	8.670	3.60
2	4.470	4.20
1	-0.030	4.50
-1	-4.530	4.50
-2	-9.030	4.50

双实线为嵌固部位

双虚线为实际存在嵌固作用的部位

结构层楼面标高
结 构 层 高
上部结构嵌固部位：
-4.530

图 4 – 3

3. 柱构件识图

1）柱列表注写的内容

柱构件列表注写，必注值包括柱编号、截面尺寸、起止标高、纵筋配筋（包括角筋和中部纵筋）、箍筋配筋及箍筋类型号与肢数；见图 4 – 4。

柱构件钢筋骨架

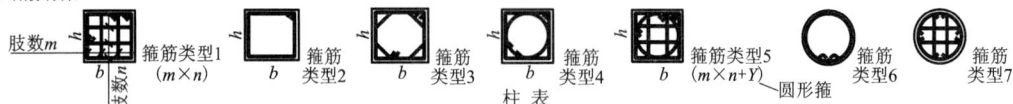

肢数m 箍筋类型1 (m×n) 箍筋类型2 箍筋类型3 箍筋类型4 箍筋类型5 (m×n+Y) 圆形箍 箍筋类型6 箍筋类型7
肢数n

柱 表

柱号	标高	b×h 圆柱直径	b₁	b₂	h₁	h₂	全部纵筋	角筋	b边一侧中部筋	h边一侧中部筋	箍筋类型号	箍筋	备注
KZ1	-4.530~0.030	750×700	375	375	150	550	28Φ25				1(6×6)	Φ10@100/200	—
	-0.030~19.470	750×700	375	375	150	550	24Φ25				1(5×4)	Φ10@100/200	
	19.470~37.470	650×600	325	325	150	450		4Φ22	5Φ22	4Φ20	1(4×4)	Φ10@100/200	
	37.470~59.070	550×500	275	275	150	350		4Φ22	5Φ22	4Φ20	1(4×4)	Φ8@100/200	
XZ1	-0.030~8.670						8Φ25				按标准构造详图	Φ10@100	⑤×Ⓒ轴 KZ1中设置

-4.530~59.070柱平法施工图（局部）

图 4 – 4

2）柱构件编号识图

柱编号由"代号"、"序号"两项组成，见表 4 – 3。

表 4 – 3　柱构件编号识图

柱类型	代号	序号
框架柱	KZ	××
转换柱	ZHZ	××
芯柱	XZ	××
梁上柱	LZ	××
剪力墙上柱	QZ	××

注：编号时，当柱的总高、分段截面尺寸和配筋均应相同，仅截面与轴线的关系不同时，仍可将其编为同一柱号，但应在图中注明截面与轴线的关系。

转换柱包括部分框支剪力墙结构中的框支柱和框架-核心筒、框架-剪力墙结构中支承托柱转换梁的柱。转换柱是广义的框支柱。

注：所谓转换层就是因使用功能不同，上部楼层部分竖向构件（剪力墙、框架柱）不能直接连续贯通落地。转换层的柱为转换柱，转换层的梁为转换梁。如果是局部的转换，柱为框支柱，梁为框支梁。支承上部剪力墙的为框支梁，支承上部框架柱的为转换柱，支承框支梁的柱为框支柱。

3）柱构件箍筋识图

注写柱箍筋具体数值，包括钢筋级别、直径、加密区与非加密区间距及肢数、型号。

当为抗震设计时，用斜线"/"区分柱端箍筋加密区与柱身非加密区长度范围内箍筋的不同间距。当框架节点核芯区内箍筋与柱端箍筋设置不同时，应在括号中注明核芯区箍筋直径及间距。

当圆柱采用螺旋箍筋时，需在箍筋前加"L"。

具体工程所设计的各种箍筋类型图以及箍筋复合的具体方式，需画在表的上部或图中的适当位置，并在其上标注与表中相应的 b、h 和类型号。（注：当为抗震设计时，确定箍筋肢数时要满足对柱纵筋"隔一拉一"以及箍筋肢距的要求。"隔一拉一"的意思是：相邻两根箍筋的垂直肢之间最多只允许有一根柱纵筋不被箍筋拉住。）

柱箍筋识图案例见表 4-4。

表 4-4 柱构件箍筋识图案例

平法施工图	识图
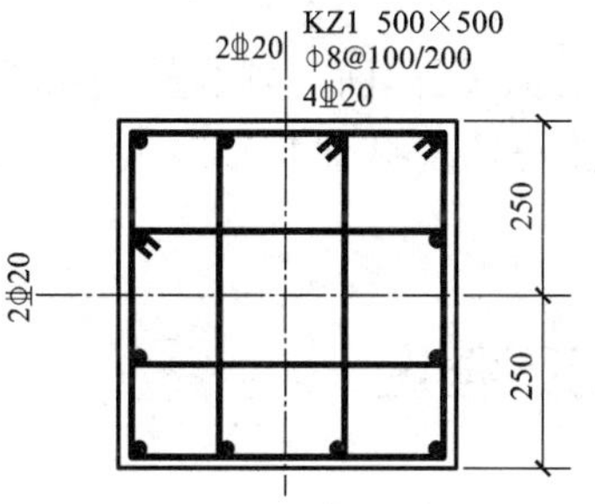	φ8@100/200，表示箍筋为 HPB300 级箍筋，直径φ8，加密区间距为 100 mm，非加密区间距为 200 mm。
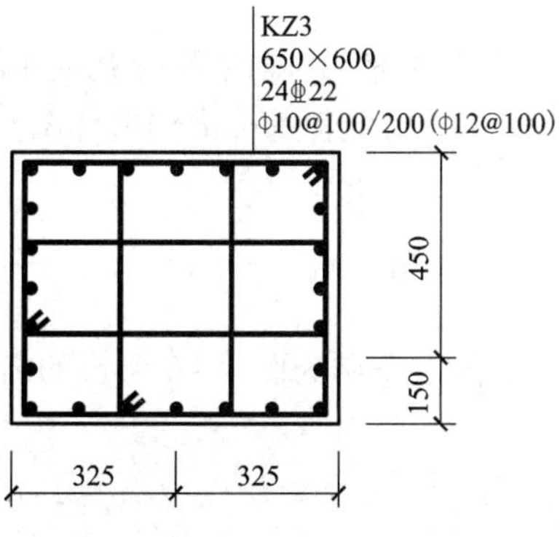	φ10@100/200（φ12@100），表示柱中箍筋为 HPB300 级钢筋，直径φ10，加密区间距为 100 mm，非加密区间距为 200 mm。框架节点核芯区箍筋为 HPB300 级钢筋，直径φ12，间距为 100 mm
Lφ10@100/200	Lφ10@100/200，表示采用螺旋箍筋，HPB300 级钢筋，直径φ10，加密区间距为 100 mm，非加密区间距为 200 mm

4)柱构件纵筋识图

柱的纵筋分角筋与中部纵筋两种。当柱纵筋直径相同,各边根数也相同时(包括矩形柱、圆柱和芯柱),将纵筋注写在"全部纵筋"一栏中;除此之外,柱纵筋分角筋、截面 b 边中部筋和 h 边中部筋三项分别注写(对于采用对称配筋的矩形截面柱,可仅注写一侧中部筋,对称边省略不注;对于采用非对称配筋的矩形截面柱,必须每侧均注写中部筋)。

柱构件纵筋识图案例见表4-5。

表4-5 柱构件纵筋识图

平法施工图	识图
	$4\Phi20$,表示柱中角筋为HPB300级钢筋,直径$\Phi20$。截面 b 边中部筋与 h 边中部筋都为$2\Phi20$钢筋。

4.柱构件截面注写方式识图

在截面注写方式中,如柱的分段截面尺寸和配筋均相同,仅截面与轴线的关系不同时,可将其编为同一柱号。但此时应在未画配筋的柱截面上注写该柱截面与轴线关系的具体尺寸。

任务二 计算柱构件钢筋工程量

4.2 柱构件钢筋构造

柱构件钢筋构造,即柱构件的各种钢筋在实际工程中可能出现的各种构造情况,《16G101—3》第66页与《16G101—1》图集第63~70页设计了柱构件各种标准构造详图。

4.2.1 柱构件钢筋体系

1.柱构件钢筋构造知识体系
按柱构件组成、柱钢筋组成的思路可将柱构件钢筋知识体系总结为图4-5所示的内容。
2.柱构件钢筋骨架
组成柱构件钢筋骨架的钢筋种类,见图4-6。

4.2.2 抗震 KZ 钢筋构造

1.抗震 KZ 纵向钢筋构造(见表4-6)

柱构件钢筋骨架

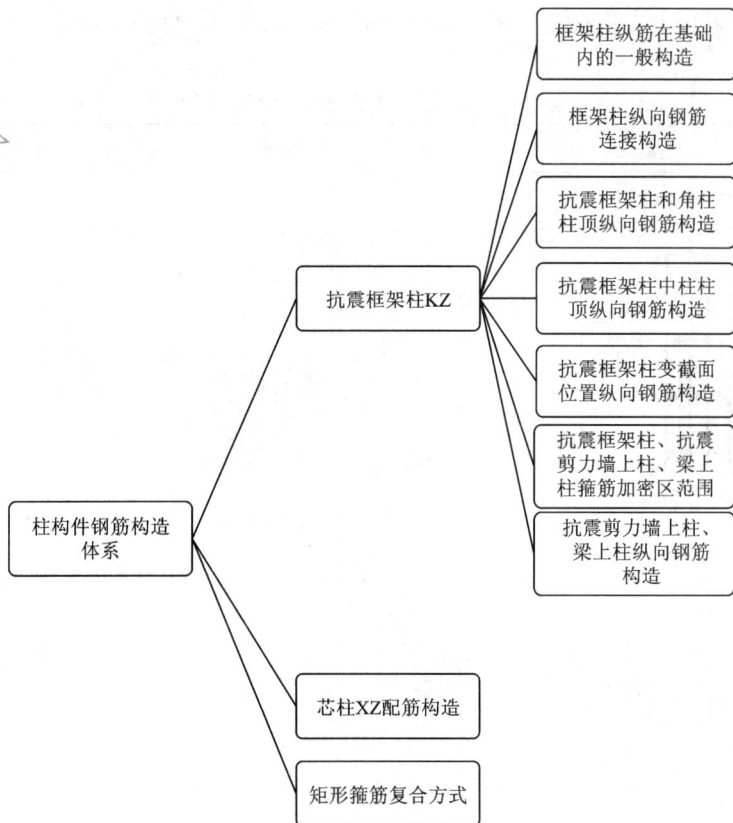

```
                                    ┌─────────────────┐
                                    │ 框架柱纵筋在基础 │
                                    │ 内的一般构造     │
                                    └─────────────────┘
                                    ┌─────────────────┐
                                    │ 框架柱纵向钢筋   │
                                    │ 连接构造         │
                                    └─────────────────┘
                                    ┌─────────────────┐
                                    │ 抗震框架柱和角柱 │
                                    │ 柱顶纵向钢筋构造 │
                                    └─────────────────┘
                    ┌──────────┐    ┌─────────────────┐
                    │抗震框架柱KZ│   │ 抗震框架柱中柱柱 │
                    └──────────┘    │ 顶纵向钢筋构造   │
                                    └─────────────────┘
                                    ┌─────────────────┐
                                    │ 抗震框架柱变截面 │
                                    │ 位置纵向钢筋构造 │
                                    └─────────────────┘
  ┌──────────┐                      ┌─────────────────┐
  │柱构件钢筋构造│                   │ 抗震框架柱、抗震 │
  │体系      │                      │ 剪力墙上柱、梁上 │
  └──────────┘                      │ 柱箍筋加密区范围 │
                                    └─────────────────┘
                                    ┌─────────────────┐
                                    │ 抗震剪力墙上柱、 │
                                    │ 梁上柱纵向钢筋   │
                                    │ 构造             │
                                    └─────────────────┘
                    ┌──────────────┐
                    │ 芯柱XZ配筋构造 │
                    └──────────────┘
                    ┌──────────────┐
                    │ 矩形箍筋复合方式 │
                    └──────────────┘
```

图 4 - 5　柱构件钢筋构造知识体系

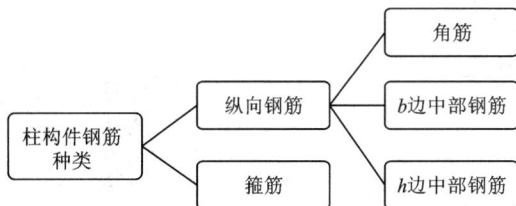

```
                              ┌──────┐
                              │ 角筋 │
                              └──────┘
                  ┌──────────┐┌──────────────┐
                  │ 纵向钢筋 ││ b 边中部钢筋  │
                  └──────────┘└──────────────┘
  ┌──────────┐                ┌──────────────┐
  │柱构件钢筋 │                │ h 边中部钢筋  │
  │种类      │                └──────────────┘
  └──────────┘┌──────────┐
              │ 箍筋     │
              └──────────┘
```

图 4 - 6　柱构件钢筋种类

表 4 - 6　抗震 KZ 纵向钢筋

	角筋
纵筋	b 边中部钢筋
	h 边中部钢筋
箍筋	

2. 柱插筋在基础中的锚固

柱插筋在基础中的锚固构造，图集《16G101—3》第 66 页，见表 4 – 7。

表 4 – 7　柱插筋在基础中的锚固构造

构造详图	构造要点	长度计算公式
间距≤500，且不少于两道矩形封闭箍筋(非复合箍)　伸至基础板底部，支承在底板钢筋网片上 50　100　基础顶面　h_j　基础底面 $\geqslant l_{aE}$　6d且≥150 保护层厚度>5d；基础高度满足直锚	$h_j - c \geqslant l_{aE}$时： 插筋伸至基础底弯折 max $(6d, 150)$ 柱插筋锚固1	柱插筋在基础内的长度： $a = h_j - c + \max(6d, 150)$
① 间距≤500，且不少于两道矩形封闭箍筋(非复合筋) 50　100　基础顶面　h_j　基础底面 柱插筋在基础中锚固构造(二) $h_j < l_{aE}(l_a)$ 伸至基础板底部支承在底板钢筋网上　基础顶面 $\geqslant 0.6l_{aE}$　$\geqslant 20d$　基础底面 15d　①	当 $h_j - c < l_{aE}$时： 柱插筋伸至基础底弯折 15d 柱插筋锚固2	柱插筋在基础内的长度： $a = h_j - c + 15d$

注：1. 表中 h_j 为基础底面至基础顶面的高度，c 为基础保护层厚度，d 为柱插筋直径，l_{aE} 为抗震锚固长度。

2. 当柱为轴心受压或小偏心受压，独立基础、条形基础高度不小于 1200 mm 时，或当柱为大偏心受压，独立基础、条形基础高度不小于 1400 mm 时，可仅将柱四角插筋伸至底板钢筋网上(伸至底板钢筋网上的柱插筋之间间距不应大于 1000 mm)，其他钢筋满足锚固长度 l_{aE} 即可。

3.抗震 KZ 纵向钢筋连接构造

无地下室和有地下室的柱子嵌固部位不同,因而纵向钢筋连接构造不同。

(1)无地下室抗震框架柱纵向钢筋构造,图集《16G101—1》第 63 页,见表 4-8。

表 4-8 无地下室抗震框架柱纵向钢筋构造

连接方式	构造详图	构造要点
绑扎搭接 柱筋纵向绑扎连接	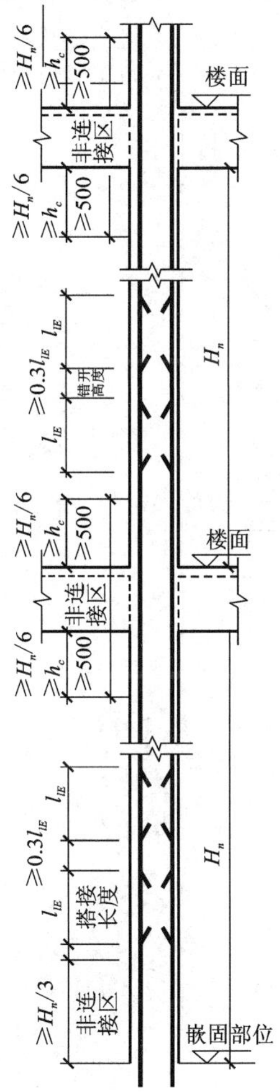 绑扎搭接	柱纵筋的非连接区: 1.嵌固部位以上 $H_n/3$ 高度区域为"非连接区" 2.楼层梁上、下部位包括梁高范围形成"非连接区"。梁上部"非连接区"长度为 $\max(H_n/6, h_c, 500)$,梁下部"非连接区"长度为 $\max(H_n/6, h_c, 500)$ 3.搭接长度为 l_{lE} 4.搭接错开的净距离 $\geq 0.3l_{lE}$ 5.每层为一个搭接 6.当某层连接区的高度小于纵筋分两批搭接所需要的高度时,应改用机械连接或焊接连接

141

连接方式	构造详图	构造要点
机械连接 柱筋纵向机械连接	 机械连接	1.嵌固部位以上 $H_n/3$ 高度区域为"非连接区" 2.楼层梁上、下部位包括梁高范围形成"非连接区"。梁上部"非连接区"长度为 $\max(H_n/6, h_c, 500)$，梁下部"非连接区"长度为 $\max(H_n/6, h_c, 500)$ 3.柱纵筋的非连接区同绑扎搭接 4.接头错开距离 $\geqslant 35d$ 5.每层有一个接头

续上表

连接方式	构造详图	构造要点
焊接连接 柱筋纵向焊接连接		1.嵌固部位以上 $H_n/3$ 高度区域为"非连接区" 2.楼层梁上、下部位包括梁高范围形成"非连接区"。梁上部"非连接区"长度为 $\max(H_n/6,\ h_c,\ 500)$，梁下部"非连接区"长度为 $\max(H_n/6,\ h_c,\ 500)$ 3.柱纵筋的非连接区同绑扎搭接 4.接头错开距离≥35d 且≥500 mm 5.每层有一个接头

注：1.表中 h_c 为柱截面长边尺寸（圆柱为截面直径），H_n 为所在楼层的柱净高，d 为钢筋直径。

2.当受拉钢筋直径 >25 mm 及受压钢筋直径 >28 mm 时，不宜采用绑扎搭接。

3.轴心受拉钢筋及小偏心受拉构件中纵向受力钢筋不应采用绑扎搭接。

4.纵向受力钢筋连接位置宜避开梁端、柱端箍筋加密区，如必须在此连接时，应采用机械连接或焊接。

5.当钢筋直径相同时，钢筋连接接头面积百分率为50%（同一连接区段内接头钢筋截面积占总钢筋截面积的比例，即钢接接头区段内所有接头钢筋的截面积÷所有纵向钢筋的总截面积×100%）。

6.无地下室的抗震 KZ 的嵌固部位为基础顶面。

（2）有地下室抗震框架柱纵向钢筋构造，图集《16G101—1》第64页，见表4－9。

表4－9 有地下室抗震框架柱纵向钢筋构造

连接方式	构造详图	构造要点
绑扎搭接 地下室柱筋纵向 绑扎连接		柱纵筋的非连接区： 1. 嵌固部位以上 $H_n/3$ 高度区域为"非连接区" 2. 基础顶面以上 $\max(H_n/6, h_c, 500)$ 高度区域为"非连接区" 3. 地下室楼面、楼层梁上、下部位包括梁高范围形成"非连接区"。"非连接区"高度为 $\max(H_n/6, h_c, 500)$ 4. 搭接长度为 l_{lE} 5. 搭接错开的净距离 $\geqslant 0.3l_{lE}$ 6. 嵌固部位以上 $H_n/3$ 高度区域为"非连接区" 7. 每层为一个搭接 8. 当某层连接区的高度小于纵筋分两批搭接所需的高度时，应改用机械连接或焊接连接

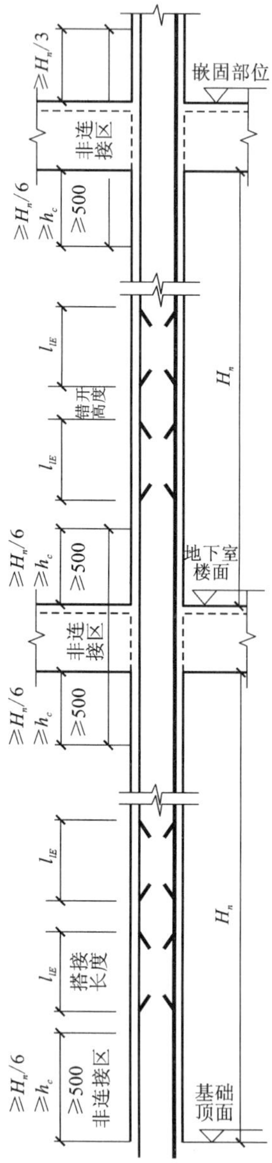

144

续上表

连接方式	构造详图	构造要点
机械连接 地下室柱筋纵向 机械连接		1. 嵌固部位以上 $H_n/3$ 高度区域为"非连接区" 2. 基础顶面以上 $\max(H_n/6, h_c, 500)$ 高度区域为"非连接区" 3. 地下室楼面、楼层梁上、下部位包括梁高范围形成"非连接区"。"非连接区"高度为 $\max(H_n/6, h_c, 500)$ 4. 柱纵筋的非连接区同绑扎搭接 5. 接头错开距离 $\geqslant 35d$ 6. 每层有一个接头

续上表

连接方式	构造详图	构造要点
焊接连接 地下室柱筋纵向 焊接连接		1. 嵌固部位以上 $H_n/3$ 高度区域为"非连接区" 2. 基础顶面以上 $\max(H_n/6,\ h_c,\ 500)$ 高度区域为"非连接区" 3. 地下室楼面、楼层梁上、下部位包括梁高范围形成"非连接区"。"非连接区"高度为 $\max(H_n/6,\ h_c,\ 500)$ 4. 柱纵筋的非连接区同绑扎搭接 5. 接头错开距离≥35d 且≥500 mm 6. 每层有一个接头

注：1. 表中 h_c 为柱截面长边尺寸（圆柱为截面直径），H_n 为所在楼层的柱净高（楼层高减梁高），d 为钢筋直径。

2. 当受拉钢筋直径>25 mm 及受压钢筋直径>28 mm 时，不宜采用绑扎搭接。

3. 轴心受拉钢筋及小偏心受拉构件中纵向受力钢筋不应采用绑扎搭接。

4. 纵向受力钢筋连接位置宜避开梁端、柱端箍筋加密区，如必须在此连接时，应采用机械连接或焊接。

5. 当钢筋直径相同时，钢筋连接接头面积百分率为 50%。

6. 有地下室的建筑抗震 KZ 的嵌固部位为地下室顶板。

（3）上、下柱纵筋数量不同的构造，图集《16G101—1》第 63 页，见表 4 - 10。

表 4 - 10 上、下柱纵筋数量不同的构造表

纵向钢筋变化情况	构造详图	构造要点
上柱比下柱多出的钢筋		上柱多出的钢筋从楼面往下锚固 $1.2l_{aE}$
下柱比上柱多出的钢筋		下柱多出的钢筋从梁底往上锚固 $1.2l_{aE}$

纵向钢筋 变化情况	构造详图	构造要点
上柱较大直径钢筋 上柱较大直径 钢筋锚固		上柱较大直径钢筋伸至下柱"非连接区"以下部位与下柱钢筋搭接 l_{lE}
下柱较大直径钢筋 下柱较大直径 钢筋锚固		下柱较大直径钢筋伸至上柱"非连接区"以上部位与上柱钢筋搭接 l_{lE}

（4）柱变截面位置纵向钢筋构造，图集《16G101—1》第68页，见表4－11。

表4－11　柱变截面位置纵向钢筋构造

变截面情况	构造详图	构造要求
变截面 $\Delta/h_b > 1/6$ 柱双边变截面纵向钢筋断开锚固	（$\Delta/h_b > 1/6$）	1. 上柱纵筋伸至下柱锚固 $1.2l_{aE}$（从楼面开始计算） 2. 下柱纵筋伸至本层梁顶且 $\geqslant 0.5l_{abE}$，弯折 $12d$
变截面 $\Delta/h_b \leqslant 1/6$ 柱双边变截面纵向钢筋斜弯通过	（$\Delta/h_b \leqslant 1/6$）	下柱纵筋弯折连续通过节点

続上表

变截面情况	构造详图	构造要求
变截面 $\Delta/h_b > 1/6$（一侧变截面）柱单边变截面纵向钢筋断开锚固	 $（\Delta/h_b>1/6）$	1. 上柱纵筋伸至下柱锚固 $1.2l_{aE}$（从梁顶面开始计算） 2. 下柱纵筋伸至本层梁顶且 $\geq 0.5l_{abE}$，弯折 $12d$ 3. 另一侧连续通过节点
变截面 $\Delta/h_b \leq 1/6$（一侧变截面）柱单边变截面纵向钢筋斜弯通过	 $（\Delta/h_b \leq 1/6）$	1. 下柱弯折连续通过节点 2. 另一侧连续通过节点

边、角柱外侧单边变截面纵向钢筋锚固

知识拓展：边、角柱外侧单边变截面，纵向钢筋锚固如何处理。

4. 抗震 KZ 纵向钢筋柱顶构造

框架柱顶层钢筋构造，区分角柱、边柱、中柱。

纵筋在柱顶的锚固分两种情况，分别为柱纵筋伸至楼层梁里锚固（柱包梁）、柱纵筋在柱顶锚固（梁包柱）。

抗震 KZ 中柱、角柱和边柱柱顶纵向钢筋构，《16G101—1》第 67、68 页，见表 4-12。

中柱柱顶纵筋构造

边、角柱柱顶纵筋构造1

边、角柱柱顶纵筋构造2

边、角柱柱顶纵筋构造3

边、角柱柱顶纵筋构造4

边、角柱柱顶纵筋构造5

表 4 – 12

柱位置		构造详图	构造要点	计算公式
中柱			1. 当直锚长度 $< l_{aE}$ 时，柱纵向钢筋伸至柱顶，弯折 $12d$	锚固长度：$h_b - c + 12d$
			2. 当直锚长度 $\geq l_{aE}$ 时，可直锚，纵向钢筋伸到柱顶并且 $\geq l_{aE}$	锚固长度：$h_b - c$
边柱角柱	柱纵向钢筋伸至梁内锚固（即柱包梁）	柱筋作为梁上部钢筋使用 	1. 当柱外侧纵向钢筋直径不小于梁上部钢筋时，纵筋可弯入梁内作梁上部纵向钢筋。	钢筋不截断
			2. 柱内侧钢筋同中柱柱顶纵向钢筋构造	锚固长度：弯锚：$h_b - c + 12d$　直锚：$h_b - c$
		当 $1.5 l_{abE} > h_b - c + h_c - c$ 时 	1. 柱外侧钢筋弯锚入梁内 $1.5 l_{abE}$	锚固长度：$1.5 l_{abE}$
			2. 柱外侧纵向钢筋配筋率 $> 1.2\%$ 时，纵向钢筋分两批截断，错开截断长度 $\geq 20d$	锚固长度：$1.5 l_{abE} + 20d$
			3. 柱内侧纵筋同中柱柱顶纵向钢筋构造	锚固长度：弯锚：$h_b - c + 12d$　直锚：$h_b - c$

柱位置	构造详图	构造要点	计算公式
边柱角柱	当 $1.5l_{abE} \leqslant h_b - c + h_c - c$ 时 $\geqslant 1.5l_{abE}$　$\geqslant 20d$　柱外侧纵向钢筋配筋率 $\geqslant 15d$　$>1.2\%$时分两批截断 $\geqslant 15d$ 梁上部纵筋 梁底 柱内侧纵筋同中柱柱顶纵向 钢筋构造，见《16G101—1》第68页 ③ 从梁底算起$1.5l_{abE}$未超过柱内侧边缘	1. 柱外侧钢筋伸至柱顶弯折 $15d$，且锚固长度$\geqslant 1.5l_{abE}$	锚固长度： $\max(h_b - c + 15d, 1.5l_{abE})$
		2. 柱外侧纵向钢筋配筋率 $>1.2\%$ 时，纵向钢筋分两批截断，错开截断长度$\geqslant 20d$	锚固长度： $\max(h_b - c + 15d, 1.5l_{abE}) + 20d$
		3. 柱内侧纵筋同中柱柱顶纵向钢筋构造	锚固长度： $h_b - c + 12d$ 直锚：$h_b - c$
	结合②、③节点两种情况，外侧纵向钢筋锚固长度计算公式为：$\max(h_b - c + 15d, 1.5l_{abE})$；柱外侧纵向钢筋配筋率 $>1.2\%$ 时，错开截断的外侧纵向钢筋锚固长度计算公式为：$\max(h_b - c + 15d, 1.5l_{abE}) + 20d$		
	柱截面尺寸（即与梁相交面）大于梁宽，梁宽范围外柱外侧钢筋不能弯锚伸入梁内		
	 柱顶第一层钢筋伸至柱内边 向下弯折$8d$ 柱顶第二层钢筋伸至柱内边 $8d$ 柱内侧纵筋同中柱柱顶纵向钢筋 构造，见《16G101—1》第68页 ④　（用于①、②或③节点未伸入 梁内的柱外侧钢筋锚固） 当现浇板厚度不小于100时，也 可按②节点方式伸入板内锚固， 且伸入板内长度不宜小于$15d$	1. 当板厚<100 mm 时； 2. 柱顶第一层钢筋伸至柱内边向下弯折 $8d$； 3. 柱顶第二层钢筋伸至柱内边	柱顶第一层钢筋锚固长度： $h_b - c + h_c - 2c + 8d$） 柱顶第二层钢筋锚固长度： $h_b - c + h_c - 2c$
		2. 当现浇板厚度$\geqslant 100$ 时，也可按②节点方式伸入板内锚固，且伸入板内长度不宜小于 $15d$	锚锚固长度： $h_b - c + h_c - c + 15d$
		3. 柱内侧纵筋同中柱柱顶纵向钢筋构造	锚固长度： $h_b - c + 12d$

柱位置行标注：边柱角柱——柱纵向钢筋伸至梁内锚固（即柱包梁）

续上表

柱位置	构造详图	构造要点	计算公式
边柱角柱	梁纵向钢筋伸至柱内锚固（梁包柱） 锚固采用梁包柱的形式时 梁上部纵筋 $\geq 1.7l_{abE}$ 且伸至梁底 $\geq 20d$ ⑤ 柱内侧纵筋同中柱柱顶纵向钢筋构造，见《16G101—1》第68页 梁上部纵向钢筋配筋率＞1.2%时，应分两批截断。当梁上部纵向钢筋为两排时，先断第二排钢筋 梁、柱纵向钢筋搭接接头沿节点外侧直线布置	1. 柱外侧纵向钢筋伸至柱顶	锚固长度：$h_b - c$
		2. 柱内侧纵筋同中柱柱顶纵向钢筋构造	锚固长度：$h_b - c + 12d$
		3. 梁的上部钢筋伸入柱内锚固，弯折 $1.7l_{abE}$	锚固长度：$h_c - c + 1.7l_{abE}$

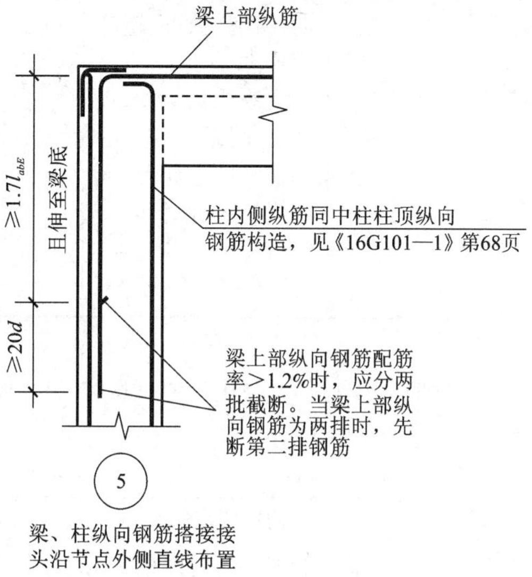

5. 箍筋构造

（1）基础中箍筋构造，图集《16G101—3》第66页，见表4－13。

表 4 － 13

构造分类	构造详图	构造要点	计算公式
箍筋构造	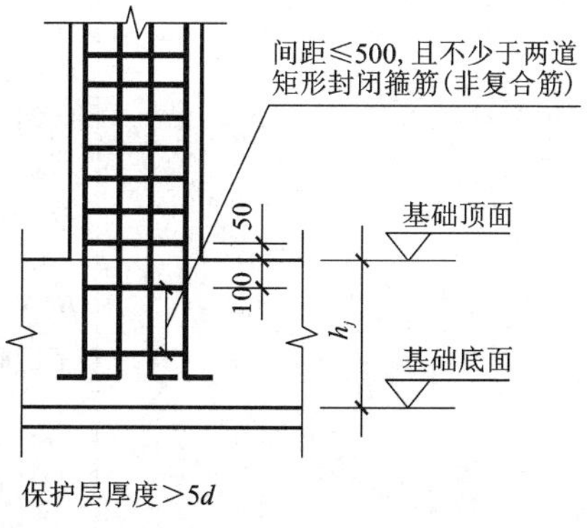 间距≤500，且不少于两道矩形封闭箍筋（非复合筋） 50 100 h_j 基础顶面 基础底面 保护层厚度＞5d	当保护层厚度＞5d时，基础内箍筋布置要求：间距≤500 mm，且不少于两道矩形封闭箍筋（非复合箍）	根数：$\max[2, (h_j - 100 - c)/500 + 1]$

续上表

构造分类	构造详图	构造要点	计算公式
箍筋构造	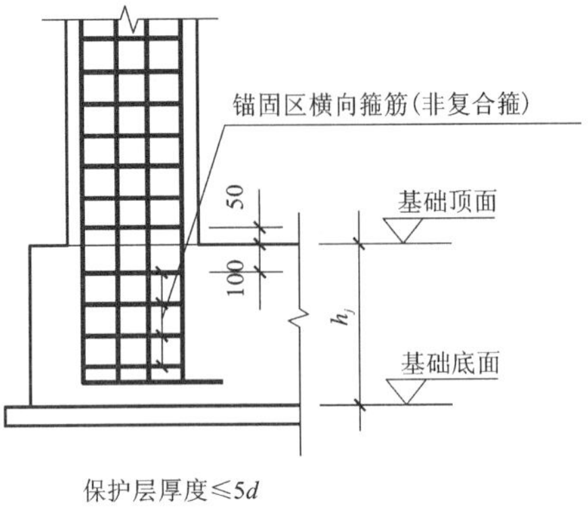 锚固区横向箍筋(非复合箍) 50 100 基础顶面 h_j 基础底面 保护层厚度≤5d	当保护层厚度≤5d时,锚固区横向箍筋应满足直径≥$d_1/4$(d_1为插筋最大直径),间距≤$5d_2$(d_2为插筋最小直径)且≤100 mm的要求	根数: $\max[(h_j-100-c)/5d_2+1,(h_j-100-c)/100+1]$

（2）无地下室抗震 KZ 箍筋加密区范围的确定，图集《16G101—1》第 65 页，见表 4 – 14。

表 4 – 14

构造分类	构造详图	构造要点	计算公式
箍筋构造	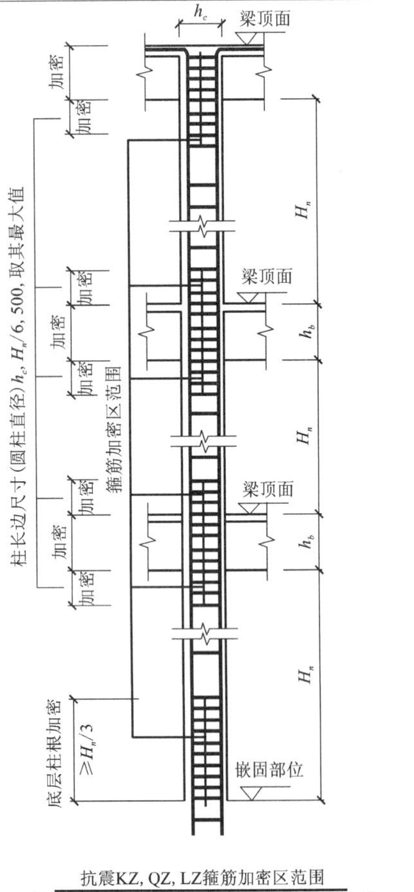 抗震KZ,QZ,LZ箍筋加密区范围 (QZ嵌固部位为梁顶面,LZ嵌固部位为梁顶面)	嵌固部位(底层柱根)箍筋加密区高度为$H_n/3$ 节点上、下区域箍筋加密区高度为 $\max(h_c,H_n/6,500)$ 中间节点高度h_b箍筋:全加密 节点区起止位置:框架柱箍筋在楼层位置分段布置,楼面位置上、下起步距离各为50 mm	加密区根数: 嵌固部位(底层柱根): $(H_n/3-50)$/加密区间距+1 节点上或下端加密区:[$\max(h_c,H_n/6,500)-50$]/加密区间距+1 节点内:h_b/加密区间距 底层非加密区根数: [$H_n-H_n/3-\max(h_c,H_n/6,500)$]/非加密区间距-1 楼面层非加密区根数: [$H_n-2\times\max(h_c,H_n/6,500)$]/非加密区间距-1

154

续上表

构造分类	构造详图	构造要点	计算公式
注	中间节点高度：当与框架柱相连的框架梁高度或标高不同时，节点高度为最高标高到最低标高之间的距离（如右图所示）。	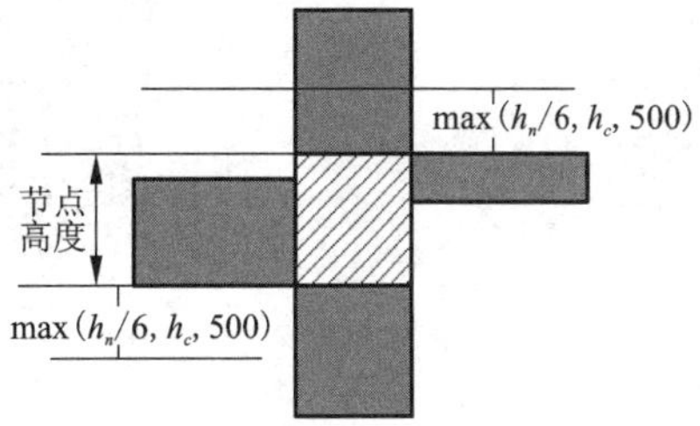	

（3）有地下室抗震 KZ 箍筋加密区范围的确定，图集《16G101—1》第 64 页，见表 4 – 15。

表 4 – 15

构造分类	构造详图	构造要点	计算公式
箍筋构造 地下室柱箍筋构造	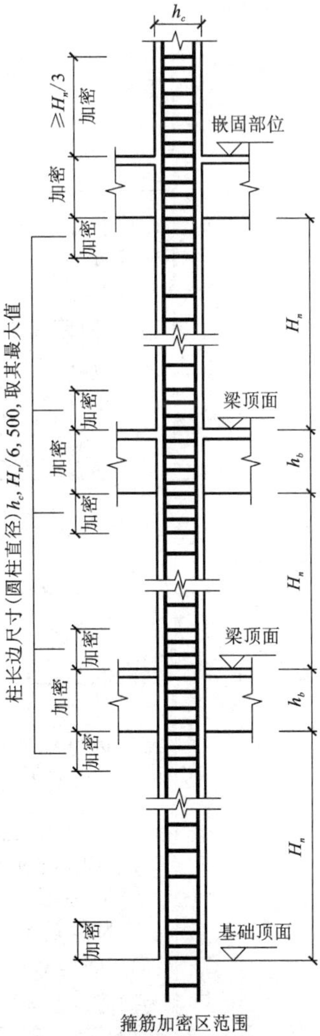	嵌固部位（地下室顶面）箍筋加密区高度为 $H_n/3$ 基础顶面，节点上、下区域箍筋加密区高度为 $\max(h_c, H_n/6, 500)$ 中间节点高度 H_b 箍筋：全加密 节点区起止位置：框架柱箍筋在楼层位置分段布置，楼面位置上、下起步距离各为 50 mm	加密区根数： 嵌固部位（地下室顶面）：$(H_n/3 - 50)/$加密区间距 $+1$ 节点上或下端加密区：$[\max(h_c, H_n/6, 500) - 50]/$加密区间距 $+1$ 节点内：$h_b/$加密区间距 第一层非加密区根数： $[H_n - H_n/3 - \max(h_c, H_n/6, 500)]/$非加密区间距 -1 其他楼层（包括地下室）非加密区根数： $[H_n - 2 \times \max(h_c, H_n/6, 500)]/$非加密区间距 -1

6. 其他构造

（1）KZ 边柱、角柱柱顶等截面伸出时纵向钢筋及箍筋构造，见表 4 – 16。

柱顶钢筋伸出
梁顶直锚构造

柱顶钢筋伸出
梁顶弯锚构造

表 4 – 16

柱位置	构造详图	构造要点	计算公式
边柱、角柱	当柱顶伸出高度 $h_n - c \geqslant l_{aE}$ （当伸出长度自梁顶算起满足直锚长度 l_{aE} 时）	1. 柱纵向钢筋可以直锚	直锚长度 $= l_{aE}$
		2. 柱锚固区横向箍筋应满足直径 $\geqslant d_1/4$（d_1 为插筋最大直径），间距 $\leqslant 5d$（d_2 为插筋最小直径）且 $\leqslant 100\ mm$ 的要求。	根数： $Max[(h_n - 50)/5d_2 + 1,\ (h_n - 50)/100 + 1]$
	当柱顶伸出高度 $h_n - c < l_{aE}$ （当伸出长度自梁顶算起满足直锚长度 l_{aE} 时）	1. 柱外侧纵向钢筋伸至柱顶弯折 15d	锚固长度： $h_b - c + 15d$
		2. 柱内侧钢筋伸至柱顶弯折 12d	锚固长度： $h_b - c + 12d$
		3. 柱锚固区横向箍筋应满足直径 $\geqslant d_1/4$（d_1 为插筋最大直径），间距 $\leqslant 5d_2$（d_2 为插筋最小直径）且 $\leqslant 100\ mm$ 的要求。	箍筋根数： $Max[(h_n - 50)/5d_2 + 1,\ (h_n - 50)/100 + 1]$

156

（2）当上部结构底层地面以下设置基础联系梁时，纵向钢筋及箍筋构造，参考图集《16G101—3》第105页，见表4-17。

表 4-17

构造详图	构造要点	计算公式
基础联系梁顶面与基础顶面标高一致		
构造（一）	1. 如没有地下室，嵌固部位在基础顶面，非连接区高度从基础顶面开始计算≥$H_n/3$	非连接区高度≥$H_n/3$
	2. 框架柱下端的箍筋加密高度从基础顶面开始计算加密区范围≥$H_n/3$	下端加密区箍筋根数：（$H_n/3$－起步距离50）/加密区间距+1
基础联系梁顶面高于基础顶面标高		
构造（二）	1. 如没有地下室，嵌固部位在基础联系梁顶面，非连接区高度从基础联系梁顶面开始计算≥$H_n/3$	非连接区高度≥$H_n/3$
	2. 框架柱下端的箍筋加密高度从基础联系梁顶面开始计算加密区范围≥$H_n/3$	下端加密区箍筋根数：（$H_n/3$－起步距离50）/加密区间距+1
	3. 基础联系梁至基础顶面为短柱，短柱箍筋见具体设计	

4.3 柱构件钢筋计算实例

本节运用柱构件构造要求,举例计算构件钢筋。

查本书附录所列案例柱构件结构施工图,得出计算条件如表4－18:

表4－18　钢筋计算条件

计算条件	数据
柱构件混凝土强度	C30
抗震等级	二级
柱构件纵筋连接方式	焊接
钢筋定尺长度	9000(参照湖南省消耗量标准)

楼层框架柱构件钢筋计算实例

计算附图"办公楼墙、柱平面布置图②轴交ⓒ轴 KZ1"的钢筋工程量。

1.钢筋配筋(见表4－19)

表4－19　柱的注写方式列表

柱号	标高	$b \times h$	全部纵筋	角筋	b 边一侧中部筋	h 边一侧中部筋	箍筋类型号	箍筋
KZ1	基础顶~6.270	350×350	8⏀18				(3×3)	⏀10@100/200
KZ2	基础顶~4.170	300×600		4⏀18	1⏀18	2⏀18	(3×4)	⏀10@100/200
GBZ1	基础顶~6.270	250×500 (1020×250)	14⏀18				3	⏀10@100

2.钢筋计算

1)钢筋计算条件

计算条件	数据
柱构件混凝土强度	C30
抗震等级	二级
柱构件纵筋连接方式	焊接
钢筋定尺长度	9000(参照湖南省消耗量标准)

柱箍筋类型1(m×n)　箍筋类型2　箍筋类型3　箍筋类型4

柱箍筋类型

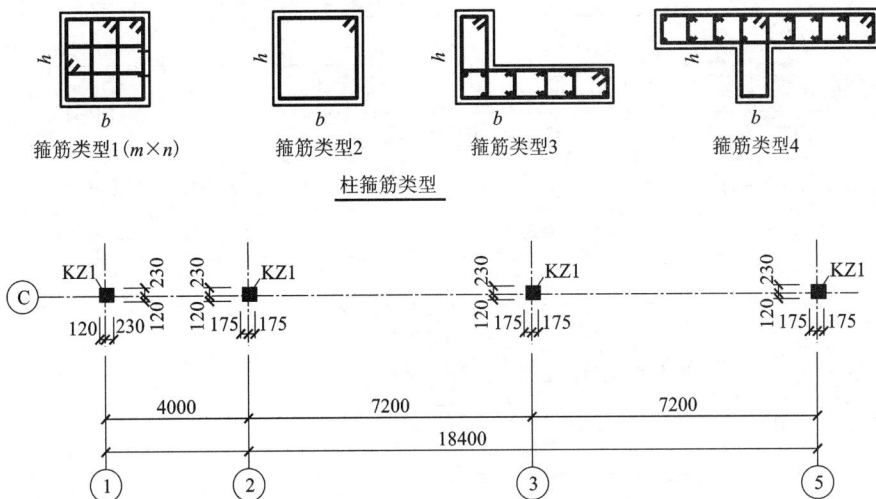

图4-7　KZ1平法施工图

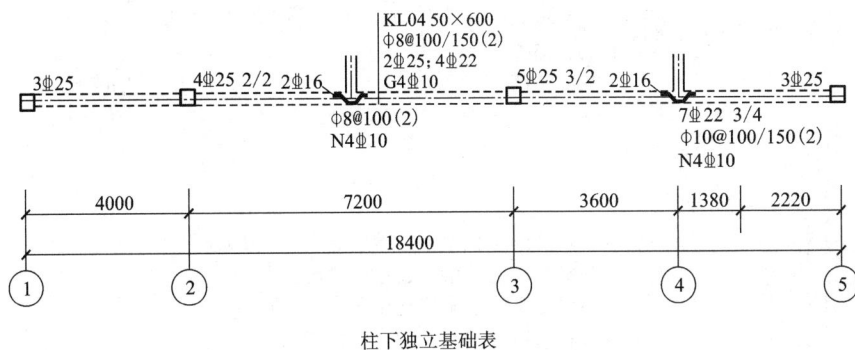

柱下独立基础表

编号	柱尺寸		独基尺寸			独基配筋		基底标高
	b	h	A	B	H_1/H_2	①	②	H(m)
DJJ1			1400	1400	300/0	Φ10@150	Φ10@150	-1.800
DJJ2			1600	1800	350/200	Φ12@150	Φ12@150	-1.800

图4-8　KZ1与梁的关系

159

2)钢筋计算参数(见表4-20)

表4-20 KZ1钢筋计算参数

参数名称	参数值	数据来源
柱保护层厚度 c	30 mm	办公楼结构设计说明第1页
梁、板保护层厚度	梁:30 mm;板:15 mm	
基础底面钢筋保护层厚度	40 mm	《16G101—1》第56页
抗震锚固长度 l_{aE}	$l_{aE} = 40d$	《16G101—1》第58页
箍筋起步距离	50 mm	

3)②轴交Ⓑ轴的KZ1钢筋计算过程见表4-21。

表4-21

钢筋	计算过程	说明
纵筋8⾦18在基础中的插筋长度 2610 270	基础内长度 = 基础高度 - 保护层厚度 + 基础底部弯折长度 a $H_j = 300 - 40 = 260 < l_{aE} = 40d = 40 \times 18 = 720$, a 取 $15d$ 基础长度 $= 300 - 40 + 15d$ $= 300 - 40 + 15 \times 18$ $= 530(\text{mm})$	柱纵筋在基础内的锚固:伸至基底弯折 a $H_j > l_{aE}$, $a = \max(6d, 150)$; $H_j \leq l_{aE}$, $a = 15d$
	基础插筋总长度 = 基础内长度 + 基础连系梁顶面至基础顶面短柱 + 伸出基础连系梁非连接区高度 伸出基础连系梁非连接区高度:$H_n/3$ 所有的纵筋不能在同一截面截断:错开距离 $\max(500, 35d)$	
	基础内插筋(低位) 基础插筋总长度 = 基础内长度 + 基础连系梁顶面至基础顶面短柱 + 伸出基础连系梁非连接区高度 $= 530 + (1800 - 300 - 60) + H_n/3$ $= 530 + (1800 - 300 - 60) + (3270 + 60 - 600)/3$ $= 2880(\text{mm})$	
	基础内插筋(高位) 基础插筋总长度 = 基础内长度 + 基础连系梁顶面至基础顶面短柱 + 伸出基础连系梁非连接区高度 + 与低位钢筋的错开距离 $= 530 + (1800 - 300 - 60) + H_n/3 + \max(500, 35d)$ $= 530 + (1800 - 300 - 60) + (3270 + 60 - 600)/3 + 35 \times 18$ $= 3510(\text{mm})$	

续上表

钢筋	计算过程	说明
一层纵筋 8 Φ 18	一层纵筋长度(低位) =层高 – 基础插筋伸入本层的高度 + 伸入上层的高度 =3270 + 60 – H_n/3 + max(H_n/6, h_c, 500) =3270 + 60 – (3270 + 60 – 600)/3 + 500 =2920(mm) 一层纵筋长度(高位) =层高 – 基础插筋伸入本层的高度 – 与本层低位钢筋的错开距离 + 伸入上层的高度 + 与上层低位钢筋的错开距离 =3270 + 60 – H_n/3 – 35d + max(H_n/6, h_c, 500) + max(500, 35d) =3270 + 60 – (3270 + 60 – 600)/3 – 35 × 18 + 500 + 35 × 18 =2920(mm)	(1)伸入上层的高度 max(H_n/6, h_c, 500) (2)H_n 的取值是为该楼层的柱净高 (3)高、低位钢筋的错开距离 为 max(500, 35d)
二层纵筋 8 Φ 18	二层纵筋长度(低位) =层高 – 柱保护层厚度 – 下层伸入本层的高度 + 12d =6270 – 3270 – 30 – max(H_n/6, h_c, 500) + 12d =6270 – 3270 – 30 – 500 + 12 × 18 =2686(mm) 二层纵筋长度(高位) =层高 – 非连接区高 – 错开高度 – 柱保护层厚度 + 12d =6270 – 3270 – max(H_n/6, h_c, 500) – 35d – 30 + 12d =6270 – 3270 – 500 – 35 × 18 – 30 + 12 × 18 =2056(mm) 低位总长 = 2880 + 2920 + 2686 = 8486 高位总长 = 3510 + 2920 + 2056 = 8486	非连接区高 max(H_n/6, h_c, 500) 纵筋在柱顶端的锚固:伸至柱顶向板中锚固 12d
	总长度 = 8486 × 8 = 67888 mm = 67.888 m	
	重量 = 67.888 × 1.999 = 135.71 kg	
基础内箍筋 Φ 10	2 根矩形封闭箍筋	

钢筋	计算过程	说明
	外大箍筋长度 $= (b - 2c) \times 2 + (h - 2c) \times 2 + [1.9d + \max(10d, 75)] \times 2$ $= (350 - 30 \times 2) \times 2 + (350 - 30 \times 2) \times 2 + 11.9 \times 10 \times 2$ $= 1398 (mm)$	
	拉筋长度 $= b - 2c + 11.9d \times 2$ $= 350 - 30 \times 2 + 11.9 \times 10 \times 2$ $= 528 (mm)$	
	一层： 大箍筋总根数 $= 15 + 10 + 12 + 6 = 43 (根)$ 拉筋的根数 $= 43 \times 2 = 86 (根)$	
一层箍筋 $\phi 10@100/200$ 的根数	短柱箍筋加密区根数 $= (短柱高 - 50)/100 + 1$ $= (1800 - 300 - 60 - 50)/100 + 1$ $= 15 (根)$ 下端加密区根数 $= (H_n/3 - 起步距离)/100 + 1$ $= [(3270 + 60 - 600)/3 - 50]/100 + 1$ $= 10 (根)$ 上端加密区根数 $= [\max(H_n/6, h_c, 500) + 梁高 - 起步距离]/100 + 1$ $= (500 + 600 - 50)/100 + 1$ $= 12 (根)$ 中间非加密区根数 $= (柱净高 - 两个加密区高度)/200 - 1$ $= (3270 + 60 - 910 - 500 - 600)/200 - 1$ $= 6 (根)$	（1）基础连系梁顶面以上加密区范围为 $H_n/3$ （2）楼层梁上、下部位包括梁高范围形成箍筋加密区，梁上部箍筋加密区长度为 $\max(H_n/6, h_c, 500)$，梁下部箍筋加密区长度为 $\max(H_n/6, h_c, 500)$。 （3）起步距离为 50 mm （4）计算结果向上进1取整
	二层： 大箍筋总根数 $= 6 + 12 + 6 = 24 (根)$ 拉筋的根数 $= 24 \times 2 = 48 (根)$	
二层箍筋 $\phi 10@100/200$ 的根数	下端加密区根数 $= [\max(H_n/6, h_c, 500) - 起步距离]/100 + 1$ $= (500 - 50)/100 + 1$ $= 6 (根)$ 上端加密区根数 $= [\max(H_n/6, h_c, 500) + 梁高 - 起步距离]/100 + 1$ $= (500 + 600 - 50)/100 + 1$ $= 12 (根)$ 中间非加密区根数 $= (柱净高 - 两个加密区高度)/200 - 1$ $= (6270 - 3270 - 600 - 500 - 500)/200 - 1$ $= 6 (根)$	（1）楼层梁上、下部位包括梁高范围形成箍筋加密区，梁上部箍筋加密区长度为 $\max(H_n/6, h_c, 500)$，梁下部箍筋加密区长度为 $\max(H_n/6, h_c, 500)$ （3）起步距离为 50 mm （4）计算结果向上进1取整
柱箍筋总长度 $= 1398 \text{ mm} \times (2 + 43 + 24) = 964.62 \text{ mm} = 96.46 \text{ m}$		
拉筋总长度 $= 528 \times (86 + 48) = 70752 \text{ mm} = 70.75 \text{ m}$		
重量 $= 167.21 \times 0.617 = 103.17 (kg)$		

4)钢筋预算工程量的计算,纵向钢筋长度可以从基础锚固一次性算至柱顶锚固,每层计算一个接头。

表 4－22

钢筋	计算过程	说明
纵筋 8 Φ 18 长度	纵筋长度 = 基础内长度 + 柱总高度 - 保护层 + 柱顶弯锚长度	
	1. 基础内的长度计算公式 = 基础高度 - 保护层厚度 + 基础底部弯折长度 a (1) $H_j = 300 - 40 = 260 < l_{aE} = 40d = 40 \times 18$ $= 720$ mm, a 取 $15d$ 基础长度 = $300 - 40 + 15d$ $= 300 - 40 + 15 \times 18$ $= 530$ mm	1. 柱纵筋在基础内的锚固:伸至基底弯折 a $H_j > l_{aE}$, $a = \max(6d, 150)$ $H_j \leq l_{aE}$ $a = 15d$
	2. 总长度 = 基础内长度 + 柱总高度 - 保护层 + 柱顶弯锚长度 $= 530 + (1800 - 300) + 6270 - 30 + 12d$ $= 530 + 1500 + 6270 - 30 + 12 * 18$ $= 8486$ mm	2. 纵筋在柱顶端的锚固:伸至柱顶向板中锚固 $12d$
	总长度 = $8486 \times 8 = 67888$ mm = 67.888 m	
	重量 = $67.888 \times 1.999 = 135.71$ kg	
	接头个数: $8 * 2 = 16$ 个接头	每层一个焊接接头
箍筋 Φ 10	计算方法见表 4－21	

柱箍筋总长度 = $1398 \times (2 + 43 + 24) = 964.62$ mm = 9.65 m
拉筋总长度 = $528 \times (86 + 48) = 70752$ mm = 70.75 m

重量 = $167.21 \times 0.617 = 103.17$ kg

5)钢筋汇总表

表 4－23　KZ1 钢筋汇总表

钢筋规格	钢筋比重（kg/m）	钢筋名称	重量计算式	总重（kg）
Φ 18	1.999	纵筋	$67.888 \times 1.999 = 135.71$（kg）	135.71
Φ 10	0.617	箍筋	$167.21 \times 0.617 = 103.17$（kg）	103.17

总结拓展

柱构件平法识图、钢筋构造总结与拓展。

柱构件平法识图与钢筋构造总结

练习题

一、单项选择题

1. 在基础内的第一根柱箍筋到基础顶面的距离是多少(　　)

A. 50　　　　　　B. 100　　　　　C. $3d$(d 为箍筋直径)　　　　D. $5d$(d 为箍筋直径)

2. 当柱变截面需设置插筋,插筋应从变截面处节点顶向下插入的长度为(　　)

A. $1.5l_{aE}$　　B. $1.6l_{aE}$　　C. $1.2l_{aE}$　　　　　　D. $0.5l_{aE}$

3. 抗震中柱顶层节点构造,当不能直锚时需要伸到节点顶后弯折,弯折长度为(　　)

A. $15d$　　　　　B. $12d$　　　　C. 150　　　　　　D. 250

4. 抗震中柱顶层节点构造,能直锚时,直锚长度为(　　)

A. $12d$　　　　　B. l_{aE}　　　　C. 伸至柱顶　　　　　D. $15d$

5. 柱箍筋加密区的范围包括(　　)

A. 有地下室框架结构地下室顶板嵌固部位向上 $H_n/6$　　　　B. 底层刚性地面上 500 mm

C. 无地下室框架结构基础顶面嵌固部位向上 $H_n/3$　　　　D. 搭接范围

二、判断题

1. 如果柱下层钢筋在变截面处弯折,上层采用插筋构造,插筋伸入下层 $1.5l_{aE}$,从梁顶处开始计算。(　　)

2. 混凝土保护层厚度指最外层钢筋外边缘至混凝土表面的距离。(　　)

3. 柱净高与柱截面长边尺寸或圆柱直径形成 $H_n/h_c \leqslant 4$ 的矩柱,其箍筋沿全柱高加密。(　　)

4. 顶层柱构造角柱、边柱和中柱均相同。(　　)

5. 柱箍筋在楼面处起步距离为上下各 100 mm。(　　)

三、技能训练题

计算教材附图"办公楼框架柱 KZ2"的钢筋工程量。

项目五 计算梁构件钢筋工程量

学习目标

技能抽查要求

能够正确识读梁平法施工图，确定计量单位，正确列出相应工程量计算式，准确计算梁构件钢筋工程量。

教学要求

能力目标：能够识读梁平法施工图，确定计量单位，准确计算梁构件钢筋工程量。

知识目标：掌握梁构件平法制图规则，熟悉梁构件标准构造要求，熟练地应用平法构造计算梁构件钢筋工程量。

任务一 识读梁构件平法施工图

5.1 梁构件钢筋平法识图

5.1.1 梁构件平法识图知识体系

（一）梁构件分类

梁构件分类如表 5-1。

表 5-1 梁构件分类

梁类型	代号
楼层框架梁	KL
楼层框架扁梁	KBL
屋面框架梁	WKL
框支梁	KZL
托柱转换梁	TZL
非框架梁	L
悬挑梁	XL
井字梁	JZL

（二）梁构件平法识图知识体系

表 5－2　梁构件平法识图知识体系

梁构件识图知识体系		《16G101—1》页码
平法施工图表达方式	平面注写方式	第 26～34 页
	截面注写方式	第 34～35 页
数据项	编号	第 26～34 页
	截面尺寸	
	配筋	
	梁顶面标高高差（选注）	
	必要的文字注解（选注）	
集中标注	编号	第 27 页
	截面尺寸	第 27 页
	箍筋	第 28 页
	上部通长筋	第 28 页
	侧部构造筋或受扭钢筋	第 28～29 页
	梁顶面标高高差（选注）	第 29 页
原位标注	梁支座上部纵筋	第 29 页
	梁下部纵筋	第 30 页
	修正集中标注的内容	第 30 页
	附加箍筋或吊筋	第 31 页

5.1.2　梁构件钢筋平法识图

（一）梁平法施工图表达方式（平面注写方式）

梁平法施工图表达方式有平面注写方式和截面注写方式，在实际工程中，平面注写方式应用较广，故本书主要讲解平面注写方式。

梁平面注写方式，系在梁平面布置图上，分别在不同编号的梁中各选一根梁，在其上注写截面尺寸和配筋具体数值的方式来表达梁平法施工图。如图 5－1。

梁构件的平面注写方式，包括集中标注和原位标注。集中标注表达梁的通用数值，原位标注表达梁的特殊数值。当集中标注中的某项数值不适用于梁的某部位时，则将该项数值原位标注，识图时，原位标注取值优先。如图 5－2。

（二）梁构件识图方法

梁构件平法识图，主要分为两个层次：

第一层次：通过梁构件的编号，在梁平法施工图上，识别出是哪一根梁；

第二层次：就具体的一根梁，识别集中标注与原位标注每个符号所表达的含义。

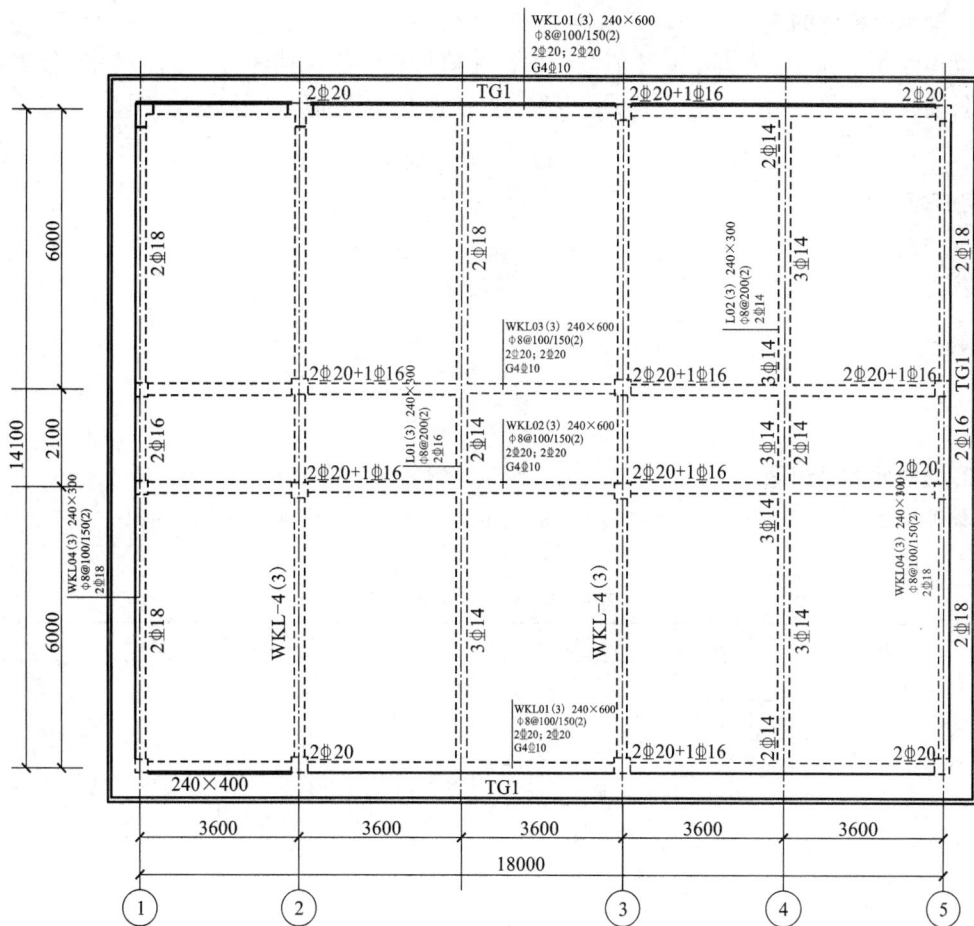

图 5-1

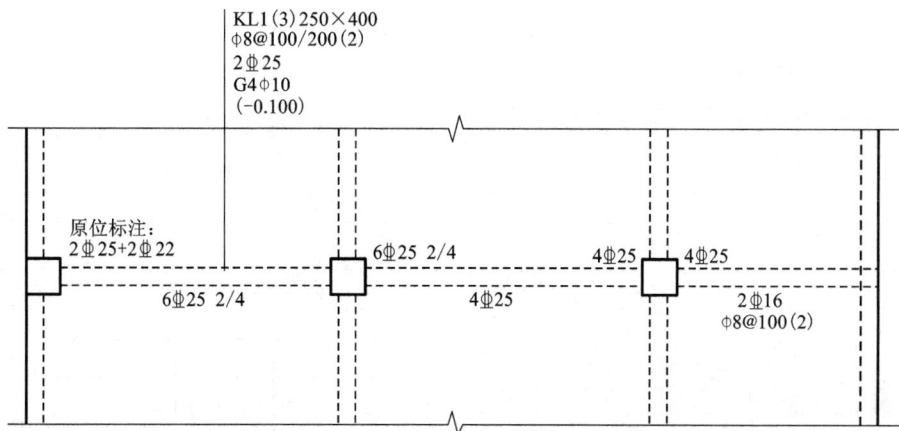

图 5-2

(三)梁构件集中标注识图

1. 梁集中标注的内容

梁构件集中标注,有五项必注值及一项选注值。必注值包括编号、截面尺寸、箍筋、上部通长筋或架立筋、侧部构造或受扭钢筋;选注值有梁顶面标高高差。见图5-3

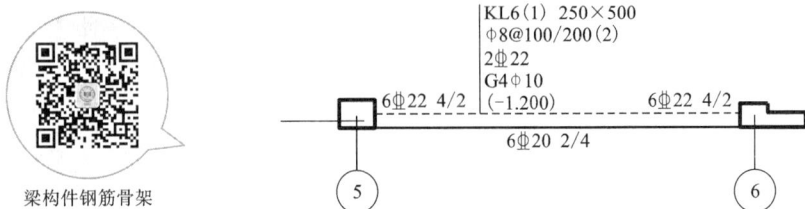

梁构件钢筋骨架

```
KL6(1)  250×500
Φ8@100/200(2)
2Φ22
G4Φ10
(-1.200)
```

6Φ22 4/2   6Φ22 4/2

6Φ20 2/4

⑤   ⑥

图 5-3

2. 梁构件编号识图

梁编号由"代号"、"序号"、"跨数及是否带有悬挑"三项组成。见表5-3。

表 5-3 梁构件编号识图

梁类型	代号	序号	跨数及是否带有悬挑
楼层框架梁	KL		
楼层框架扁梁	KBL		
屋面框架梁	WKL		
框支梁	KZL	用数字序号表示顺序号	(××):表示端部无悬挑,括号内数字表示跨数; (××A):表示一端有悬挑; (××B):表示两端有悬挑
托柱转换梁	TZL		
非框架梁	L		
悬挑梁	XL		
井字梁	JZL		

【例】 KL5(3A):表示第5号框架梁,3跨,一端有悬挑。

WKL4(5B):表示第4号屋面框架梁,5跨,两端有悬挑。

3. 梁构件截面尺寸识图

梁构件集中标注的第二项必注值为截面尺寸,平法识图见表5-4。

表 5-4 梁构件截面尺寸识图

梁截面形状描述	表示方法	说明及识图要点
普通矩形截面	$b \times h$	宽×高,注意梁高是指含板厚在内的梁高度 楼板

续上表

梁截面形状描述		表示方法	说明及识图要点
加腋梁	竖向加腋梁	$b \times h\,\mathrm{GY}_{c_1 \times c_2}$	c_1 表示腋长，c_2 表示腋高
	水平加腋梁	$b \times h\,\mathrm{PY}_{c_1 \times c_2}$	c_1 表示腋长，c_2 表示腋宽
悬挑变截面梁		$b \times h_1/h_2$	h_1 为悬挑根部高度，h_2 为悬挑远端高度 $b \times h_1/h_2$，如：300×700/500
异形截面梁		绘制断面图表达异形截面尺寸	

4. 梁构件箍筋识图

梁构件集中标注的第三项必注值为箍筋，包括钢筋级别、直径、加密区与非加密区间距及肢数。

基础构件为非抗震构件，因此，条形基础中的基础梁，筏形基础中的基础主梁和基础次梁这些构件的箍筋不设加密区，中部和端部箍筋的根数及间距直接按设计标注。

上部结构梁构件、抗震梁构件设置箍筋加密区，其他梁构件不设加箍筋密区。梁构件箍筋识图见表 5 - 5。

表5-5 梁构件箍筋识图

是否加密	构件名称	箍筋表示方法	识图
设箍筋加密区的构件	抗震 KL、WKL 框支梁 KZL	φ10@100/200(4)	表示箍筋为 HPB300 钢筋,直径 φ10,加密区间距为 100,非加密区间距为 200,均为四肢箍
		φ8@100(4)/150(2)	表示箍筋为 HPB300 钢筋,直径 φ8,加密区间距为 100,四肢箍,非加密区间距为 150,两肢箍
	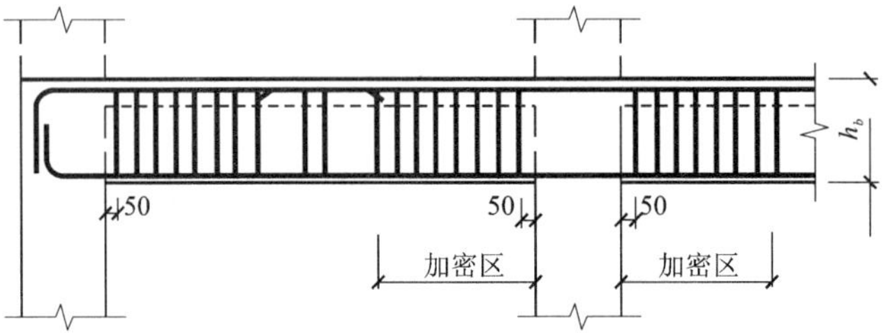	 加密区长度依据相应抗震等级的标准构造要求确定,在本章第二节梁构件钢筋构造中讲解	
不设箍筋加密区的构件	非抗震 KL、WKL	13φ10@150/200(4)	表示箍筋为 HPB300 钢筋,直径 φ10;梁的两端各有 13 个四肢箍,间距为 150;梁跨中部分间距为 200,四肢箍
	非框架梁 L、悬挑梁 XL、井字梁 JZL	18φ12@150(4)/200(2)	表示箍筋为 HPB300 钢筋,直径 φ12;梁的两端各有 18 个四肢箍,间距为 150;梁跨中部分间距为 200,两肢箍

5. 梁构件上部通长筋(或架立筋)识图

梁上部通长筋可为相同或不同直径采用搭接连接、机械连接或焊接的钢筋,当同排纵筋中既有通长筋又有架立筋时,应用加号"+"将通长筋和架立筋相连,架立筋写在加号后面的括号内。

表5-6 梁构件上部通长筋(或架立筋)识图

平法施工图	识图
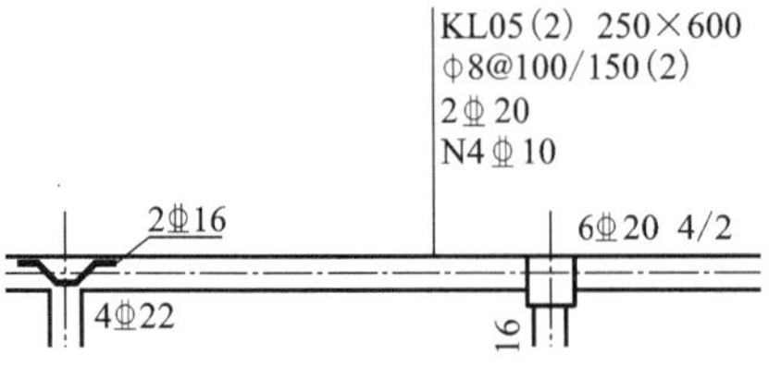 KL05(2) 250×600 φ8@100/150(2) 2φ20 N4φ10 2φ16 4φ22 6φ20 4/2	2 根φ20 的上部通长筋

续上表

平法施工图	识图
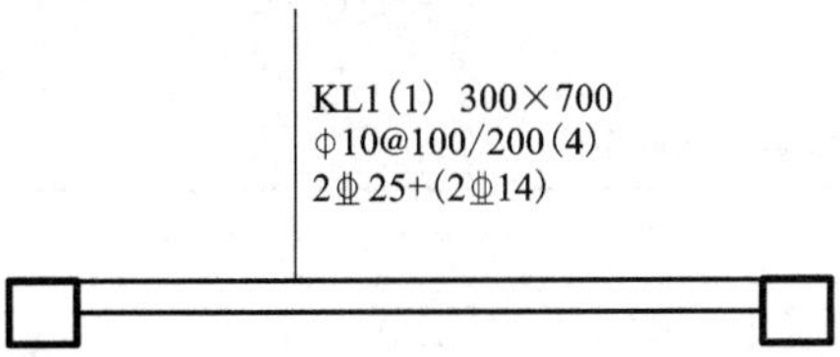 KL1(1) 300×700 Φ10@100/200(4) 2Φ25+(2Φ14)	2 根Φ25 的上部通长筋,2 根Φ14 的架立筋

6.梁构件下部通长筋识图

梁构件的下部通长筋,在集中标注的上部通长筋后,用分号";"隔开表达,少数跨配筋不同,则将该跨配筋信息原位标注。

表 5-7 梁构件下部通长筋(或架立筋)识图

平法施工图	识图
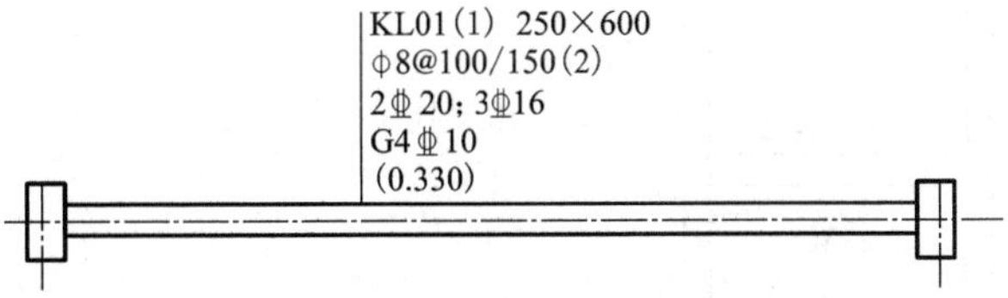 KL01(1) 250×600 Φ8@100/150(2) 2Φ20; 3Φ16 G4Φ10 (0.330)	3 根Φ16 的下部通长筋

7.梁构件侧面构造钢筋或受扭钢筋识图

当梁腹板高度 h_w≥450 时,需配置纵向构造钢筋,以字母"G"打头,注写设置在梁两侧的总配筋值,对称布置;当梁侧面需配置受扭钢筋时,以字母"N"打头,注写设置在梁两侧的总配筋值,对称布置。

表 5-8 梁构件侧面构造钢筋或受扭钢筋识图

平法施工图	识图
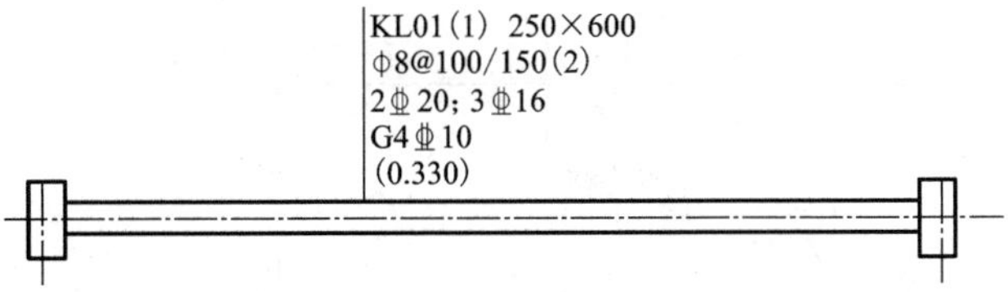 KL01(1) 250×600 Φ8@100/150(2) 2Φ20; 3Φ16 G4Φ10 (0.330)	梁的两个侧面共配置 4Φ10 的纵向构造钢筋,每侧各配置 2Φ10
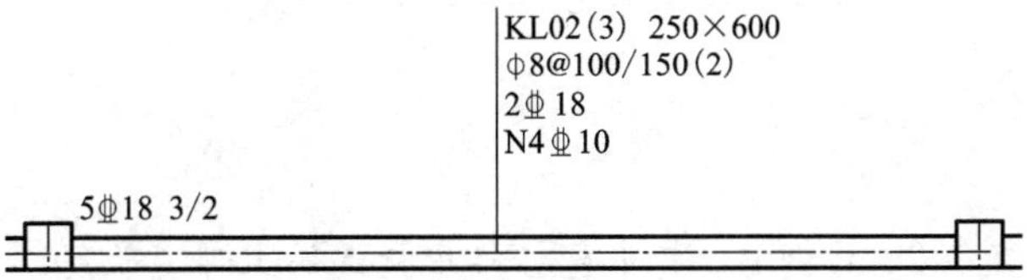 KL02(3) 250×600 Φ8@100/150(2) 2Φ18 N4Φ10 5Φ18 3/2	梁的两个侧面共配置 4Φ10 的受扭纵向钢筋,每侧各配置 2Φ10

8.梁顶面标高高差

梁顶面标高高差,系指相对于结构层楼面标高的差值,有高差时写入括号内,无高差时不写。当某梁的顶面高于所在结构层的楼面标高时,其标高高差为正值,反之为负值。

表 5 - 9 梁顶面标高高差识图

平法施工图	识图
KL01(1) 250×600 Φ8@100/150(2) 2Φ20; 3Φ16 G4Φ10 (0.330)	该梁比结构层楼面标高高0.33 m
KL7(3) 300×700 Φ10@100/200(2) 2Φ25 N4Φ18 (-0.100) 4Φ25　　6Φ25 4/2　6Φ25 4/2 4Φ25　　2Φ25 G4Φ10	该梁比结构层楼面标高低0.1 m

(四)梁构件原位标注识图

1.梁支座上部纵筋(含该部位上部通长筋在内的所有纵筋)

1)认识梁构件支座上部纵筋

梁支座上部纵筋,是指标注在该支座位置的所有纵筋,包括集中标注的上部通长筋,见图 5 - 4。

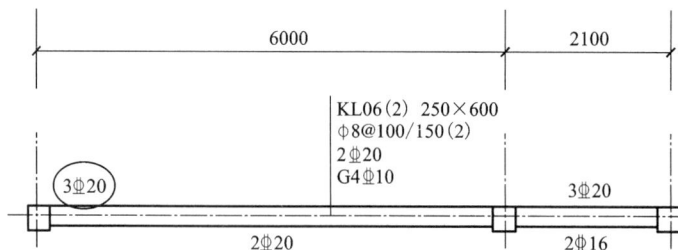

图 5 - 4

注:3Φ20 是指该位置共有 3 根直径 20 的钢筋,其中包括集中标注的上部通长筋,另外 1 根就是支座负筋。

2）梁支座上部纵筋识图

梁支座上部纵筋识图，见表5－10。

表5－10　梁支座上部纵筋识图

平法施工图	识图	制图规则说明
KL02（3）250×600 φ8@100/150（2） 2Φ18 N4Φ10 4Φ18 2/2	上下两排，上排2Φ18是上部通长筋，下排2Φ18是支座负筋	当上部纵筋多于一排时，用斜线"/"将各排纵筋自上而下分开
KL02（3）250×600 φ8@100/150（2） 2Φ18 N4Φ10 5Φ18 3/2	上下两排，上排2Φ18是上部通长筋，另1Φ18是第一排支座负筋，下排2Φ18是第二排支座负筋	当上部纵筋多于一排时，用斜线"/"将各排纵筋自上而下分开
KL02（3）250×600 φ8@100/150（2） 2Φ18 N4Φ10 3Φ18　4Φ18 2/2	中间支座两边配筋均为上下两排，上排2Φ18是上部通长筋，下排2Φ18是支座负筋	当梁中间支座两边的上部纵筋相同时，可仅在支座的一边标注，另一边省去不标
KL7（3）300×700 φ10@100/200（2） 2Φ25 N4Φ18 （－0.100） 4Φ25　6Φ25 4/2　6Φ25 4/2　6Φ25 4/2　4Φ25 4Φ25　2Φ25　4Φ25 G4Φ10	上排2Φ25通长筋，第1跨右端支座第一排支座负筋2Φ25和第二排支座负筋2Φ25贯通第2跨，一直延伸到第3跨	上部支座钢筋标注在第2跨中，且与第1跨右支座、第3跨左支座相同，表示：第1跨支座负筋贯通第2跨，一直延伸到第3跨
KL6（2）300×500 φ8@100/200（2） 4Φ20；2Φ20 6Φ20 4/2　4Φ20　6Φ20 4/2　6Φ20 4/2	支座左侧标注4Φ20，全部是通长筋，右侧的6Φ20，上排4根为通长筋，下排2根为支座负筋	中间支座两边配筋不同，须在支座两边分别标注
WKL02（3）250×600 φ8@100/150（2） 2Φ20；2Φ20 G4Φ10 2Φ20+1Φ16	其中2Φ20是集中标注的上部通长筋，1Φ16是支座负筋	当同排纵筋有两种直径时，用"＋"号将两种直径的纵筋相连，注写时角筋写在前面

2.原位标注下部钢筋识图

梁构件集中标注中没有标注下部通长筋，则在每跨原位标注各跨的下部钢筋，当下部纵筋多于一排时，用斜线"/"将各排纵筋自上而下分开。

表5-11 原位标注下部钢筋识图

平法施工图	识图
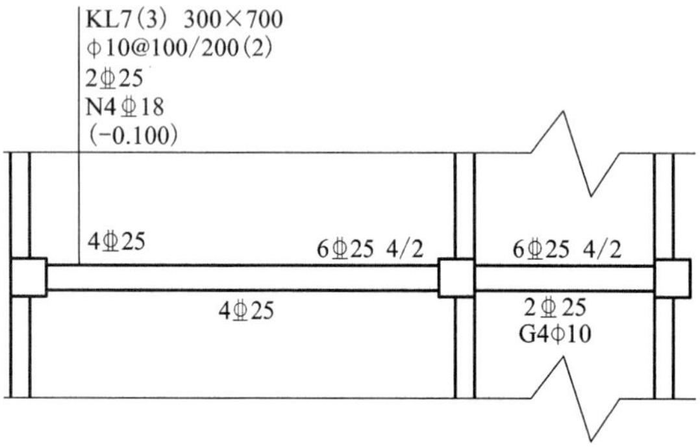 KL7(3) 300×700 φ10@100/200(2) 2φ25 N4φ18 (-0.100) 4φ25　　6φ25 4/2　　6φ25 4/2 4φ25　　　　2φ25 　　　　　　G4φ10	集中标注没有下部通长筋，梁下部钢筋每跨标注
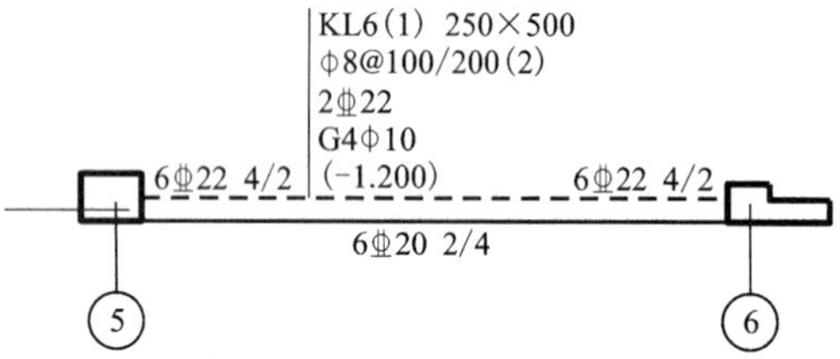 KL6(1) 250×500 φ8@100/200(2) 2φ22 G4φ10 (-1.200) 6φ22 4/2　　　6φ22 4/2 6φ20 2/4 ⑤　　　　　　⑥	当下部纵筋多于一排时，用斜线"/"将各排纵筋自上而下分开
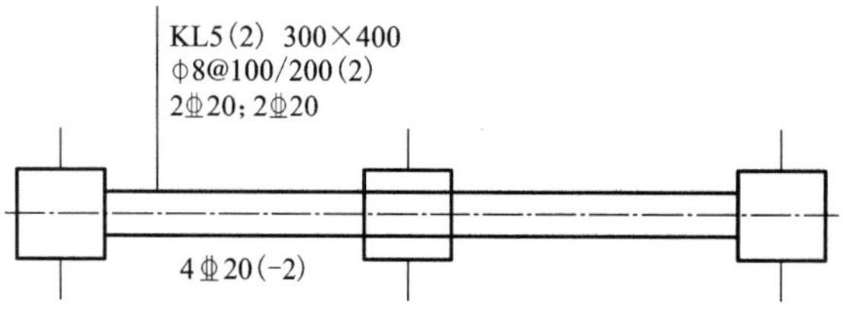 KL5(2) 300×400 φ8@100/200(2) 2φ20;2φ20 4φ20(-2)	括号内注写的数字表示不伸入支座钢筋的根数

3.原位标注修正内容

当梁上集中标注的内容不适用于某跨或某外伸部位时，将其修正内容原位标注在该跨或该外伸部位。

如图5-5所示，KL-6集中标注的上部通长筋为2φ20，第2跨上部通长筋原位修正为3φ20，表示第2跨上部有3根钢筋贯通本跨。

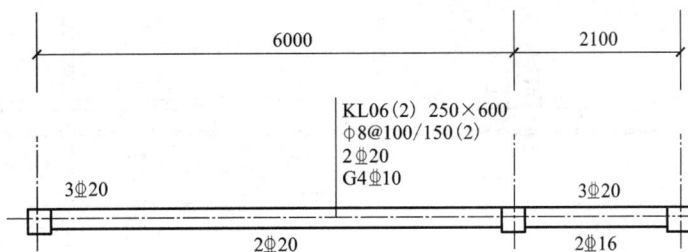

图 5－5

悬挑端若与梁集中标注的配筋信息不同,则在原位进行标注,如图 5－6 所示。

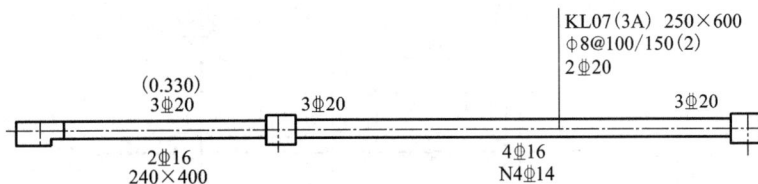

图 5－6

4.附加箍筋或吊筋

主、次梁交叉位置,次梁支撑在主梁上,应在主梁上配置附加箍筋或附加吊筋。

1)附加箍筋

附加箍筋的平法标注直接将其画在平面图中的主梁上,用线引注总配筋值(附加箍筋的肢数注在括号内),如图 5－7。

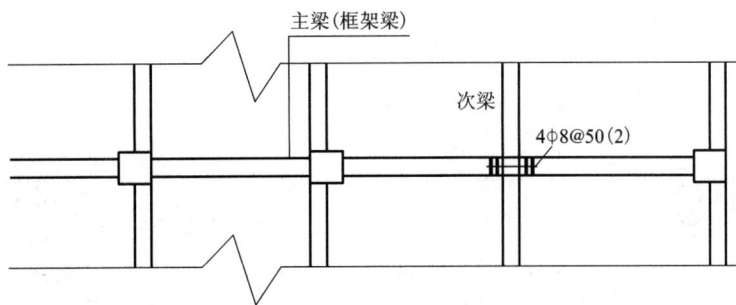

图 5－7

当多数附加箍筋或吊筋相同时,可在梁平法施工图上统一注明,少数与统一注明值不同时,再原位引注,如图 5－8。

2)附加吊筋

附加吊筋的平法标注同附加箍筋,如图 5－9。

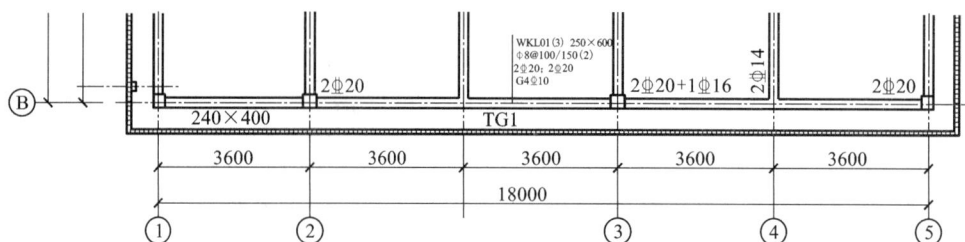

6.270 m层梁平面配筋图
(TG1详见檐口结构详图) 1:100

注：在主次梁相交处，未注明的加密箍筋，直径同主梁箍筋，每边3个，间距50。

图 5 – 8

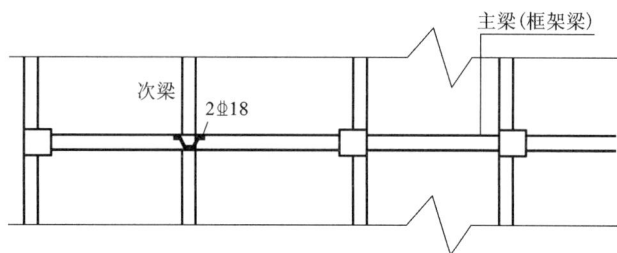

图 5 – 9

(五) 框架扁梁 KBL 识图

框架扁梁 KBL 识图规则同框架梁。

1. 未穿过柱截面的纵向受力筋

框架扁梁的外形特点是扁梁的宽度通常超过柱子横截面宽度，故上部纵筋和下部纵筋，还需注明未穿过柱截面的纵向受力筋根数。如图 5 – 10。

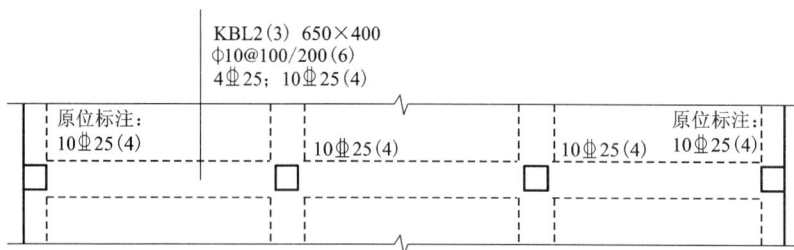

图 5 – 10

集中标注下部钢筋及原位标注 $10\Phi25(4)$ 表示框架扁梁有 4 根下部纵向受力筋及 4 根上部纵向受力筋未穿过柱截面，柱两侧各两根，如图 5 – 11。

2. 框架扁梁节点核心区附加钢筋

框架扁梁节点核心区代号为 KBH，包括柱内核心区和柱外核心区两部分。

176

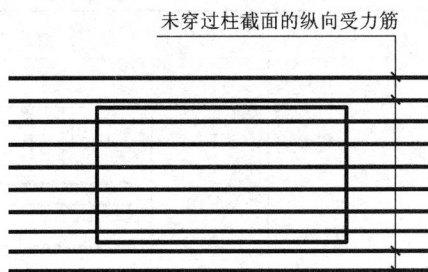

未穿过柱截面的纵向受力筋

图 5 –11

节点核心区钢筋有：节点核心区附加纵向钢筋、柱外核心区竖向拉筋、端支座节点核心附加 U 形箍筋。

其表示方法为：

节点核心区附加纵向钢筋：以大写字母"F"打头，用"X"或"Y"表示钢筋设置方向，注明层数，每层的钢筋根数、钢筋级别、直径及未穿过柱截面的纵向受力筋根数。节点区附加钢筋平法识图见表 5 –12。

表 5 –12

平法施工图	识图	节点钢筋示意图
KBH1 Φ10 F X&Y 2×7Φ14(4)	表示框架扁梁中间支座节点核心区： 1. 柱外核心区竖向拉筋Φ10； 2. 沿梁 X 向（Y 向）配置 2 层 7 Φ 14 附加纵向受力钢筋，每层有 4 根纵向受力筋未穿过柱截面，柱两侧各 2 根	

平法施工图	识图	节点钢筋示意图
KBH2 Φ10 4Φ10 F X 2×7Φ14(4)	表示框架扁梁端支座节点核心区： 1. 柱外核心区竖向拉筋 Φ10； 2. 附加U形箍筋共4道，柱两侧各2道，直径 Φ10。 3. 沿梁X向配置2层7Φ14附加纵向受力钢筋，每层有4根纵向受力筋未穿过柱截面，柱两侧各2根	

任务二 计算梁构件钢筋工程量

5.2 梁构件钢筋构造

梁构件钢筋构造，即梁构件的各种钢筋在实际工程中可能出现的各种构造情况，《16G101—1》图集第84~98页设计了梁构件各种标准构造详图。

5.2.1 梁构件钢筋体系

1. 梁构件钢筋构造知识体系

按梁构件组成、梁钢筋组成的思路可将梁构件钢筋知识体系总结为图5-12所示的内容。

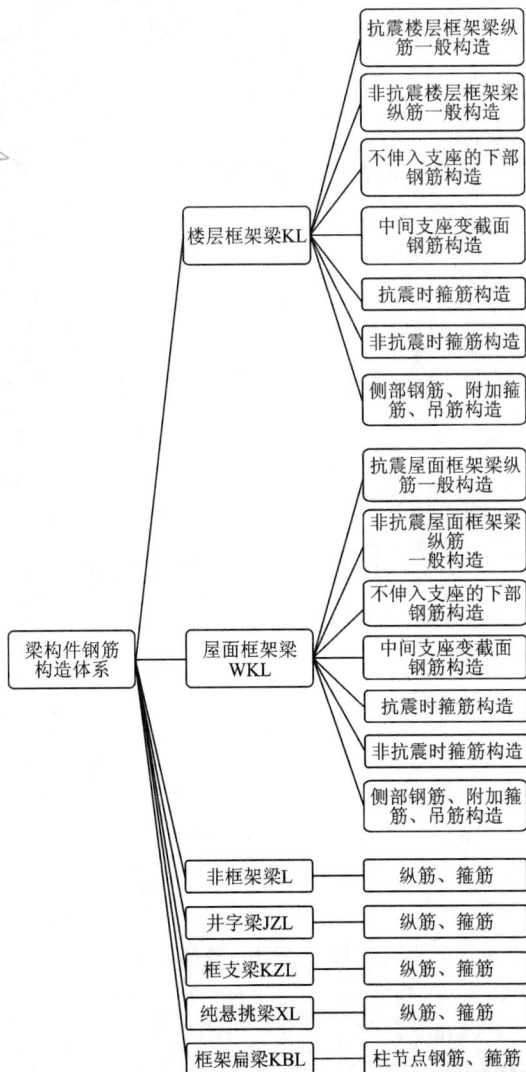

梁构件钢筋骨架

图 5-12 梁构件钢筋构造知识体系

说明：本节主要讲解楼层框架梁 KL，其余梁 WKL、KZL、XL、JZL、L 只讲解重点注意部分。本节主要讲解抗震楼层框架梁、抗震屋面框架梁构件。

2. 梁构件钢筋骨架

梁构件钢筋骨架，见图 5 – 13。

梁构件钢筋种类，见图 5 – 14。

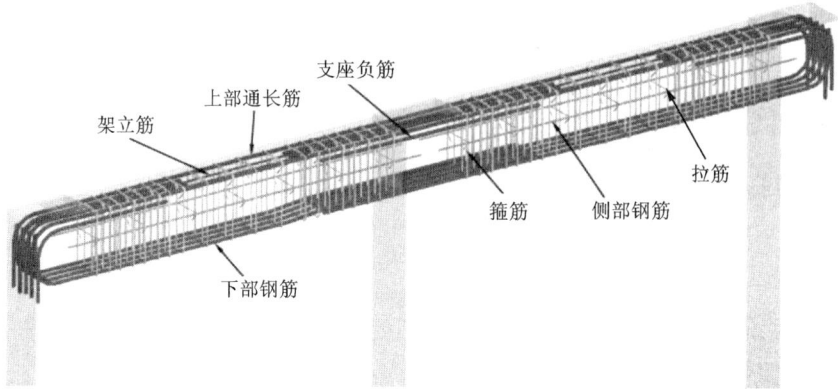

图 5 – 13　梁构件钢筋骨架

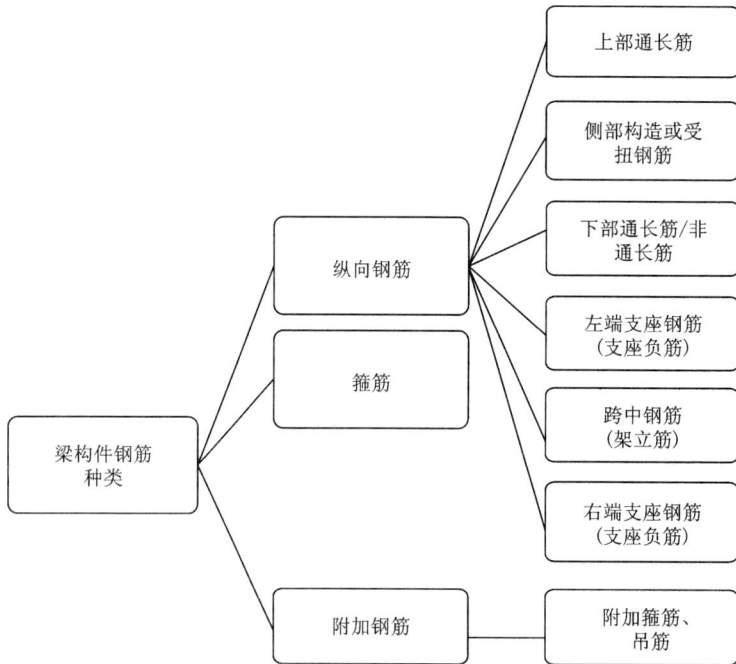

图 5 – 14　梁构件钢筋种类

5.2.2　抗震楼层框架梁构件钢筋构造

(一)抗震楼层框架梁钢筋骨架

抗震楼层框架梁钢筋骨架,见表 5 – 13。

表 5 – 13　抗震楼层框架梁钢筋骨架

纵筋	上部通长筋及架立筋	
	侧部钢筋	侧部构造钢筋
		侧部受扭钢筋
	下部钢筋	非通长钢筋
箍筋		
附加箍筋或吊筋		

(二)纵向钢筋构造
1.纵向钢筋构造知识体系(见表 5 – 14)

表 5 – 14　纵向钢筋构造知识体系

纵向钢筋的锚固与连接			《16G101—1》页码
上部、下部纵筋锚固	端支座	直锚	第 84 页
		弯锚	
	中间支座不变截面	下部钢筋在节点内直锚	
		下部钢筋在节点外搭接	
	中间支座变截面	斜弯通过	第 87 页
		断开锚固	第 87 页
	下部不伸入支座钢筋		第 90 页
	悬挑端		第 92 页
上部钢筋连接	通长筋直径不同		第 84 页
	支座钢筋与架立筋连接		
侧部钢筋	纵向钢筋与拉筋		第 90 页

2. 上部纵筋、下部纵筋端支座锚固(见表 5 - 15)

表 5 - 15　上部纵筋、下部纵筋端支座锚固构造(图集《16G101—1》第 84 页)

构造类型	构造详图	构造要点	长度计算公式
端支座直锚 框架梁纵筋端支座直锚		支座宽度够直锚时,采用直锚。即:当 $h_c - c \geqslant l_{aE}$ 时,采用直锚	直锚长度: max $(l_{aE}$, $0.5h_c + 5d)$
端支座弯锚 框架梁纵筋端支座弯锚		支座宽度不够直锚时,采用弯锚即 $h_c - c < l_{aE}$ 时,采用弯锚	弯锚长度: $h_c - c + 15d$ (h_c 为支座宽, c 为保护层)
端支座加锚头(锚板)锚固 框架梁纵筋端支座加锚头(锚板)		伸至柱外侧纵筋内侧,且 $\geqslant 0.4l_{abE}$	直锚长度: max ($h_c - c$, $0.4l_{abE}$)

182

3. 纵向钢筋（上部、下部钢筋）中间支座锚固构造

楼层框架梁中间支座有不变截面和变截面两种情况。

中间支座不变截面，上部通长筋连续通过支座。楼层框架梁下部钢筋中间支座构造有支座不变截面，支座变截面和支座两边纵筋数量不同三种情况（见表 5 - 16）。

表 5 - 16　纵向钢筋中间支座构造（图集《16G101—1》第 84、87 页）

中间支座变化情况	构造详图	构造要点	长度计算公式
不变截面（下部钢筋支座内锚固）	$\geq l_{aE}且\geq 0.5h_c+5d$ $\geq l_{aE}且\geq 0.5h_c+5d$ h_c	1. 上部通长筋连续通过支座 2. 下部钢筋在支座内直锚，直锚长度$\geq l_{aE}$且$\geq 0.5h_c+5d$	
不变截面（下部钢筋支座外连接） 框架梁下部钢筋支座外连接	h_0　$\geq l_E$　$\geq 1.5h_0$　h_c	1. 上部通长筋连续通过支座 2. 相邻跨直径不同时，下部钢筋搭接位置位于钢筋直径较小的跨，大直径下部钢筋伸至小直径跨 3. 下部钢筋不能在梁柱内锚固，可在节点外搭接	下部钢筋伸出另一跨的长度： $1.5h_0 + l_{lE}$ $\left(h_0 = h_b - c - \dfrac{D_小}{2} \right)$
变截面 $\Delta h/(h_c - 50) > 1/6$ 框架梁中间变截面纵筋断开锚固	l_{aE} $\geq 0.4l_{abE}$ Δh （可直锚） $15d$ Δh　（可直锚） h_c $\Delta h/(h_c-50) > 1/6$	上部通长筋断开，锚固在支座内，伸至柱外侧（12G901 - 1，2 - 29），弯折15d；当支座宽度满足直锚要求时，可直锚	高位钢筋弯锚： $h_c - c$（保护层）+ 15d 直锚： $\max(l_{aE}, 0.5h_c + 5d)$

续上表

中间支座变化情况	构造详图	构造要点	长度计算公式
变截面 $\Delta h/(h_c-50)\leqslant 1/6$ 框架梁中间变截面 纵筋斜弯通过	50 Δh Δh 50 h_c $\Delta h/(h_c-50)\leqslant 1/6$时，纵筋可连续布置	上部通长筋连续布置，斜弯通过	支座内长度： $\sqrt{(h_c-50)^2+(\Delta h)^2}+50$
变截面 梁宽度不同 框架梁支座两边宽度 不同纵筋锚固	16d（可直锚） 15d（可直锚） $\geqslant 0.4l_{abE}$	将无法直通的纵筋锚入柱内，伸至柱对边，弯折15d（12G901-1，2-36）	弯锚： h_c-c（保护层）+ 15d 直锚： $\max(l_{aE},\ 0.5h_c+5d)$
支座两边纵筋根数不同 框架梁支座两边宽度 不同纵筋锚固	16d（可直锚） 15d（可直锚） $\geqslant 0.4l_{abE}$	多出的纵筋锚入柱内，伸至柱对边，弯折15d（12G901-1，2-36）	弯锚： h_c-c（保护层）+ 15d 直锚： $\max(l_{aE},\ 0.5h_c+5d)$

4.下部不伸入支座的钢筋构造

不伸入支座下部
钢筋构造

抗震楼层框架梁平法施工图中，下部钢筋括号内数字表示下部钢筋不伸入支座的根数，其构造见表5-17。

184

表5－17　抗震楼层框架梁下部不伸入支座的钢筋构造

构造详图	构造要点	长度计算公式
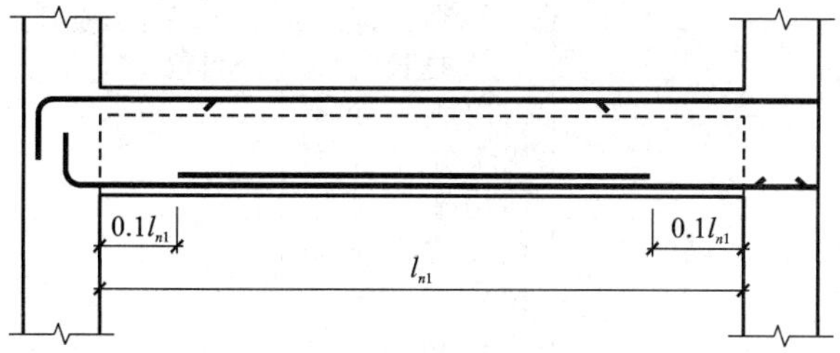	端部距支座边 $0.1l_n$（l_n 指本跨的净跨长度）	钢筋长度：$l_n - 0.1l_n \times 2$

5. 悬挑端

悬挑端构造见表5－18。

表5－18　悬挑端构造（图集《16G101—1》第92页）

悬挑情况	构造详图	构造要点	长度计算公式
纯悬挑梁 $L \geqslant 4h_b$（l 为悬挑端净长度）	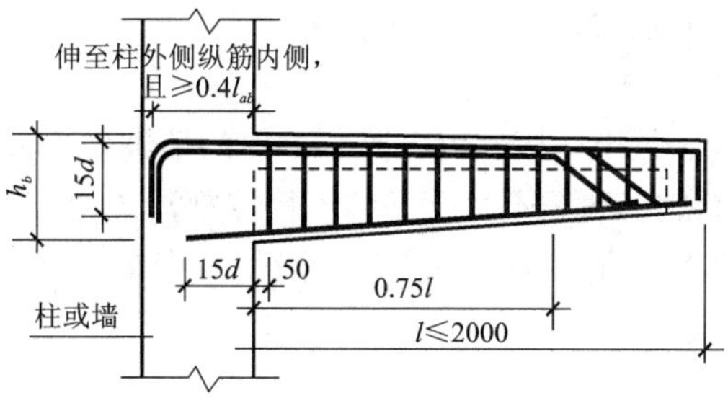	1. 上部第一排角筋，并不少于第一排纵筋数量的 $1/2$ 伸至末端，下弯 $12d$，上部第一排其余钢筋下弯（45°下弯，平直段长度 $10d$）2. 上部第二排钢筋伸至 $0.75l$ 处下弯（45°下弯，平直段长度 $10d$）	纯悬挑梁 1. 上部第一排钢筋长度：伸至末端钢筋的长度：$15d + h_c - c + l - c + 12d$ 其余钢筋的长度（悬挑端不变截面）：$15d + h_c - c + l - c - (h_b - 2c) + \sqrt{2}(h_b - 2c)$ 2. 上部第二排钢筋长度：$15d + h_c - c + 0.75l + \sqrt{2}(h_b - 2c) + 10d$ 3. 下部钢筋长度：$15d + l - c$
$l < 4h_b$（l 为悬挑端净长度）或 $l < 5h_b$	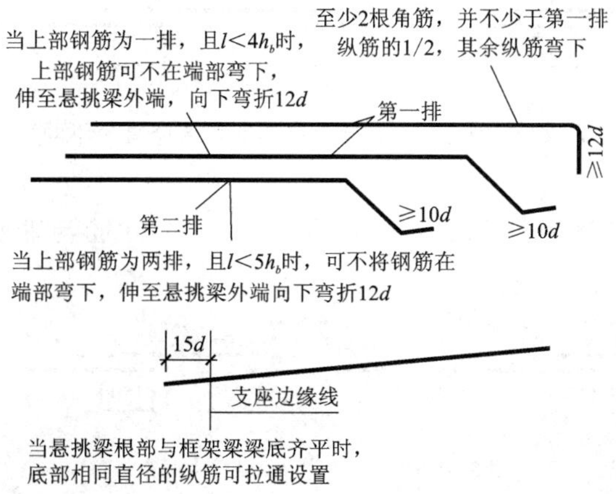	当上部钢筋只有一排且 $l < 4h_b$ 时：1. 上部钢筋全部伸至梁末端下弯 $12d$；2. 纯悬挑梁根部上部钢筋伸至柱外侧弯折 $15d$；3. 下部钢筋在支座内锚固 $15d$；当上部钢筋为两排，且 $l < 5h_b$ 时，上部钢筋全部伸至梁末端，下弯 $12d$	纯悬挑梁 1. 上部钢筋长度：$15d + h_c - c + l - c + 12d$ 2. 下部钢筋长度：$15d + l - c$

185

悬挑情况	构造详图	构造要点	长度计算公式
各类梁的悬挑端	延伸悬挑梁钢筋构造 柱、墙或梁　50　15d　50　0.75l　l	1. 上部通长筋 上部通长筋从梁内延伸至悬挑末端,末端钢筋构造同纯悬挑梁末端钢筋构造。 2. 下部钢筋 (1)当悬挑梁根部与框架梁梁底齐平时,下部相同直径的纵筋可拉通设置。 (2)当悬挑梁根部与框架梁梁底不平时,悬挑端下部钢筋在支座内锚固15d	计算公式参考纯悬挑梁

6. 上部钢筋连接

上部钢筋连接分三种情况,第一种情况上部贯通筋直径相同,受钢筋定尺长度的影响需要在跨中连接;第二种情况上部钢筋直径大小不同,上部通长筋需要与非贯通筋(即支座负筋)连接;第三种情况为架立筋与非贯通筋(即支座负筋)连接。

上部钢筋三种不同连接的构造要求如下:

(1)第一种情况:上部贯通筋直径相同,连接位置在跨中1/3的范围内连接(注:钢筋预算只按定尺长度计算接头个数,计算搭接长度,不考钢筋的连接位置)。

(2)第二种情况:上部通长筋与非贯通筋(即支座负筋)直径不相同时,通长筋与非贯通筋搭接 l_{Le} ,且在同一连接区段内钢筋接头百分率不宜大于50%。如图5-15。

通长筋(小直径)　　　通长筋(小直径)

l_{lE}　l_{lE}　l_{lE}　l_{lE}

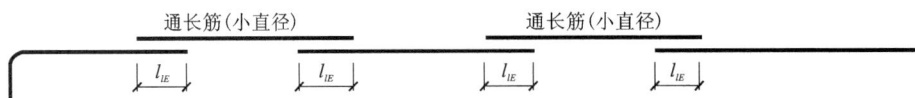

图5-15　上部通长筋连接(上部通长筋与非贯通筋直径不同)

(3)第三种情况:架立筋与非贯通筋(即支座负筋)连接,架立筋与非贯通筋搭接150 mm。如图5-16。

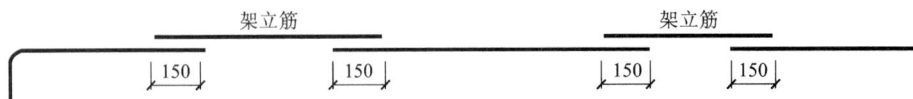

架立筋　　　架立筋

150　150　150　150

图5-16

7.侧部钢筋构造

当 h_w(梁高扣板除厚的高度)≥450 时,在梁的两个侧面应沿高度配置纵向构造钢筋;纵向构造钢筋间距 a≤200 mm。

当梁侧面配有直径不小于构造纵筋的受扭纵筋时,受扭钢筋可以代替构造钢筋。即侧部钢筋有受扭纵筋和构造钢筋两种。

侧部钢筋构造,见表 5 – 19。

表 5 – 19 侧部钢筋构(《16G101—1》页码第 90 页)

侧部钢筋锚固与搭接	构造详图	构造要点
侧部构造纵筋(G)		锚固:长度 15d
		搭接长度 15d
侧部受扭纵筋(N)		锚固:锚固长度 l_{aE} 或 l_a,锚固方式同下部钢筋
		搭接:l_{lE} 或 l_l
拉筋		1.拉筋直径:当梁宽≤350 时,拉筋直径为 6 mm,当梁宽 >350 mm 时,拉筋直径为 8 mm。2.拉筋根数:间距为非加密区箍筋间距的 2 倍

(三)抗震楼层框架梁支座负筋构造

1.支座负筋构造知识体系,见表 5 – 20

表 5 – 20 支座负筋构造知识体系

抗震楼层框架支座负筋		《16G101—1》页码
支座负筋	一般情况	第 84 页
	支座两边配筋不同	第 87 页
	上排无支座负筋	
	贯通小跨	
	设计注写了支座负筋的延伸长度	

2. 支座负筋构造(见表 5 - 21)

框架梁支座钢筋锚固

表 5 - 21　支座负筋构造(图集《16G101—1》第 84 页)

支座负筋情况		构造详图	构造要点
一般情况	端部支座负筋		支座负筋端部锚固同上部通长筋;支座负筋由支座向跨内延伸,延伸长度从支座内侧边起算 (1)上排支座负筋延伸长度为 $l_n/3$; (2)下排支座负筋延伸长度为 $l_n/4$ l_n:端支座为本跨的净跨长
		长度计算公式：(1)上排支座负筋长度： 端部弯锚：$h_c - c + 15d + l_n/3$　端部直锚：$\max(l_{aE}, 0.5h_c + 5d) + l_n/3$ (2)下排支座负筋长度： 端部弯锚：$h_c - c + 15d + l_n/4$　端部直锚：$\max(l_{aE}, 0.5h_c + 5d) + l_n/4$	
	中间支座负筋		支座负筋向支座左右两侧延伸延伸长度同端支座负筋延伸长度
		长度计算公式：(1)上排支座负筋长度：$l_n/3 \times 2 + h_c$　(2)下排支座负筋长度：$l_n/4 \times 2 + h_c$ l_n 为左右两跨较大跨值	
支座两边配筋不同			多出的纵筋在中间支座锚固,锚固长度同上部通长筋端部支座锚固
		长度计算公式　弯锚：$h_c - c + 15d$　直锚：$\max(l_{aE}, 0.5h_c + 5d)$	

188

续上表

支座负筋情况	构造详图		构造要点
上排无支座负筋			当上排全部是通长筋时，第二排支座负筋延伸长度参照一般情况下的第一排支座负筋构造，取 $l_n/3$，依次类推
	长度计算公式	第二排支座负筋长度： 端部弯锚：$h_c - c + 15d + l_n/3$ 端部直锚：$\max(l_{aE},\ 0.5h_c + 5d) + l_n/3$	
贯通小跨			标注在跨中的钢筋，贯通小跨
	长度计算公式	第一排支座负筋长度： $l_{n1}/3 + h_{c1} + l_{n2} + h_{c2} + l_{n3}/3$	

(四)架立筋构造

当同排纵筋既有通长筋又有架立筋时，架立筋在通长筋后标注"＋"号，钢筋信息注写在括号内；当全部为架立筋时，架立筋标注在括号内。其构造见表 5－23。

表 5－23　架立筋构造(图集《16G101—1》第 84 页)

构造详图	
构造要点	架立筋与支座负筋搭接 150 mm
长度计算公式	l_n – 两端支座负筋延伸长度 ＋150×2

(五)箍筋构造

抗震楼层箍筋构造,见表 5 – 24。

表 5 – 24　抗震楼层箍筋构造(图集《16G101—1》第 88 页)

构造分类	构造详图	构造要点	计算公式
箍筋长度	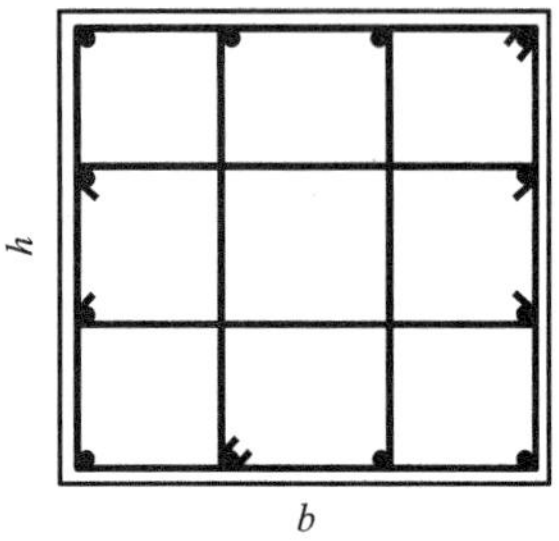 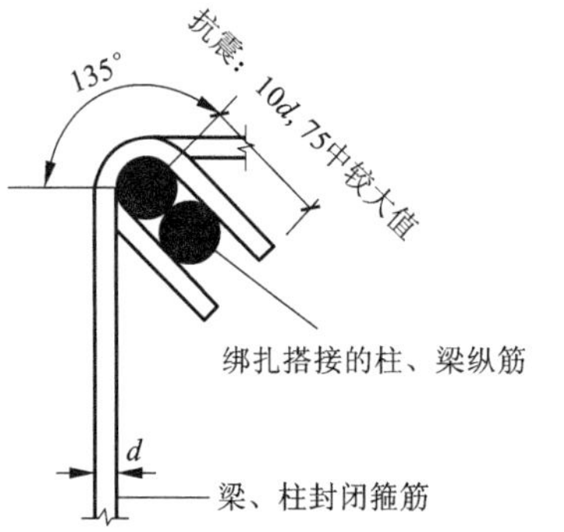	(1)抗震框架梁封闭箍筋,末端做 135°弯钩,弯钩平直段长度取 10d 和 75 的较大值 (2)箍筋长度算至箍筋外边线	四肢箍外大箍长度: $[(b - 2 \times c) + (h - 2 \times c)] \times 2 + 2 \times [1.9d + \max(10d, 75)]$ 四肢箍内小箍长度: $[(b - 2 \times c - 2 \times d - D)/3 + D + 2 \times d] \times 2 + (h - 2 \times c) \times 2 + 2 \times [1.9d + \max(10d, 75)]$
箍筋根数	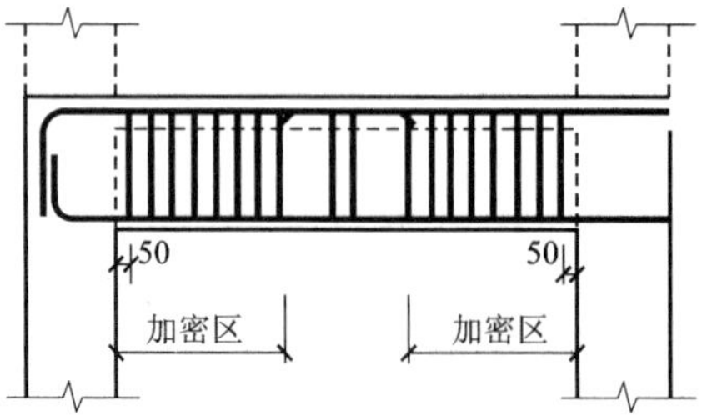	(1)起步距离:50 mm (2)箍筋两端加密,加密区范围 一级抗震: $\geq 2.0h_b$ 且 ≥ 500 二~四级抗震: $\geq 1.5h_b$ 且 ≥ 500	根数: 一级抗震: 一端加密区根数(两端数量相同): $[\max(2.0h_b, 500) - 50]/s_{加密} + 1$ 非加密区根数: $[l_n - \max(2.0h_b, 500) \times 2]/s - 1$ 二~四级抗震: 一端加密区根数(两端数量相同): $[\max(1.5h_b, 500) - 50]/s_{加密} + 1$ 非加密区根数: $[l_n - \max(1.5h_b, 500) \times 2]/s - 1$

(六)附加箍筋构造

附加箍筋构造图示,如图 5 – 17。

构造要点:

（1）附加箍筋布置范围内，梁正常箍筋或加密区箍筋照设；

（2）附加箍筋配筋值（根数、直径）由设计标注；

（3）附加箍筋布置在主梁上，是除主梁箍筋外另外增加的箍筋。

计算公式：

（1）根数按设计值；

（2）长度同主梁正常箍筋外大箍的长度。

（七）附加吊筋构造

附加吊筋构造图示，如图 5 – 18。

构造要点：

（1）吊筋配筋值（根数、直径）由设计标注；

（2）吊筋高度按主梁高计算（而非次梁），吊筋底边宽度按次梁宽每边加 50 mm 计算。

（3）当梁高 ≤ 800 mm 时，吊筋按 45° 弯起；当梁高 > 800 mm 时，吊筋按 60° 弯起；平直段长度为 20d。

计算公式：

（1）根数按设计值；

（2）长度：

45° 弯起：$b + 50 \times 2 + 20d \times 2 + \sqrt{2}(h_b - 2c) \times 2$

60° 弯起：$b + 50 \times 2 + 20d \times 2 + \dfrac{2\sqrt{3}}{3}(h_b - 2c) \times 2$

注：h_b 为主梁高。

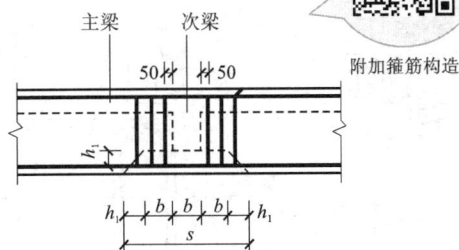

图 5 – 17　附加箍筋构造（图集《16G101—1》第 88 页）

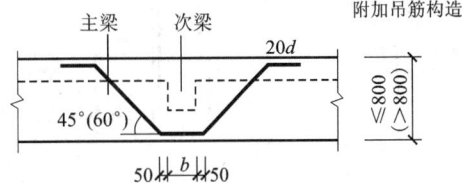

图 5 – 18　附加吊筋构造（图集《16G101—1》第 88 页）

5.2.3　抗震屋面框架梁 WKL 钢筋构造

抗震屋面框架梁 WKL 钢筋构造以抗震楼层框架梁 KL 为基础，重点解析与之不同的钢筋构造。

1. 抗震屋面框架梁 WKL 与抗震楼层框架梁 KL 构造的主要区别（见表 5 – 25）

表 5 – 25　抗震 WKL 与抗震 KL 构造的主要区别

主要区别	《16G101—1》页码
上部纵筋锚固方式不同	抗震 KL：第 84 页
上部纵筋锚固长度不同	抗震 WKL：第 67、85 页
中间支座梁顶有高差时锚固不同	第 87 页

2. 抗震屋面框架梁 WKL 上部纵筋端支座钢筋锚固构造

抗震屋面框架梁 WKL 上部纵筋端支座钢筋锚固构造，有两种构造做法，与柱顶构造配套选择，构造做法见表 5 – 26。

表 5-26 抗震 WKL 上部纵筋端支座钢筋锚固构造（图集《16G101—1》第 67 页）

构造详图	构造要点	计算公式
 屋面框架梁上部 纵筋端部锚固1	（1）第一情况（俗称柱包梁），伸至柱对边，下弯至梁底且≥15d； （2）与柱顶构造配套选用	锚固长度： $h_c - c + \max(h_b - c,\ 15d)$ （c 为保护层，h_c 为柱宽，h_b 为梁高）
 框架梁上部纵筋 端部锚固2	（1）第二情况（俗称梁包柱），伸至柱对边，下弯 $1.7l_{abE}$； （2）与柱顶构造配套选用 （《16G101—1》第 67 页）	锚固长度： $h_c - c + 1.7l_{abE}$ （c 为保护层，h_c 为柱宽）

注：抗震屋面框架梁 WKL 上部纵筋端支座无直锚，均需伸至柱对边下弯。

3. 抗震屋面框架梁 WKL 中间支座变截面构造

抗震屋面框架梁 WKL 中间支座梁顶有高差时，其上部钢筋在中间支座的锚固与抗震楼层框架梁 KL 不同，其构造见表 5-27。

表 5-27 抗震 WKL 中间支座梁顶有高差上部钢筋构造　图集《16G101—1》第 87 页

构造详图	构造要点	长度计算公式
 屋面框架梁变 截面断开锚固	若梁顶高差 $\Delta h/(h_c - 50) > 1/6$，上部通长筋断开： （1）高位钢筋：伸至柱对边下弯； （2）低位钢筋：伸至高位梁位直锚	（1）高位钢筋锚固长度： $h_c - c + \Delta h - c + l_{aE}$ （2）低位钢筋锚固长度： $\max(l_{aE},\ 0.5h_c + 5d)$

续上表

构造详图	构造要点	长度计算公式
尾面框架梁支座两边 宽度不同纵筋锚固 当支座两边梁宽不同或错开布置时，将无法直通的纵筋弯锚入柱内；或当支座两边纵筋根数不同时，可将多出的纵筋弯锚入柱内 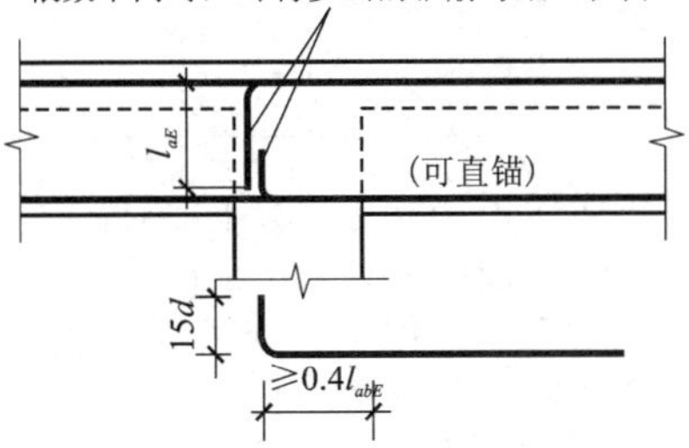 l_{aE} （可直锚） $15d$ $\geqslant 0.4 l_{aE}$	1. 变截面梁宽度不同，或错开布置将无法直通的上部纵筋弯锚入柱内，弯折 l_{aE}；将无法直通的下部纵筋锚入柱内，弯折 $15d$，满足直锚条件时可直锚。 2. 支座两边纵筋根数不同将多出的上部纵筋弯锚入柱内，弯折 l_{aE}；将多出的下部纵筋锚入柱内，弯折 $15d$，满足直锚条件时可直锚	1. 上部钢筋： 只能弯锚 $h_c - c(保护层) + l_{aE}$ 2. 下部纵筋： 弯锚： $h_c - c(保护层) + 15d$ 直锚： $\max(l_{aE}, 0.5h_c + 5d)$

5.2.4 非框架梁 L 钢筋构造

1. 非框架梁 L 钢筋骨架（见表5-28）

表5-28 非框架梁 L 钢筋骨架

上部钢筋	上部通长筋
	支座负筋
	架立筋
下部钢筋	非通长钢筋
箍筋	

2. 上部钢筋端支座、中间支座变截面断开锚固构造（见表5-29）

表5-29 上部钢筋端支座、中间支座变截面断开锚固构造

构造情况	构造详图	构造要点	计算公式
端支座锚固 （图集《16G101 —1》第89页） 非框架梁钢筋构造	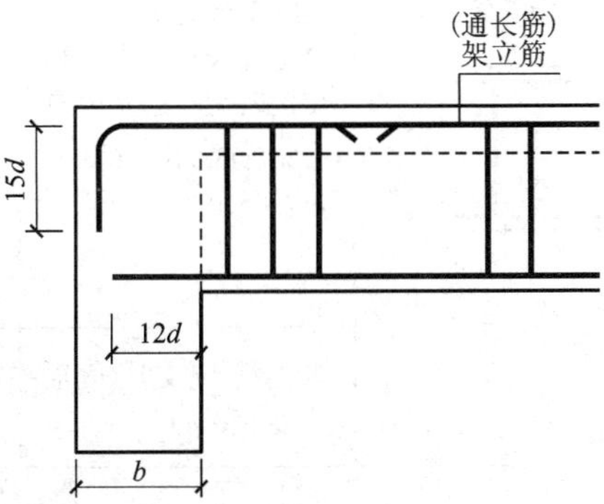 （通长筋） 架立筋 $15d$ $12d$ b	1. 纵筋伸入支座直段长度 $> l_a$，可直锚 2. 不能直锚时：上部钢筋伸至柱对边弯折 $15d$	锚固长度 1. 直锚：l_a 2. 弯锚： $b - c + 15d$ （b 支座宽度，c 保护层厚度）

续上表

构造情况	构造详图	构造要点	计算公式
中间支座变截面（图集《16G101—1》第91页） 非框架梁变截面断开锚固	l_a Δh l_a Δh b	梁顶有高差上部钢筋在支座处断开锚固 1. 高位钢筋：伸至支座对边弯折 $l_a + \Delta h - c$ 2. 低位钢筋：直锚入梁内 l_a	1. 高位钢筋锚固长度： $b - c + l_a + \Delta h - c$ 2. 低位钢筋锚固长度：l_a
中间支座梁宽不同或钢筋根数不同（图集《16G101—1》第91页） 非框架梁支座两边宽度不同纵筋锚固	$\geqslant 0.6 l_{ab}$ $15d$ ② 当支座两边梁宽不同或错开布置时，将无法直通的纵筋弯锚入梁内。或当支座两边纵筋根数不同时，可将多出的纵筋弯锚入梁内梁下部纵向筋锚固要求见《16G101—1》第89页	1. 变截面梁宽度不同，或错开布置将无法直通的上部纵筋弯锚入梁内，弯折 $15d$； 2. 支座两边纵筋根数不同将多出的上部纵筋弯锚入梁内，弯折 $15d$	1. 上部钢筋：只能弯锚 $b - c$（保护层）$+ 15d$

3. 支座负筋、架立筋、下部钢筋、箍筋构造（见表5-30）

表5-30 支座负筋、架立筋、下部钢筋、受扭钢筋、箍筋构造（图集《16G101—1》第89页）

钢筋类型	构造详图	构造要点	计算公式
支座负筋	设计按铰接时：$l_{n1}/5$ 充分利用钢筋抗拉强度时：$l_{n1}/3$ 50 150 （通长筋）架立筋 $15d$ $12d$ b	支座负筋端支座锚固同上部通长筋，跨内延伸长度，设计按铰接时 $l_n/5$，充分利用钢筋抗拉强度时为 $l_n/3$	支座负筋长度 弯锚 $b - c + 15d + l_n/5(l_n/3)$ 直锚： $l_a + l_n/5(l_n/3)$
架立筋		架立筋与支座负筋搭接150 mm	l_n—两端支座负筋延伸长度 $+ 150 \times 2$

续上表

钢筋类型	构造详图	构造要点	计算公式
下部钢筋	伸至支座对边弯折 带肋钢筋≥7.5d 光圆钢筋≥9d **端支座非框架梁下部纵筋弯锚构造** 用于下部纵筋伸入边支座长度不满足直锚12d(15d)要求时 非框架梁下部 钢筋构造　　非框架梁受扭 　　　　　　钢筋构造	1. 满足直锚时在支座内直锚,带肋钢筋直锚长度为12d;光圆钢筋直锚长度为15d。 2. 端部支座不够直锚时,可弯锚,伸至支座对边按135°弯折,弯折后平直段长度为5d。 3. 配有受扭钢筋时 (1)纵筋伸入支座直段长度>l_a,可直锚。 (2)纵筋不能直锚时,上部、下部钢筋伸入端支座对边弯折15d; (3)下部钢筋在中间支座直锚l_a	锚固长度 (1)直锚:12d(15d) (2)弯锚:$b-c+5d+1.9d$ (3)有受扭钢筋: 直锚:l_a 弯锚$b-c+15d$ (b支座宽度,c保护层)
受扭钢筋	伸至支座对边弯折 ≥0.6l_{ab}　梁侧面抗扭纵筋锚固 　　　　　　要求同梁下部钢筋 15d 15d ≥0.6l_{ab} 伸至支座对边弯折 端支座　　　　　中间支座 **受扭非框架梁纵筋构造** 纵筋伸入端支座直段长度满足l_a时可直锚	受扭钢筋锚固同梁下部钢筋。	锚固长度 直锚:l_a 弯锚$b-c+15d$
箍筋	50　　　　　　　　　50 带肋钢筋12d 光圆钢筋15d l_{n2}	箍筋没有加密区,如果端部采用不同间距的箍筋,注明根数。起步距离为50 mm	根数: $(l_n-50×2)/s+1$

5.2.5 框架扁梁

框架扁梁的外形特点是扁梁的宽度通常超过柱子横截面宽度。

1. 框架扁梁 KBL 钢筋骨架(见表 5 – 31)

框架扁梁三维图

195

表 5 – 31 框架扁梁 KBL 钢筋骨架

纵向钢筋	上部、下部钢筋(穿过柱截面的纵向钢筋构造同框架梁)
	上部、下部钢筋(未穿过柱截面的纵向钢筋)
	节点核心区附加纵向钢筋(F X&Y)
箍筋	普通箍筋
	柱外核心区竖向拉筋
	端支座节点核心区附加 U 形箍筋

2. 框架扁梁 KBL 纵向钢筋构造

框架扁梁 KBL 穿过柱截面的纵向钢筋构造同框架梁构造,未穿过柱截面的纵向钢筋及节点核心区附加纵向钢筋构造见表 5 – 32。

节点核心区附加纵向钢筋沿梁高度均匀布置。

表 5 – 32 未穿过柱截面的纵向钢筋钢筋及节点核心区附加纵向钢筋构造

构造情况	构造详图	构造要点	计算公式
未穿过柱截面的纵向钢筋锚固构造	 框架扁梁边柱节点(一)	未穿过柱截面的纵向钢筋 1. 中柱节点构造上部纵筋同框架梁,下部纵筋应贯通穿过 2. 边柱节点构造 (1)边梁宽度满足直锚时,即 $b_S > L_{aE}$,可以直锚。 (2)边梁宽度不满足直锚时,纵筋伸至梁对边弯锚,弯折 15d	边柱节点构造 1. 直锚长度:$\max(l_{aE}, 0.5h_c + 5d)$ 2. 弯锚长度:$b_S - c + 15d$

续上表

构造情况	构造详图	构造要点	计算公式
	$\geq 0.6l_{abE}$且伸至梁对边 l_{aE} 核心区附加纵向钢筋 $15d$ $15d$ h_b 框架边梁 $\geq 0.6l_{abE}$且伸至梁对边 b_s $0.5b+5d$ $\geq l_{aE}$且$\geq 0.5b+5d$ l_{aE} 核心区附加纵向钢筋 $15d$ $15d$ h_b 框架边梁 $\geq l_{aE}$且$\geq 0.5b+5d$ b_s 未穿过柱截面的扁梁纵向受力筋锚固做法		
节点核心区附加纵向钢筋（F X&Y）	核心区附加纵向钢筋 竖向拉筋 l_{aE} 1 1 b_c b_x l_{aE} 核心区附加纵向钢筋 h_c l_{aE} b_y l_{aE} 框架扁梁中柱节点附加纵向钢筋	1. 中柱节点构造核心区附加纵向钢筋伸出节点（扁梁）往两边直锚，锚固长度各为 L_{aE}。 2. 边柱节点构造核心区附加纵向钢筋 （1）端部（柱、边梁）的锚固同框架扁梁纵向受力筋。 （2）另一端伸出节点（扁梁）直锚，锚固长度为 L_{aE}	1. 中柱节点锚固长度： $B+2\times L_{aE}$ 2. 边柱节点锚固长度： （1）直锚长度 $\max(l_{aE},0.5h_c+5d)+L_{aE}$ （2）弯锚长度： $b_S-c+15d+L_{aE}$

构造情况	构造详图	构造要点	计算公式
	核心区附加纵向钢筋 b_c　b b_s　h_c　l_{aE}		

3. 框架扁梁 KBL 箍筋构造(见表5-33)

框架扁梁 KBL 箍筋有普通箍筋,柱外核心区竖向拉筋,端支座节点核心区附加 U 形箍筋,其构造见表5-33。

表5-33　框架扁梁 KBL 箍筋构造

构造情况	构造详图	构造要点	计算公式
普通箍筋	h_b 50 加密区　　加密区 50　　50 加密区 $b+h_b$,l_{aE}取大值,且应满足框架梁箍筋 加密区长度范围的要求	1. 加密区长度取 $b+h_b$,l_{aE} 的大值,且应满足框架梁箍筋加密区长度范围的要求; 2. 起步距离50 mm。(b 为框架扁梁宽度)	1. 一端加密区根数 $\max(b+h_b$,l_{aE}, $1.5h_b$ 或 $2.0h_b$)/ 加密区间距 +1 2. 长度计算同框架梁

续上表

构造情况	构造详图	构造要点	计算公式
柱外核心区竖向拉筋	框架扁梁中柱节点竖向拉筋	在纵横框架扁梁相交核心区，两个方向的框架扁梁纵筋相交处设置竖向拉筋，同时勾住扁梁上下双向纵筋，末端做135°弯钩，平直段长度为10d。	长度计算公式：$h-2c+2\times11.9d$
端支座节点核心区附加U形箍筋		端支座节点核心区： 1. 当h_c(柱宽)$-b_s$(边梁宽)$\geqslant100$时，需设置U形箍筋及拉筋 2. U形箍锚入节点柱内l_{aE}。	1. U形箍长度计算公式：$\{[b($扁梁宽$)-b_c($柱宽$)]/2+l_{aE}\}\times2+h-2c$ 2. 根数见平法施工图标注数字。

构造情况	构造详图	构造要点	计算公式

5.3 梁构件钢筋计算实例

本节运用梁构件构造要求，举例计算构件钢筋。

查本书所附案例梁构件结构施工图，得出计算条件如表5－34。

表5－34 钢筋计算条件

计算条件	数据
梁构件混凝土强度	C30
抗震等级	二级
梁构件纵筋连接方式	焊接
钢筋定尺长度	9000(参照湖南省消耗量标准)

5.3.1 楼层框架梁 KL 钢筋计算实例

计算附图"办公楼3.270 m层梁平面配筋图中KL03的钢筋工程量

1.平法施工图

见图5－19(与该梁相交的次梁位置见本教材附图3.270 m层梁平面配筋图)。

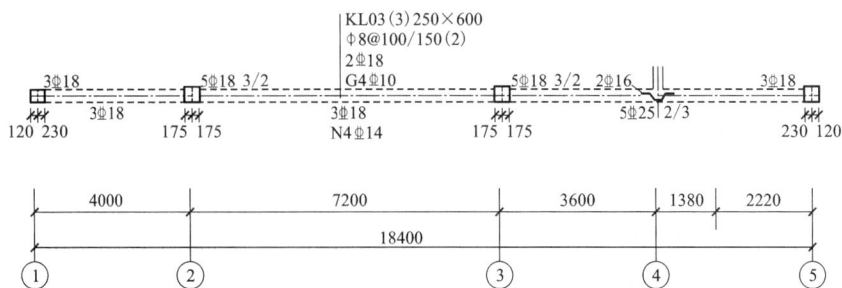

图5－19 KL03平法施工图

2. 钢筋计算

1) 计算参数

钢筋计算参数, 见表 5 - 34。

表 5 - 34　KL03 钢筋计算参数

参数名称	参数值	数据来源
柱保护层厚度 c	30 mm	办公楼结构设计说明第 1 页
梁保护层	30 mm	
抗震锚固长度 l_{aE}	$l_{aE} = 40d$	《16G101—1》第 58 页
抗震搭接长度 l_{lE}	$l_{lE} = 56d$	《16G101—1》第 61 页
箍筋起步距离	50 mm	《16G101—1》第 88 页

2) 钢筋计算过程

见表 5 - 35。

表 5 - 35　钢筋计算过程

钢筋	计算过程	说明
上部通长筋 2Φ18	(1) 判断端支座锚固方式: 左、右端支座 $350 < l_{aE} = 40 \times d = 40 \times 18 = 720$ mm 因此在端支座内弯锚	
	通长筋长度:	
	净跨长 $+ [h_c - c(保护层厚度) + 15d] \times 2$ $= 18400 - 230 \times 2 + (350 - 30 + 15 \times 18) \times 2 = 19120 (\mathrm{mm})$	(1) 端支座弯锚长度: $h_c - c + 15d$
	上部通长筋 Φ18 总长 $19120 \times 2 = 38240$ mm $= 38.24$ m	
下部钢筋	1. 第一跨下部钢筋 3Φ18	
	(1) 判断左端支座锚固方式: 左端支座 $350 < l_{aE} = 40 \times d = 40 \times 18 = 720 (\mathrm{mm})$ 因此在端支座内弯锚 (2) 判断中间支座②号轴线处锚固方式: 梁底一平, 直锚	
	净跨长 $+ h_c - c(保护层厚度) + 15d + \max(l_{aE}, 0.5h_c + 5d)$ $= 4000 - 230 - 175 + 350 - 30 + 15 \times 18 + 40 \times 18 = 4905 (\mathrm{mm})$	弯锚长度: $h_c - c + 15d$ 直锚长度: $\max(l_{aE}, 0.5h_c + 5d)$

续上表

钢筋	计算过程	说明
下部钢筋	**2. 第二跨下部钢筋 3 $\oplus$ 18**	
	左端直锚入支座，右端伸至离支座 $1.5h_0$，$1.5h_0 = 1.5 \times (600 - 30 - 18 \div 2) = 842(\text{mm})$	
	净跨长 $+ \max(l_{aE}, 0.5h_c + 5d) - 1.5h_o$ $7200 - 175 \times 2 + 40 \times 18 - 842 = 6728(\text{mm})$	直锚长度： $\max(l_{aE}, 0.5h_c + 5d)$
	3. 第三跨下部钢筋 5 $\oplus$ 25 2/3	
	（1）判断中间支座③号轴线处锚固方式： 相邻两支座钢筋直径不同，大直径钢筋伸至小直径钢筋跨内 $1.5h_0 + l_{lE}$，$l_{lE} = 56d = 56 \times 18$，$d$ 为相互连接两根钢筋中较小直径（《16G101—1》第 59 页，注 1） （2）判断右支座③号轴线处锚固方式： 弯锚	
	净跨长 $+ h_c - c($保护层$) + 15d + l_{lE} + 1.5h_o$ $= 7200 - 230 + 175 + 350 - 30 + 15 \times 25 + 56 \times 18 + 842$ $= 9690(\text{mm})$	弯锚长度：$h_c - c + 15d$ 直锚长度：$l_{lE} + 1.5h_o$
	下部钢筋 $\oplus$18 总长度 $(4905 + 6728) \times 3 = 34899$ mm $= 34.90$ m 下部钢筋 $\oplus$25 总长度 $9690 \times 5 = 48450$ mm $= 48.45$ m	
侧面钢筋	**1. 第一跨构造钢筋 4 $\oplus$ 10**	
	（1）判断左端支座锚固方式： 同下部钢筋在支座内锚固，锚固长度为 $15d$ （2）判断中间支座②号轴线处锚固方式： 直锚长度 $15d$	锚固方式同下部钢筋
	净跨长 $+ 2 \times 15d$ $= 4000 - 230 - 175 + 2 \times 15 \times 10 = 3895(\text{mm})$	
	2. 第二跨抗扭钢筋 4 $\oplus$ 14	
	伸入支座两端直锚	
	净跨长 $+ 2 \times l_{aE}$ $= 7200 - 175 \times 2 + 40 \times 14 \times 2 = 7970(\text{mm})$	
	3. 第三跨构造钢筋 4 $\oplus$ 10	
	（1）判断右端支座锚固方式： 同下部钢筋在支座内锚固，锚固长度为 $15d$ （2）判断中间支座③号轴线处锚固方式： 直锚长度 $15d$	
	净跨长 $+ 15d$ $= 7200 - 230 - 175 + 2 \times 15 \times 10 = 7095(\text{mm})$	
	构造钢筋 $\oplus$10 总长度 $4 \times 3895 + 4 \times 7095 = 43960$ mm $= 43.96$ m 抗扭钢筋 $\oplus$14 总长度 $4 \times 7970 = 31880$ mm $= 31.88$ m	
支座负筋	**1. 第①号轴线支座负筋 1 $\oplus$ 18**	
	端支座锚固同上部通长筋；跨内延伸长度 $l_n/3$ l_n：端支座为该跨净跨值，中间支座为支座两边较大跨的净跨值 支座负筋的长度 $= h_c - c + 15d + l_n/3$ $= 350 - 30 + 15 \times 18 + (4000 - 230 - 175)/3 = 1788(\text{mm})$	端部弯锚长度： $h_c - c + 15d$ 跨内延伸长度 $l_n/3$

续上表

支座负筋	2. 第②号轴线支座负筋	
	第一排支座负筋 1 Φ 18 的长度 $= 2 \times l_n/3 + h_c$ $= 2 \times (7200 - 350)/3 + 350 = 4917(\mathrm{mm})$ 第二排支座负筋 2 Φ 18 的长度 $= 2 \times l_n/4 + h_c = 2 \times (7200 - 350)/4 + 350 = 3775(\mathrm{mm})$	两端延伸长度 $+ h_c$ 第一排跨内延长度 $l_n/3$ 第二排跨内延长度 $l_n/4$
	3. 第③号轴线支座负筋	
	第一排支座负筋 1 Φ 18 的长度 4917 mm 第二排支座负筋 2 Φ 18 的长度 3775 mm	同②号轴线支座负筋
	4. 第⑤号轴线支座负筋 1 Φ 18	
	支座负筋的长度 $= h_c - c + 15d + l_n/3$ $= 350 - 30 + 15 \times 18 + (7200 - 230 - 175)/3 = 2855(\mathrm{mm})$	端部弯锚长度: $h_c - c + 15d$ 跨内延伸长度 $l_n/3$
	支座负筋 Φ 18 总长度 $1788 + (4917 + 2 \times 3775) \times 2 + 2855 = 29577(\mathrm{mm}) = 29.58(\mathrm{m})$	
箍筋 Φ 8 @ 100/ 150(2)	1. 箍筋长度	
	双肢箍长度计算公式 $(b - 2c) \times 2 + (h - 2c) \times 2 + [\max(10d, 75) + 1.9d] \times 2$	
	箍筋长度 $= (250 - 2 \times 30) \times 2 + (600 - 2 \times 30) \times 2 + 11.9 \times 8 \times 2 = 1650(\mathrm{mm})$	
	2. 箍筋根数	
	计算公式 加密区根数 = (加密区长度 - 起步距离)/间距 + 1 非加密区根数 = (l_{ni} - 加密区长度 $\times 2$)/间距 - 1	
	第一跨根数: 20 + 11 = 31(根)	
	加密区根数: $2 \times 10 = 20$(根) 一端加密区根数 $= [\max(1.5h_b = 1.5 \times 600 = 900, 500) - 50]/100 + 1 = 10$(根) 非加密区根数 $(4000 - 230 - 175 - 2 \times 900)/150 - 1 = 11$(根)	加密区长度: $\max(1.5h_b, 500)$ 起步距离: 50
	第二跨根数: 20 + 33 = 53(根)	
	加密区根数: $2 \times 10 = 20$(根) 一端加密区根数 = 10(根)(同第一跨) 非加密区根数 $= (7200 - 175 \times 2 - 2 \times 900)/150 - 1 = 33$(根)	加密区根数同第一跨
	第三跨根数: 20 + 33 + 6 = 59(根)	
	加密区根数: $2 \times 10 = 20$(根) 一端加密区根数 = 10(根)(同第一跨) 非加密区根数 $= (7200 - 230 - 175 - 2 \times 900)/150 - 1 = 33$(根) 附加箍筋 = 6(根)	主次梁相交处, 每边增加 3 个附加箍筋
	箍筋 Φ 8 总长度 $= (31 + 53 + 59) \times 1650 = 235950 \mathrm{mm} = 235.95 \mathrm{m}$	

钢筋	计算过程	说明
拉筋φ6@300	梁宽 = 250 mm < 350 mm，拉筋直径为 6 mm，间距为非加密区箍筋间距的 2 倍	
	1. 拉筋长度	
	长度计算公式 $(b-2c)\times2+\left[\max(10d,75)+1.9d\right]\times2$	
	长度 $(250-2\times30)+(75+1.9\times6)\times2=363(\text{mm})$	
	2. 根数 = 13 + 24 + 24 = 61（根） 两排拉筋 61 × 2 = 122（根）	
	第一跨根数 $(4000-230-175-50\times2)/300+1=13$（根）	
	第二跨根数 $(7200-175-175-50\times2)/300+1=24$（根）	
	第三跨根数 $(7200-175-230-50\times2)/300+1=24$（根）	
	拉筋φ6 总长度 $122\times363=44286(\text{mm})=44.29(\text{m})$	
吊筋2Φ16	吊筋长度 计算公式 $h_b=600\text{ mm}<800\text{ mm}$	
	45°弯起：$b+50\times2+20d\times2+\sqrt{2}\times(hb-2c)\times2$	
	长度 $=250+50\times2+20\times16\times2+\sqrt{2}\times(600-30\times2)\times2=2517(\text{mm})$	
	吊筋Φ16 长度 $2\times2517=5034(\text{mm})=5.034(\text{m})$	

3）钢筋汇总表

表 5 – 36 KL03 钢筋汇总表

钢筋规格	钢筋比重（kg/m）	钢筋名称	重量计算式	总重（kg）
Φ6	0.222	拉筋	44.29 × 0.222 = 9.83	9.83
Φ8	0.395	箍筋	235.95 × 0.395 = 93.20	93.20
Φ10	0.617	构造钢筋	43.96 × 0.617 = 27.12	27.12
Φ14	1.21	抗扭钢筋	31.88 × 1.21 = 38.57	38.57
Φ16	1.58	吊筋	5.034 × 1.58 = 7.95	7.95
Φ18	2.0	上部通长筋	38.24 × 2.0 = 76.48	205.44
		支座负筋	29.58 × 2.0 = 59.16	
		下部钢筋	34.90 × 2.0 = 69.80	
		合计	76.48 + 59.16 + 69.8 = 202.74	
Φ25	3.85	下部钢筋	48.45 × 3.85 = 186.53	186.53

5.3.2 屋面框架梁 WKL 钢筋计算实例

计算附图"办公楼 6.27 m 层梁平面配筋图中Ⓑ轴上 WKL01 的钢筋工程量"。

1. 平法施工图

见图 5 - 20(与该梁相交的次梁位置见本书附录图)。

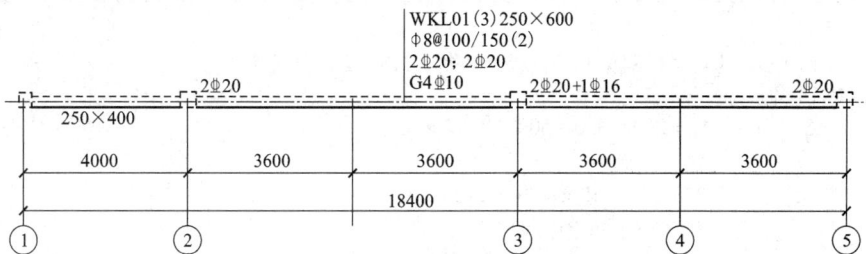

图 5 - 20　屋面框架梁 WKL01 平法施工图

2. 钢筋计算

1)计算参数

钢筋计算参数,见表 5 - 35。

表 5 - 35　WKL01 钢筋计算参数

参数名称	参数值	数据来源
柱保护层厚度 c	30 mm	办公楼结构设计说明第 1 页
梁保护层	30 mm	
抗震锚固长度 l_{aE}	$l_{aE} = 40d$	《16G101—1》第 58 页
基本锚固长度 l_{abE}	$40d$	《16G101—1》第 57 页
箍筋起步距离	50 mm	《16G101—1》第 89 页
锚固方式	采用"梁包柱"方式,即⑤节点	《16G101—1》第 67 页

2)钢筋计算过程

见表 5 - 36。

表 5 - 36　WKL01 钢筋计算过程

钢筋	计算过程	说明
上部通长筋 2Φ20	按"梁包柱"锚固方式,两端均伸到端部下弯 $1.7l_{abE}$	屋面框架梁没有直锚
	上部通长筋计算公式 净跨长 + $(h_c - c + 1.7l_{abE}) \times 2$	
	长度 $= 3600 \times 4 + 4000 - 230 \times 2 + (350 - 30 + 1.7 \times 40 \times 20) \times 2$ $= 21300 (\text{mm})$	
	接头个数 $= 21300/9000 - 1 = 2(\text{个})$	焊接只计算接头个数,小数值向上取整
	上部通长筋 2Φ20 总长度 $21300 \times 2 = 42600$ mm $= 42.60$ m	

205

续上表

钢筋	计算过程	说明
下部钢筋 2Φ20	（1）第一跨与第二跨梁底有高差，判断 2 号轴线处中间支座锚固方式： $\Delta h/(h_c-50)=200/(350-50)=0.67>1/6$ 钢筋在此处断开锚固 （2）左支座 $350<l_{aE}=40\times d=40\times 20=800(\text{mm})$ 因此在①号轴线处中间支座内弯锚	
	第一跨下部钢筋 2Φ20（高位）	
	计算公式 净跨长 $+h_c-c+15d+\max(l_{aE},0.5h_c+5d)$	
	长度 $4000-230-175+350-30+15\times 20+40\times 20=5015(\text{mm})$	
	第二跨下部纵筋 2Φ20	
	计算公式 净跨长 $+h_c-c+15d+\text{Max}(l_{aE},0.5h_c+5d)$	
	长度 $7200-175\times 2+350-30+15\times 20+40\times 20=8270(\text{mm})$	
	第 3 跨长度： $7200-175-230+350-30+15\times 20+40\times 20=8215(\text{mm})$	
	下部钢筋 2Φ20 总长度 $(5015+8270+8215)\times 2=43000(\text{mm})=43.00(\text{m})$	
侧面构造筋 G4Φ10	根据构造要求，第一跨不需布构造筋，第二跨，第三跨构造筋分跨锚固，锚固长度 15d	$h_w\geqslant 450$，在梁两侧配构造筋
	计算公式 净跨长 $+15d\times 2$	
	第 2 跨：$7200-175\times 2+15\times 10\times 2=7150(\text{mm})$	
	第 3 跨：$7200-175-230+15\times 10\times 2=7095(\text{mm})$	侧部构造筋超过定尺长度，钢筋连接方式采用搭接
	侧部构造筋 G4Φ10 总长度 $(7150+7095)\times 4=56980(\text{mm})=56.98(\text{m})$	

续上表

钢筋	计算过程	说明
支座负筋 1⊕16	根据平法施工图，第1、2、5号轴线处无支座负筋，仅3号轴线有支座负筋1⊕16	
	计算公式 第一排支座负筋长度 $2 \times l_n/3 + h_c$	
	长度 $= 2 \times (7200 - 350)/3 + 350 = 4917(\text{mm})$	第一排跨内延长度 $l_n/3$
	支座负筋1⊕16总长度 4917 mm = 4.917 m	
箍筋 ф8@100 /150(2)	1. 箍筋长度	
	双肢筋长度计算公式 $(b - 2c) \times 2 + (h - 2c) \times 2 + [\max(10d, 75) + 1.9d] \times 2$	
	第一跨箍筋长度 $= (250 - 2 \times 30) \times 2 + (400 - 2 \times 30) \times 2 + 11.9 \times 8 \times 2 = 1250(\text{mm})$	
	第二跨和第三跨箍筋长度 $= (250 - 2 \times 30) \times 2 + (600 - 2 \times 30) \times 2 + 11.9 \times 8 \times 2 = 1650(\text{mm})$	
	2. 箍筋根数	
	计算公式 加密区根数 = (加密区长度 - 起步距离)/间距 + 1 非加密区根数 = (l_{ni} - 加密区长度×2)间距 - 1	
	第一跨根数 = 14 + 15 = 29(根)	
	加密区根数 = 2×7 = 14(根) 一端加密区根数 $= [\max(1.5h_b = 1.5 \times 400 = 600, 500) - 50]/100 + 1 = 7$ (根) 非加密区根数 $= (4000 - 230 - 175 - 2 \times 600)/150 - 1 = 15(\text{根})$	加密区长度： $\max(1.5h_b, 500)$ 起步距离： 50 mm
	第二跨根数 = 20 + 33 + 6 = 59(根)	
	加密区根数 = 2×10 = 20(根) 一端加密区根数 $= [\max(1.5h_b = 1.5 \times 600 = 900, 500) - 50]/100 + 1 = 10$ (根) 非加密区根数 $= (7200 - 175 \times 2 - 2 \times 900)/150 - 1 = 33(\text{根})$ 附加箍筋 = 6根	主次梁相交处，每边增加3个附加箍筋
	第三跨根数 = 20 + 33 + 6 = 59(根)	
	加密区根数 = 2×10 = 20(根) 一端加密区根数 = 10根(同第二跨) 非加密区根数 = (7200 - 230 - 175 - 900×2)/150 - 1 = 33(根) 附加箍筋 = 6根	主次梁相交处，每边增加3个附加箍筋
	箍筋ф8总长度 $29 \times 1250 \text{ mm} + 59 \times 2 \times 1650 \text{ mm} = 230950 \text{ mm} = 230.95 \text{ m}$	

钢筋	计算过程	说明
拉筋 φ6@300	梁宽 = 250 mm < 350 mm, 拉筋直径为 6 mm, 间距为非加密区箍筋间距的 2 倍	
	1. 拉筋长度	
	长度计算公式 $(b-2c) \times 2 + [\max(10d, 75) + 1.9d] \times 2$	
	长度 $(250 - 2 \times 30) + (75 + 1.9 \times 6) \times 2 = 363 \text{(mm)}$	
	2. 根数 = 24 + 24 = 48(根) 两排拉筋: 48 × 2 = 96(根)	
	第二跨根数 $(7200 - 175 - 175 - 50 \times 2)/300 + 1 = 24 \text{(根)}$	
	第三跨根数 $(7200 - 175 - 230 - 50 \times 2)/300 + 1 = 24 \text{(根)}$	
	拉筋φ6总长度 $96 \times 363 = 34848 \text{ mm} = 34.85 \text{(m)}$	

3)钢筋汇总表

表 5 – 37   WKL01 钢筋汇总表

钢筋规格	钢筋比重(kg/m)	钢筋名称	重量计算式	总重(kg)
φ6	0.222	拉筋	$34.85 \times 0.222 = 7.74$	7.74
φ8	0.395	箍筋	$230.95 \times 0.395 = 91.23$	91.23
Φ10	0.617	构造钢筋	$56.98 \times 0.617 = 35.16$	35.16
Φ16	1.58	支座负筋	$4.917 \times 1.58 = 7.77$	7.77
Φ20	2.47	上部通长筋	$42.60 \times 2.47 = 105.22$	211.43
		下部钢筋	$43.00 \times 2.47 = 106.21$	
		合计	$105.22 + 106.21 = 211.43$	

5.3.3 非框架梁 L 钢筋计算实例

计算附图"办公楼 3.27 m 层非框架梁 L01"钢筋工程量。

1. 平法施工图

L – 1 平法施工图,见图 5 – 21。

2. 钢筋计算

1)钢筋计算参数

见表 5 – 38。

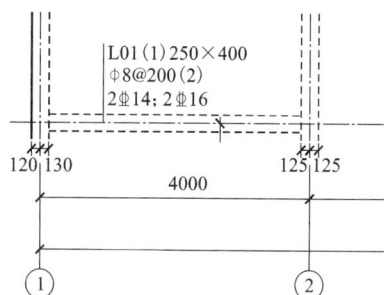

图 5 – 21 L01 平法施工图

表 5 – 38 L01 钢筋计算参数

参数名称	参数值	数据来源
梁保护层	30 mm	办公楼结构设计说明第 1 页
抗震锚固长度 l_a	$l_a = 35d$	《16G101—1》第 58 页
箍筋起步距离	50 mm	《16G101—1》第 83 页

2）钢筋计算过程

计算过程见表 5 – 39。

表 5 – 39 L01 钢筋计算过程

钢筋	计算过程		说明
上部钢筋 2⏀14	计算公式 净跨长 + [b(支座宽度) − c + 15d] × 2		两端支座锚固，伸至主梁外侧边弯折 15d
	长度 4000 − 130 − 125 + (250 − 30 + 15 × 14) × 2 = 4605（mm）		
	上部钢筋 2⏀14 总长度 4605 mm × 2 = 9210 mm = 9.21 m		
下部钢筋 2⏀16	计算公式 净跨长 + 12d × 2		
	长度 4000 − 130 − 125 + 12 × 16 × 2 = 4129（mm）		
	下部钢筋 2⏀16 总长度 4129 mm × 2 = 8258 mm = 8.26		
箍筋 ⏀8@200	箍筋长度		
	双肢箍长度计算公式 $(b - 2c) × 2 + (h - 2c) × 2 + [max(10d, 75) + 1.9d] × 2$		
	箍筋长度 (250 − 2 × 30) × 2 + (400 − 2 × 30) × 2 + 11.9 × 8 × 2 = 1250（mm）		
	箍筋根数		
	计算公式 根数 = (净跨长 − 起步距离)/间距 + 1		无加密区
	根数 (4000 − 130 − 125 − 50 × 2)/200 + 1 = 20（根）		
	箍筋⏀8@20 总长度 20 × 1250 = 25000 mm = 25.00 m		

（3）钢筋汇总表

表5-40 L01 钢筋汇总表

钢筋规格	钢筋比重（kg/m）	钢筋名称	重量计算式	总重（kg）
Φ8	0.395	箍筋	25.00×0.395＝9.88	9.88
Φ14	1.21	上部钢筋	9.21×1.21＝11.14	11.14
Φ16	1.58	下部钢筋	8.26×1.58＝13.05	13.05

总结拓展

梁构件平法识图、钢筋构造总结与拓展。

梁构件平法识图与钢筋构造总结

练习题

一、填空题

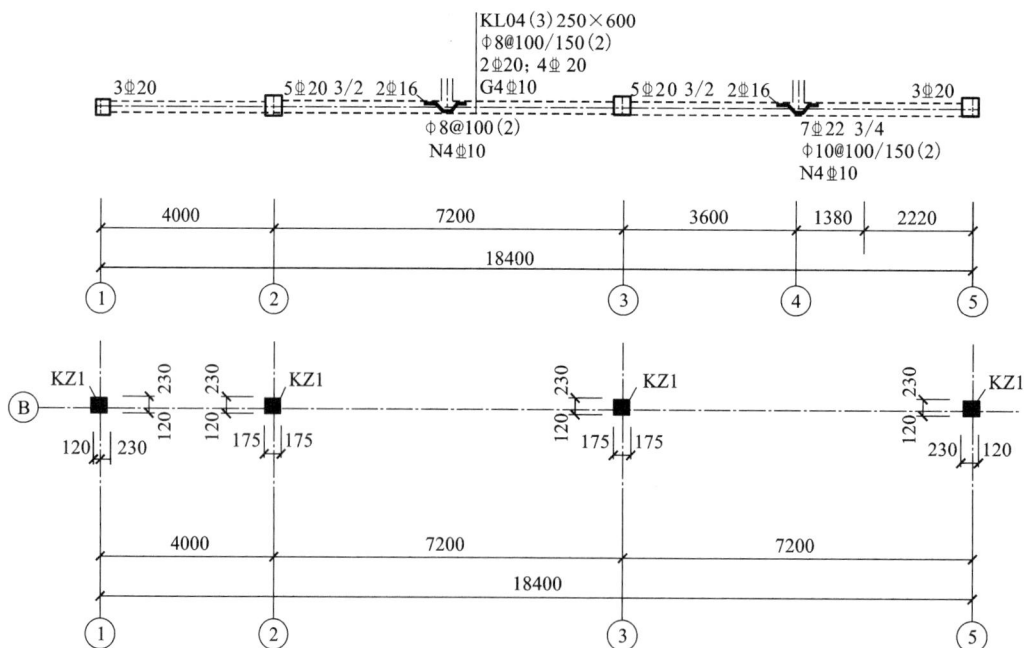

图5-22 KL04平法施工图

(一)识图

1. 描述集中标注箍筋的含义：_____；

2. 描述集中标注 G4ϕ10 的含义：_____；

3. 描述 2 号轴线处上部支座钢筋的含义：_____；

4. 描述第二跨箍筋的含义：_____；

5. 描述第二跨侧面钢筋的含义：_____；

6. 描述第三跨下部钢筋的含义：_____；

7. 描述第三跨吊筋的含义：_____。

(二)构造

1. 列出 KL04 上部通长筋端部锚固长度计算公式：_____；

2. 列出上部通长筋端部直锚长度计算公式：_____；

3. 列出第 3 号轴线处支座负筋计算公式：_____；

4. 列出侧面构造钢筋长度计算公式：_____；

5. 列出第二跨侧面抗扭钢筋长度计算公式：_____；

6. 列出第三跨下部钢筋(通长筋除外)计算公式：_____；

7. 列出双肢筋计算公式：_____。

二、技能训练题

1. 计算附图"办公楼 3.27 m 层 KL04"的钢筋工程量。

2. 计算附图"办公楼 6.27 m 层 WKL02"的钢筋工程量。

项目六　计算板构件钢筋工程量

学习目标

技能抽查要求

能够正确识读板平法施工图，确定计量单位，正确列出相应工程量计算式，准确计算板构件钢筋工程量。

教学要求

能力目标：能够识读板平法施工图，确定计量单位，准确计算板构件钢筋工程量。

知识目标：掌握板构件平法制图规则，熟悉板构件标准构造要求，熟练地应用平法构造计算板构件钢筋工程量。

任务一　识读板构件平法施工图

6.1　板构件钢筋平法识图

6.1.1　板构件平法识图知识体系

《16G101—1》图集板平法制图规则构成了板构件平法识图知识体系，见表6-1。

表6-1　板构件平法识图知识体系

板构件平法识图知识体系			《16G101—1》页码
平法表达方式	集中标注		第39页
	原位标注		第40页
有梁楼盖平法施工图表示方法数据项	板块集中标注	板块编号	第39页
		板厚注写	第39页
		贯通纵筋	第39~40页
		板面标高高差	第40页
	板支座原位标注	板支座上部非贯通纵筋和悬挑板上部受力钢筋	第40~41页

续上表

板构件平法识图知识体系			《16G101—1》页码
无梁楼盖平法施工图表示方法数据项（本章不含无梁楼盖相关内容）	板带集中标注	板带编号	第45页
		板带厚、板带宽注写	第45页
		贯通纵筋	第45页
	板带支座原位标注	板带支座上部非贯通钢筋	第46页
	暗梁表示方法	①暗梁集中标注：暗梁编号、暗梁截面尺寸、暗梁箍筋、暗梁上部通长筋或架立筋 ②暗梁支座原位标注：梁支座上部纵筋、梁下部纵筋	第46页

6.1.2　板构件钢筋平法识图

（一）有梁楼盖板平法施工图的表示方法

《16G101—1》图集的平法板钢筋标注模仿平法梁的做法，对板钢筋标注分为集中标注和原位标注两种。

1. 板块集中标注

《16G101—1》图集的集中标注以"板块"为单位。对于普通楼板，两向均以一跨为一块板。

1）板块编号

板构件钢筋骨架

表6－2　板块编号

板类型	代号	序号	例子
楼面板	LB	××	LB1
屋面板	WB	××	WB2
悬挑板	XB	××	XB3

2）板厚注写

（1）板厚注写为 $h = ×××$（为垂直于板面的厚度），例：$h = 120$。

（2）当悬挑板的端部改变截面厚度时，注写为 $h = ×××/×××$（斜线前为板根的厚度，斜线后为板端的厚度），例：$h = 120/80$。

3）贯通纵筋

贯通纵筋按板块的下部纵筋和上部纵筋分别注写（当板块上部不设贯通纵筋时则不注）。

《16G101》图集规定：

以 B 代表下部，T 代表上部，B&T 代表下部与上部；

以 X 代表 X 向贯通纵筋，Y 代表 Y 向贯通纵筋，X&Y 代表两向贯通纵筋配置相同。

（1）双向板配筋（单层布筋）。

LB1 $h = 100$

B：Xϕ12@120，Yϕ10@110

上述标注表示：编号为 LB1 的楼面板，厚度为 100 mm，

板下部布置 X 向贯通纵筋为 ϕ12@120，Y 向贯通纵筋为 ϕ10@110，

板上部未配置贯通纵筋——板的周边需要布置上部非贯通纵筋。

（2）双层板配筋（双向布筋）。

LB2 $h = 120$

B：Xϕ12@120，Yϕ10@110

T：X&Yϕ12@150

上述标注表示：编号为 LB2 的楼面板，厚度为 120 mm，

板下部布置 X 向贯通纵筋为 ϕ12@120，Y 向贯通纵筋为 ϕ10@110，

板上部配置贯通纵筋无论是 X 向和 Y 向都是 ϕ12@150。

（3）双层板配筋（双向布筋）。

WB1 $h = 120$

B&T：X&Yϕ12@150

上述标注表示：编号为 WB1 的屋面板，厚度为 120 mm，

板下部配置贯通纵筋无论是 X 向和 Y 向都是 ϕ12@150，

板上部配置贯通纵筋无论是 X 向和 Y 向都是 ϕ12@150。

（4）单向板配筋（单层布筋）。

LB3 $h = 100$

B：Yϕ10@150

上述标注表示：编号为 LB3 的楼面板，厚度为 100 mm，

板下部布置 Y 向贯通纵筋ϕ10@150，

板下部 X 向布置的分布筋不必进行集中标注，而在施工图统一注明。

例 6 – 1 双层双向板的标注（图 6 – 1 中 LB1）。

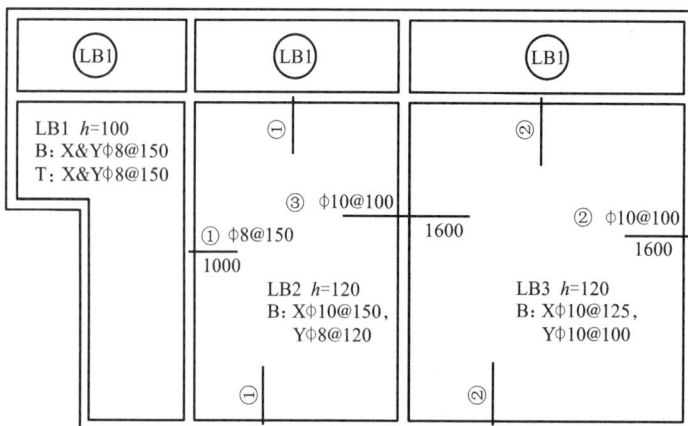

图 6 – 1

LB1 $h = 100$

B: X&Yϕ8@150

T: X&Yϕ8@150

上述标注表示: 编号为 LB1 的楼面板, 厚度为 100 mm,

板下部配置贯通纵筋无论是 X 向和 Y 向都是ϕ8@150,

板上部配置贯通纵筋无论是 X 向和 Y 向都是ϕ8@150。

例 6-2 单层双向板的标注(图 6-1 中 LB2)

LB2 $h = 120$

B: Xϕ10@150, Yϕ8@120

上述标注表示: 编号为 LB1 的楼面板, 厚度为 120 mm,

板下部布置 X 向贯通纵筋为 Xϕ10@150, Y 向贯通纵筋为ϕ8@120。

例 6-3 "走廊板"的标注(图 6-2 中 LB3)

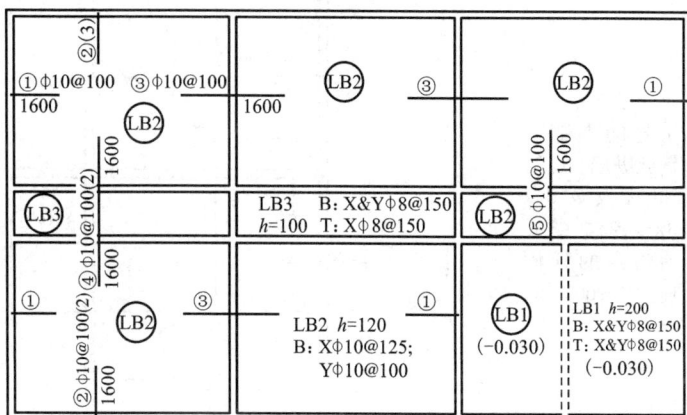

图 6-2

LB3 $h = 100$

B: X&Yϕ8@150

T: Xϕ8@150

上述标注表示: 编号为 LB3 的楼面板, 厚度为 100 mm,

板下部配置贯通纵筋无论是 X 向和 Y 向都是ϕ8@150,

板上部配置的 X 向贯通纵筋为ϕ8@150。

我们注意到, 上部 Y 向没有标注贯通纵筋, 但是并非没有配置钢筋——Y 向的钢筋有支座原位标注的横跨两道梁的上部非贯通纵筋ϕ10@100。

4)板面标高高差

板面标高高差系指相对于结构层楼面标高的高差, 应将其注写在括号内, 且有高差则注, 无高差不注。如, (-0.100)表示板块比本层楼面标高低 0.100 m。

2.板支座原位标注

板支座原位标注为板支座上部非贯通纵筋(即上部非贯通纵筋)和纯悬挑板上部受力钢筋。

1)板支座原位标注的基本方式

(1)采用垂直于板支座(梁或墙)的一段适宜长度的中粗实线来代表上部非贯通纵筋,在上部非贯通纵筋上注写钢筋编号、配筋值、横向连续布置的跨数(注写在括号内,且当为一跨时可不注),以及是否横向布置到梁的悬挑端。

(2)在上部非贯通纵筋的下方注写自支座中线向跨内的延伸长度。

2)板支座原位标注的各种情况

表 6 – 3　板原位标注识图

情况分类	说明	图示
单侧上部非贯通纵筋布置(单侧支座负筋)	①号的上部非贯通纵筋,规格和间距为φ10@100,从梁中线向跨内的延伸长度为1600 mm	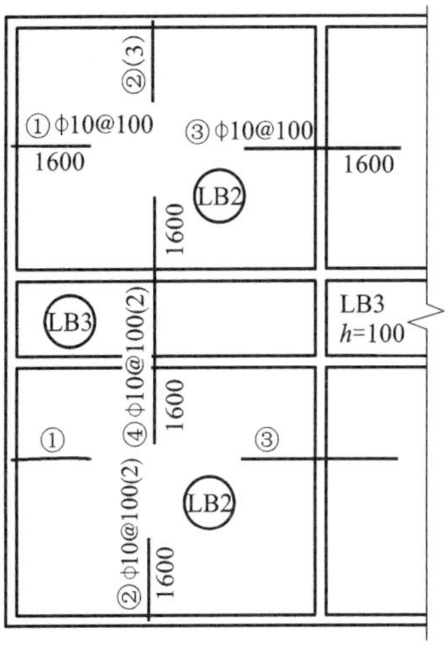 ②(3) ①φ10@100 ③φ10@100 1600 1600 LB2 1600 LB3 LB3 h=100 ④φ10@100(2) 1600 ① ③ ②φ10@100(2) 1600 LB2
双侧上部非贯通纵筋布置(向支座两侧对称延伸)(双侧支座负筋)	②号上部非贯通纵筋从梁中线向右侧跨内的延伸长度为1800 mm;而因为双侧上部非贯通纵筋的右侧没有尺寸标注,则表明该上部非贯通纵筋向支座两侧对称延伸,即向左侧跨内的延伸长度也是1800 mm	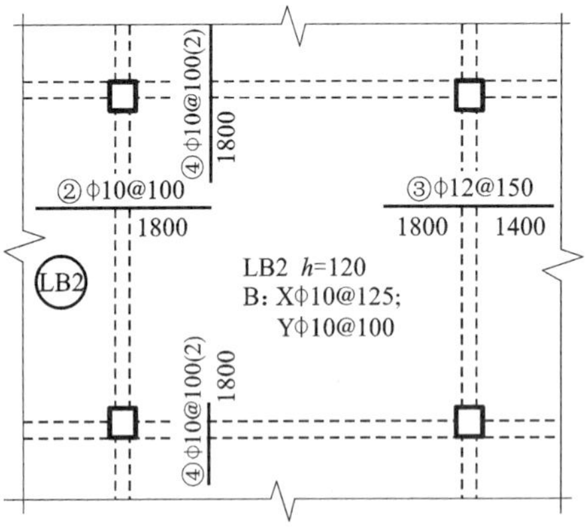 ④φ10@100(2) 1800 ②φ10@100 ③φ12@150 1800 1800 1400 LB2 LB2 h=120 B:Xφ10@125; Yφ10@100 ④φ10@100(2) 1800

216

续上表

情况分类	说明	图示
双侧上部非贯通纵筋布置(向支座两侧非对称延伸)(双侧支座负筋)	③号上部非贯通纵筋从梁中线向左侧跨内的延伸长度为1800 mm;从梁中线向右侧跨内的延伸长度为1400 mm	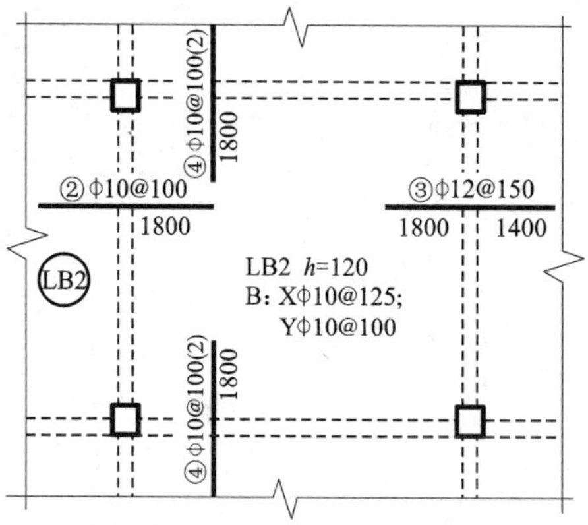
贯通短跨全跨的上部非贯通纵筋	平法板的标注规则:对于贯通短跨全跨的上部非贯通纵筋,规定贯通全跨的长度值不注④号非贯通纵筋上部标注的"(2)"说明这个上部非贯通纵筋在相邻的两跨之内设置Ⓒ轴线的梁是⑤号上部非贯通纵筋的一个端支座节点	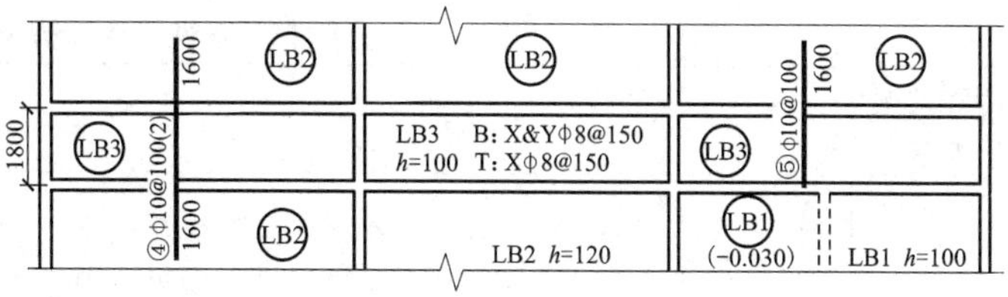
贯通全悬挑长度的上部非贯通纵筋	上部非贯通纵筋所标注的向跨内延伸长度是从支座(梁)中线算起,所以上部非贯通纵筋水平段长度=跨内延伸长度+梁宽/2+悬挑板的挑出长度-保护层厚度+板厚-2×保护层厚度	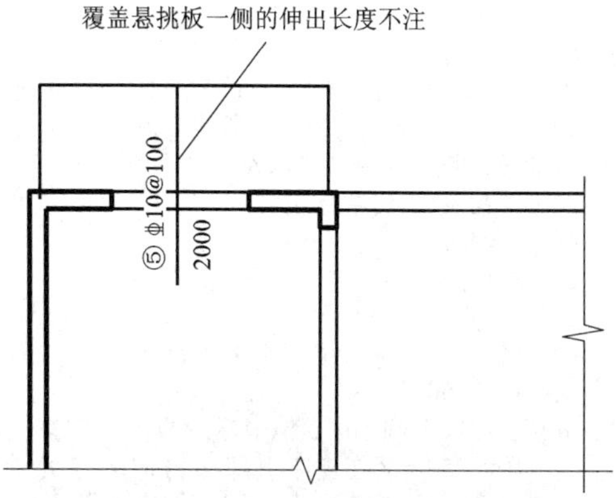

217

情况分类	说明	图示
弧形支座上的上部非贯通纵筋布置	当板支座为弧形,支座上方非贯通纵筋呈放射状分布时,设计者应注明配筋间距的度量位置并加注"放射分布"四字,必要时应补绘平面配筋图	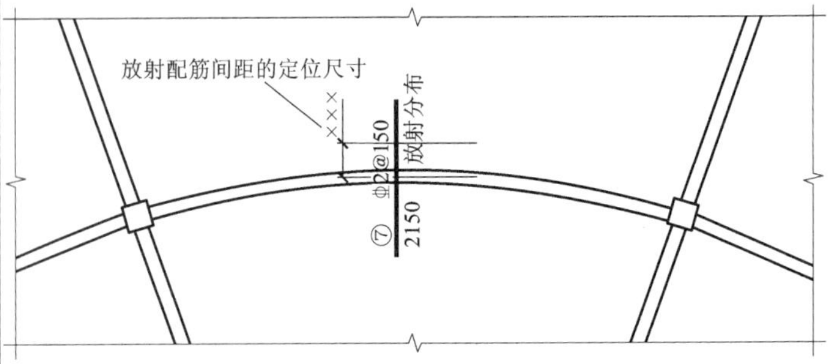

3)与板支座上部非贯通纵筋垂直且绑扎在一起的构造钢筋或分布钢筋,应由设计者在图中注明。例如,在结构施工图的总说明里规定板的分布钢筋为φ8,间距为 250 mm。或者在楼层平面图上规定板分布钢筋的规格和间距。

3. 上部非贯通纵筋特殊情况的处理

表 6 – 4 上部非贯通纵筋特殊情况识图

特殊情况分类	说明	图示
板支座上部非贯通纵筋与贯通纵筋并存	(1)当板的上部已配置有贯通纵筋,但需增配板支座上部非贯通纵筋时,应结合已配置的同向贯通纵筋的直径采用"隔一布一"方式配置。"隔一布一"方式,为非贯通纵筋的标注间距与贯通纵筋相同,两者组合后的实际间距为各自标注间距的1/2。 (2)例 1:板的集中标注 LB1 h = 100 B:X&Y φ10@ 150 T:X&Y φ12@ 250 同时该跨 Y 方向原位标注的上部支座非贯通纵筋为φ12@ 250。 分析:在这个例子中,集中标注的 Y 方向贯通纵筋为φ12@ 250,而在支座上部 Y 方向的非贯通纵筋为φ12@ 250(右侧上图),则该支座上部 Y 方向设置的纵向钢筋实际为φ12@ 125。 (3)例 2:板的集中标注 LB1 h = 100 B:X&Y φ10@ 150 T:X&Y φ10@ 250 同时该跨 Y 方向原位标注的上部支座非贯通纵筋为φ12@ 250。 分析:在这个例子中,集中标注的 Y 方向贯通纵筋为φ10@ 250,而在支座上部 Y 方向的非贯通纵筋为φ12@ 250(右侧下图),则该支座上部 Y 方向设置的纵向钢筋实际为(1φ10 + 1φ12)@ 250	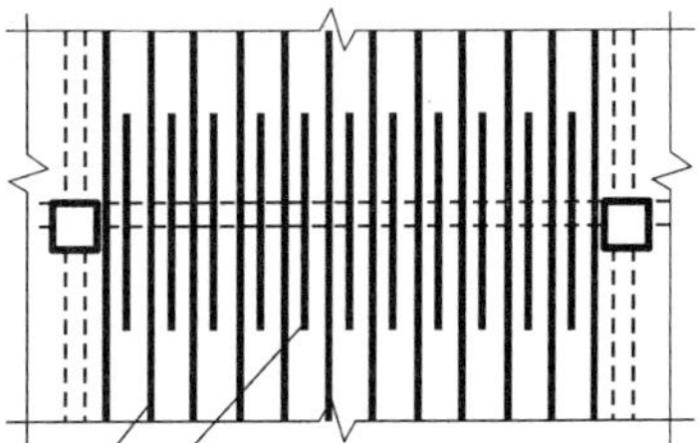 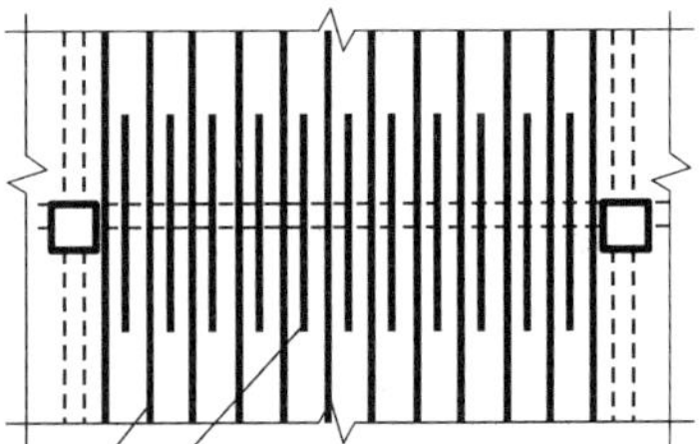 非贯通纵筋φ12@250 贯通纵筋φ12@250 非贯通纵筋φ12@250 贯通纵筋φ10@250

续上表

特殊情况分类	说明	图示
上部非贯通纵筋与邻跨上部贯通纵筋并存	（1）右图的集中标注为： LB1 h＝100 B：X&Yφ8@150 T：X&Yφ8@150 而在相邻的板中原位标注了非贯通纵筋（即扣筋）①φ8@150。 （2）《16G101—1》图集第43页说明，施工应注意：当支座一侧设置了上部贯通纵筋（在板集中标注中以T打头），而在支座另一侧仅设置了上部非贯通纵筋时，如果支座两侧设置的纵筋直径、间距相同，应将二者连通，避免各自支座上部分别锚固	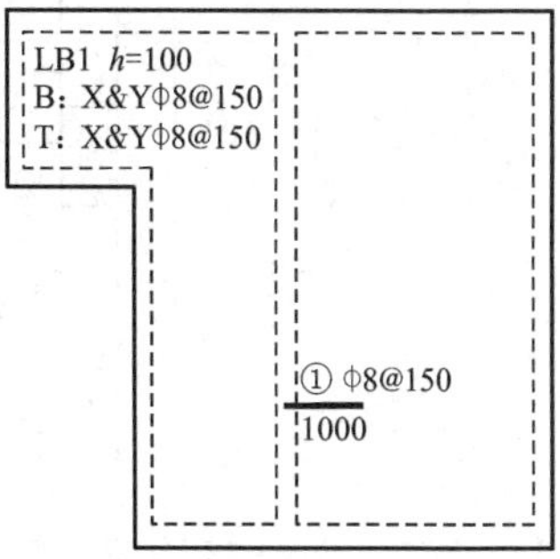 LB1 h=100 B：X&Yφ8@150 T：X&Yφ8@150 ① φ8@150 1000 （集中标注和原位标注） 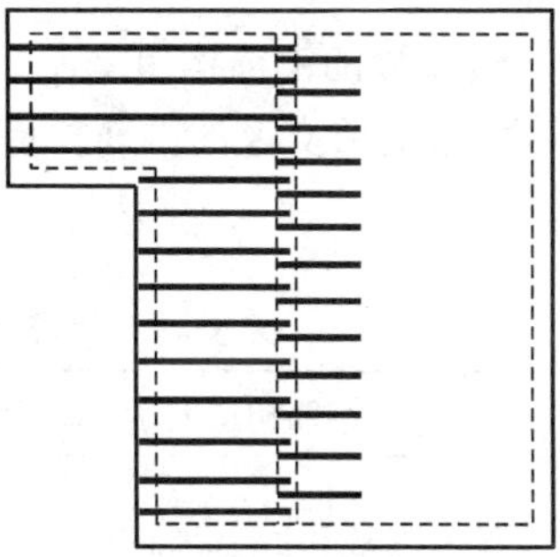 （都在中间支座上锚固） 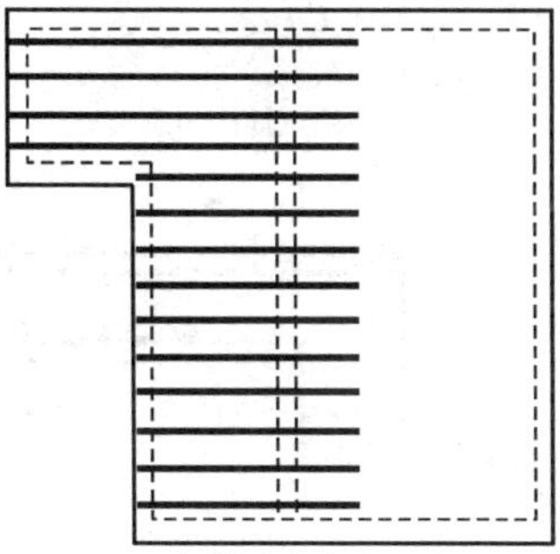 （在中间支座上贯通）

任务二 计算板构件钢筋工程量

6.2 板构件钢筋构造

6.2.1 板构件钢筋体系

板构件钢筋在实际工程中可能出现的各种情况，其构造体系如图6-3。

图 6-3　板构件钢筋知识体系

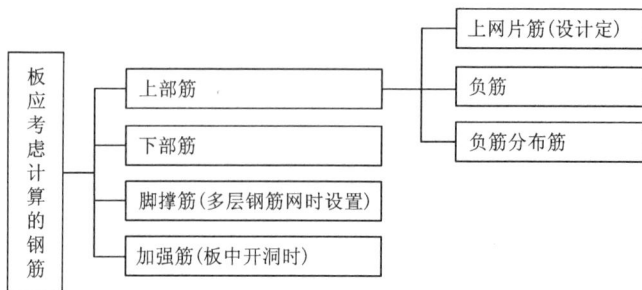

6.2.2　板构件钢筋构造

（一）楼板的钢筋构造

1.楼板端部支座的钢筋构造（见表 6-5）

板构件钢筋骨架

表 6-5　楼板端部支座的钢筋构造（图集《16G101—1》第 99 页）

钢筋构造图示	钢筋构造要点	计算公式
板在端部支座的锚固构造（一） （a）普通楼层面板 （b）用于梁板式转换层的楼面板	（a）普通楼屋面板 1）板下部贯通纵筋：板下部贯通纵筋在支座的直锚长度 ≥5d 且至少到梁中线。 2）板上部贯通纵筋：上部纵筋伸到梁外侧角筋内侧弯钩，弯折段长度 15d；弯锚的平直段长度：设计按铰接时："≥0.35l_{ab}"，充分利用钢筋的抗拉强度时："≥0.6l_{ab}"。 （b）用于楼板式转换层的楼面板 1）板下部贯通纵筋：梁板式转换层的板，下部贯通纵筋在支座的锚固长度：平直段 ≥0.6l_a 并弯折 15d。 2）板上部贯通纵筋：上部纵筋伸到梁外侧角筋内侧弯钩，弯折段长度 15d。	板下部贯通纵筋：计算公式 = 板净跨长度 + max(5d，梁宽/2)。 板上部贯通纵筋：①若直锚长度 ≥l_a 则不弯折，计算公式 = 板净跨长度 + l_a×2。 ②若直锚长度 ≤l_a 则弯折 15d，计算公式 = 板净跨长度 + 梁截面宽度 - 保护层 + 15d×2。

续上表

钢筋构造图示	钢筋构造要点	计算公式
板在端部支座的锚固构造(二) 端部支座为剪力墙 (1)端部支座为剪力墙中间层 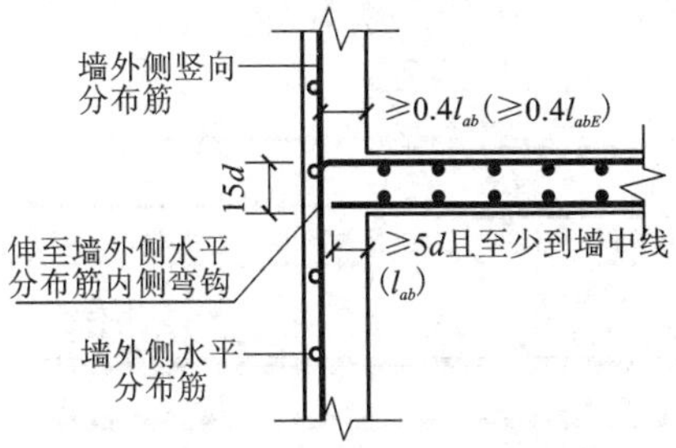 墙外侧竖向分布筋 $\geq 0.4l_{ab}(\geq 0.4l_{abE})$ 15d 伸至墙外侧水平分布筋内侧弯钩 $\geq 5d$且至少到墙中线(l_{ab}) 墙外侧水平分布筋 (括号内的数值用于梁板式转换层的板,当板下部纵筋直锚长度不足时,可弯锚见图1) (2)端部支座为剪力墙墙顶 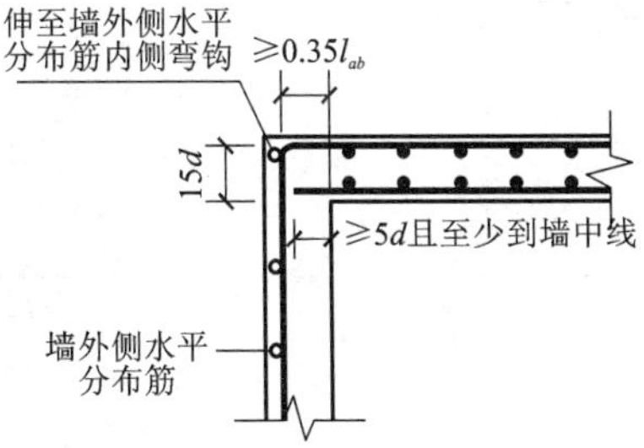 伸至墙外侧水平分布筋内侧弯钩 $\geq 0.35l_{ab}$ 15d $\geq 5d$且至少到墙中线 墙外侧水平分布筋 (a)板端按铰接设计时 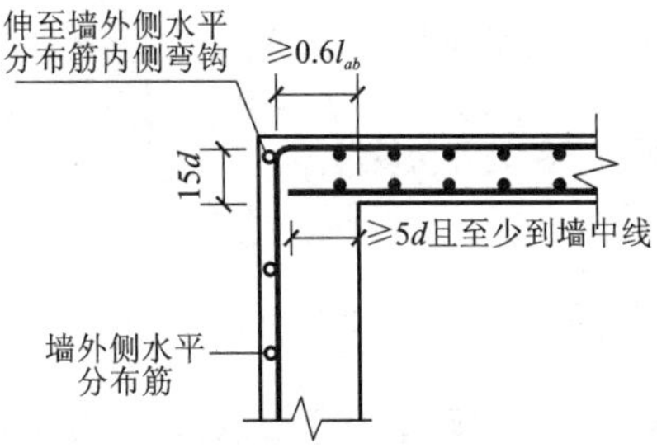 伸至墙外侧水平分布筋内侧弯钩 $\geq 0.6l_{ab}$ 15d $\geq 5d$且至少到墙中线 墙外侧水平分布筋 (b)板端上部纵筋按充分利用钢筋的抗拉强度时 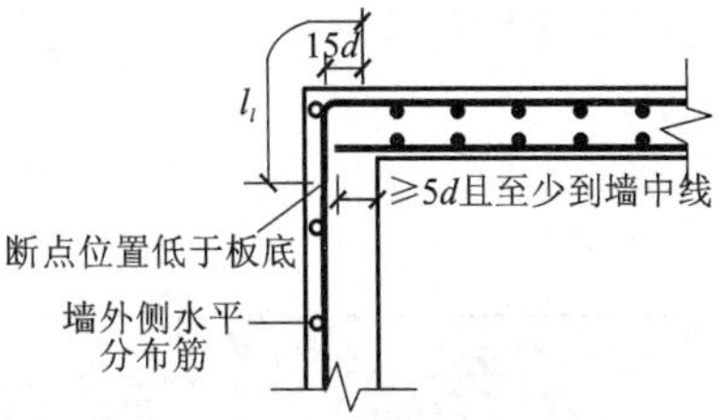 15d l_l $\geq 5d$且至少到墙中线 断点位置低于板底 墙外侧水平分布筋 (c)搭接连接	1)板下部贯通纵筋:①板下部贯通纵筋在支座的直锚长度$\geq 5d$且至少到墙中线。②梁板式转换层的板,下部贯通纵筋在支座的直锚长度为l_{aE}。 2)板上部贯通纵筋:上部纵筋伸到墙身外侧水平分布筋的内侧,然后弯直钩。 板支座为剪力墙中间层钢筋构造 板支座为剪力墙顶层钢筋构造	板下部贯通纵筋:计算公式 = 板净跨长度 + max(5d,墙厚/2)。 板上部贯通纵筋:①若支座直锚长度$\geq l_a$则不弯折,计算公式 = 板净跨长度 + $l_a \times 2$。 ②若支座直锚长度$\leq l_a$则弯折15d,计算公式 = 板净跨长度 + 墙厚度 - 保护层 + 15$d \times 2$。

2. 楼板中间支座的钢筋构造（见表 6-6）

表 6-6　楼板中间支座的钢筋构造（图集《16G101—1》第 99 页）

钢筋构造图示	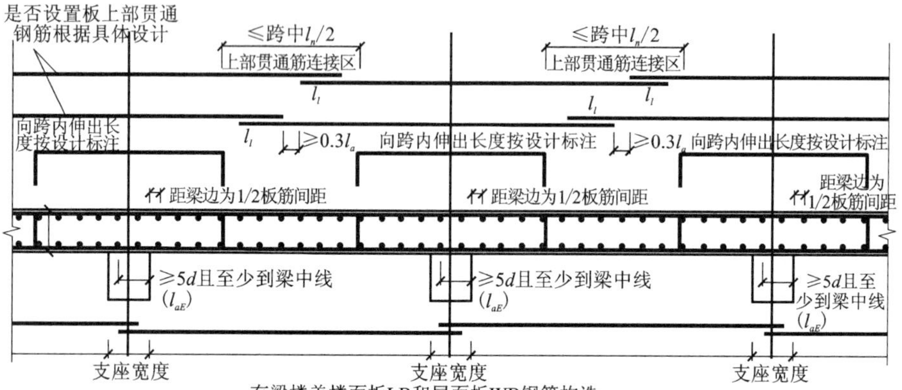 有梁楼盖楼面板LB和屋面板WB钢筋构造 （括号内的锚固长度 l_{aE} 用于梁板式转换层的板）
钢筋构造要点	（1）下部纵筋 与支座垂直的贯通纵筋：伸入支座 $5d$ 且至少到梁的中线；梁板式转换层的板，下部贯通纵筋在支座的直锚长度为 l_{aE} 与支座同向的贯通纵筋：第一根钢筋在距梁边 1/2 板筋间距处开始设置 下部纵筋的连接位置宜在距支座 1/4 净跨内 （2）上部纵筋 非贯通纵筋（非贯通纵筋）：①向跨内延伸长度详见设计标注；②上部非贯通纵筋及其分布筋的构造见表 6-7 贯通钢筋：①与支座垂直的贯通纵筋：贯通跨越中间支座；上部贯通纵筋连接区在跨中 1/2 跨度范围之内（$l_n/2$）——l_n 为板净跨跨度；当相邻等跨或不等跨的上部贯通纵筋配置不同时，应将配置较大者越过其标注的跨数终点或起点伸至相邻跨的跨中连接区域连接。②与支座同向的贯通纵筋：第一根钢筋在距梁边为 1/2 板筋间距处开始设置

3. 上部非贯通纵筋及其分布筋的构造(见表6-7)

表6-7 上部非贯通纵筋及其分布筋的构造

钢筋构造图示	钢筋构造要点	计算公式
 楼板中间支座钢筋构造 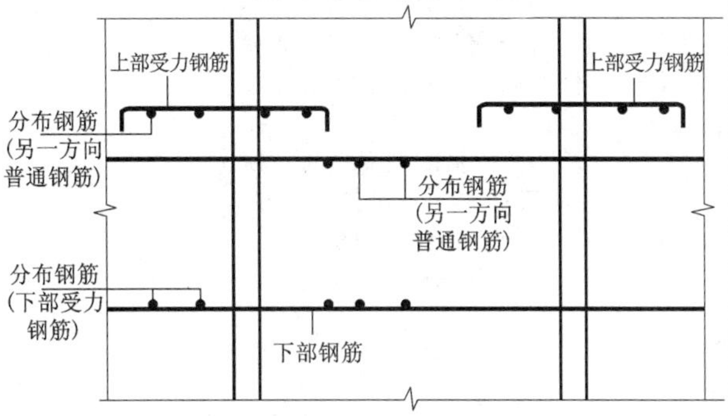 上部受力钢筋 分布钢筋(另一方向普通钢筋) 分布钢筋(另一方向普通钢筋) 分布钢筋(下部受力钢筋) 下部钢筋 部分贯通式钢筋 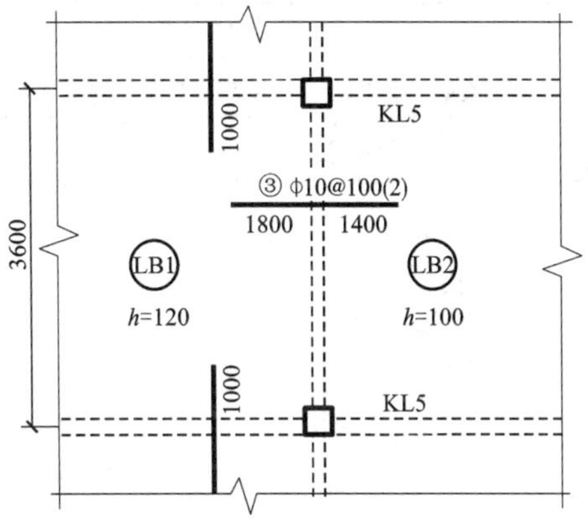 ③ φ10@100(2) 1800 1400 KL5 KL5 LB1 h=120 LB2 h=100 1000 3600 1000 扣筋长度及根数计算 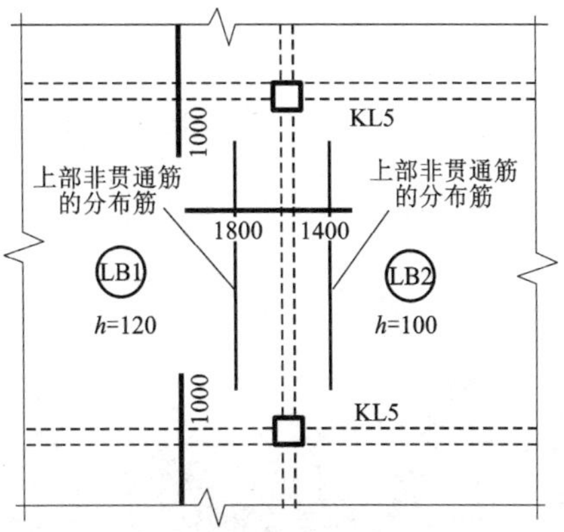 上部非贯通筋的分布筋 1800 1400 KL5 KL5 LB1 h=120 LB2 h=100 1000 1000 上部非贯通筋的分布筋计算	(1)上部非贯通纵筋 上部非贯通纵筋的锚固长度与所在楼板的厚度有关 ①单侧上部非贯通纵筋:上部非贯通纵筋的板内锚固长度=板厚-2×保护层厚度 端部锚固长度:$b-c+15d$ ②双侧上部非贯通纵筋(横跨两块板): 上部非贯通纵筋的锚固1长度=板1的厚度-保护层厚度 上部非贯通纵筋的锚固2长度=板2的厚度-保护层厚度 (2)上部非贯通纵筋分布筋 ①上部非贯通纵筋分布筋伸进角部矩形区域150 mm(《16G101—1》图集中第102页规定) ②上部非贯通纵筋分布筋的根数计算规则:(a)上部非贯通纵筋拐角处必须布置一根分布筋。(b)在上部非贯通筋的直段范围内按分布筋间距进行布筋(板分布筋的直径和间距在结构施工图的说明中应该有明确的规定)。(c)当上部非贯通纵筋横跨梁(墙)支座时,在梁(墙)的跨度范围内不布置分布筋。也就是说,这时要分别对上部非贯通纵筋的两个延伸净长度计算分布筋的根数	几种简单的上部非贯通纵筋计算公式: ①双侧上部非贯通纵筋(两侧都标注了延伸长度):左侧延伸长度+右侧延伸长度+上部非贯通纵筋锚固长度 ②双侧上部非贯通纵筋(单侧标注延伸长度):单侧延伸长度×2+上部非贯通纵筋锚固长度 ③需要计算端支座部分宽度的上部非贯通纵筋:单侧延伸长度+端部梁中线至外侧部分长度-c+$15d$+上部非贯通纵筋锚固长度 ④横跨两道梁的上部非贯通纵筋:左侧延伸长度+两梁的中心距离+右侧延伸长度+上部非贯通纵筋锚固长度 ⑤贯通全悬挑长度的上部非贯通纵筋:跨内延伸长度+梁宽/2+悬挑板的挑长度-保护层厚度+上部非贯通纵筋锚固长度

(二)悬挑板的钢筋构造

1. 悬挑板 XB 钢筋构造

表 6－8　延伸悬挑板上部纵筋的锚固构造(图集《16G101—1》第 103 页)

钢筋构造图示	钢筋构造要点	计算公式
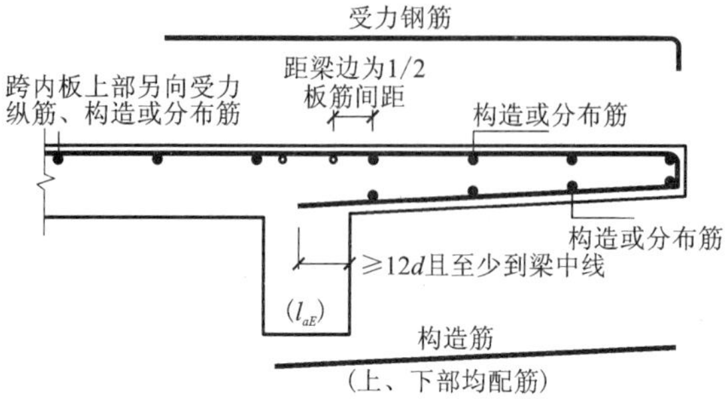 (上、下部均配筋) 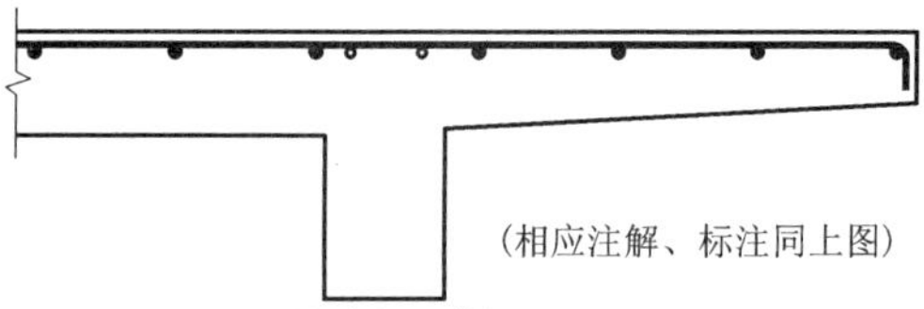 (相应注解、标注同上图) (仅上部配筋)	延伸悬挑板上部纵筋的构造特点：延伸悬挑板的上部纵筋与相邻跨板同向的顶部贯通纵筋或顶部非贯通纵筋贯通。 (1)当跨内板的上部纵筋是顶部贯通纵筋时，把跨内板的顶部贯通纵筋一直延伸到悬挑端的尽头。 (2)当跨内板的上部纵筋是顶部非贯通纵筋(即扣筋)时，把上部非贯通纵筋的水平段一直延伸到悬挑端尽头	

表 6－9　纯悬挑板上部纵筋的锚固构造(图集《16G101—1》第 103 页)

钢筋构造图示	钢筋构造要点	计算公式
纯悬挑板钢筋构造 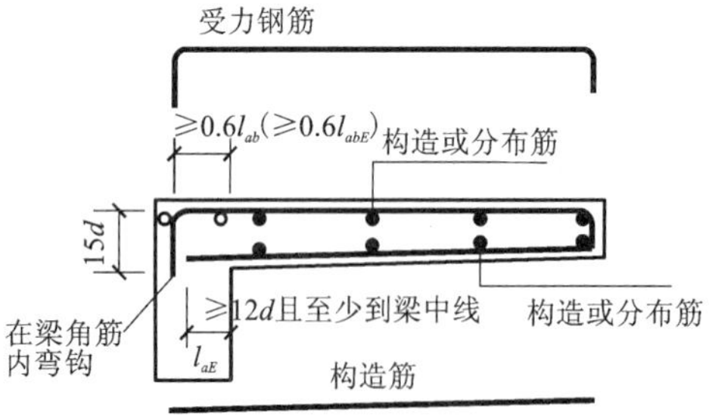 (上、下部均配筋) 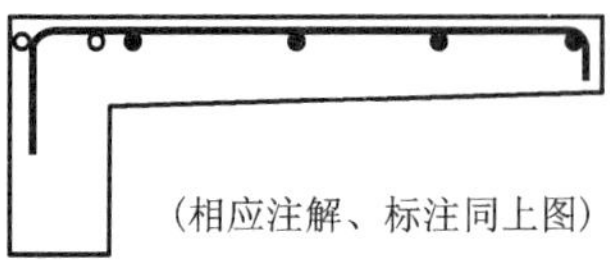 (相应注解、标注同上图) (仅上部配筋)	(1)纯悬挑板上部纵筋伸至支座梁远端的梁角筋的内侧，然后弯折 15d	

续上表

钢筋构造图示	钢筋构造要点	计算公式
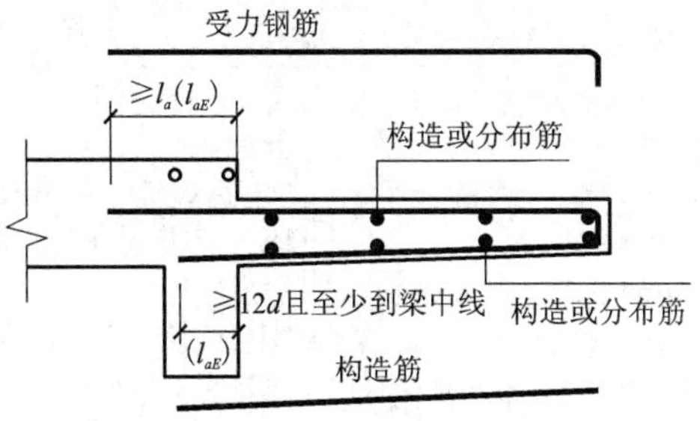 受力钢筋 $\geq l_a(l_{aE})$ 构造或分布筋 $\geq 12d$且至少到梁中线 构造或分布筋 (l_{aE}) 构造筋 （上、下部均配筋） 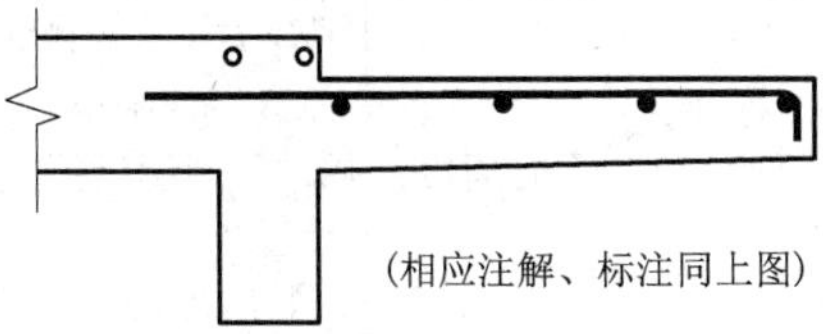 （仅上部配筋） （相应注解、标注同上图）	（2）纯悬挑板上部纵筋伸入梁的锚固长度为 l_a 悬挑板有高差钢筋构造	

2.无支撑板端部封边构造

表 6－10　无支撑板端部封边构造

钢筋构造图示	钢筋构造要点	计算公式
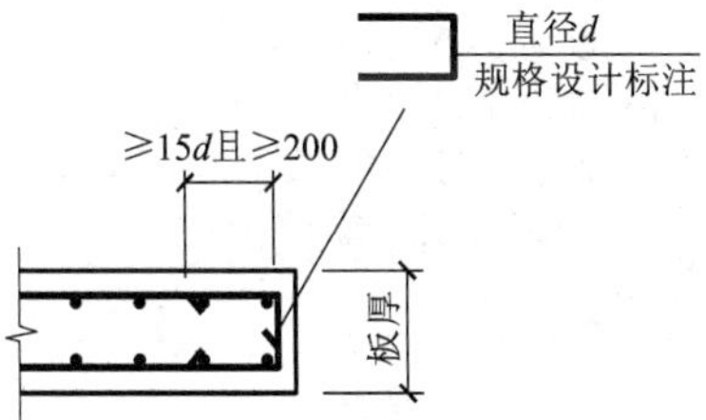 直径d 规格设计标注 $\geq 15d$且≥ 200 板厚 （一）	端部封边钢筋不切断时，水平弯折长度$\geq 15d$，且≥ 200 板U型封边钢筋构造	
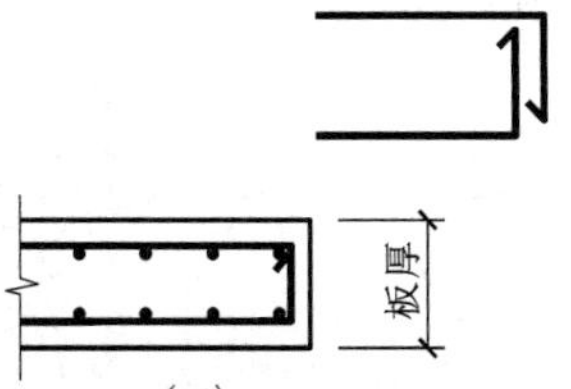 板厚 （二）	端部封边钢筋切断时，弯折的垂直段长度为板厚－2×保护层厚度 板交错封边构造	

3. 板翻边 FB 构造

表 6 – 11　板翻边 FB 构造（图集《16G101—1》第 100 页）

钢筋构造图示	钢筋构造要点	计算公式
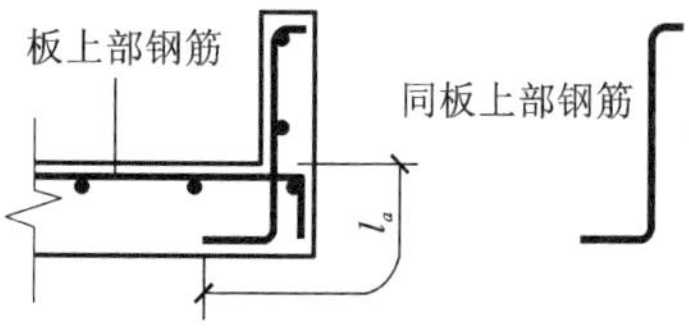 （仅上部配筋） 同板上部钢筋 板下部钢筋 板上部钢筋 上翻边尺寸 详见具体设计 板下部钢筋 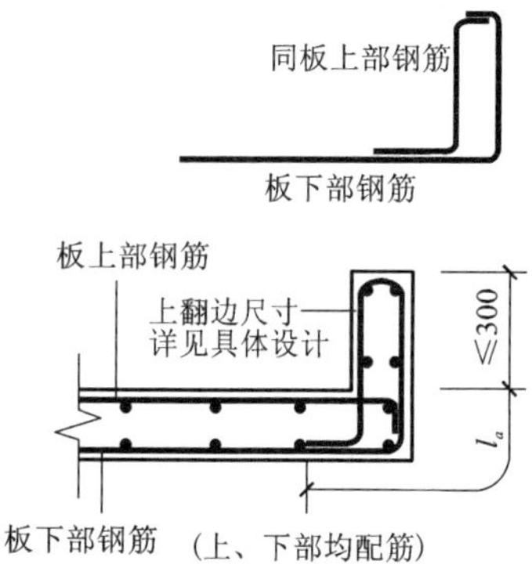　（上、下部均配筋）	（1）翻边的编号以"FB"打头，例如：FB1。 翻边的特点：翻边高度 ≤ 300，可以是上翻或者下翻。 （2）板翻边的上翻或下翻可以从平面图板边缘线的形式来区分：①当两条半边缘线都是实线时，标示"上翻边"；②当外边缘线是实线，而内边缘线是虚线时，标示"下翻边" （3）板翻边的标注： FB1（3）表示编号为 1 的板翻边，跨数为 3 跨； 60×300　表示该翻边的宽度为 60 mm，高度为 300 mm； B2ϕ6 表示翻边的下部贯通纵筋； T2ϕ6 表示翻边的上部贯通纵筋 （4）翻边构造：	①"上翻边筋"的尺寸计算： "上翻边筋"上端水平段 = 翻边宽度 − 2 × 保护层厚度 "上翻边筋"垂直段 = 翻边高度 + 悬挑板端部厚度 − 2 × 保护层厚度 "上翻边筋"下端水平段 = l_a − （悬挑板端部厚度 − 保护层厚度） ②"下翻边筋"的尺寸计算： "下翻边筋"上端水平段 = l_a − （悬挑板端部厚度 − 保护层厚度） "下翻边筋"垂直段 = 翻边高度 + 悬挑板端部厚度 − 2 × 保护层厚度 "上翻边筋"下端水平段 = 翻边宽度 − 2 × 保护层厚度
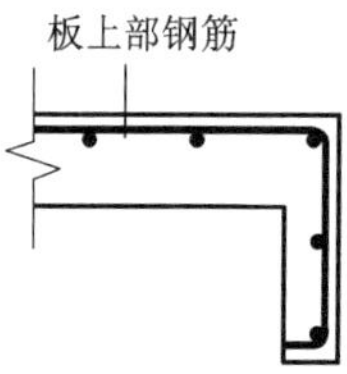 板上部钢筋 （仅上部配筋） 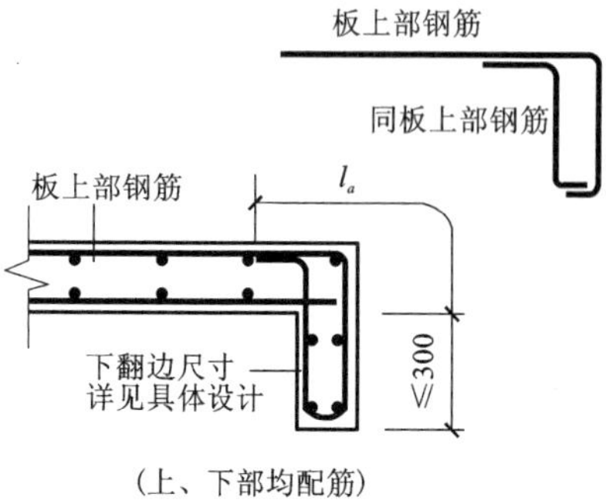 板上部钢筋 同板上部钢筋 板上部钢筋 下翻边尺寸 详见具体设计 （上、下部均配筋）	①悬挑板的上翻边：都使用"上翻边筋"。当悬挑板为上下配筋时，悬挑板下部纵筋上翻与"上翻边筋"的上沿相接；当悬挑板仅上部配筋时，"上翻边筋"直接插入悬挑板的端部 ②悬挑板的下翻边：都是利用悬挑板上部纵筋下弯作为下翻边的钢筋使用。当悬挑板仅上部配筋时，下翻边仅用悬挑板上部纵筋下弯就够了；当悬挑板为上下均配筋时，除了利用悬挑板上部纵筋下弯以外，还得使用"下翻边筋"	

226

4.悬挑板阴角构造

表 6 – 12　悬挑板阴角构造（图集《16G101—1》第 113 页）

钢筋构造图示	钢筋构造要点	计算公式
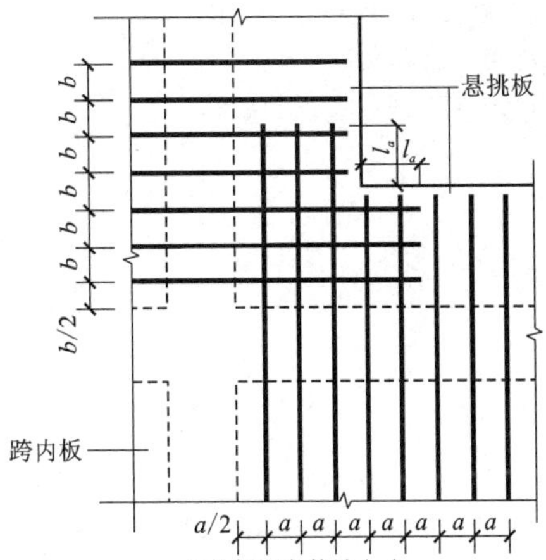 悬挑板阴角构造（一） （本图未表示构造筋及分布筋） 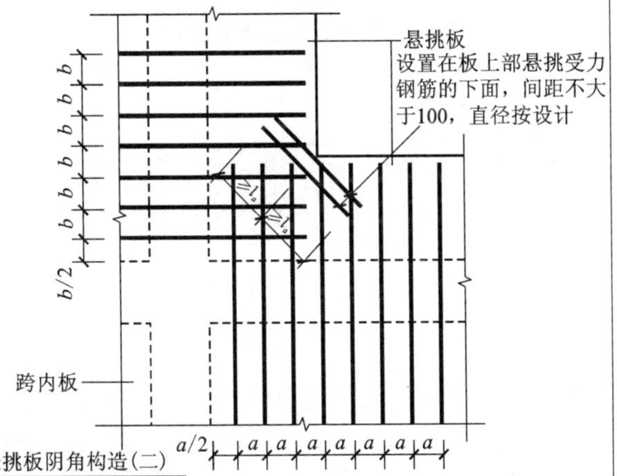 悬挑板阴角构造（二）	从左图中可以清楚地看出，悬挑板阴角主要在于阴角部位的那几根受力纵筋，其构造特点是：位于阴角部位的悬挑板受力纵筋比其他受力纵筋多伸出"l_a + 保护层"的长度，其作用是加强了悬挑板阴角部位的钢筋锚固	

5. 悬挑板阳角放射筋 Ces 构造

表 6 – 13　悬挑板阳角放射筋 Ces 构造(图集《16G101—1》第 112 页)

钢筋构造图示	钢筋构造要点	计算公式
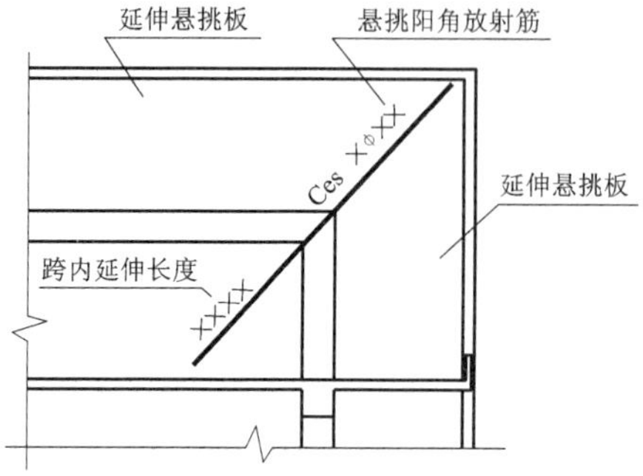 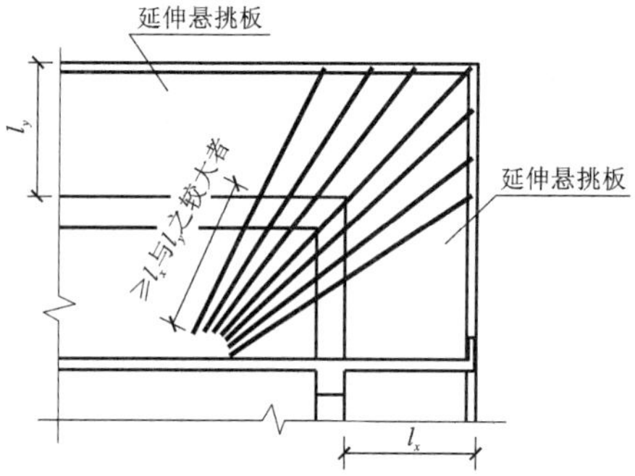	(1)延伸悬挑板阳角放射筋 阳角放射筋在悬挑端原位标注的格式: Ces ×φ× × 阳角放射筋跨内延伸长度原位标注的格式: × × × × (2)阳角放射筋跨内延伸长度取 l_x 与 l_y 之较大者。其中, l_x 与 l_y 为 X 方向与 Y 方向的悬挑长度	
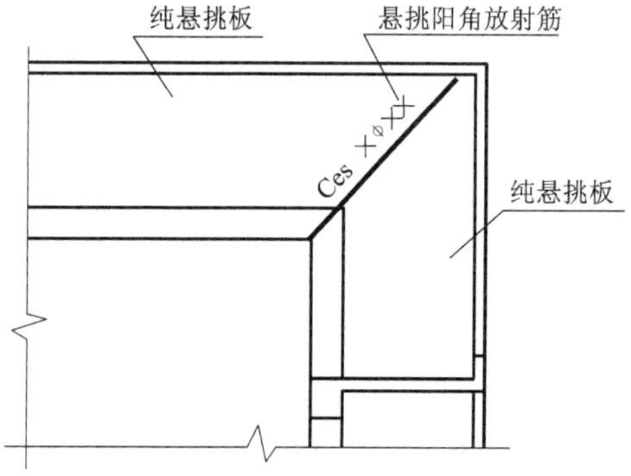 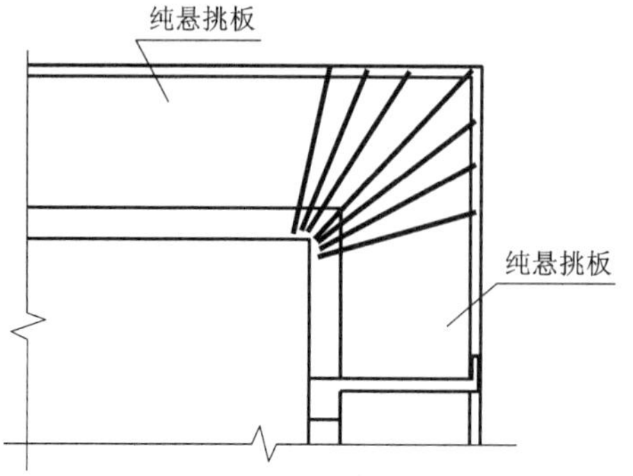	纯悬挑板阳角放射筋 仅存在阳角放射筋在悬挑端原位标注: Ces ×φ× ×	

6.折板配筋构造

表 6 – 14　折板配筋构造（图集《16G101—1》第 103 页）

钢筋构造图示	钢筋构造要点	计算公式
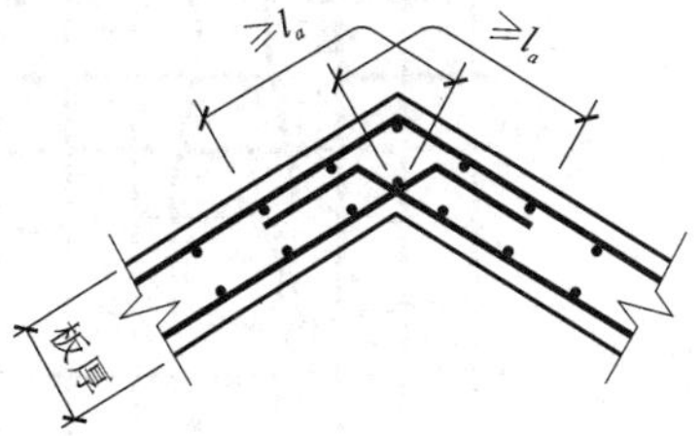 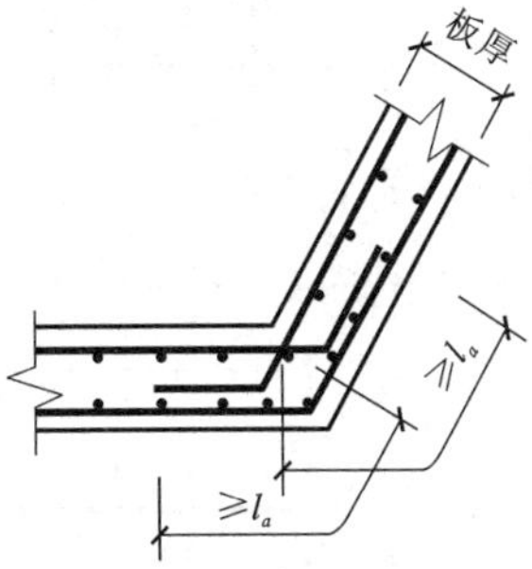	折板内侧钢筋须伸入另一板内且弯折，长度为 l_a 下折板钢筋构造 上折板钢筋构造	

（三）板开洞与洞边加强钢筋构造

1.板开洞 BD 与洞边加强钢筋构造一（洞边无集中荷载）

表 6 – 15　板开洞 BD 与洞边加强钢筋构造一（洞边无集中荷载）（图集《16G101—1》第 110 页）

钢筋构造图示	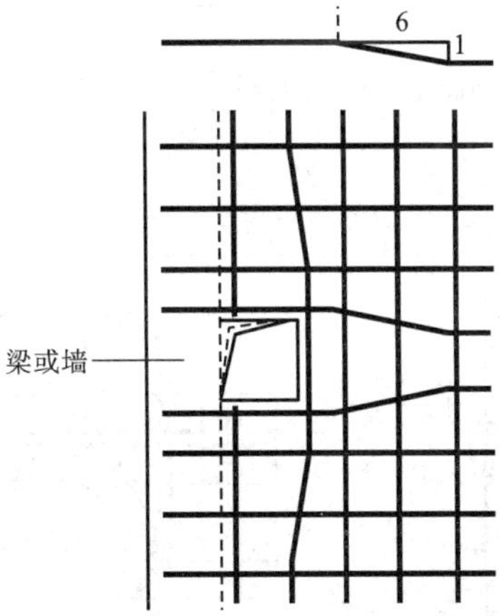 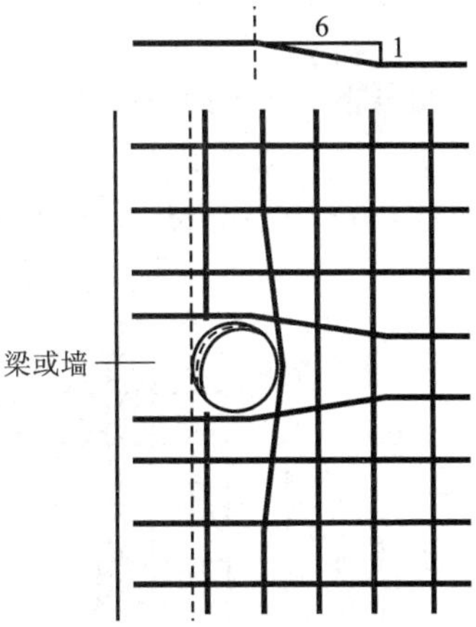
钢筋构造要点	梁边或墙边开洞

钢筋构造图示	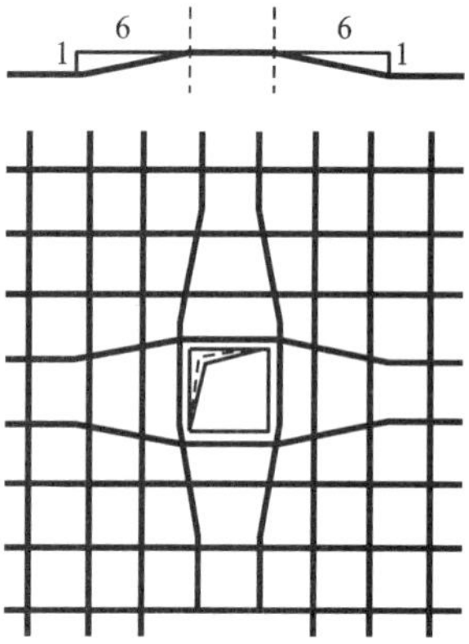 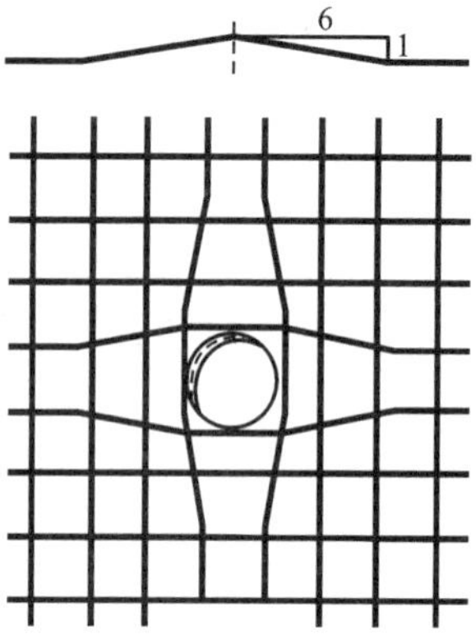
钢筋构造要点	板中开洞(矩形洞边长和圆形洞直径不大于 300 mm 时钢筋构造：受力钢筋绕过孔洞，不另设补强钢筋)
钢筋构造图示	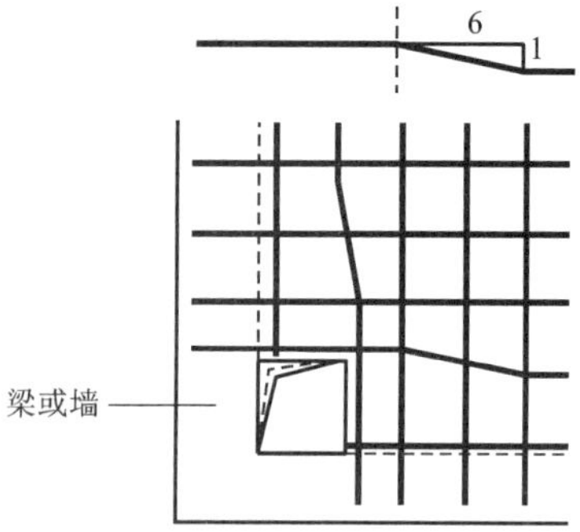 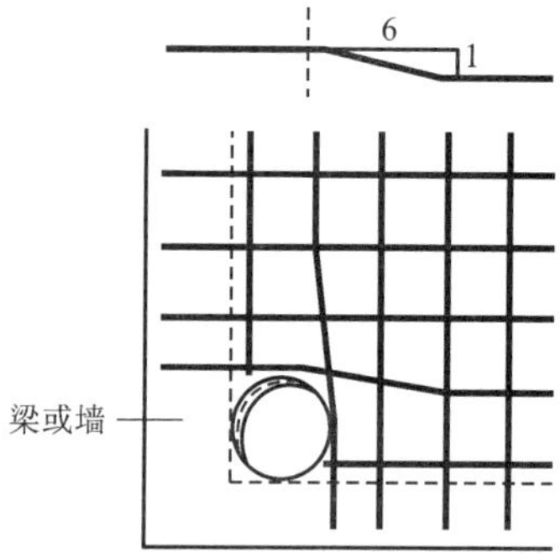
钢筋构造要点	梁交角或墙角开洞

2. 板开洞 BD 与洞边加强钢筋构造二(洞边无集中荷载)

表 6-16　板开洞 BD 与洞边加强钢筋构造二(洞边无集中荷载)(图集《16G101—1》第 111 页)

钢筋构造图示	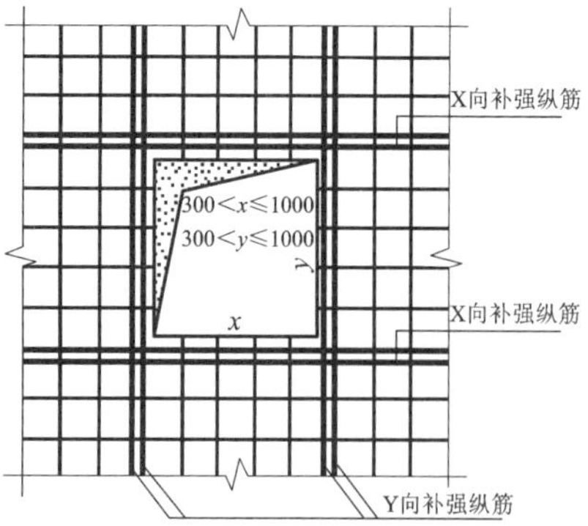 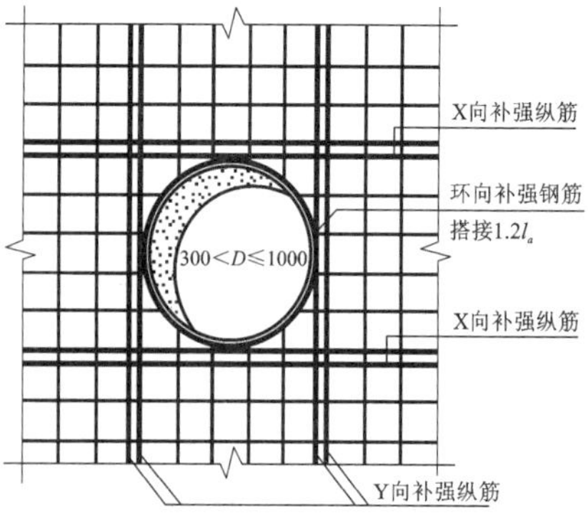
钢筋构造要点	板中开洞

续上表

钢筋构造图示	
钢筋构造要点	梁边或墙边开洞(矩形洞边长和圆形洞直径大于 300 mm 但不大于 1000 mm 时补强钢筋构造)

6.3 板构件钢筋计算实例

本节运用板构件构造要求,举例计算构件钢筋。

6.3.1 板平法施工图

板构件平面图,见图 6 - 4。

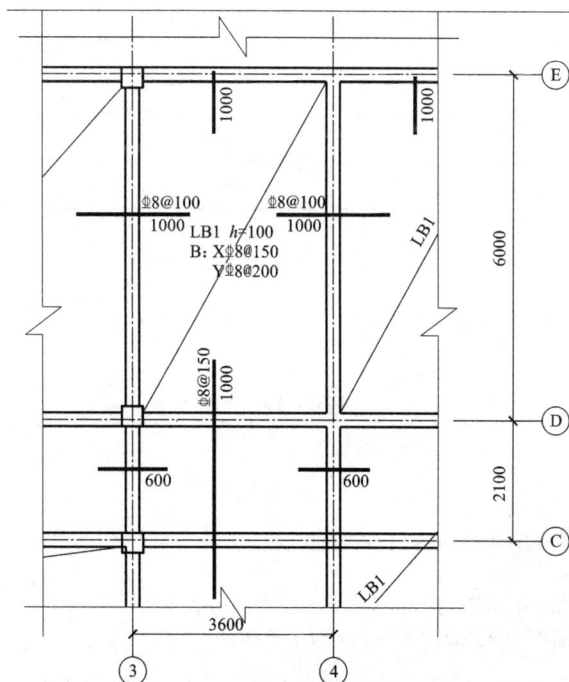

图 6 - 4 板构件平面图

231

6.3.2 板构件钢筋工程量计算

(一)计算条件(见表 6 - 17)。

表 6 - 17 计算条件

计算条件	数据
抗震等级	非抗震
混凝土强度	C30
纵筋连接方式	绑扎搭接
钢筋定尺长度	9000 mm

(二)计算过程

1. 板钢筋计算

(1)板钢筋计算参数,见表 6 - 18。

表 6 - 18 板钢筋计算参数

参数	值
C 保护层	梁:30 板:15
l_a	三级钢:$l_a = 35d$;
l_l	三级钢:$l_l = 42d$
水平筋起步距离	$\frac{1}{2}$ 板筋间距
板分布钢筋	$\phi 6@250$
板两侧梁宽	250 mm

(2)计算过程。

办公楼 3.27 m 层板平面配筋图③轴 ~ ④轴交Ⓓ轴 ~ Ⓔ轴 LB 钢筋工程量计算过程见表 6 - 19。

表 6 - 19

钢筋		计算过程	说明
LB1 下部钢筋	X 向:$\phi 8@150$	计算 LB1 板 X 向的下部贯通纵筋长度 计算公式: 下部贯通钢筋的直段长度 = 净跨长度 + 两端直锚长度 = 3600 - 250 + 125 × 2 = 3600(mm)	①直锚长度 = 梁宽/2 = 250/2 = 125(mm) ②验算:$5d = 5 \times 8 = 40$(mm),显然,直锚长度 125 mm≥40 mm,满足需求 ③当钢筋级别为一级钢时,下部钢筋增加两个 180°弯钩

续上表

钢筋		计算过程	说明
LB1 下部钢筋	X 向：$\Phi 8@150$	根数： 板下部贯通纵筋的布筋长度 = 净跨长度 - 起步距离 $6000 - 130 \times 2 - 2 \times 150/2 = 5590$(mm) X 向的下部贯通纵筋的根数 = 5590/150 + 1 = 39	按照《16G101—1》图集的规定，第一根贯通纵筋在距梁边为 1/2 板筋间距处开始设置。
		总长度 = 3600 mm × 39 = 140400 mm = 140.4 m	
		总重量 = 140.4 × 0.395 = 55.458(kg)	
	Y 向：$\Phi 8@200$	计算 LB1 板 Y 向的下部贯通纵筋长度 计算公式： 下部贯通钢筋的直段长度 = 净跨长度 + 两端直锚长度 = $6000 - 130 \times 2 + 125 \times 2 = 5990$(mm)	同 X 向的下部贯通纵筋说明
		根数： 板下部贯通纵筋的布筋范围 = 净跨长度 - 起步距离 $3600 - 250 - 2 \times 200/2 = 3150$(mm) X 方向的下部贯通纵筋的根数 = 3150/200 + 1 = 17	同 X 向的下部贯通纵筋说明
		总长度 = 5990 mm × 17 = 101830 mm = 101.83 m	
		总重量：101.83 × 0.395 = 40.22(kg)	
LB1 上部钢筋	③、④ 轴交 Ⓓ - Ⓔ 轴上部非贯通纵筋：$\Phi 8@100$	上部非贯通纵筋长度计算公式： 左侧延伸长度 + 右侧延伸长度 + 板内弯折长度 $1000 + 1000 + 100 - 15 \times 2 + 100 - 15 \times 2 = 2140$(mm)	板内弯折长度 = LB1 的厚度 - 2 × 板保护层厚度
		根数： 布筋范围 = 净跨长度 = $6000 - 130 \times 2 - 2 \times 50 = 5640$(mm) X 向双侧上部非贯通纵筋的根数 = 5640/100 + 1 = 58	原则是向上取整
		总长度 = 2140 mm × 58 = 124120 mm = 124.12 m	
		总重量 = 124.120 × 0.395 = 49.0274(kg)	
		③、④轴布置相同	

钢筋		计算过程	说明
LB1 上部钢筋	⑤轴上部非贯通纵筋：⑧8@200	上部非贯通纵筋长度计算公式： 直段长－支座宽的一半＋梁内的锚固＋板厚－2×保护层厚度＋15d 1000－250/2＋250－30＋15×8＋100－2×15＝1285(mm)	①根据《16G101—1》图集规定的板在端部支座的锚固构造，板上部受力纵筋伸到支座梁外侧角筋的内侧 ②端支座上部钢筋伸到梁外侧纵筋内侧且弯折15d ③上部非贯通纵筋在板内锚固长度＝LB1 的厚度－2×板保护层厚度
		根数： 布筋范围＝净跨长度－2×起步距离＝3600－250－200/2×2＝3150(mm) Y 向单侧上部非贯通纵筋的根数＝3150/200＋1＝17	原则是向上取整
		总长度＝1290 mm×17＝21930 mm＝21.93 m	
		总重量：21.93×0.395＝8.662(kg)	
	D 轴跨板受力筋：⑧8@150	上部非贯通纵筋长度计算公式： 左侧延伸长度＋两梁中心间距＋右侧延伸长度＋两上部非贯通纵筋锚固长度 1000＋2100＋5×2＋1000＋100－15×2＋100－15×2＝4250(mm)	上部非贯通纵筋的锚固长度＝LB1 的厚度－2×板保护层厚度
		根数： 布筋范围＝净跨长度＝3600－250－2×150/2＝3200(mm) Y 向跨板受力板上部非贯通纵筋的根数＝3200/150＋1 ＝23	原则是有小数进1取整
		总长度＝4250×23＝97750(mm)＝97.75(m)	
		总重量＝97.75×0.395＝38.61(kg)	

续上表

钢筋		计算过程	说明
板分布钢筋	φ6@250	长度计算公式 分布筋净长 + 搭接 150 × 2 X 向：3600 − 1000 − 1000 + 150 × 2 = 1900(mm) Y 向：6000 − 1000 − 1000 − 5 × 2 + 150 × 2 = 4290(mm)	上部非贯通纵筋分布筋伸进角部矩形区域 150 mm
		此例题只计算 LB1 板内的根数： X 向：4 + 4 = 8 Y 向：4 + 4 = 8 X 向(上)根数：(1000 − 125 − 250/2) ÷ 250 + 1 = 4 X 向(下)根数：(1000 − 125 − 250/2) ÷ 250 + 1 = 4 Y 向(左)根数：(1000 − 125 − 250/2) ÷ 250 + 1 = 4 Y 向(右)根数：(1000 − 125 − 250/2) ÷ 250 + 1 = 4	
		总长度 = 1900 × 8 + 4290 × 8 = 49520 mm = 49.52 m	
		总重量 = 49.52 × 0.222 = 10.99(kg)	

总结拓展

板构件平法识图、钢筋构造总结与拓展。

板构件平法识图与钢筋构造总结

练习题

一、填空题

1.屋面板的代号是(　　)，悬挑板的代号是(　　)，楼面板的代号是(　　)。

2.板的平法标注有两部分内容构成，分别是(　　)和原位标注。

3.分布筋自身及其与受力筋、构造钢筋的搭接长度为(　　)。

二、简答题

1. 板块集中标注的内容有哪些?
2. 描述下列板块信息的含义:

    LB3 $h = 100$

    B：X ϕ12@150，Y ϕ10@120

    T：X&Y ϕ12@150

3. 简述楼板端部支座为梁的钢筋构造要求。

三、技能训练题

计算教材附图办公楼 3.270 mm 层板平面配筋图中④~⑤轴交Ⓓ~Ⓔ轴之间板钢筋工程量。

项目七 计算剪力墙构件钢筋工程量

学习目标

技能抽查要求

能够正确识读剪力墙平法施工图，确定计量单位，正确列出相应工程量计算式，准确计算剪力墙构件钢筋工程量。

教学要求

能力目标：能够识读剪力墙平法施工图，确定计量单位，准确计算剪力墙构件钢筋工程量。

知识目标：掌握剪力墙构件平法制图规则，熟悉剪力墙构件标准构造要求，熟练地应用平法构造计算剪力墙构件钢筋工程量。

任务一 识读剪力墙构件平法施工图

7.1 剪力墙构件钢筋平法识图

7.1.1 剪力墙构件平法识图知识体系

1. 剪力墙构件的组成

剪力墙构件可视为由墙柱、墙身、墙梁三类构件构成。

2. 剪力墙构件平法识图知识体系

《16G101—1》剪力墙平法制图规则构成了剪力墙构件平法识图知识体系，见表 7-1。

表 7-1 剪力墙构件平法识图知识体系

剪力墙构件平法识图知识体系				《16G101—1》页码
平法表达方式	列表注写方式			第 13～17 页
	截面注写方式			第 17～18 页
列表注写方式数据项	墙柱	墙柱平面图	墙柱编号	第 13～15 页
		墙柱表	各段起止标高	
			配筋(纵筋、箍筋)	
	墙身	墙身平面图	墙身编号	第 15～16 页
		墙身表	各段起止标高	
			配筋(水平筋、竖向筋、拉筋)	

剪力墙构件平法识图知识体系				《16G101—1》页码
列表注写方式数据项	墙梁	墙梁平面图	墙梁编号	第16～17页
		墙梁表	所在楼层号	
			顶标高高差（选注）	
			截面尺寸	
			配筋	
			附加钢筋（选注）	
截面注写方式数据项	在剪力墙平面布置图上，以直接在墙身、墙柱、墙梁上注写截面尺寸和配筋具体数值的方式来表示剪力墙平法施工图			第17～18页
洞口	剪力墙洞口信息在剪力墙平面图上原位表达，表达内容包括：洞口编号、几何尺寸、洞口中心相对标高、洞口每边补强钢筋			第19～20页

7.1.2 剪力墙构件钢筋平法识图

（一）剪力墙构件的平法表达方式

剪力墙构件的平法表达方式有列表注写和截面注写两种方式。

1.剪力墙构件列表注写方式

列表注写方式，系指对应于剪力墙平面布置图上的编号，分别在剪力墙柱表、剪力墙身表和剪力墙梁表中，用绘制截面配筋图并注写几何尺寸及配筋具体数值的方式，来表达剪力墙平法施工图。

剪力墙列表注写方式识图，需将剪力墙平面布置图对照墙柱、墙身、墙梁表阅读。

剪力墙列表注写方式平法施工图的组成，见图7－1。

剪力墙列表注写方式，见图7－2。

2.剪力墙截面注写方式

剪力墙截面注写方式，是指在分标准层绘制的剪力墙平面布置图上，直接在墙身、墙柱、墙梁上注写截面尺寸和配筋信息的方式来表达剪力墙平法施工图。

剪力墙截面注写方式，见图7－3。

剪力墙构件钢筋骨架

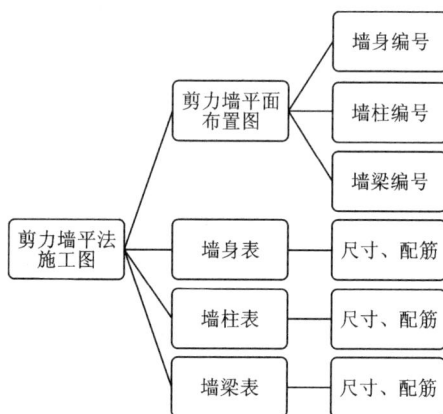

图7－1 剪力墙列表注写方式平法施工图的组成

（二）剪力墙平法识图要点

剪力墙平法表达方式中两种方式表达的数据项意义是相同的，下面讲解这些数据项在阅读和识图时的要点。

1.结构层高及楼面标高识图要点

一、二级抗震设计的剪力墙结构，有一个"底部加强部位"，注写在"结构层高与楼面标高"表中，见图7－4。

剪力墙梁表

编号	所在楼层号	梁顶相对标高高差	梁截面 b×h	上部纵筋	下部纵筋	箍筋
LL1	2~9	0.800	300×2000	4Φ25	4Φ25	Φ10@100(2)
	10~16	0.800	300×2000	4Φ22	4Φ22	Φ10@100(2)
	屋面1		250×1200	4Φ20	4Φ20	Φ10@100(2)
LL2	3	-1.200	300×2520	4Φ25	4Φ25	Φ10@150(2)
	4	-0.900	300×2070	4Φ25	4Φ25	Φ10@150(2)
	5~9	-0.900	300×1770	4Φ25	4Φ25	Φ10@150(2)
	10~屋面1	-0.900	250×1770	4Φ22	4Φ22	Φ10@100(2)
LL3	2		300×2070	4Φ25	4Φ25	Φ10@100(2)
	3		300×1770	4Φ25	4Φ25	Φ10@100(2)
	4~9		300×1170	4Φ25	4Φ25	Φ10@120(2)
	10~屋面1		250×1170	4Φ22	4Φ22	Φ10@120(2)
LL4	2		250×2070	4Φ20	4Φ20	Φ10@120(2)
	3		250×1170	4Φ20	4Φ20	Φ10@120(2)
	4~屋面1		250×1170	4Φ20	4Φ20	Φ10@150(2)
AL1	2~9		300×600	3Φ20	3Φ20	Φ8@150(2)
	10~16		250×500	3Φ18	3Φ18	Φ8@150(2)
BKL1	屋面1		500×750	4Φ22	4Φ22	Φ10@150(2)

剪力墙身表

编号	标高	墙厚	水平分布筋	垂直分布筋	拉筋(矩形)
Q1	-0.030~30.270	300	Φ12@200	Φ12@200	Φ6@600@600
	30.270~59.070	250	Φ10@200	Φ10@200	Φ6@600@600
Q1	-0.030~30.270	250	Φ10@200	Φ10@200	Φ6@600@600
	30.270~59.070	200	Φ10@200	Φ10@200	Φ6@600@600

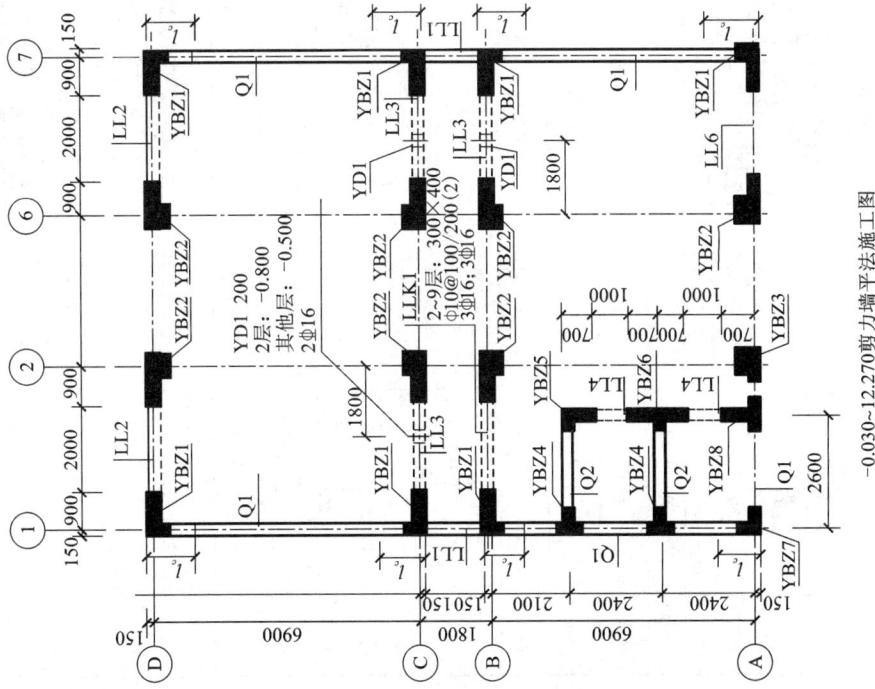

-0.030~12.270剪力墙平法施工图

结构层楼面标高
结构层高(m)

层号	标高(m)	层高(m)
屋面2(塔层2)	65.670	
塔层2	62.370	3.30
(塔层1)16	59.070	3.30
15	55.470	3.60
14	51.870	3.60
13	48.270	3.60
12	44.670	3.60
11	41.070	3.60
10	37.470	3.60
9	33.870	3.60
8	30.270	3.60
7	26.670	3.60
6	23.070	3.60
5	19.470	3.60
4	15.870	3.60
3	12.270	4.20
2	8.670	4.50
1	4.470	4.50
-1	-0.030	4.50
-2	-4.530	4.50
	-9.030	

上部结构嵌固部位：
-0.030

剪力墙柱表

	YBZ1	YBZ2	YBZ3	YBZ4
截面				
编号	YBZ1	YBZ2	YBZ3	YBZ4
标高	-0.030~12.270	-0.030~12.270	-0.030~12.270	-0.030~12.270
纵筋	24Φ20	22Φ20	18Φ22	20Φ20
箍筋	Φ10@100	Φ10@100	Φ10@100	Φ10@100

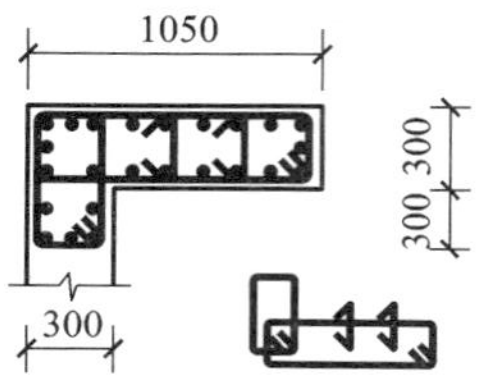

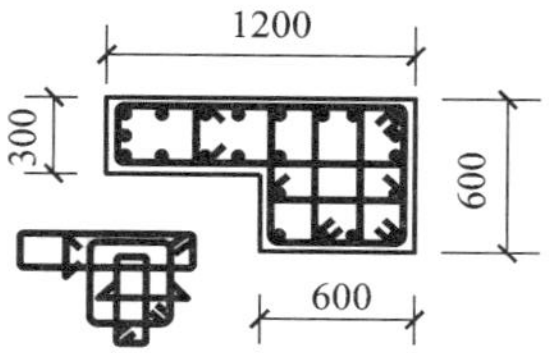

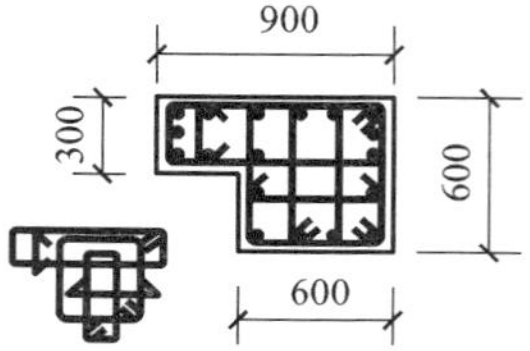

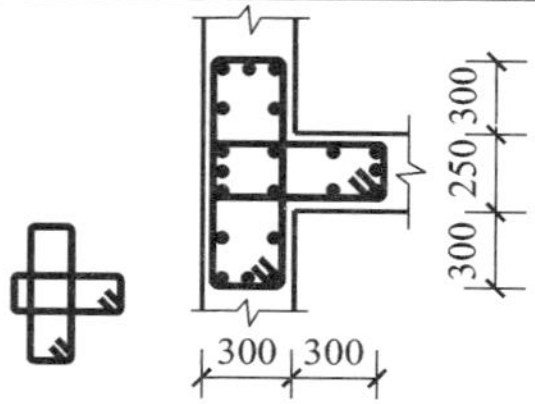

	YBZ5	YBZ6	YBZ7
截面			
编号	YBZ5	YBZ6	YBZ7
标高	-0.030~12.270	-0.030~12.270	-0.030~12.270
纵筋	20Φ20	28Φ20	16Φ20
箍筋	Φ10@100	Φ10@100	Φ10@100

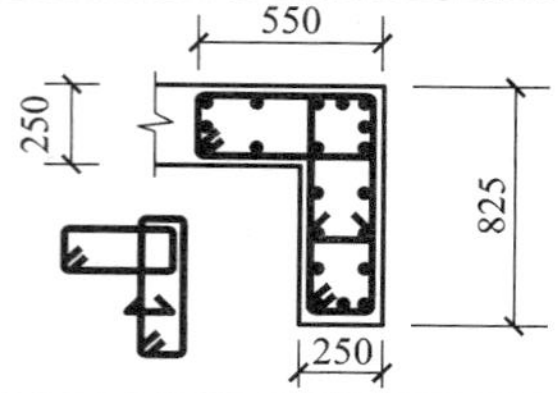

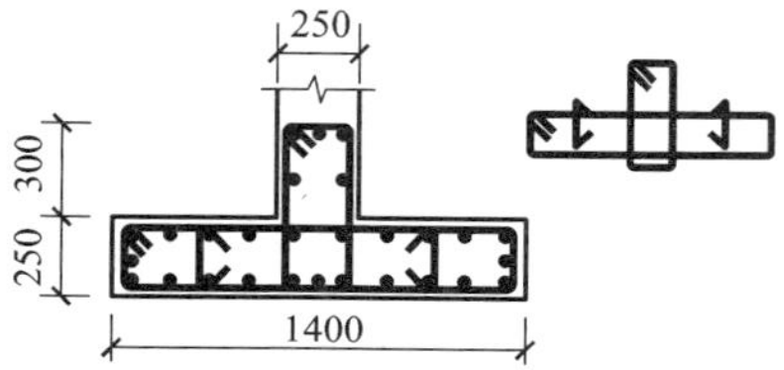

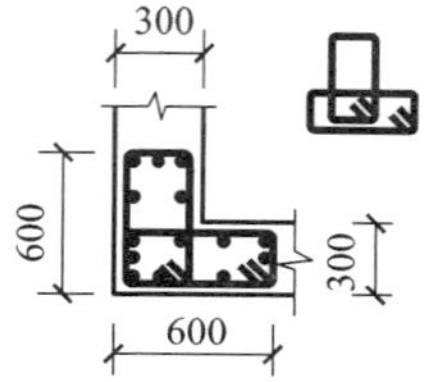

-0.030~12.270剪力墙平法施工图(部分剪力墙柱表)

图7-2 剪力墙列表注写示例

层号	标高(m)	层高(m)
层面2	65.670	
塔层2	62.370	3.30
层面1(塔层1)	59.070	3.30
16	55.470	3.60
15	51.870	3.60
14	48.270	3.60
13	44.670	3.60
12	41.070	3.60
11	37.470	3.60
10	33.870	3.60
9	30.270	3.60
8	26.670	3.60
7	23.070	3.60
6	19.470	3.60
5	15.870	3.60
4	12.270	3.60
3	8.670	3.60
2	4.470	4.20
1	-0.030	4.50
-1	-4.530	4.50
-2	-9.030	4.50

结构层楼面标高
结构层高
上部结构嵌固部位：-0.030

240

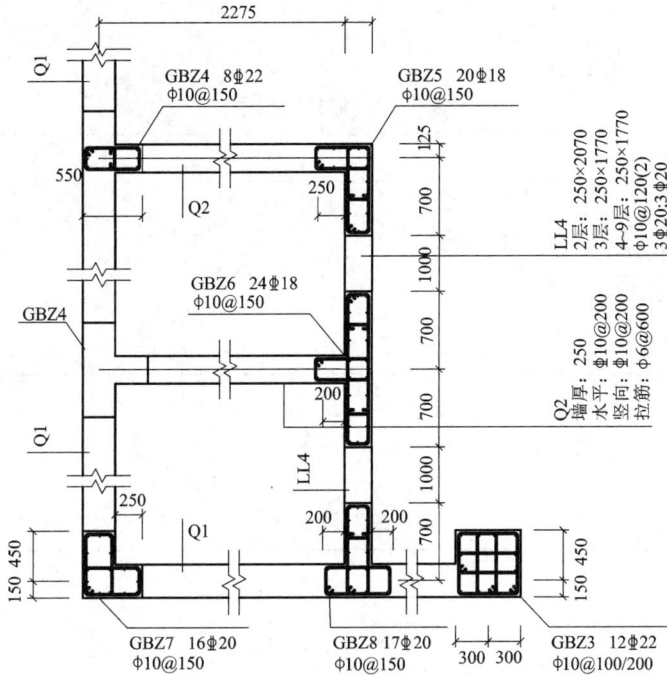

图 7-3　剪力墙截面注写方式示例

屋面2	65.670	
塔层2	62.370	3.30
屋面1 塔层1	59.070	3.30
16	55.470	3.60
15	51.870	3.60
14	48.270	3.60
13	44.670	3.60
12	41.070	3.60
11	37.470	3.60
10	33.870	3.60
9	30.270	3.60
8	26.670	3.60
7	23.070	3.60
6	19.470	3.60
5	15.870	3.60
4	12.270	3.60
3	8.670	3.60
2	4.470	4.20
1	-0.030	4.50
-1	-4.530	4.50
-2	-9.030	4.50
层号	标高丨m丨	层高丨m丨

约束性墙柱就布置在底部加强部位及其以上一层墙肢

结构层楼面标高
结构层高

上部结构嵌固部位

图 7-4　底部加强部位

2. 墙柱识图

(1)墙柱的编号,见表 7-2。

表 7-2　墙柱的编号

墙柱类型	代号	序号
约束边缘构件	YBZ	××
构造边缘构件	GBZ	××
非边缘暗柱	AZ	××
扶壁柱	FBZ	××

(2)墙柱的分类,从两个角度来分,见表 7-3。

表 7-3　墙柱分类

墙柱分类	说明	图示
第一个角度:约束性柱与构造性柱	约束性柱编号以 Y 打头,用于一、二级抗震结构底部加强部位及其一层以上墙肢	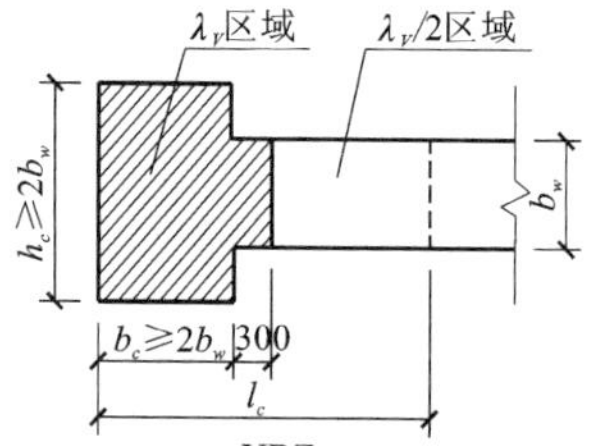 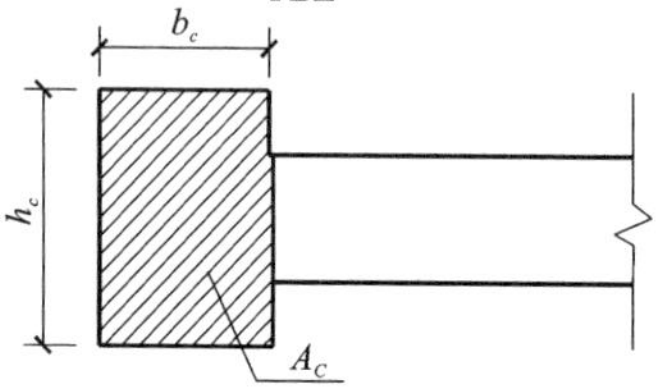
第二个角度:端柱与暗柱	端柱外观一般凸出墙身;剪力墙中端柱钢筋计算同框架柱。 暗柱外观一般同墙身相平;剪力墙中暗柱钢筋计算基本同墙身竖向筋,在基础内的插筋略有不同	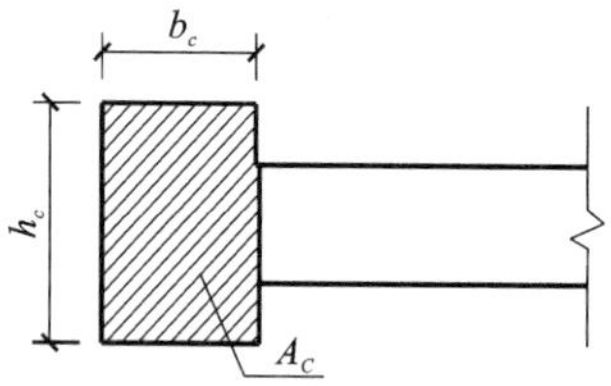 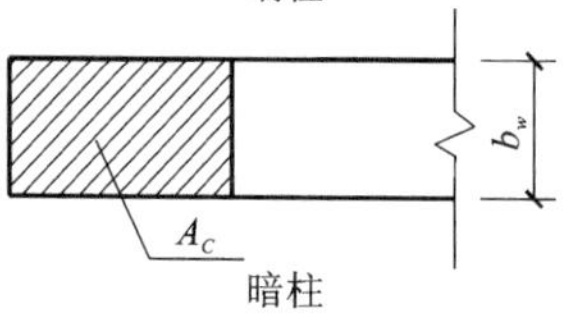

(3)识读剪力墙柱表

剪力墙柱表案例见表 7-4。

表 7 - 4　剪力墙柱表

截面				
编号	YBZ1	YBZ2	YBZ3	YBZ4
标高	- 0.030 ~ 12.270	- 0.030 ~ 12.270	- 0.030 ~ 12.270	- 0.030 ~ 12.270
纵筋	24 Φ 20	22 Φ 20	18 Φ 22	20 Φ 20
箍筋	Φ 10@ 100	Φ 10@ 100	Φ 10@ 100	Φ 10@ 100

剪力墙柱表包括：柱截面形状及配筋图、墙柱编号、各段墙柱的起止标高、纵筋总配筋值，箍筋信息。

平法施工图标注的 l_c（实际工程中注明具体数值）为约束边缘构件沿墙肢的长度。

3. 墙身识图

墙身编号，由墙身代号、序号以及墙身所配置的水平与竖向分布钢筋的排数组成，其中，钢筋排数注写在括号内。剪力墙平法施工中图表达形式为 Q × ×（×排），在剪力墙身表中表达的内容见表 7 - 5。

墙钢筋排数示意图

表 7 - 5　墙身表

表达项	编号	标高	墙厚	水平分布筋	垂直分布筋	拉筋
案例	Q1	- 0.100 ~ 6.300	250	Φ 10@ 200	Φ 10@ 200	Φ 8@ 600（矩形）
说明	Q × ×（×排）含水平筋与竖向分布钢筋的排数，钢筋排数为 2 排时可不注写	注写各段墙身起止标高。自墙身根部往上以变截面位置或截面未变但配筋改变处为界分段注写		注写钢筋的规格与间距	注写钢筋的规格与间距	应注明布置方式"矩形"或"梅花矩形"。

矩形拉筋、梅花双向拉筋示意图如 7 - 5。

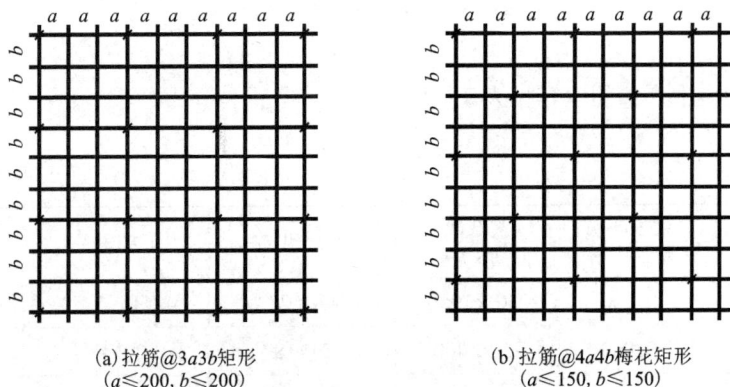

(a)拉筋@3a3b矩形
($a \leqslant 200, b \leqslant 200$)

(b)拉筋@4a4b梅花矩形
($a \leqslant 150, b \leqslant 150$)

图 7 - 5　普通双向拉筋、梅花双向拉筋示意图

4.墙梁识图

墙梁编号,由墙梁类型代号和序号组成,墙梁编号见表7-6。

表7-6 墙梁编号

墙梁类型	代号	序号
连梁	LL	××
连梁(对角暗撑配筋)	LL(JC)	××
连梁(交叉斜筋配筋)	LL(JX)	××
连梁(集中对角斜筋配筋	LL(DX)	××
连梁(跨高比不小于5)	LLK	××
暗梁	AL	××
边框梁	BKL	××

(1)跨高比不于5的连梁按框架梁设计时(代号为LLK),平面注写规则同框架梁。

(2)当某些墙身设置暗梁或边框梁时,在剪力墙平法施工图中绘制暗梁或边框梁的平面布置图并编号,明确其具体位置。如图7-6。

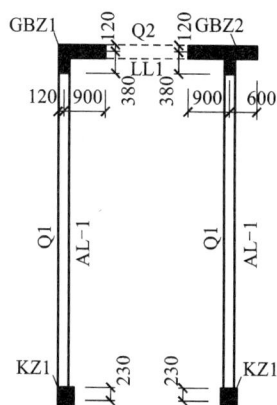

图7-6 剪力墙平法施工图

在剪力墙梁表中表达的内容见表7-7:

表7-7

编号	所在楼层号	梁顶相对标高高差	梁截面 $b \times h$	上部纵筋	下部纵筋	箍筋
LL1	2层	0.000	250×1950	4Φ18(2/2)	4Φ18(2/2)	ϕ8@100(2)
AL1	1~2层	0.000	250×400	2Φ18	2Φ18	ϕ8@150(2)
AL2	1层	-0.750	250×400	2Φ18	2Φ18	ϕ8@150(2)

（3）当梁顶相对结构标高有高差时，剪力墙梁表标注高差值，如表 7－8。

表 7－8

编号	所在楼层号	梁顶相对标高高差	梁截面 $b \times h$	上部纵筋	下部纵筋	箍筋
LL2	2～5 层	0.900	300×2000	4 Φ22	4 Φ22	Φ10@ 100（2）
	6～10	0.900	250×2000	4 Φ20	4 Φ20	Φ10@ 100（2）
	屋面		250×1200	2 Φ18	2 Φ18	Φ10@ 100（2）

LL2 标高与楼层标高的关系示意图，见图 7－7。

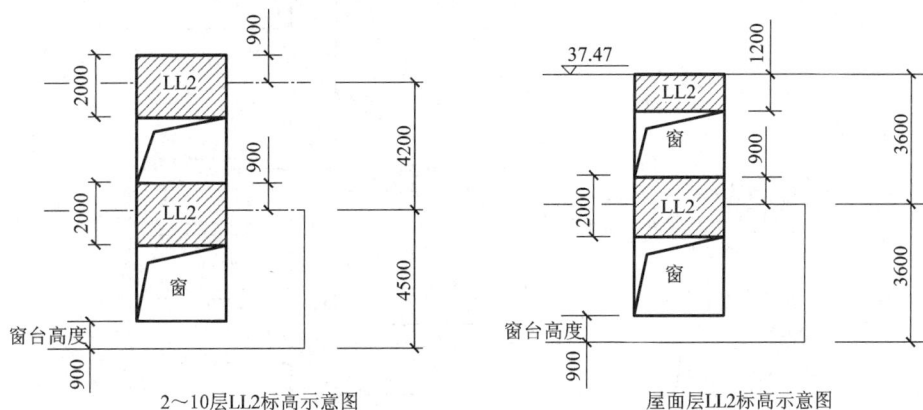

2～10层LL2标高示意图　　　　屋面层LL2标高示意图

图 7－7

2～10 层，LL2 高出本层结构标高的高差为 0.9 m，正好是窗台的高度，LL2 正好位于上下两层楼的窗与窗之间。梁表中屋面层梁顶相对标高高差为 0，表示连梁顶标高与结构标高相同。

说明：梁顶相对标高高差指墙梁相对于楼层结构标高的高差值。高于者为正值，低于者为负值，无高差时不注。

（4）墙梁侧面纵筋的配置，当墙身水平筋满足墙梁侧面纵向构造钢筋的要求时，表中不注明，以墙身水平筋代替；不能满足时，在表中补充具体数值。

连梁 LLK 侧面纵筋以大写字母"N"打头注写。

任务二　计算剪力墙钢筋工程量

7.2　剪力墙构件钢筋构造

7.2.1　剪力墙构件钢筋体系

剪力墙构件钢筋骨架

剪力墙构件钢筋在实际工程中可能出现的各种情况，其构造体系如图 7－8。

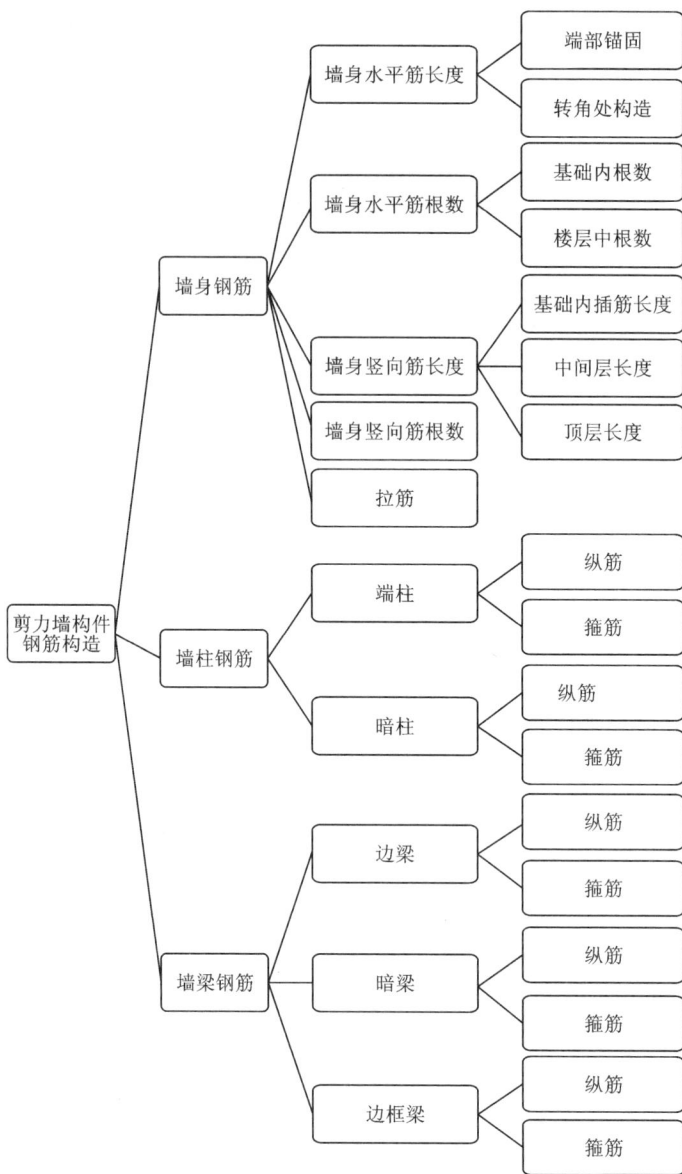

图 7-8 剪力墙构件钢筋知识体系

7.2.2 剪力墙构件钢筋构造

(一)墙身钢筋构造

1.墙身水平筋构造

(1)墙身水平筋构造知识体系见表7-9。

表7-9　墙身水平筋构造知识体系

墙身水平分布筋构造		《16G101—1》页码
端部锚固	无柱	第71页
	暗柱	第71页
	L形暗柱	第71页
	端柱	第72页
	洞口断开	第83页
转角墙		第71页
翼墙		第72页
墙身水平筋根数	起步距离、与墙梁、楼板的关系	第78页，基础内根数《16G101—3》第64页

（2）墙身水平分布筋在端部无柱、端部暗柱、暗柱转角墙中的锚固构造见表7-10。

表7-10　墙身水平分布筋在端部无柱、端部暗柱、暗柱转角墙中的锚固构造（图集《16G101—1》第71页）

	钢筋构造图示	钢筋构造要点	计算公式
端部无暗柱墙身水平筋构造	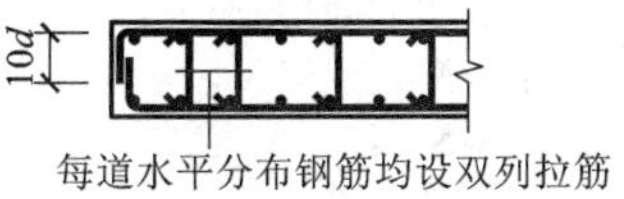 每道水平分布钢筋均设双列拉筋	1.端部无柱时，墙身水平筋伸到对边弯折10d 2.墙端每道水平分布钢筋均设双列拉筋	水平筋弯折长度：10d
端部有暗柱墙身水平筋构造	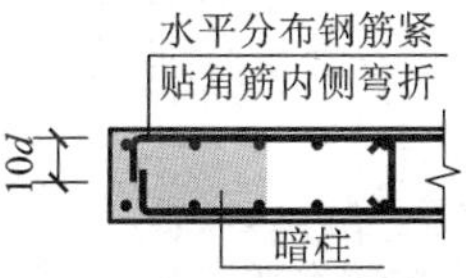 水平分布钢筋紧贴角筋内侧弯折　暗柱	1.端部有暗柱时，墙身水平筋伸到暗柱对边弯折10d 2.水平分布钢筋紧贴角筋内侧弯折	在暗柱内锚固长度：暗柱长度－保护层+10d
端部有L形柱墙身水平筋构造	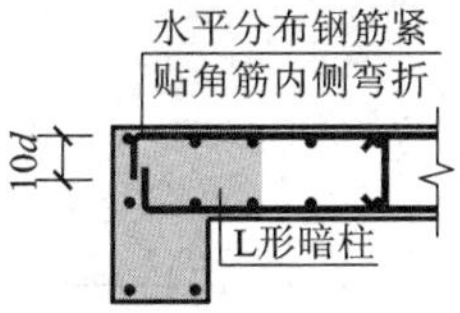 水平分布钢筋紧贴角筋内侧弯折　L形暗柱	1.端部有L形暗柱时，墙身水平筋伸到暗柱对边弯折10d 2.水平分布钢筋紧贴角筋内侧弯折	在L形暗柱内锚固长度：暗柱长度－保护层+10d
转角墙墙身水平筋构造1	暗柱范围　转角墙(三)（外侧水平分布钢筋在转角处搭接）	暗柱长 $>0.8l_{aE}$ 暗柱转角墙，外侧水平筋在暗柱内搭接： 1.内侧水平筋伸至暗柱对边折15d； 2.外侧水平钢筋：伸至柱外侧弯折 $0.8l_{aE}$	1.内侧水平筋在暗柱内长度：暗柱长度－保护层+15d 2.外侧水平筋在转角处长度：暗柱长度－保护层+ $0.8l_{aE}$

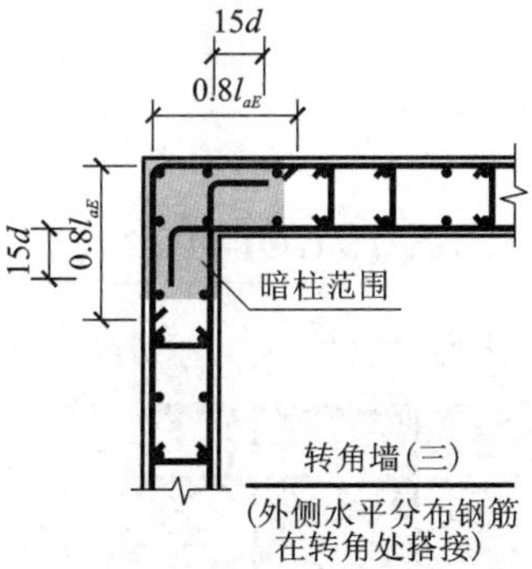

钢筋构造图示	钢筋构造要点	计算公式
转角墙墙身水平筋构造2 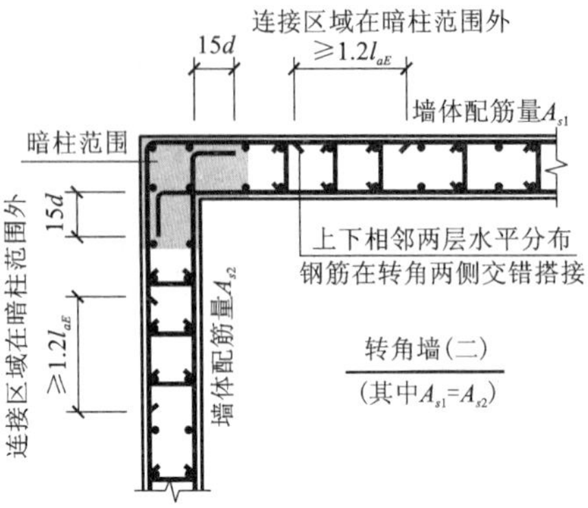 连接区域在暗柱范围外 ≥1.2l_{aE} 15d 墙体配筋量A_{s1} 暗柱范围 15d 连接区域在暗柱范围外 ≥1.2l_{aE} 墙体配筋量A_{s2} 上下相邻两层水平分布钢筋在转角两侧交错搭接 转角墙（二） （其中$A_{s1}=A_{s2}$）	暗柱转角墙，外侧水平筋在暗柱外搭接，A_{s1}（墙体配筋率）= A_{s2}（墙体配筋率）： 1. 内侧水平筋伸至暗柱对边折15d； 2. 外侧水平分布钢筋连续通过转角暗柱，上下相邻两层水平分布钢筋在转角两侧交错搭接，搭接长度≥1.2l_{aE}。	1. 内侧水平筋在暗柱内长度： 暗柱长度－保护层+15d 2. 外侧水平筋长度： 暗柱长度1－保护层+暗柱长度2－保护层+1.2l_{aE}
转角墙墙身水平筋构造3 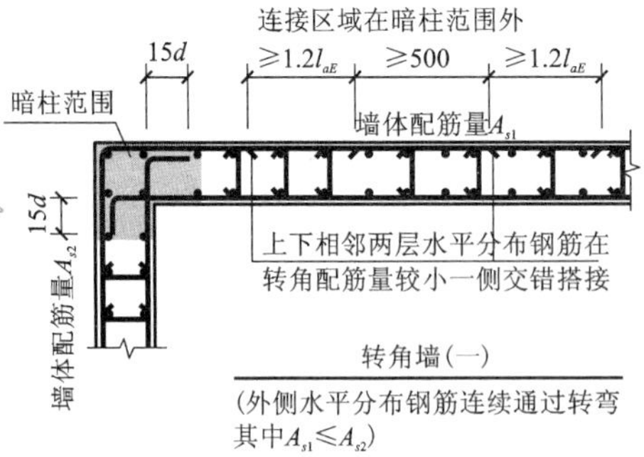 连接区域在暗柱范围外 ≥1.2l_{aE} ≥500 ≥1.2l_{aE} 15d 墙体配筋量A_{s1} 暗柱范围 15d 墙体配筋量A_{s2} 上下相邻两层水平分布钢筋在转角配筋量较小一侧交错搭接 转角墙（一） （外侧水平分布钢筋连续通过转弯 其中$A_{s1}≤A_{s2}$）	暗柱转角墙，外侧水平筋在暗柱外搭接，A_{s1}（墙体配筋率）≤ A_{s2}（墙体配筋率）： 1. 内侧水平筋伸至暗柱对边折15d； 2. 外侧水平分布钢筋连续通过转角暗柱，上下相邻两层水平分布钢筋在配筋量较小一侧交错搭接，搭接长度≥1.2l_{aE}，错开长度≥500 mm。	1. 内侧水平筋在暗柱内长度： 暗柱长度－保护层+15d 2. 配筋量较大侧墙体外侧水平筋长度： 暗柱长度－保护层+1.2l_{aE}（短筋）或暗柱长度－保护层+1.2l_{aE}+500+1.2l_{aE}（长筋）
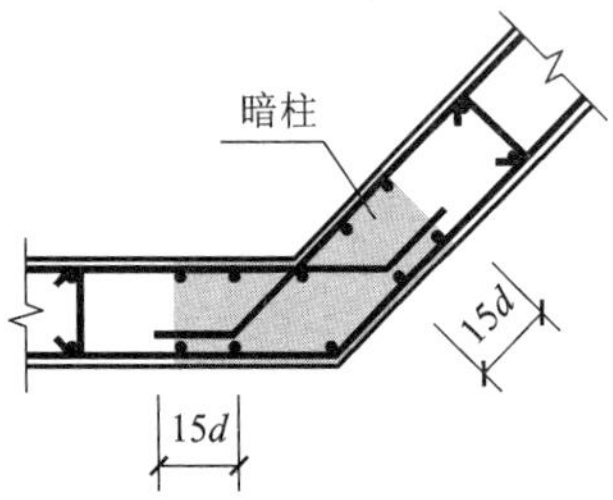 暗柱 15d 15d	斜交暗柱转角墙： 1. 内侧水平筋伸至暗柱对边折15d； 2. 外侧水平钢筋连续通过转弯。	

注：剪力墙分布钢筋配置若多于两排，中间排水平分布钢筋端部构造同内侧钢筋。

（3）墙身水平分布筋在端柱中的锚固构造见表7–11。

表7–11 墙身水平分布筋在端柱中的锚固构造（图集《16G101—1》第72页）

钢筋构造图示	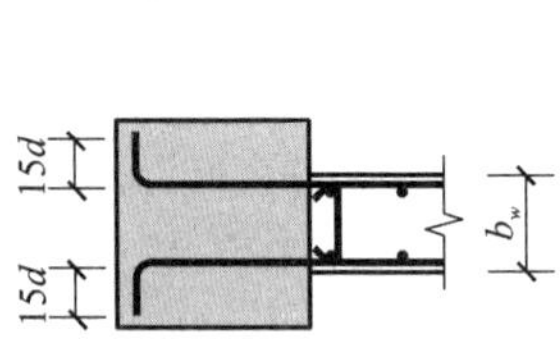 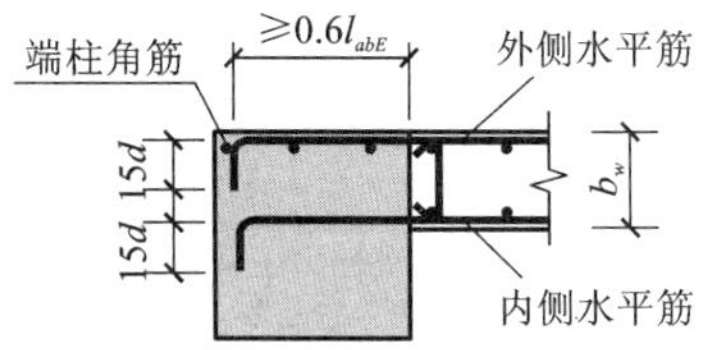
15d 15d 15d b_w	≥0.6l_{abE} 端柱角筋 外侧水平筋 15d 15d b_w 内侧水平筋

续上表

钢筋构造要点	**端部端柱** 端柱与墙身一侧平齐，平齐端柱那侧的水平分布筋为外侧水平分布筋，墙身对侧的水平筋为内侧水平分布筋。 1. 墙身内侧水平分布筋伸入端柱的长度 $\geqslant l_{aE}$ 时，可直锚；不能直锚时，墙身内侧水平分布筋弯锚，伸到端柱对边弯折 $15d$ 2. 墙身外侧水平分布筋弯锚，伸入端柱对边弯折 $15d$（不能直锚）
计算公式	1. 水平筋直锚长度：l_{aE} 2. 水平筋弯锚长度：端柱长度 − 保护层 + $15d$
钢筋构造图示	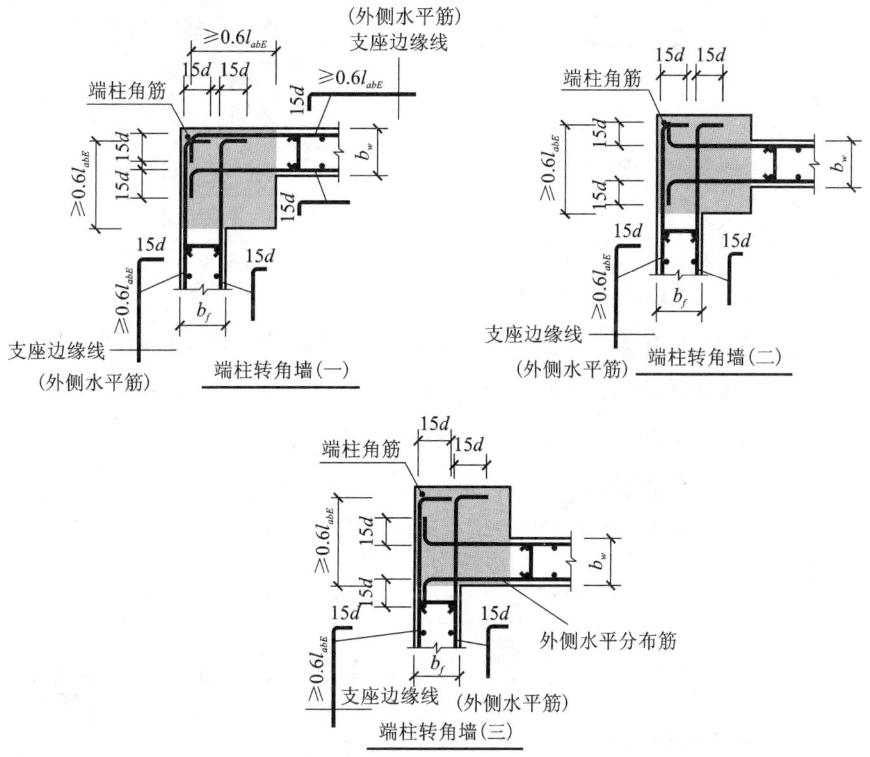
钢筋构造要点	**端柱转角墙** 端柱与墙身一侧平齐，平齐端柱那侧的水平分布筋为外侧水平分布筋，墙身对侧的水平筋为内侧水平分布筋。 1. 墙身内侧水平分布筋伸入端柱的长度 $\geqslant l_{aE}$ 时，可直锚；不能直锚时，墙身内侧水平分布筋弯锚，伸到端柱对边弯折 $15d$ 2. 墙身外侧水平分布筋弯锚，伸入端柱对边弯折 $15d$（不能直锚）
计算公式	1. 水平筋直锚长度：l_{aE} 2. 水平筋弯锚长度：端柱长度 − 保护层 + 15

（4）翼墙墙身水平分布筋锚固构造见表 7–12。

表 7 – 12　翼墙墙身水平分布筋锚固构造见（图集《16G101—1》第 72 页）

钢筋构造图示	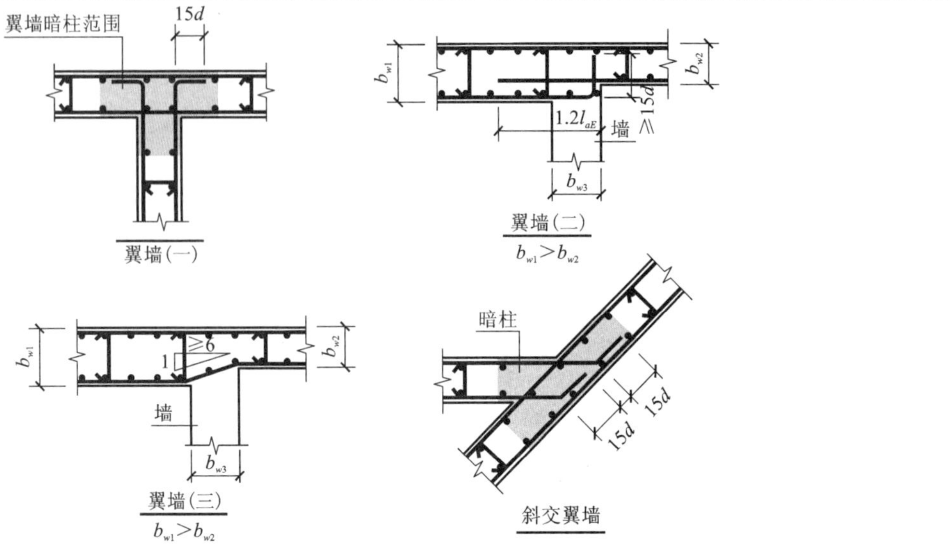 翼墙（一）　　翼墙（二）$b_{w1}>b_{w2}$　　翼墙（三）$b_{w1}>b_{w2}$　　斜交翼墙（图示）
钢筋构造要点	**暗柱翼墙** 1. 不变截面翼墙墙身水平分布筋连续通过； 2. 变截面翼墙墙身水平分布筋： 　当截面变化值 $(b_{w1}-b_{w2})/b_{w3}\geqslant\dfrac{1}{6}$ 时，大截面墙身水平分布筋断开弯折锚固，锚固长度为伸到变截面端部弯折 $15d$；小截面墙身水平分布筋直锚入大截面墙体，直锚长度为 $1.2l_{aE}$。 　当截面变化值 $(b_{w1}-b_{w2})/b_{w3}<\dfrac{1}{6}$ 时，墙身水平分布筋斜弯通过变截面。 3. 另一方向墙身水平分布筋伸到暗柱对边弯折 $15d$。
计算公式	1. 变截面水平分布筋断开，大截面墙身水平分布筋弯锚长度：b – 保护层 + $15d$ 　　　　　　　　小截面墙身水平分布筋直锚长度：$1.2l_{aE}$ 2. 另一方向墙身水平分布筋弯锚长度：暗柱长度 – 保护层 + $15d$
钢筋构造图示	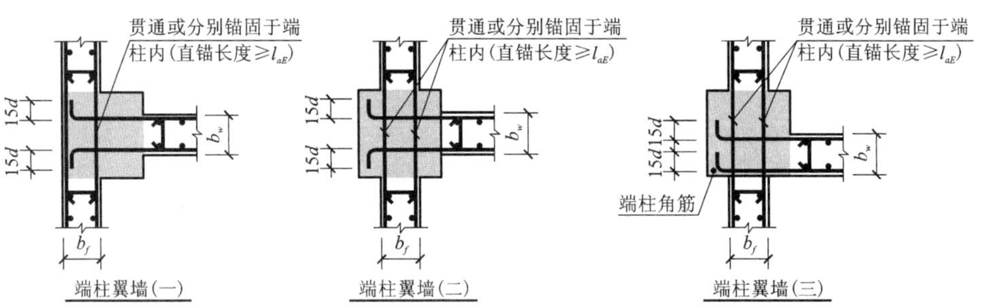 端柱翼墙（一）　　端柱翼墙（二）　　端柱翼墙（三）（图示） 贯通或分别锚固于端柱内（直锚长度≥l_{aE}）
钢筋构造要点	**端柱翼墙** 1. 翼墙墙身内侧水平分布筋，可贯通端柱或分别直锚于端柱内，直锚长度≥l_{aE}。 2. 翼墙墙身一侧与端柱平齐时，外侧水平分布筋（如端柱翼墙一）连续通过端柱。 3. 另一方向墙体的墙身水平分布筋伸入端柱锚固，内侧水平分布筋伸入端柱的长度≥l_{aE} 时，可直锚，直锚长度≥l_{aE}；不能直锚时，伸到端柱对边弯折 $15d$；外侧水平分布筋（如端柱翼墙三）伸到端柱对边弯折 $15d$。
计算公式	1. 水平筋直锚长度：l_{aE} 2. 水平筋弯锚长度：端柱长度 – 保护层 + 15

250

（5）墙身水平筋洞口处切断构造见表 7－13。

表 7－13　墙身水平筋洞口处切断构造（图集《16G101—1》第 83 页）

钢筋构造图示	钢筋构造要点	计算公式
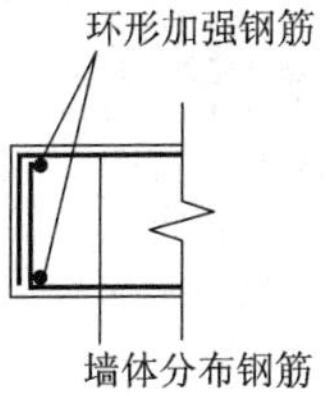 环形加强钢筋 墙体分布钢筋	墙身洞口处水平筋切断，弯折相互伸至对边	弯折长度： 墙厚 $-2c$ （c 墙保护层厚度）

（6）墙身水平筋根数构造见表 7－14。

表 7－14　墙身水平分布筋根数构造（图集《16G101—3》第 64 页，图集《16G101—1》第 78 页）

钢筋构造图示	钢筋构造要点	计算公式
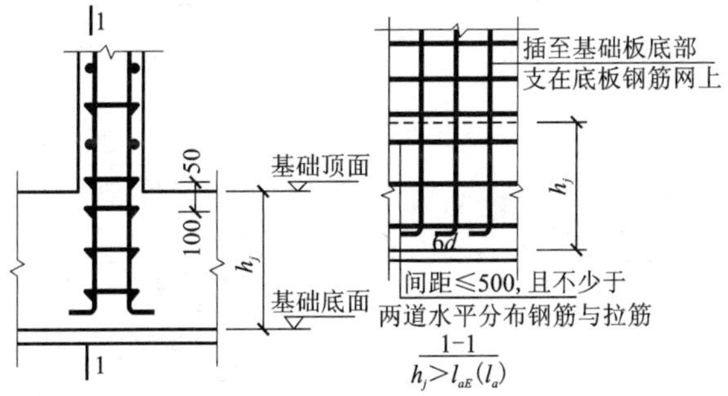 插至基础板底部支在底板钢筋网上 间距≤500，且不少于两道水平分布钢筋与拉筋 1-1 $h_j > l_{aE}(l_a)$ 墙外侧插筋保护层厚度 $>5d$	当墙外侧插筋保护层厚度 $>5d$ 时， （1）墙身水平分布筋基础内根数间距 ≤500，且不小于两道。 （2）基础顶面起步距离 50 mm，基础内离基础顶面起步距离为 100 mm	基础内根数 $= \max(2,(h_j - 100)/500 + 1)$
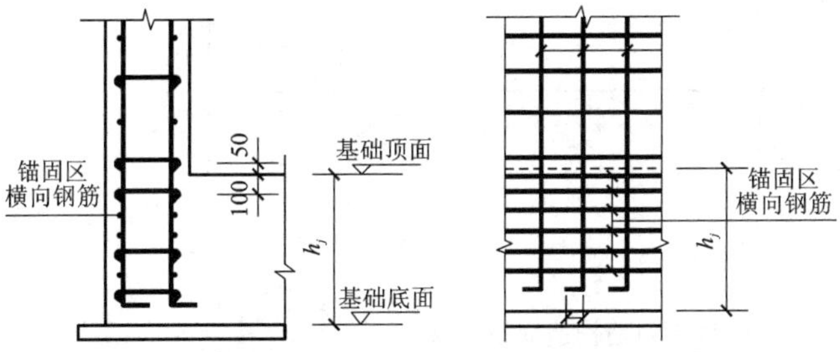 锚固区横向钢筋 墙外侧插筋保护层厚度 ≤5d	当墙外侧插筋保护层厚度 ≤5d 时， （1）锚固区横向钢筋（墙身水平筋）间距 ≤10d（d 为插筋最小直径），且 ≤100 mm （2）基础顶面起步距离 50 mm，基础内离基础顶面起步距离为 100 mm	基础内根数 $= \max[(((h_j - 100)/10d + 1),(h_j - 100)/100 + 1]$
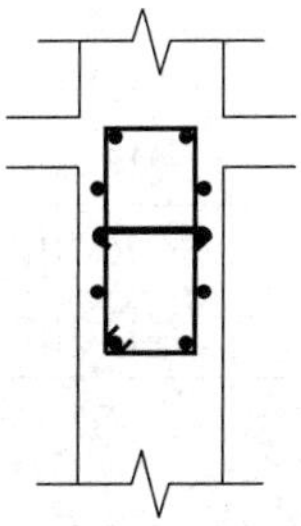 连梁	（1）墙身水平筋在连梁箍筋外侧连续布置 （2）起步距离：水平筋在楼面起步距离 50 mm	根数 $=$（层高 $-$ 起步距离）/间距

续上表

钢筋构造图示	钢筋构造要点	计算公式
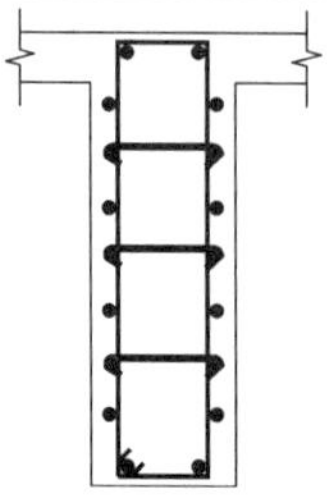 暗梁	(1)墙身水平筋在暗梁箍筋外侧连续布置 (2)起步距离:水平筋在楼面起步距离50mm	根数 =（层高 - 起步距离)/间距
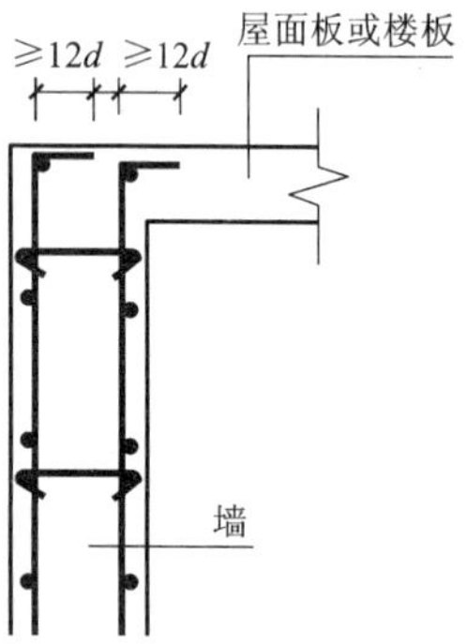 屋面板或楼板	(1)墙身水平筋在楼板、屋面板连续布置 (2)起步距离:水平筋在楼面起步距离50mm	根数 =（层高 - 起步距离)/间距
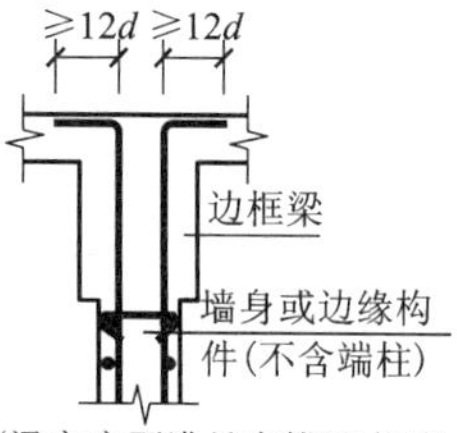 （梁高度不满足直锚要求时）	墙身水平筋在边框梁内不布置	根数 =（净高 - 起步距离)/间距

2.墙身竖向筋构造

（1）墙身竖向筋构造知识体系见表7－14。

表7－14 墙身竖向筋构造知识体系

墙身竖向筋构造		页码
基础内插筋		《16G101—3》第64页
中间层	变截面	《16G101—1》第74页
	不变截面	《16G101—1》第73页
顶层		《16G101—1》第74页
墙身竖向筋根数	约束形柱、构造形柱	《16G101—1》第75、77页

（2）墙身竖向筋连接构造见表7－16。

（3）墙身竖向筋基础内插筋构造见表7－17。

表 7 – 16　墙身竖向筋连接构造

钢筋构造图示	钢筋构造要点	计算公式
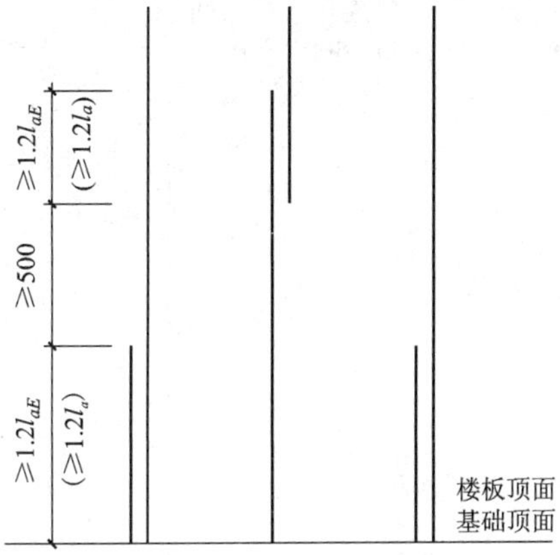	竖向筋搭接连接： (1)墙竖向筋采用绑扎搭接，伸出基础错开搭接 $1.2l_{aE}$ ($1.2l_a$)。 (2)一、二级抗震等级剪力墙底部加强部位竖向钢筋错开 500 mm 连接	搭接长度 = $1.2l_a$ 或 $1.2l_{aE}$
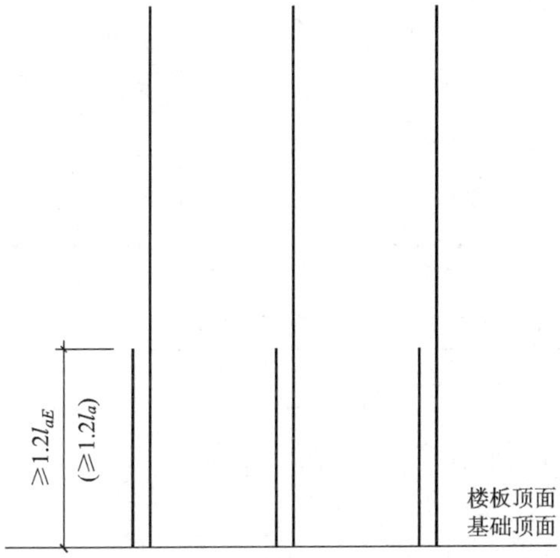	一、二级抗震等级剪力墙非底部加强部位或三、四级抗震等级剪力墙竖向分布筋可在同一部位搭接，可不错开连接	搭接 $1.2l_a$ 或 $1.2l_{aE}$
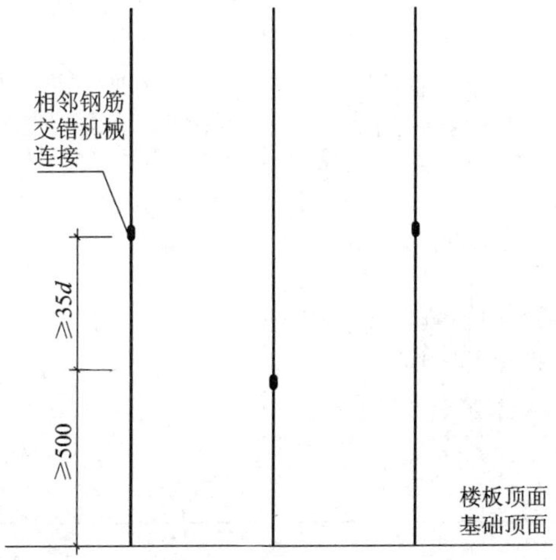	墙竖向筋采用机械连接，相邻两钢筋交错 $35d$ 连接	

续上表

钢筋构造图示	钢筋构造要点	计算公式
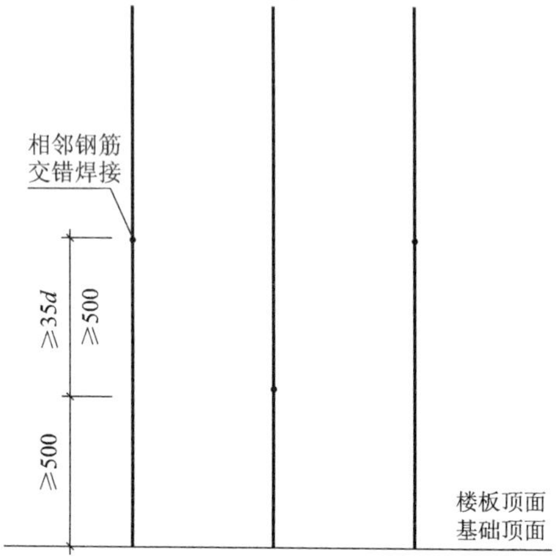	墙竖向筋采用焊接连接，相邻两钢筋交错 $\max(35d,500)$ 连接	

表 7 – 17　墙身竖向筋基础内插筋构造 (图集《16G101—3》第 64 页)

钢筋构造图示	钢筋构造要点	计算公式
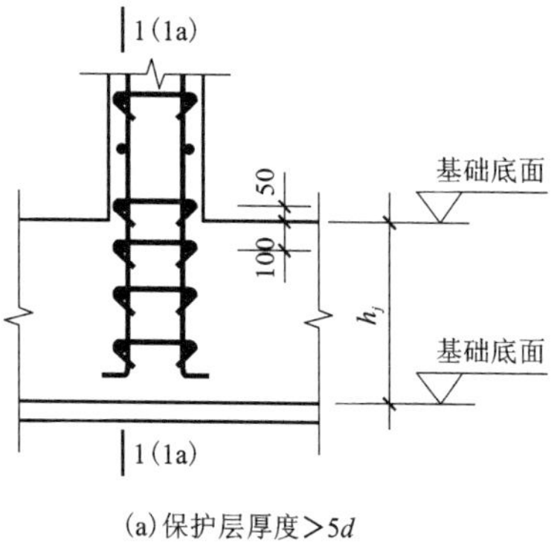 (a) 保护层厚度 > 5d	墙外侧插筋保护层厚度 > 5d： 1. $h_j > l_{aE}$ 墙竖向钢筋"隔二下一"伸至基础板底部，支承在底板钢筋网片上，也可支承在筏形基础的中间层钢筋网片上，弯折 6d 且 ≥150 mm；没伸到基础底部的竖向钢筋伸入基础长度满足直锚即可 (如图 1 – 1)。 2. $h_j \leqslant l_{aE}$ 墙竖向钢筋插到基础底弯折 15d (如图 1a – 1a)	1. $h_j > l_{aE}$ ①伸至基底的墙竖向钢筋基础内长度： $= h_j - c + \max(6d,150)$ ②不伸至基底的墙竖向钢筋基础内长度：l_{aE} 2. $h_j \leqslant l_{aE}$ 墙竖向钢筋基础内长度 $= h_j - c + 15d$

254

续上表

钢筋构造图示	钢筋构造要点	计算公式
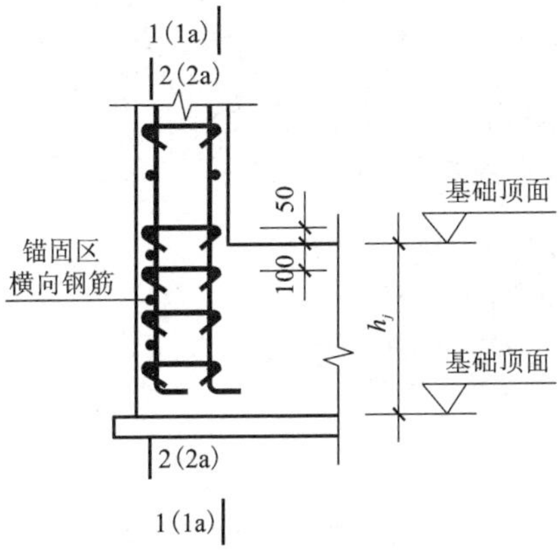 (b)保护层厚度≤5d	墙外侧插筋保护层厚度≤5d： 1. $h_j > l_{aE}$ (1)墙外侧竖向筋插到基底弯折6d且≥150 mm(如图2-2) (2)墙内侧竖向钢筋"隔二下一"伸至基础板底部，支承在底板钢筋网片上，也可支承在筏形基础的中间层钢筋网片上，弯折6d且≥150 mm；没伸到基础底部的竖向钢筋伸入基础长度满足直锚即可(如图1-1) 2. $h_j \leqslant l_{aE}$ 墙竖向钢筋插到基础底弯折15d(如图1a-1a,2a-2a)	1. $h_j > l_{aE}$ (1)墙外侧竖向筋基础内长度 $= h_j - c + \max(6d, 150)$ (2)墙内侧竖向筋基础内长度 ①伸至基底的墙竖向钢筋基础内长度： $= h_j - c + \max(6d, 150)$ ②不伸至基底的墙竖向钢筋基础内长度： l_{aE} 2. $h_j \leqslant l_{aE}$ 墙竖向钢筋基础内长度 $= h_j - c + 15d$

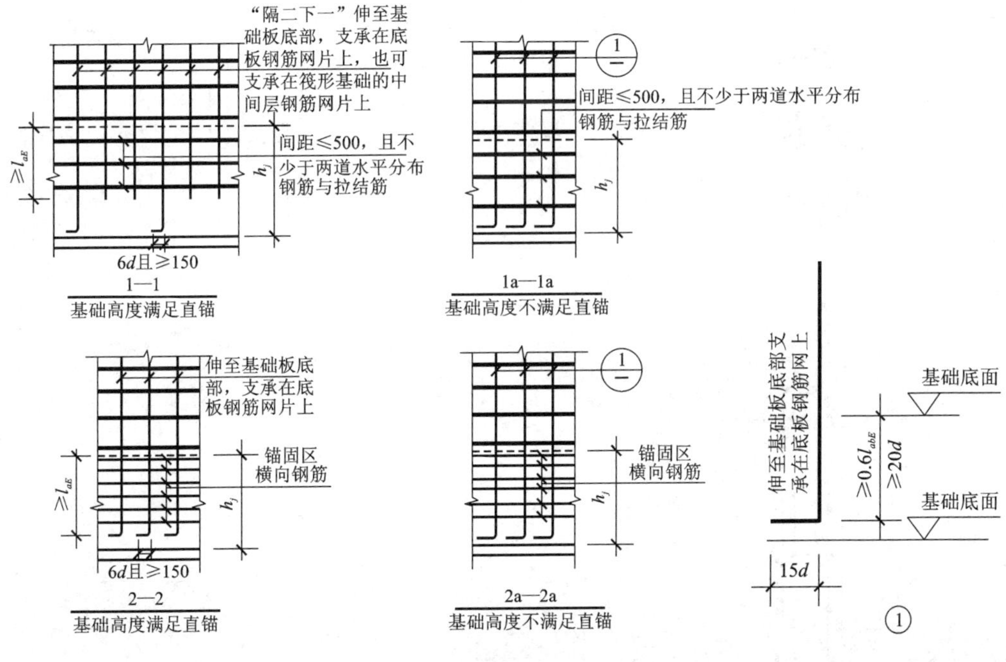

(4)墙身竖向筋楼层中基本构造见表7-18。

表 7 – 18　墙身竖向筋楼层中基本构造(图集《16G101—1》第 73 页)

钢筋构造图示	钢筋构造要点	计算公式
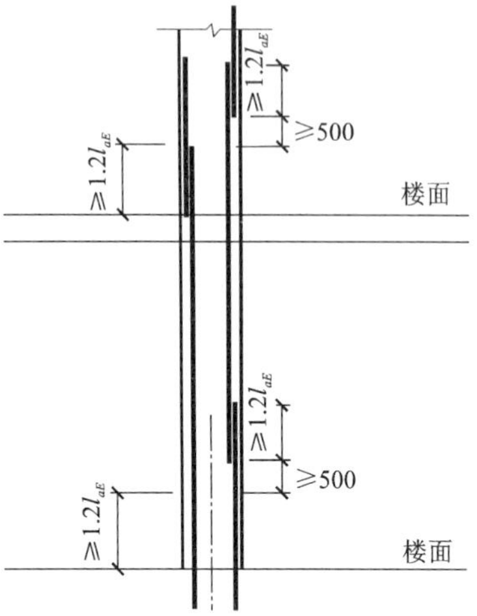	墙身竖向钢筋每层一个连接。 (1)竖向筋搭接连接 ①下层竖向钢筋伸出本层楼面与本层竖向钢筋搭接 $1.2l_{aE}$ ②一、二级抗震剪力墙底部加强部位竖向钢筋错开 500 mm 搭接 ③一、二级抗震等级剪力墙非底部加强部位或三、四级抗震可在同一部位搭接 (2)墙竖向筋采用焊接或机械连接,相邻两钢筋错开高度≥35d (3)墙身竖向钢筋采用机械连接,相邻两钢筋错开高度≥35d 且≥500	错开搭接竖向筋长度 低位:本层层高 + 伸入上层 $1.2l_{aE}$ 高位:本层层高 – (下层伸入) $1.2l_{aE}$ – 500 + (本层伸入上层) $1.2l_{aE}$ ($1.2l_a$) + 500

(5)墙身竖向筋楼层中变截面构造见表 7 – 19。

表 7 – 19　墙身竖向筋楼层中变截面构造(图集《16G101—1》第 74 页)

钢筋构造图示	钢筋构造要点	计算公式
 变截面墙身竖向筋断开锚固 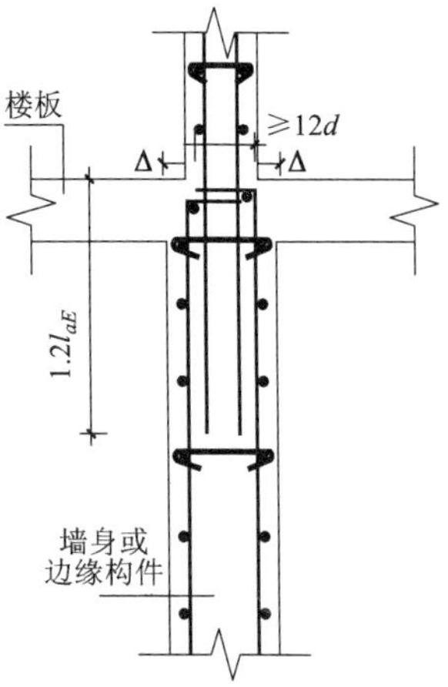	当 Δ > 30 mm 时,变截面处,下层墙体竖向筋伸至板顶弯折 $12d$,上层墙体竖向筋锚入下层墙体,锚入长度自板面算起 $1.2l_{aE}$	(1)下层墙体竖向筋板内锚固长度 = $h - c + 12d$ (h 为板厚,c 为板保护层厚度) (2)上层墙体竖向筋伸至下层体墙内锚固长度 = $1.2l_{aE}$

续上表

钢筋构造图示	钢筋构造要点	计算公式
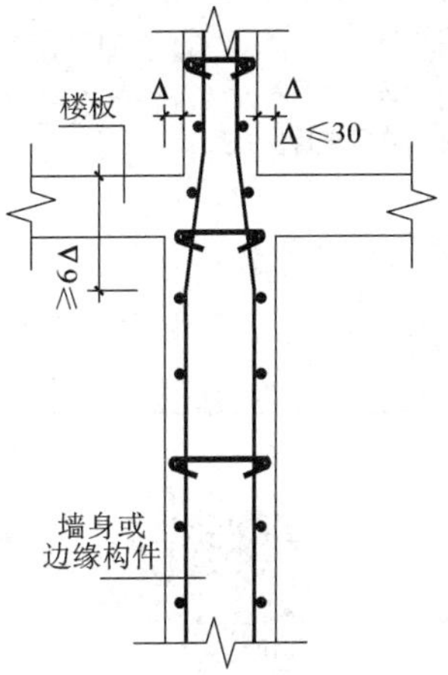	当 $\Delta \leqslant 30$ 时，可斜弯通过 变截面墙身竖向筋斜弯通过	
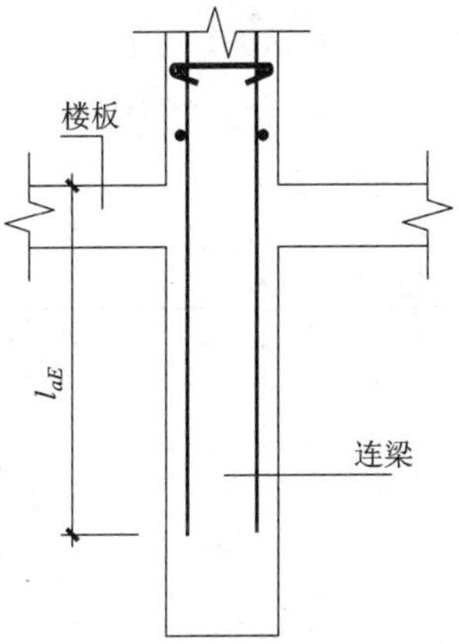	剪力墙竖向筋锚入连梁，锚固长度从楼面起算 l_{aE} 墙身竖向筋锚入连梁构造	锚固长度 = l_{aE}

（6）墙身竖向筋顶层构造见表 7-20。

表 7-20　墙身竖向筋顶层构造（图集《16G101—1》第 74 页）

钢筋构造图示	钢筋构造要点	计算公式
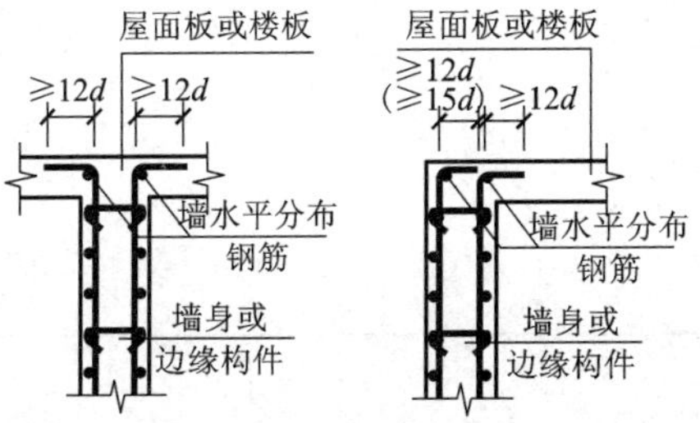	墙顶为屋面板或楼板， 1. 墙身竖向筋伸至板顶，弯折 $12d$ 2. 若剪力墙为外墙，且剪力墙外侧竖向筋与屋面板上部钢筋搭接传力时，墙身外侧竖向筋伸至板顶，弯折 $15d$	1. 顶层锚固长度 $= h - c + 12d$ 2. 外侧竖向筋（与屋面板搭接传力）锚固长度 $= h - c + 15d$

钢筋构造图示	钢筋构造要点	计算公式
 (梁高度满足直锚要求时)　(梁高度不满足直锚要求时)	剪力墙顶为边框梁,墙身竖向筋锚入边框梁, 1. 梁高度满足直锚要求时,可直锚,锚固长度为 l_{aE} 2. 梁高度不满足直锚要求时,墙身竖向钢筋弯锚,伸至板顶弯折 $12d$	1. 直锚固长度 = l_{aE} 2. 弯锚长度 = 梁高 − c + $15d$

内墙墙身竖向筋　外墙墙身竖向筋　墙身竖向筋顶层　墙身竖向筋顶层
顶层构造　　　顶层构造　　　直锚入边框梁构造　弯锚入边框梁构造

(7)墙身竖向筋根数构造见表7−21。

表7−21　墙身竖向筋根数构造(图集《16G101—1》第75页)

钢筋构造图示	钢筋构造要点	计算公式
 构造边缘构件 GBZ	墙端为构造性柱,墙身竖向钢筋在墙净长范围内布置,起步距离为一个钢筋间距(s)	根数 = $(L_n - 2 \times s)/s + 1$ (L_n 为墙净长,s 为墙身竖向筋间距)
 约束边缘构件 YBZ	墙端为约束性柱,约束性柱的扩展部位配置墙身钢筋(间距配合该部位拉筋间距);扩展部位以外,正常布置墙竖向钢筋	

3.墙身拉筋构造

墙身拉筋构造如图7−9。

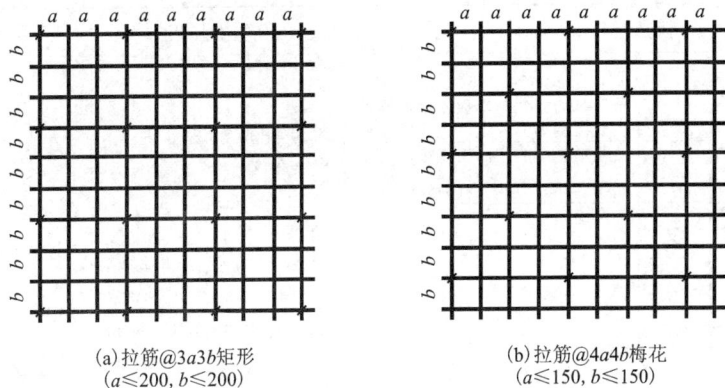

(a)拉筋@3a3b矩形
(a≤200,b≤200)

(b)拉筋@4a4b梅花
(a≤150,b≤150)

图7-9　墙身拉筋构造

构造要点:

(1)墙身拉筋有矩形和梅花布置两种构造。

(2)墙身拉筋布置:

在层高范围内:从楼面以上第二排墙身水平筋,至屋顶板底(梁底)往下第一排墙身水平筋;

在墙身宽度范围内:从端部的墙柱边第一排墙身竖向筋开始布置;

连梁范围内的墙身水平筋,需布置拉筋。

(3)一般情况下,墙拉筋间距是墙水平钢筋或竖向钢筋间距的2倍。

(二)墙柱钢筋构造

墙柱的钢筋构造,见表7-22。

表7-22　墙柱的钢筋构造表

墙柱类型	构造要点	平法图集
端柱	端柱的竖向筋和箍筋构造,同框架柱钢筋构造	《16G101—1》第73页,文字说明第1条
暗柱	暗柱纵筋同墙身竖向筋: (1)顶层无边框梁,钢筋伸至板顶,弯折12d;外侧竖向筋与屋面板上部钢筋搭接传力时,弯折15d (2)柱顶为边框梁,竖向筋锚入边框梁,直锚固长度为 l_{aE},弯锚长度为到梁顶弯折12d (3)约束边缘构件非阴影区箍筋、拉筋竖向间距同阴影区	《16G101—1》第74页

边缘构件(暗柱)纵向钢筋在基础中的构造与墙身钢筋不同,其构造见表7-23。

表 7 – 23　边缘构件(暗柱)纵向钢筋及箍筋在基础中的构造

钢筋构造图示	钢筋构造要点	计算公式
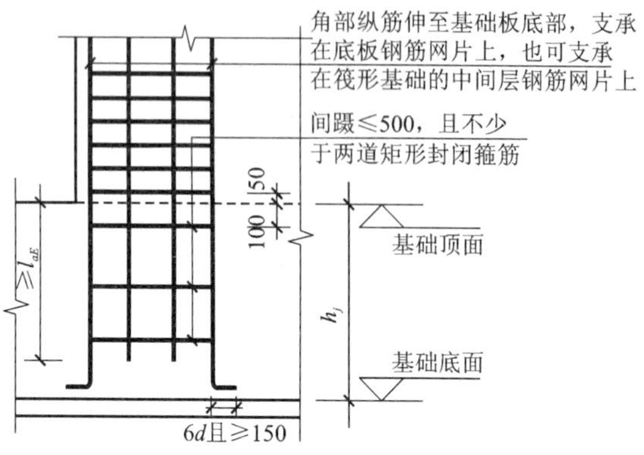 角部纵筋伸至基础板底部,支承在底板钢筋网片上,也可支承在筏形基础的中间层钢筋网片上 间距≤500,且不少于两道矩形封闭箍筋 100 50 基础顶面 h_j 基础底面 ≥l_{aE} 6d且≥150 (a)保护层厚度>5d;基础高度满足直锚	墙外侧插筋保护层厚度>5d: 1. 当 $h_j > l_{aE}$ 时,角部纵筋伸至基础板底部,支承在底板钢筋网片上,也可支承在筏形基础的中间层钢筋网片上,弯折 6d 且 ≥150 mm;其余竖向钢筋伸入基础长度满足直锚即可。	1. $h_j > l_{aE}$ ①伸至基底的墙竖向钢筋基础内长度: $= h_j - c + \max(6d, 150)$ ②不伸至基底的墙竖向钢筋基础内长度: l_{aE}
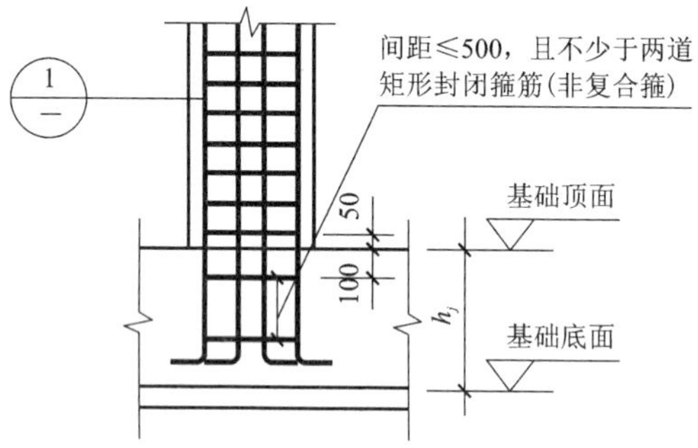 ① 一 间距≤500,且不少于两道矩形封闭箍筋(非复合箍) 50 100 h_j 基础顶面 基础底面 (c)保护层厚度>5d;基础高度不满足直锚	2. 当 $h_j \leqslant l_{aE}$ 时竖向钢筋插到基础底弯折 15d	2. $h_j \leqslant l_{aE}$ 墙竖向钢筋基础内长度 $= h_j - c + 15d$
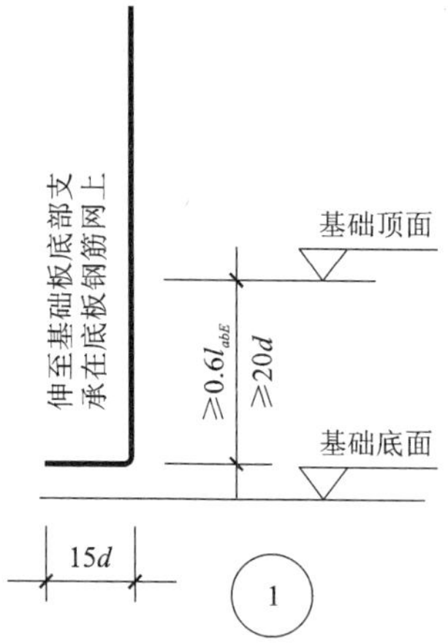 伸至基础板底部支承在底板钢筋网上 基础顶面 ≥0.6l_{aE} ≥20d 基础底面 15d ①	3. 箍筋 (1)间距≤500,且不小于两道矩形封闭箍筋。 (2)基础顶面起步距离50 mm,基础内到基础顶面起步距离100 mm	3. 箍筋根数 基础内根数 = max[2, $(h_j - 100)/500 + 1]$

续上表

钢筋构造图示	钢筋构造要点	计算公式
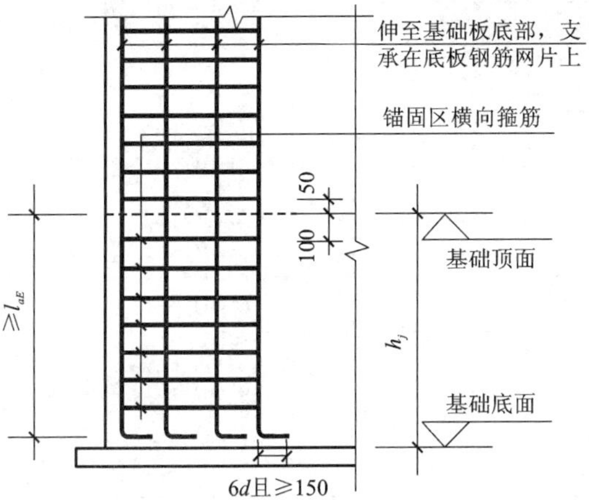 伸至基础板底部，支承在底板钢筋网片上 锚固区横向箍筋 50 100 基础顶面 $\geqslant l_{aE}$ h_j 基础底面 $6d$且$\geqslant150$ (b)保护层厚度≤5d；基础高度满足直锚	墙外侧插筋保护层厚度≤5d: 1. $h_j > l_{aE}$ (1)暗柱竖向插筋到基底弯折6d且≥150 mm	1. $h_j > l_{aE}$ 长度 $= h_j - c + \max (6d, 150)$
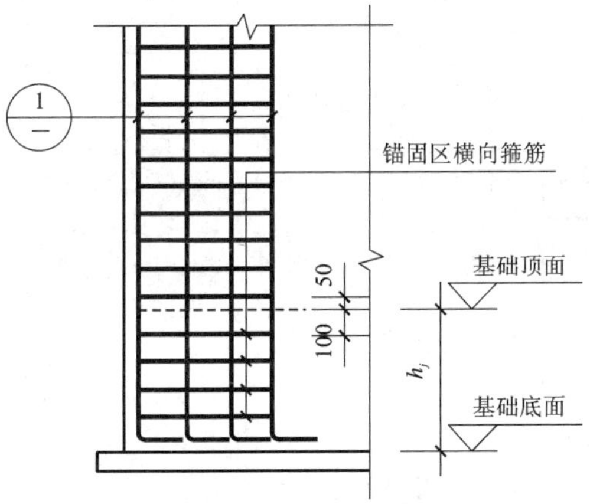 ① 锚固区横向箍筋 50 100 基础顶面 h_j 基础底面 (d)保护层厚度≤5d；基础高度不满足直锚	2. 当 $h_j \leqslant l_{aE}$ 时竖向钢筋插到基础底弯折15d 3. 箍筋 (1)锚固区横向钢筋间距≤5d(d 为插筋最小直径)，且≤100 mm。 (2)基础顶面起步距离50 mm	2. $h_j \leqslant l_{aE}$ 墙竖向钢筋基础内长度 $= h_j - c + 15d$ 3. 箍筋根数 基础内根数 $= \max [(h_j - 100)/5d + 1, (h_j - 100)/100 + 1]$

(三)墙梁钢筋构造

1.墙梁钢筋构造知识体系(见表7-24)

墙梁钢筋构造				平法图集
连梁	纵筋	中间层	端部洞口	《16G101—1》第 78 页
		顶层	中间洞口	
	箍筋	中间层		
		顶层		
暗梁	纵筋	中间层		《16G101—1》第 79 页
		顶层		
		与连梁重叠		《16G101—1》第 79 页
	箍筋			《16G101—1》第 78 页
边框梁	纵筋	中间层		《16G101—1》第 79 页
		顶层		
		与连梁重叠		《16G101—1》第 79 页
	箍筋			《16G101—1》第 78 页

2. 连梁 LL 的钢筋构造(见表 7－25)

表 7－25　连梁钢筋构造

LL 构造示意图	构造要点	计算公式
	洞口连梁端部构造： (1)当端部支座直锚长度 $\geqslant l_{aE}$ 且 $\geqslant 600$ 时，可不上下弯折 (2)端部墙肢较短 $< l_{aE}$ 或 < 600 时，连梁纵筋伸至墙外侧后弯折 $15d$ 单洞口连梁一端短墙钢筋构造	锚固长度 (1)直锚长度 = $\max(l_{aE}, 600)$ (2)弯锚长度 = 支座宽 − 保护层厚度 + $15d$

续上表

LL 构造示意图	构造要点	计算公式
 单洞口连梁（单跨）	单洞口连梁构造：在洞口两端支座直锚 单洞口连梁钢筋构造	直锚长度 = $\max(l_{aE}(l_a), 600)$
 双洞口连梁（双跨）	双洞口连梁构造：纵筋跨过中间支座，在洞口两端支座锚固 双洞口连梁钢筋构造	锚固长度 （1）直锚长度 = $\max(l_{aE}, 600)$ （2）弯锚长度 = 支座宽 − 保护层厚度 + $15d$

箍筋：
（1）中间层连梁，箍筋在洞口范围内布置，起步距离为 50 mm；
（2）顶层连梁，箍筋在连梁纵筋水平长度范围内布置，在支座范围内箍筋间距为 150 mm，直径同跨中，跨中起步距离为 50 mm，支座内起步距离为 100 mm

3. 暗梁 AL 和边框梁 BKL 的钢筋构造(见表 7–26)

表 7–26　暗梁 AL 和边框梁 BKL 的钢筋构造(图集《16G101—1》第 79 页)

AL、BKL 构造示意图	构造要点	计算公式
	顶层暗梁纵向钢筋锚固同屋面框架梁	上部钢筋的锚固长度: 1. 梁包柱: 锚固长度 = 支座宽 $-c+1.7l_{abE}$ 2. 柱包梁: 锚固长度 = 支座宽 $-c+\max($梁高 $-c$, 15)
	中间层暗梁,纵向钢筋锚固同框架梁,弯锚或直锚	1. 上部钢筋锚固长度 锚固长度(弯锚) = 支座宽 $-c+15d$ 2. 直锚长度 $=l_{aE}$

箍筋:在暗梁净长范围内布置

	边框梁或暗梁与连梁重叠时: (1)边框梁或暗梁纵筋与连梁纵筋位置与规格相同时,纵筋贯通,规格不同时则相互搭接;端部构造同框架结构。 (2)边框梁或暗梁箍筋在梁净长范围内布置,起步距离 50 mm;顶层连梁箍筋沿连梁全长布置,中间层连梁箍筋在洞口范围内布置,起步距离 50 mm;暗梁与连梁重叠处箍筋由连梁箍筋代替;边框梁箍筋与连梁箍筋插空布置。	 顶层暗梁边框梁钢筋构造 中间层暗梁边框梁钢筋构造

4.连梁、暗梁和边框梁侧面纵筋和拉筋构造(见表7-27)

表7-27 连梁、暗梁和边框梁侧面纵筋和拉筋构造(图集《16G101—1》第74页)

钢筋构造 图示	不少于2根直径 不小于12的钢筋 LL(一)　　LL(二)　　LL(三)　　AL　　BKL 连梁、暗梁和边框梁 侧面纵筋和拉筋构造
钢筋构造 要点	1.连梁、暗梁及边框梁拉筋直径:当梁宽≤350 mm时,拉筋直径为6 　　　　　　　　　　　　　　当梁宽>350 mm时,拉筋直径为8 2.连梁、暗梁及边框梁拉筋间距:为箍筋间距的2倍,竖向沿侧面水平筋隔一拉一。

7.3 剪力墙构件钢筋计算实例

本节运用剪力墙构件构造要求,举例计算构件钢筋。

7.3.1 剪力墙平法施工图

1.各层剪力墙平面图(见图7-10)

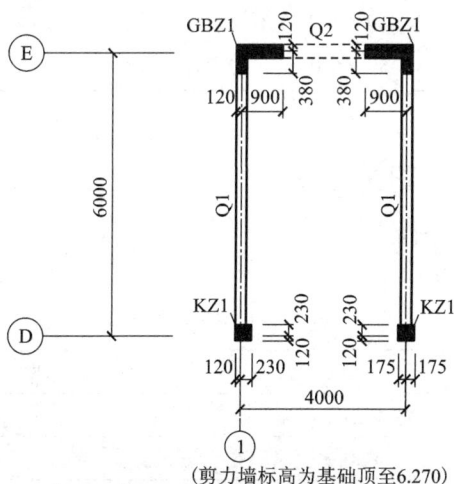

(剪力墙标高为基础顶至6.270)

图7-10 各层剪力墙平面图

2. 墙身表(见表7-28)

表7-28　墙身表

柱号	标高	墙厚	水平分布筋	垂直分布筋	拉筋	备注
Q1	-0.100~6.270	250	Φ10@200	Φ10@200	Φ8@600	
Q2	-0.100~2.520	250	Φ10@200	Φ10@200	Φ8@600	

3. 墙柱表(见表7-29)

表7-29　墙柱表

柱号	标高	$b \times h(b_i \times h_i)$ (圆柱直径 D)	全部纵筋	角筋	b 边一侧中部筋	h 边一侧中部筋	箍筋类型号	箍筋	备注
GBZ1	基础项-6.270	250×500 (1020×250)	14Φ18				3	Φ10@100	

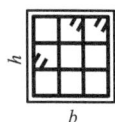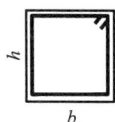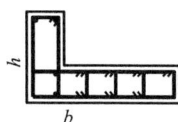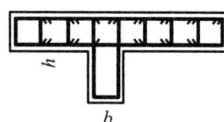

箍筋类型1($m \times n$)　　箍筋类型2　　箍筋类型3　　箍筋类型4

柱箍筋类型

4. 墙梁表(见表7-30)

表7-30　墙梁表

柱号	所在楼层	梁顶相对标高高差	截面尺寸 $b \times h$	上部纵筋	下部纵筋	箍筋	备注
LL1	2层	0.000	250×1950	4Φ18(2/2)	4Φ18(2/2)	Φ8@100(2)	
AL1	1~2层	0.000	250×400	2Φ18	2Φ18	Φ8@150(2)	
AL2	1层	-0.75	250×400	2Φ18	2Φ18	Φ8@150(2)	

7.3.2　剪力墙构件钢筋工程量计算

(一)计算条件(见表7-31)

表7-31　计算条件

计算条件	数据
抗震等级	二级
混凝土强度	C30
纵筋连接方式	剪力墙墙身、墙柱、墙梁钢筋采用绑扎搭接
钢筋定尺长度	9000 mm

（二）计算过程

1.墙身钢筋计算

（1）墙身钢筋计算参数，见表 7-32。

表 7-32 墙身钢筋计算参数

参数	值
c（保护层厚度）	框架柱：30 墙柱、墙梁：15 墙：15
l_{aE}	$l_{aE} = 35d$（墙身） $l_{aE} = 40d$（墙柱、墙梁）
l_{lE}	$l_{lE} = 1.2l_{aE} = 1.2 \times 35d = 42d$
水平筋起步距离	50 mm
竖向筋起步距离	一个竖向筋间距
基础底保护层	40 mm

（2）计算过程。

本书以教材所附办公楼施工图①轴线上⑪、⑮轴之间 Q1 为例计算墙身钢筋工程量。

表 7-33 墙身钢筋工程量计算过程

钢筋		计算过程	说明
Q1 水平筋 ϕ10@200	外侧钢筋	长度计算公式 墙净长 + 端柱锚固 + 转角墙锚固 + 2 个 180°弯钩 $(6000 - 380 - 230) + (350 - 30) + 15d + (500 - 15) + 0.8l_{aE} + 2 \times 6.25d$ $= 5390 + 320 + 15 \times 10 + 485 + 0.8 \times 35 \times 10 + 12.5 \times 10$ $= 6750$（mm）	（1）墙身水平筋在端柱内锚固：伸至对边折 15d （2）墙身水平筋在转角墙处弯折 $0.8l_{aE}$
		根数：23 + 2 + 16 = 41（根） 第一层： 墙身根数：(3270 + 1800 - 600 - 50 × 2)/200 + 1 = 23（根） 基础内根数：600/500 = 2（根） 第二层： 墙身根数：(3000 - 50 × 2)/200 + 1 = 16（根）	墙身水平筋在暗梁连续布置，基础顶面（-1800 + 600 + 50）和楼面起步距离为 50 mm
		总长度 = 6750 mm × 41 = 276750 mm = 276.75（m）	
		总重量 = 276.75 × 0.617 = 170.75（kg）	
	内侧钢筋	长度计算公式 墙净长 + 端柱锚固 + 转角墙锚固 + 2 个 180°弯钩 $(6000 - 380 - 230) + (350 - 30) + 15d + (500 - 15) + 15d + 2 \times 6.25d$ $= 5390 + 320 + 15 \times 10 + 485 + 15 \times 10 + 12.5 \times 10$ $= 6620$（mm）	墙身水平筋在端柱和转角墙内锚固：伸至对边弯折 15d
		根数：23 + 2 + 16 = 41（根） 同外侧水平钢筋根数	
		总长度 = 6620 mm × 41 = 271420 mm = 271.42（m）	
		总重量 = 271.42 × 0.617 = 167.47（kg）	

钢筋		计算过程	说明
竖向钢筋 Φ10@200	外侧竖向钢筋	长度： 计算公式 基础内锚固长度 + 中间层长度 + 顶层锚固 + 搭接长度 $H_j = 600 > 35d = 350$，"隔二一下"伸到基础底弯折 （1）伸到基础底的竖向钢筋基础内弯折长度 $\max(6d = 6 \times 10 = 60, 150)$ 长度 $= 1800 + 6270 - 40 + 150 - 15 + 12d + 2 \times 6.25d$ 　　$= 8410$ mm 搭接长度 $= 2 \times l_{lE} = 2 \times 42d = 840$ mm 每根总长 $= 8410 + 840 = 9250$ mm （2）不伸到基础底的竖向钢筋基础内直锚 l_{aE} 长度 $= 1800 + 6270 - 600 + l_{aE} - 15 + 12d + 2 \times 6.25d$ 　　$= 1800 + 6270 - 600 + 35 \times 10 - 15 + 12 \times 10 + 2 \times 6.25 \times 10$ 　　$= 8050$ mm 搭接长度 $= 2 \times l_{lE} = 2 \times 42d = 840$ mm 每根总长 $= 8050 + 840 = 8890$ mm	（1）基础内锚固长度： 当 $H_j \geq l_{aE}$ 时 "隔二一下"伸到基础底弯折，弯折 $\max(6d, 150)$； 其余竖向钢筋不伸伸到基础底，在基础内直锚 l_{aE} 当 $H_j < l_{aE}$ 时 伸至基底弯折 $15d$ （2）中间层每层一个搭接连接，搭接长度 l_{lE}； （3）顶层锚固： 伸到板顶弯折 $12d$
		根数：伸到基底的竖向钢筋：$2 \times 9 = 18$ 伸到基础内 l_{aE} 处的竖向钢筋：$2 \times 17 = 34$ $(6000 - 380 - 230 - 200 \times 2)/200 + 1$ 　$= 26$ 根 $26 \div 3 = 8.7$ 取 9 根伸到基础底弯折，17 根伸到基础内 l_{aE} 处锚固。	"隔二一下"伸到基础底弯折。
		总长度 $= 9250 \times 18 + 8890 \times 34 = 468760$ mm $= 468.76$ m	
		重量 $= 468.76 \times 0.617 = 289.22$ kg	
拉筋 Φ8@600	按矩形布置	长度计算公式 墙厚 - 保护层厚度 + 弯钩长度 $250 - 15 \times 2 + 2 \times 11.9 \times 8$ 　$= 410$（mm）	
		拉筋根数 $= (8 + 5) \times 9 = 117$（根） （1）第一层墙身水平筋根数为 23 根，从第 2 排水平筋开始布拉筋即 $23 - 1 = 22$ 拉筋根数 $= 22 \div 3 = 8$（根） （2）第二层墙身水平筋根数为 16 根，从第 2 排水平筋开始布拉筋，即 $16 - 1 = 15$ 拉筋根数 $= 15 \div 3 = 5$（根） （3）墙身竖向筋根数为 26 根 拉筋根数 $= 26 \div 3 = 9$（根）	（1）拉筋根数间距为墙身钢筋间距的 3 倍； （2）拉筋总根数为水平方向根数×竖向根数
		总长度 $= 410$ mm $\times 117 = 47970$ mm $= 47.97$（m）	
		总重量 $= 47.97 \times 0.395 = 18.95$（kg）	

2. 计算墙柱 GBZ1 的钢筋工程量

表 7 - 34　墙柱 GBZ1 的钢筋工程量计算过程

钢筋	计算过程	说明
纵筋 14 ⏀18	$h_j = 600 < 40d = 40 \times 18 = 720$，基础内弯折长度 15d。 每根长 = 1800 + 6270 - 40 + 15d - 15 + 12d = 8501（mm）	顶部锚固同墙身竖向筋
	搭接长度 = $2 \times l_{lE} = 2 \times 48 \times 18 = 1728$（mm）	
	每根总长 = 8501 + 1728 = 10229（mm） 总长度 = 10229 × 4 = 143206 mm = 143.21（m） 总重量 143.21 × 1.998 = 286.13（kg）	
箍筋 ⏀10@100	长度计算公式 $[(b - 2c) + (h - 2c) + 11.9d] \times 2$ 长墙肢方向箍筋长度 = $[(1020 - 2 \times 15) + (250 - 2 \times 15) + 11.9 \times 10] \times 2$ = (990 + 220 + 119) × 2 = 2658（mm） 短墙肢方向箍筋长度 = $[(500 - 2 \times 15) + (250 - 2 \times 15) + 11.9 \times 10] \times 2$ = (470 + 220 + 119) × 2 = 1618（mm） 拉筋长度 = 墙厚 - 保护层厚度 + 弯钩长度 = $250 - 15 \times 2 + 11.9 \times d \times 2 = 458$（mm） 每根长度 458 mm，每排 3 根	拉筋长度同墙身拉筋长度
	根数(23 + 16) × 2 + 2 = 80	第 1、2 层根数为墙身水平筋根数的 2 倍
	总长度 = (2658 mm + 1618 mm + 458 mm × 3) × 80 = 452000 mm = 452.00（m）	
	总重量 = 452.00 × 0.617 = 278.88（kg）	

3. 墙梁 LL1 和①轴线上第二层 AL1 的钢筋工程量计算

表 7 - 35　墙梁钢筋工程量计算过程

钢筋	计算过程	说明
连梁 LL1		
上部纵筋 4 ⏀18	长度计算公式 净长 + 两端锚固 左端支座长度 1020 > $l_{aE} = 40d = 40 \times d = 40 \times 18 = 720$ 右端支座长度 1500 > $l_{aE} = 40d = 40 \times 18 = 720$ 左右两端直锚 max(l_{aE}, 600) 长度 = 1800 + 2 × l_{aE} = 1800 + 720 × 2 = 3240（mm）	当端部洞口连梁纵向钢筋在端支座的直锚长度 ≥ l_{aE} 且 ≥ 600 时，可直锚
	总长度 = 3240 mm × 4 = 12960 mm = 12.96（m）	
	总重量 = 12.96 × 1.998 = 25.89（kg）	
下部纵筋 4 ⏀18	同上部纵筋	
	总长度 = 3240 mm × 4 = 12960 mm = 12.96（m）	
	总重量 = 12.96 × 1.998 = 25.89（kg）	

钢筋	计算过程	说明
箍筋Φ8@100	长度$[(b-2c)+(h-2c)+11.9d]\times2$ $=[(250-15\times2)+(1950-15\times2)+11.9\times8]\times2$ $=4470.4(mm)$	
	根数$=(1800-50\times2)/100+1=18(根)$ 端部锚固区根数$=(720-100)/150+1=6(根)$ $6\times2=12(根)$	
	总长度$=4470.4\ mm\times30=134112\ mm=134.112(m)$	
	总重量$=134.112\times0.395=52.97(kg)$	

暗梁 AL1

钢筋	计算过程	说明
上部纵筋2Φ18	$l_{aE}=40d=40\times18=720$，支座内弯锚 长度$=$净长$+$锚固 $\qquad=6000-380-230+(500-15)+(350-30)$ $\qquad\quad+\max[(h_b-c),15d]$ $\qquad=5390+485+320+(400-15)\times2$ $\qquad=6965(mm)$	端部节点锚固同框架结构(采用柱包梁)
	总长度$=6965\ mm\times2=13930\ mm=13.93(m)$	
	总重量$=13.93\times1.998=27.83(kg)$	
下部纵筋2Φ18	长度$=$净长$+$锚固 $\qquad=6000-380-230+(500-15)+15d+(350-30)+15d$ $\qquad=6735(mm)$	
	总长度$=6735\ mm\times2=13470\ mm=13.47(m)$	
	总重量$=13.47\times1.998=26.91(kg)$	
箍筋Φ8@150	长度$=[(b-2c)+(h-2c)+11.9d]\times2$ $\qquad=[(250-15\times2)+(500-15\times2)+11.9\times8]\times2$ $\qquad=1570.4(mm)$	起步距离为50 mm
	根数$=(6000-230-380-50\times2)/150+1=37(根)$	
	总长度$=1570.4\ mm\times37=58105\ mm=58.11(m)$	
	总重量$=58.11\times0.395=22.95(kg)$	

总结拓展

剪力墙构件平法识图、钢筋构造总结与拓展。

剪力墙构件平法识图与钢筋构造总结

练习题

一、填空题

1. 写出构件代号的构件名称。

Q ＿＿＿＿＿＿＿＿＿ LL ＿＿＿＿＿＿＿＿＿ AL ＿＿＿＿＿＿＿＿＿

BKL ＿＿＿＿＿＿＿＿＿ GBZ ＿＿＿＿＿＿＿＿＿ YBZ ＿＿＿＿＿＿＿＿＿

2. 写出墙身水平钢筋构造要点。

(1)墙身水平筋端部暗柱锚固：＿＿＿＿＿＿＿＿＿＿＿＿＿＿＿＿＿＿＿＿＿＿＿＿＿＿

墙身水平筋转角墙锚固：

① ＿＿＿＿＿＿＿＿＿＿＿＿＿＿＿＿＿＿＿＿＿＿＿＿＿＿＿＿＿＿＿＿＿＿＿＿＿＿＿

② ＿＿＿＿＿＿＿＿＿＿＿＿＿＿＿＿＿＿＿＿＿＿＿＿＿＿＿＿＿＿＿＿＿＿＿＿＿＿＿

(2)墙身水平筋端柱锚固：

直锚：＿＿＿＿＿＿＿＿＿＿＿＿＿＿＿＿＿＿＿＿＿＿＿＿＿＿＿＿＿＿＿＿＿＿＿＿＿

弯锚：＿＿＿＿＿＿＿＿＿＿＿＿＿＿＿＿＿＿＿＿＿＿＿＿＿＿＿＿＿＿＿＿＿＿＿＿＿

(3)墙身水平筋在翼墙柱中的构造：＿＿＿＿＿＿＿＿＿＿＿＿＿＿＿＿＿＿＿＿＿＿＿

3. 写出墙身竖向钢筋构造要点。

(1)剪力墙竖向钢筋在边框梁顶部构造的锚固长度＿＿＿＿＿＿＿＿＿＿＿＿＿＿＿＿＿

(2)剪力墙竖向分布筋锚入连梁内的长度＿＿＿＿＿＿＿＿＿＿＿＿＿＿＿＿＿＿＿＿＿

(3)剪力墙竖向分布筋锚入屋面板内的构造长度＿＿＿＿＿＿＿＿＿＿＿＿＿＿＿＿＿＿

二、技能训练题

计算附图"办公楼②轴线上Ⓓ、Ⓔ轴之间 Q1"的钢筋工程量。

项目八 计算楼梯构件钢筋工程量

学习目标

技能抽查要求

能够正确识读楼梯平法施工图，确定计量单位，正确列出相应工程量计算式，准确计算楼梯构件钢筋工程量。

教学要求

能力目标：能够识读楼梯平法施工图，确定计量单位，准确计算楼梯构件钢筋工程量。

知识目标：掌握楼梯构件平法制图规则，熟悉楼梯构件标准构造要求，熟练地应用平法构造计算楼梯构件钢筋工程量。

任务一 识读楼梯构件平法施工图

8.1 楼梯构件钢筋平法识图

8.1.1 楼梯构件平法识图知识体系

《16G101—2》楼梯平法制图规则构成了楼梯构件平法识图知识体系，见表8－1。

表8－1 楼梯构件平法识图知识体系

楼梯构件平法识图知识体系		《16G101—2》页码
平法表达方式	平面注写方式	第6~9页
	剖面注写方式	第9~10页
	列表注写方式	第10页
平面注写方式数据项	系在楼梯平面图上注写截面尺寸和配筋具体数值，包括集中标注和外围标注	第9页
剖面注写方式数据项	剖面注写方式需在楼梯平面施工图中绘制楼梯平面布置图和楼梯剖面图，注写方式分平面注写和剖面注写	第9页
列表注写方式数据项	梯板几何尺寸和配筋	第10页
楼梯截面形状与支座位置示意图		第11~16页

8.1.2　楼梯构件钢筋平法识图

(一)楼梯构件钢筋的平法表达方式

楼梯构件的平法表达方式有平面注写方式、剖面注写方式和列表注写方式三种。

1.楼梯构件平面注写方式

平面注写方式,系在楼梯平面布置图上注写截面尺寸和配筋具体数值的方式来表达楼梯施工图。包括集中标注和外围标注。

(1)楼梯集中标准的内容有五项,具体规定如下:

①梯板类型代号与序号,如 AT××。

②梯板厚度,注写为 $h = ×××$。当为带平板的梯段与梯段板厚度和平板厚度不同时,可在梯段板厚度后面括号内以字母 P 打头注写平板厚度。

【例】　$h = 120(P140)$,120 表示梯段板的厚度,140 表示梯板平板段的厚度。

③踏步段总高度和踏步级数之间以"/"分隔。

④梯板支座上部纵筋和下部纵筋之间以";"隔开。

⑤梯板分布筋以 F 打头注写分布筋具体值,该项也可在图中统一说明。

(2)楼梯外围注写的内容,包括楼梯间的平面尺寸、楼层结构标高、层间结构标高、楼梯的上下方向、梯板的平面几何尺寸、平台板配筋、梯梁及梯柱配筋等。

楼梯平面注写方式示例,见图 8-1。

2.楼梯剖面注写方式

剖面注写方式需在楼梯平面施工图中绘制楼梯平面布置图和楼梯剖面图,注写方式分为平面注写和剖面注写两部分。

(1)楼梯平面布置图注写内容,包括楼梯间的平面尺寸、楼层结构标高、层间结构标高、楼梯的上下方向、梯板的平面几何尺寸、梯板类型及编号、平台板配筋、梯梁及梯柱配筋。

(2)楼梯剖面图注写内容,包括梯板集中标注、梯梁梯柱编号、梯板水平及竖向尺寸、楼层结构标高、层间结构标高等。

(3)梯板集中标注的内容有四项,具体规定如下:

①梯板类型及编号,如 AT××。

②梯板厚度,注写为 $h = ×××$。当梯板有踏步段和平台构成,且踏步段梯板厚度和平板厚度不同时,可在梯板厚度后面括号内以字母 P 打头注写平板厚度。

③梯板配筋。注明梯板上部纵筋和梯板下部纵筋,用分号";"将上部与下部纵筋的配筋值分隔开来。

④梯板分布筋,以 F 打头注写分布钢筋具体值,该项也可以在图中统一说明。

【例】　剖面图中梯板配筋完整的标注如下:

AT1, $h = 120$　梯板类型及编号,梯板厚度

Φ10@200;Φ12@150　上部纵筋;下部纵筋

FΦ8@250　梯板分布筋(可统一说明)

3.楼梯列表注写方式

列表注写方式,系用列表方式注写梯板截面尺寸和配筋具体数值的方式来表达楼梯施工图。

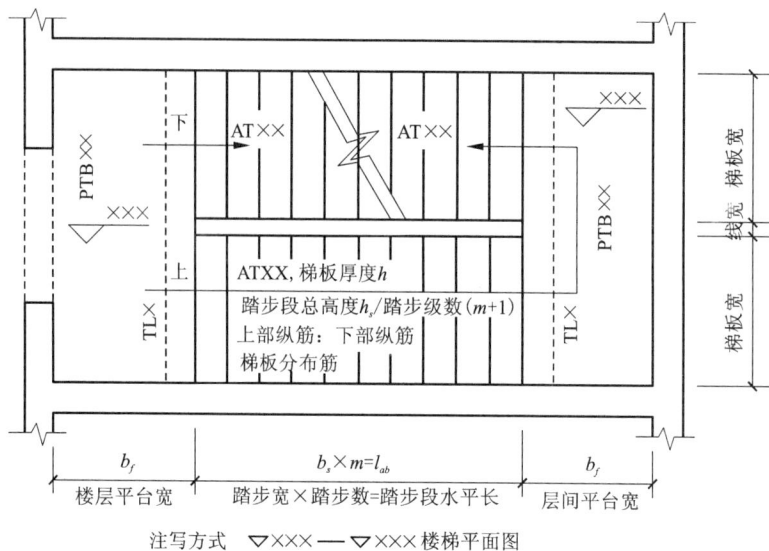

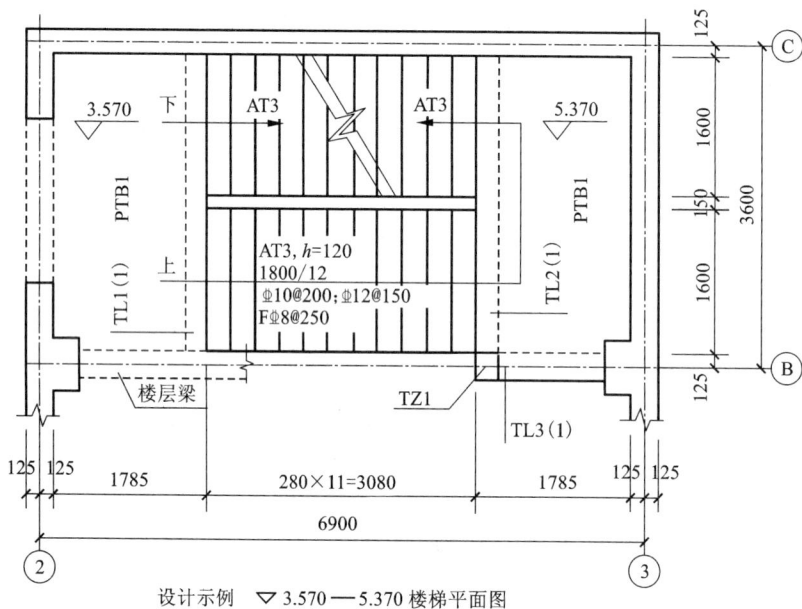

注写方式 ▽×××——▽××× 楼梯平面图

设计示例 ▽3.570——5.370 楼梯平面图

图 8－1

列表注写方式的具体要求同剖面注写方式，仅将剖面注写方式中的梯板配筋集中标注项改为列表注写项即可。梯板列表格式见表 8－2。

表 8－2　梯板几何尺寸和配筋

梯板编号	踏步段总高度/踏步级数	板厚 h	上部纵向钢筋	下部纵向钢筋	分布筋

274

8.1.3　《16G101—2》的非抗震楼梯

(一)板式楼梯所包含的构件内容

我们在这里讨论的就是一个"楼梯间"所包含的构件内容。

板式楼梯所包含的构件内容一般有踏步段、层间梯梁、层间平板、楼层梯梁和楼层平板等(图8-2)。

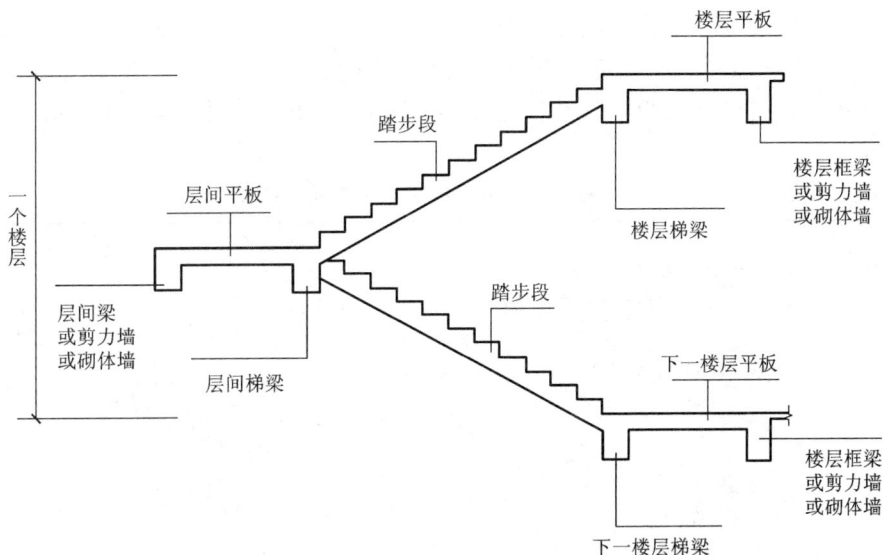

图8-2　板式楼梯所包含的构件

1)踏步段

任何楼梯都包含踏步段。每个踏步的高度和宽度应该相等。根据"以人为本"的设计原则，每个踏步的宽度和高度一般以上下楼梯舒适为准，例如，踏步高度为150 mm，踏步宽度为280 mm。而每个踏步的高度和宽度之比，决定了整个踏步段斜板的斜率。

2)层间平板

楼梯的层间平板就是人们常说的"休息平台"。注意：在《16G101—2》图集中，两跑楼梯包含层间平台；而一跑楼梯不包含层间平板，在这种情况下，楼梯间内部的层间平台就应该另行按"平板"进行计算。

3)层间梯梁

楼梯的层间梯梁起到支承层间平板和踏步段的作用。《16G101—2》图集的一跑楼梯需要有层间梯梁的支承，但是一跑楼梯本身不包含层间梯梁，所以在计算钢筋时，需要另行计算层间梯梁的钢筋。《16G101—2》图集的两跑楼梯没有层间梯梁，其高端踏步段斜板和低端踏步段斜板直接支承在层间平板上。

4)楼层梯梁

楼梯侧楼层梯梁起到支承楼层平板和踏步段的作用。《16G101—2》图集的一跑楼梯需要有楼层梯梁的支承，但是一跑楼梯本身不包含楼层梯梁，所以在计算钢筋时，需要另行计算楼层梯梁的钢筋。《16G101—2》图集的两跑楼梯分为两类，FT、GT 没有楼层梯梁，其高端踏步段斜板和低端踏步段斜板直接支承在楼层平板上，HT 需要有楼层梯梁的支承，但是这两种楼梯本身不包括楼层梯梁，所以在计算钢筋时，需要另行计算楼层梯梁的钢筋。

5) 楼层平台

楼层平台就是每个楼层中连接楼层梯梁或踏步段的平板，但是，并不是所有楼梯间都包含楼层平板。《16G101—2》图集的两跑楼梯中的 FT、GT 包含楼层平台；而两跑楼梯中的 HT，以及一跑楼梯不包含楼层平板，在计算钢筋时，需要另行计算楼层平板的钢筋。

（二）《16G101—2》的非抗震楼梯

《16G101—2》图集包含 12 种常用的现浇混凝土板式楼梯，它们的编号以 AT ~ GT 的字母打头的 7 种板式楼梯无抗震构造措施，也不参与结构整体抗震。楼梯截面形状示意图见表 8 – 3。

表 8 – 3　AT ~ GT 楼梯截面形状示意图

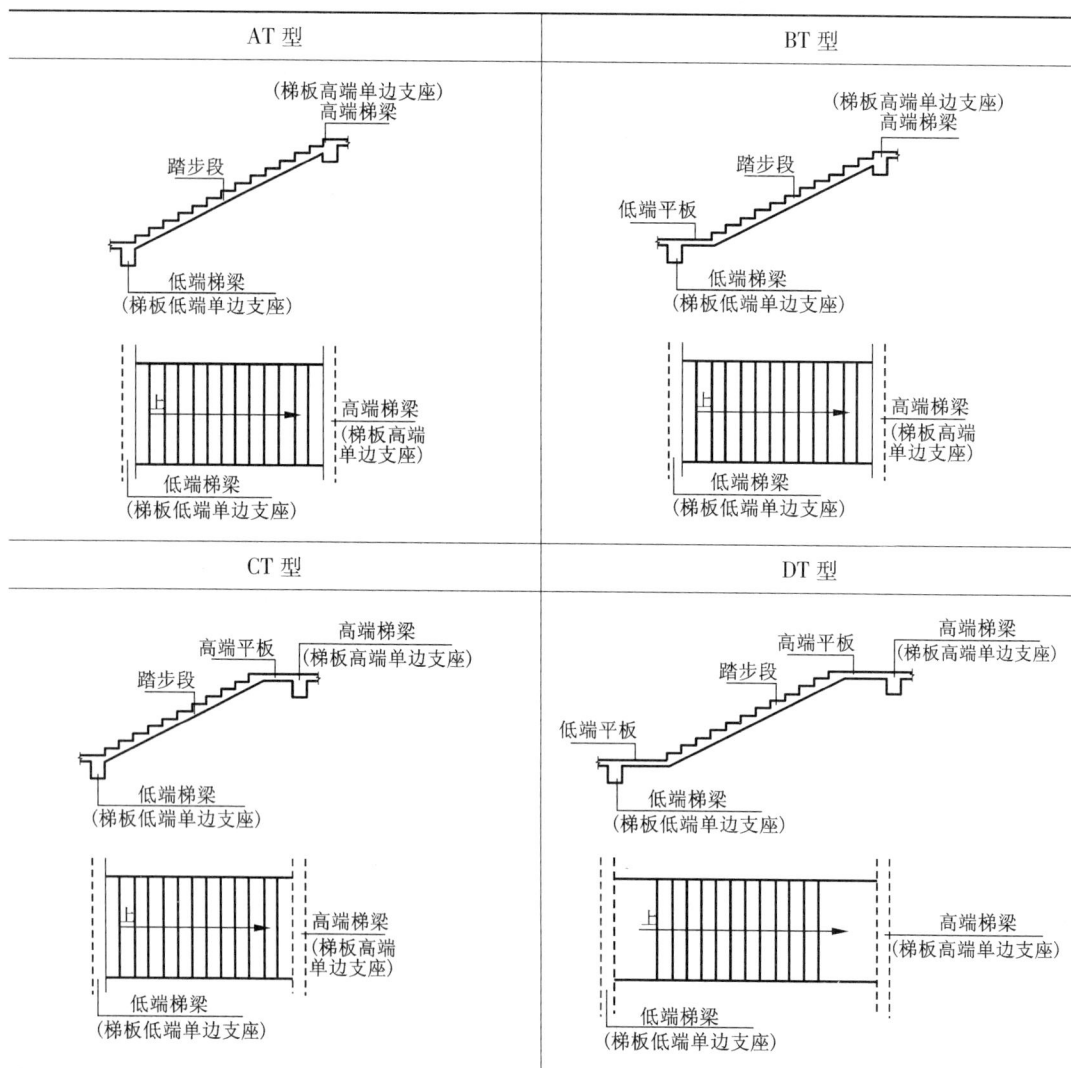

276

续上表

ET 型	FT 型(有层间和楼层平台板的双跑楼梯)

GT 型(有层间平台板的双跑楼梯)	

8.1.4　《16G101—2》的抗震楼梯

《16G101—2》新增了 5 种抗震构造措施楼梯，它们是 ATa、ATb、ATc、CTa、CTb 型楼梯（表 8 - 4）。其中 ATa、ATb、CTa、CTb 不参与结构整体抗震计算，而 ATc 型楼梯参与结构整体抗震计算。

表 8-4 楼梯截面形状示意图

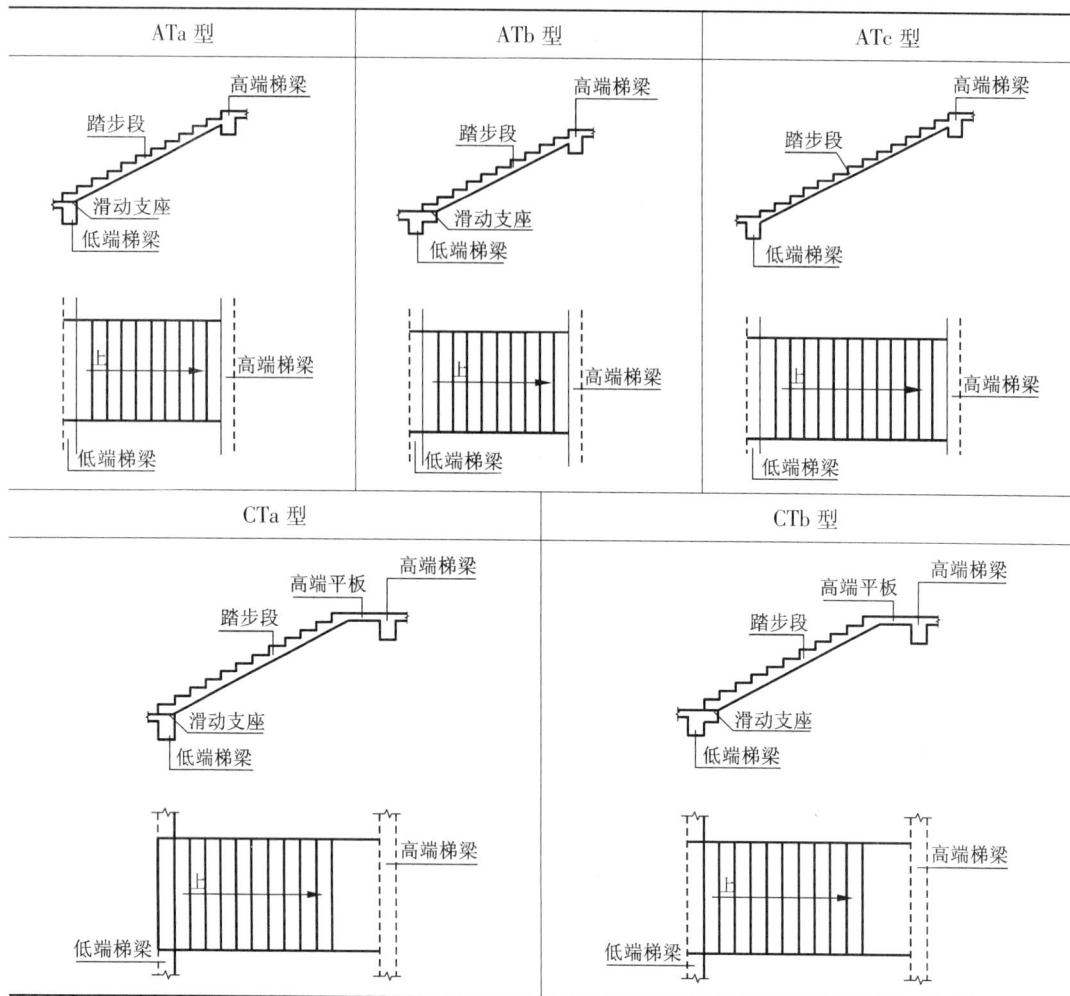

ATa 型	ATb 型	ATc 型

CTa 型	CTb 型

任务二 计算楼梯构件的钢筋工程量

8.2 楼梯构件钢筋构造

（一）非抗震楼梯构造

1. 非抗震楼梯构造知识体系（见表 8-5）

板式楼梯构件钢筋骨架

表 8-5 非抗震楼梯构造知识体系

非抗震楼梯构造		《16G101—2》页码
AT 型楼梯板配筋构造	上部纵筋、下部纵筋、梯板分布筋	第 23、24 页
BT 型楼梯板配筋构造	上部纵筋、下部纵筋、梯板分布筋	第 25、26 页

续上表

非抗震楼梯构造		《16G101—2》页码
CT 型楼梯板配筋构造	上部纵筋、下部纵筋、梯板分布筋	第 27、28 页
DT 型楼梯板配筋构造	上部纵筋、下部纵筋、梯板分布筋	第 29、30 页
ET 型楼梯板配筋构造	上部纵筋、下部纵筋、梯板分布筋	第 30、31 页
FT 型楼梯板配筋构造	上部纵筋、下部纵筋、梯板分布筋	第 33、34、35、39 页
GT 型楼梯板配筋构造	上部纵筋、下部纵筋、梯板分布筋	第 36、37、35、39 页

2. 非抗震楼梯构造(见表 8−6)

表 8−6 非抗震楼梯构造

AT型楼梯钢筋构造

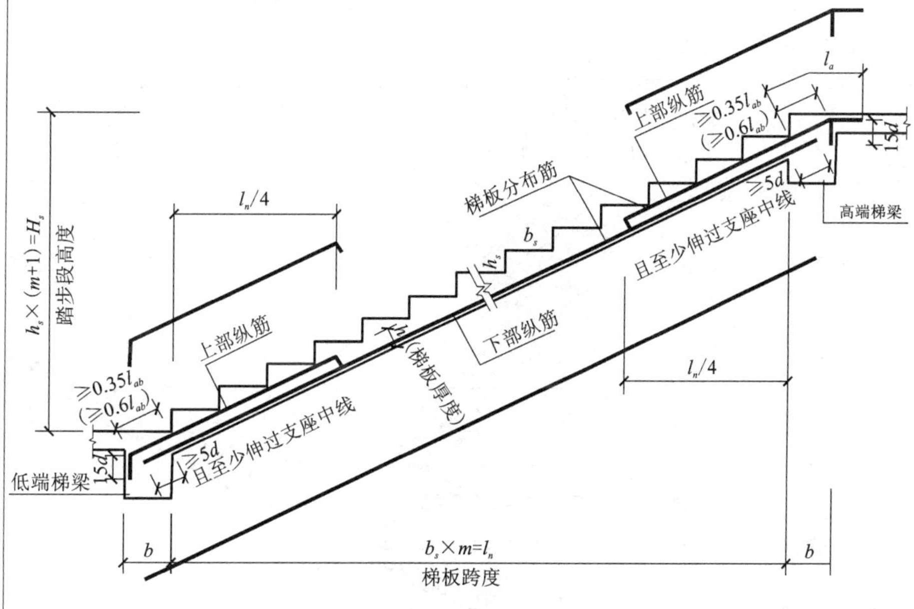

AT型楼梯板配筋构造

钢筋构造要点	当采用 HPB300 光面钢筋时,除楼梯上部纵筋的跨内端头做 90°直角弯钩外,所有末端应做 180°的弯钩。 图中上部纵筋锚固长度 $0.35l_{ab}$ 用于设计按铰接的情况,括号内数据 $0.6l_{ab}$ 用于设计考虑充分发挥钢筋抗拉强度的情况,具体工程中设计应指明采用何种情况。 上部有条件时可直接深入平台板内锚固,从支座内边算起总锚固长度不小于 l_a。 上部纵筋需伸至支座对边再向下弯折。 踏步两头高度调整见《16G101—2》图集第 50 页

计算公式	1. 斜坡系数 $k = \sqrt{b_s^2 + h_s^2}/b_s$ 2. 梯板下部纵筋 长度 $l = l_n \times k + 2a$，其中 $a = \max(5d, b/2)$（其中 b 表示支座宽） 下部纵筋根数 $= (b_n - 2 \times$ 保护层厚度$)/$间距 $+ 1$ 3. 梯板低端扣筋 长度 $= (l_n/4 + b -$ 保护层厚度$) \times k + 15d + h -$ 保护层厚度 低端扣筋根数 $= (b_n - 2 \times$ 保护层厚度$)/$间距 $+ 1$ 4. 梯板高端扣筋 长度 $= (l_n/4 +$ 梯梁宽 $-$ 保护层厚度$) \times k + 15d + h -$ 保护层厚度 低端扣筋根数 $= (b_n - 2 \times$ 保护层厚度$)/$间距 $+ 1$ 5. 分布筋 （1）楼梯下部纵筋范围内的分布筋 长度 $= b_n - 2 \times$ 保护层厚度 根数 $= (l_n \times k - 50 \times 2)/$间距 $+ 1$ （2）梯板低端扣筋范围内的分布筋 长度 $= b_n - 2 \times$ 保护层厚度 根数 $= (l_n/4 \times k)/$间距 $- 1$ （3）梯板高端扣筋范围内的分布筋 长度 $= b_n - 2 \times$ 保护层厚度 根数 $= (l_n/4 \times k)/$间距 $+ 1$
钢筋构造 图示 BT型楼梯钢筋构造	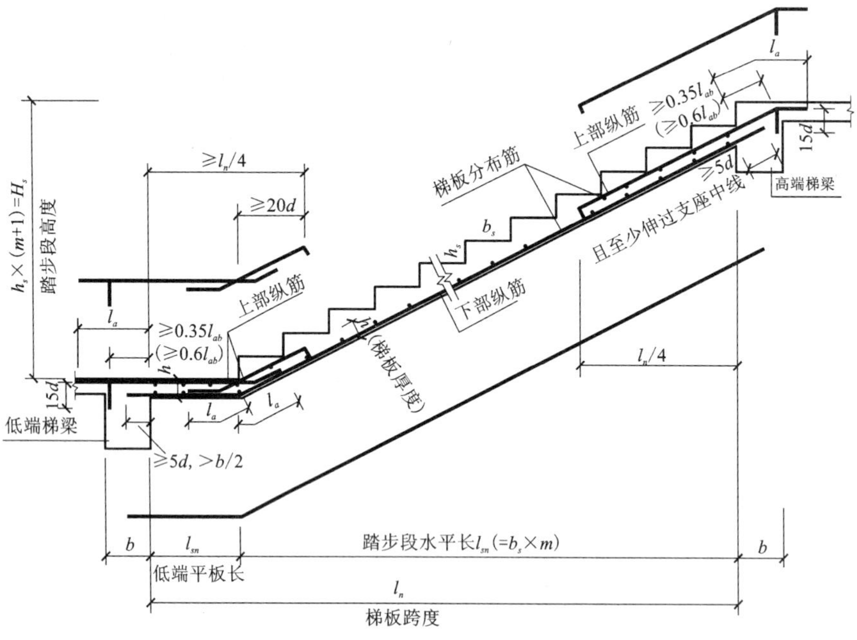 BT型楼梯板配筋构造
钢筋构造要点	同 AT 型楼梯板配筋构造
计算公式	计算方法类似 AT 型楼梯板配筋构造

续上表

钢筋构造图示 CT型楼梯钢筋构造	 CT型楼梯板配筋构造
钢筋构造要点	同 AT 型楼梯板配筋构造
计算公式	计算方法类似 AT 型楼梯板配筋构造
钢筋构造图示 DT型楼梯钢筋构造	 DT型楼梯板配筋构造

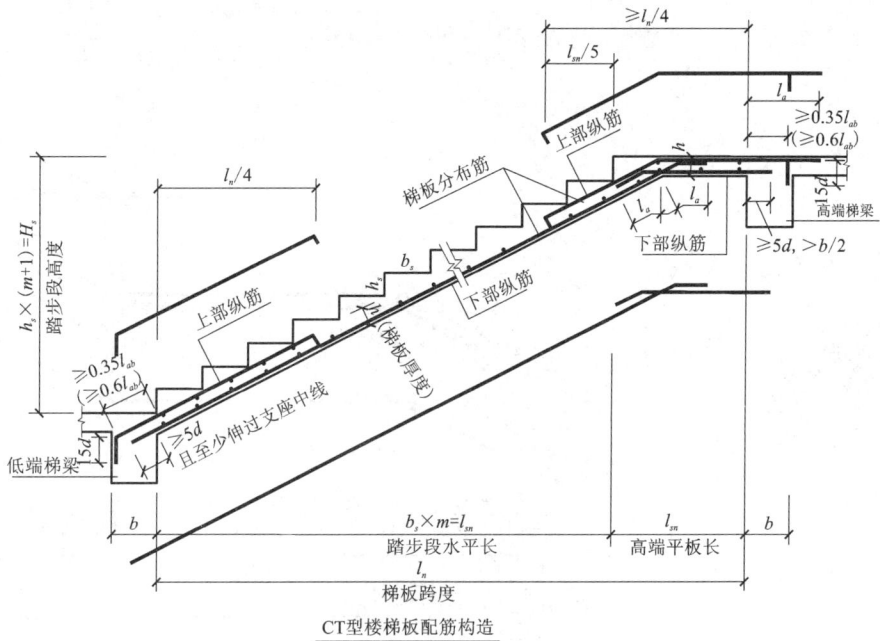

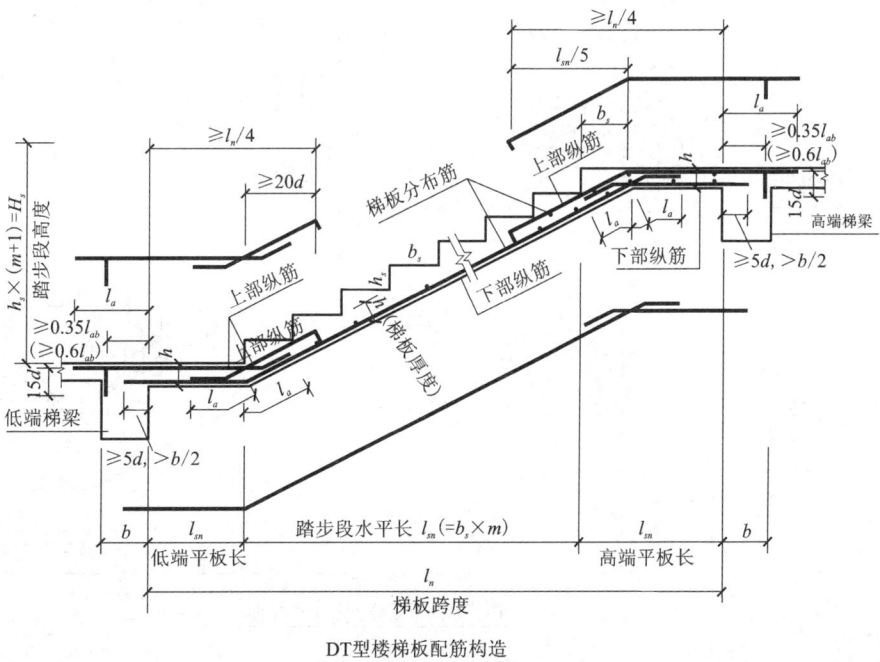

钢筋构造要点	同 AT 型楼梯板配筋构造
计算公式	计算方法类似 AT 型楼梯板配筋构造
钢筋构造图示 ET型楼梯钢筋构造	 ET型楼梯板配筋构造

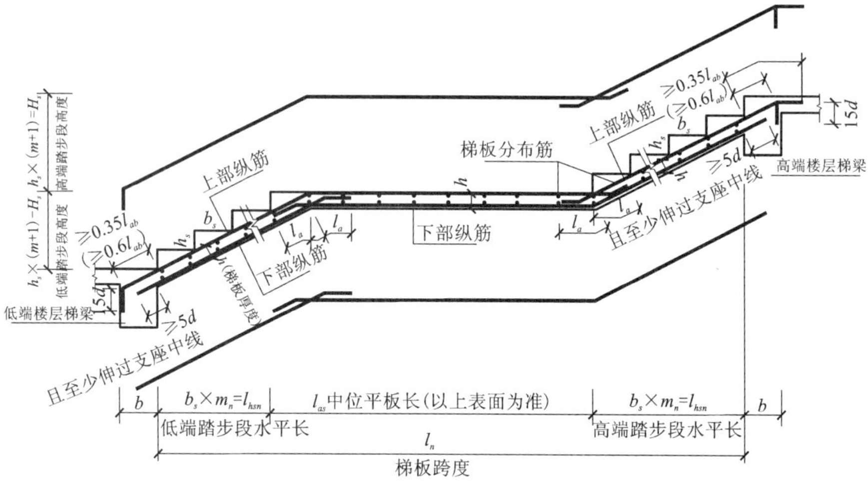

钢筋构造要点	同 AT 型楼梯板配筋构造
计算公式	计算方法类似 AT 型楼梯板配筋构造
钢筋构造图示 ET型楼梯钢筋构造 FT型楼梯1—1剖面钢筋构造	 FT型楼梯板配筋构造(1—1剖面)

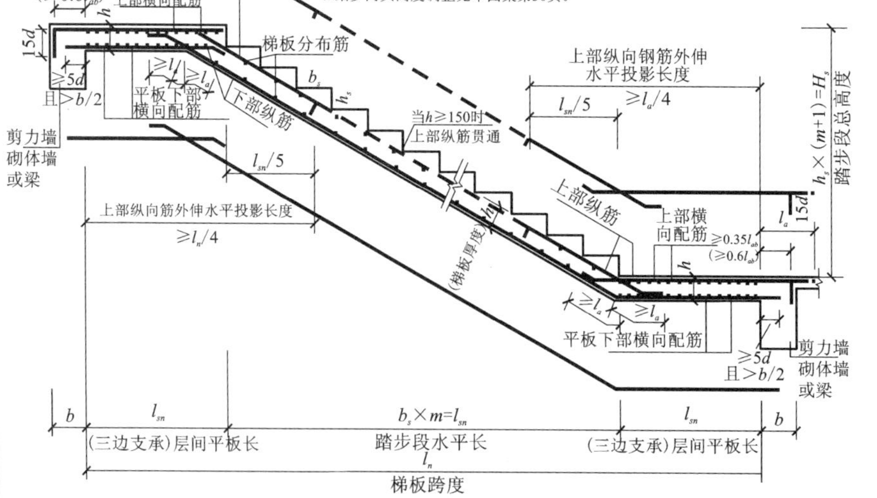

续上表

钢筋构造图示

FT型楼梯2—2剖面钢筋构造

FT、GT型楼梯平板3—3剖面钢筋构造

FT、GT型楼梯平板4—4剖面钢筋构造

注：1. 图中上部纵筋锚固长度$0.35l_{ab}$用于设计按铰接的情况，括号内数据$0.6l_{ab}$用于设计考虑充分发挥钢筋抗拉强度的情况，具体工程中设计应指明采用何种情况。
　　2. 上部纵筋需伸至支座对边再向下弯折。
　　3. 上部纵筋有条件时可直接伸入平台板内锚固，从支座内边算起总锚固长度不小于l_a，如图中虚线所示。
　　4. 暗步两头高度调整见本图集第50页。

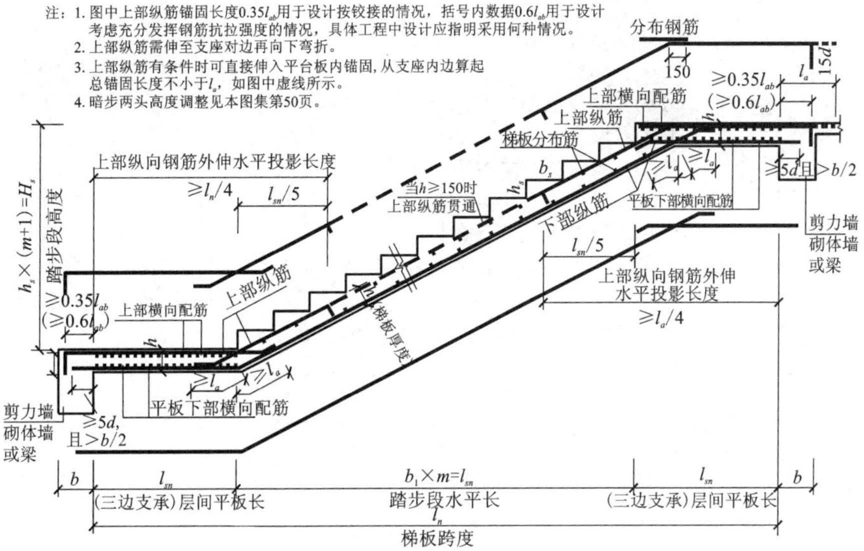

FT型楼梯板配筋构造（2—2剖面）

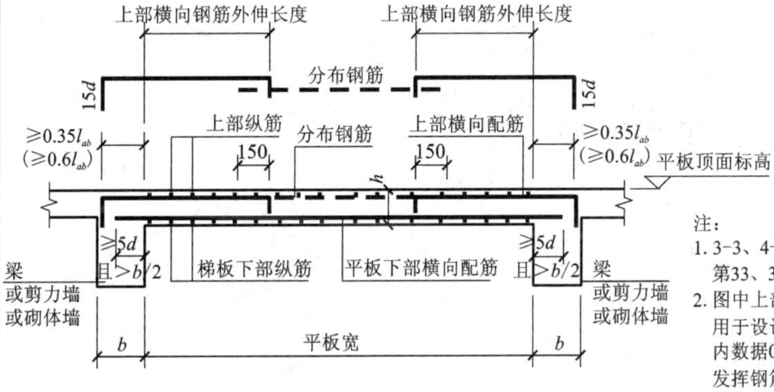

FT、GT型楼梯平板配筋构造（3—3剖面）

注：
1. 3-3、4-4剖面位置见本图集第33、36页。
2. 图中上部纵筋锚固长度$0.35l_{ab}$用于设计按铰接的情况，括号内数据$0.6l_{ab}$用于设计考虑充分发挥钢筋抗拉强度的情况。具体工程中设计应指明采用何种情况。
3. 3-3剖面上部钢筋外伸长度由设计计算确定，其上部横向钢筋可通长筋。

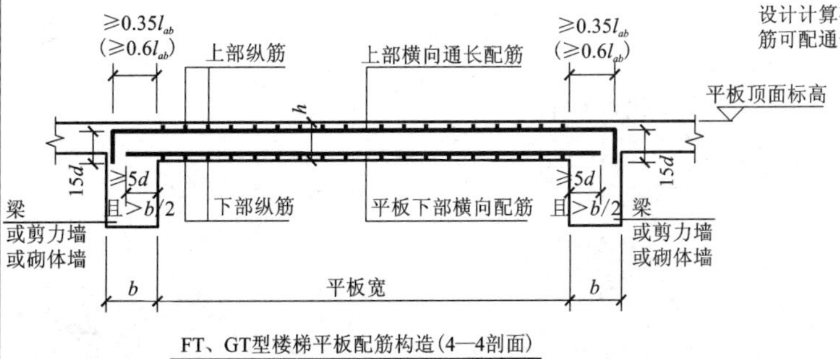

FT、GT型楼梯平板配筋构造（4—4剖面）

钢筋构造要点	1. 平板配筋构造（3－3 剖面）： 1）板下部贯通纵筋：板下部贯通纵筋在支座的直锚长度≥5d 且至少到梁中线。 2）板上部非贯通纵筋：上部纵筋伸到梁外侧角筋内侧弯钩，弯折段长度 15d；弯锚的平直段长度：设计按铰接时："≥0.35l_{ab}"，充分利用钢筋的抗拉强度时："≥0.6l_{ab}"。上部纵筋与分布筋搭接 150 mm。 2. 平板配筋构造（4－4 剖面）： 1）板下部贯通纵筋：板下部贯通纵筋在支座的直锚长度≥5d 且至少到梁中线。 2）板上部贯通纵筋：上部纵筋伸到梁外侧角筋内侧弯钩，弯折段长度 15d；弯锚的平直段长度：设计按铰接时："≥0.35l_{ab}"，充分利用钢筋的抗拉强度时："≥0.6l_{ab}"。 3. 梯板配筋构造同 AT 型楼梯板配筋构造
计算公式	计算方法类似 AT 型楼梯板配筋构造
钢筋构造 图示	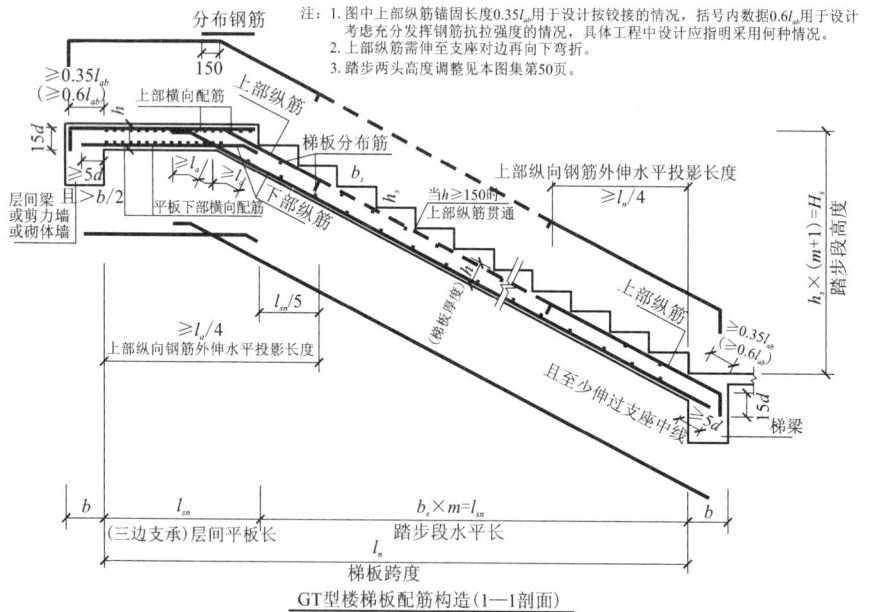 GT型楼梯板配筋构造(1—1 剖面)

续上表

钢筋构造 图示	注：1. 图中上部纵筋锚固长度$0.35l_{ab}$用于设计按铰接的情况，括号内数据$0.6l_{ab}$用于设计考虑充分发挥钢筋抗拉强度的情况，具体工程中设计应指明采用何种情况。 2. 上部纵筋需伸至支座对边再向下弯折。 3. 上部纵筋有条件时可直接伸入平台板内锚固，从支座内边算起总锚固长度不小于l_a，如图中虚线所示。 4. 踏步两头高度调整见本图集第50页。 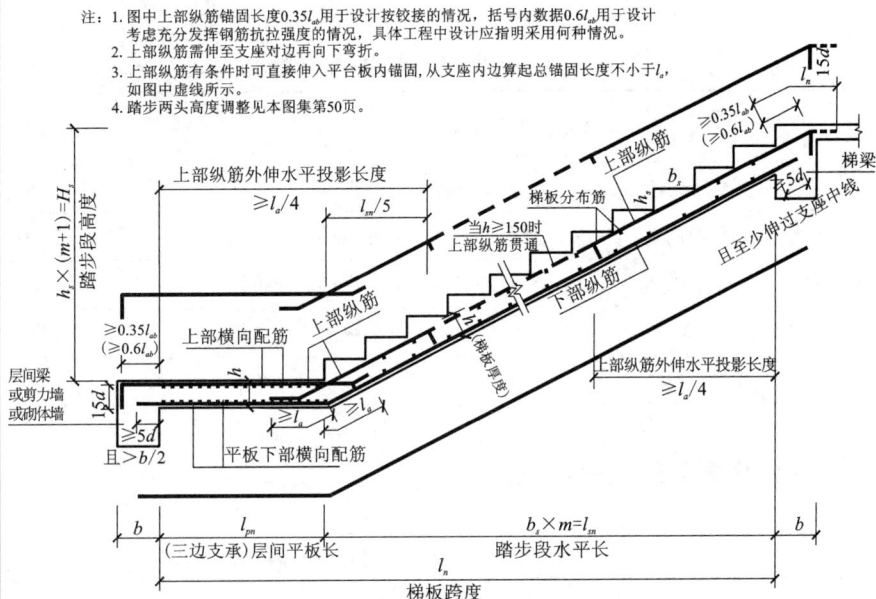 GT型楼梯板配筋构造（2—2剖面）
FT、GT型楼梯平板 3—3剖面钢筋构造	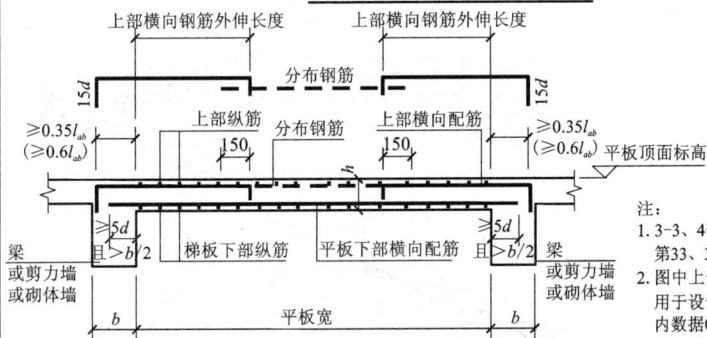 FT、GT型楼梯平板配筋构造（3—3剖面） 注： 1. 3-3、4-4剖面位置见本图集第33、36页。 2. 图中上部纵筋锚固长度$0.35l_{ab}$用于设计按铰接的情况，括号内数据$0.6l_{ab}$用于设计考虑充分发挥钢筋抗拉强度的情况。具体工程中设计应指明采用何种情况。 3. 3-3剖面上部钢筋外伸长度由设计计算确定，其上部横向钢筋可配通长筋。
FT、GT型楼梯平板 4—4剖面钢筋构造	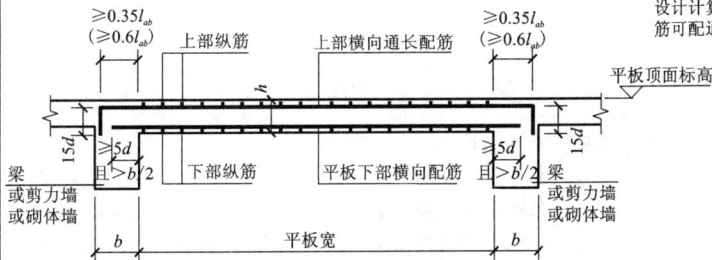 FT、GT型楼梯平板配筋构造（4—4剖面）
钢筋构造要点	同 FT 型楼梯板配筋构造
计算公式	计算方法类似 AT 型楼梯板配筋构造

(二)抗震楼梯构造

1.抗震楼梯构造知识体系(见表8-7)

表8-7 抗震楼梯构造知识体系

非抗震楼梯构造		《16G101—2》页码
ATa 型楼梯板配筋构造	上部纵筋、下部纵筋、分布筋	第40、41、42 页
ATb 型楼梯板配筋构造	上部纵筋、下部纵筋、分布筋	第40、43、44 页
ATc 型楼梯板配筋构造	上部纵筋、下部纵筋、分布筋	第45、46 页
CTa 型楼梯板配筋构造	上部纵筋、下部纵筋、分布筋	第47、41、48 页
CTb 型楼梯板配筋构造	上部纵筋、下部纵筋、分布筋	第47、43、49 页

2.抗震楼梯构造(见表8-8)

表8-8 抗震楼梯构造

钢筋构造图示	ATa型楼梯钢筋构造
钢筋构造要点	1. 双层配筋:下端平伸至踏步段下端的尽头 　　上端:下部纵筋及上部纵筋均伸进平台板,锚入梁(板)l_{ab} 2. 分布筋:分布筋两端均做直钩,长度 $= h - 2 \times$ 保护层厚度 　　下层分布筋设置在下部纵筋的下面,上层分布筋设置在上部纵筋的上面 3. 附加纵筋:分别设置在上、下层分布筋的拐角处 　　下部附加纵筋:2⚟16 　　上部附加纵筋:2⚟16 4. 当采用HPB300 光面钢筋时,除楼梯上部纵筋的跨内端头做90°直角弯钩外,所有末端应做180°的弯钩 5. 踏步两头高度调整见《16G101—2》图集第50页

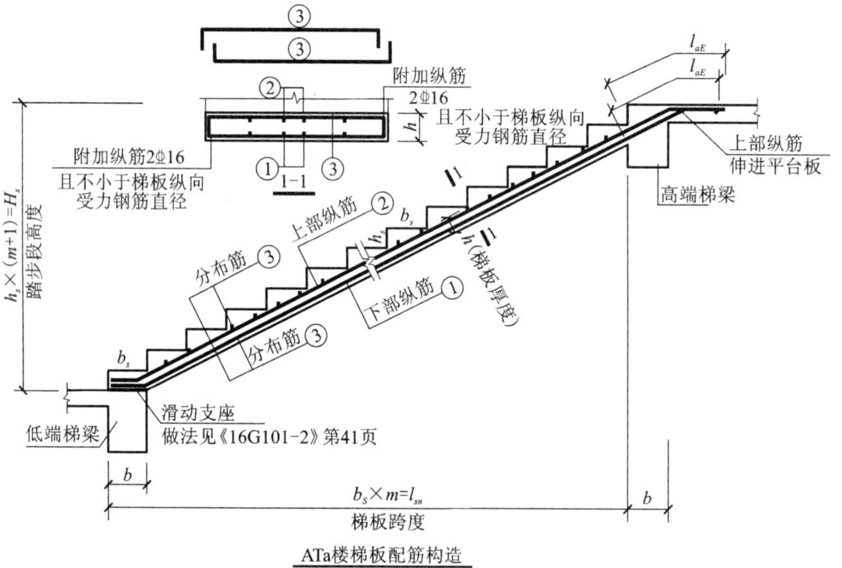

286

续上表

计算公式	计算方法类似 ATc 型楼梯板配筋构造
钢筋构造图示 ATb型楼梯钢筋构造	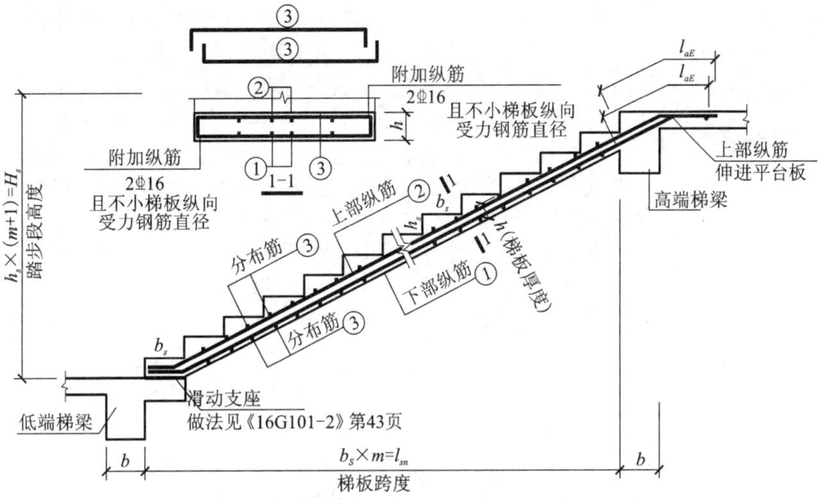 ATb楼梯板配筋构造
钢筋构造要点	同 ATa 型楼梯板配筋构造 注意：在图中可以看到，ATa 型楼梯与 ATb 型楼梯除了滑动支座一个在梯梁上、另一个在梯梁的挑板上之外，其余配筋构造都是一样的
计算公式	计算方法类似 ATc 型楼梯板配筋构造
钢筋构造图示 ATc型楼梯钢筋构造	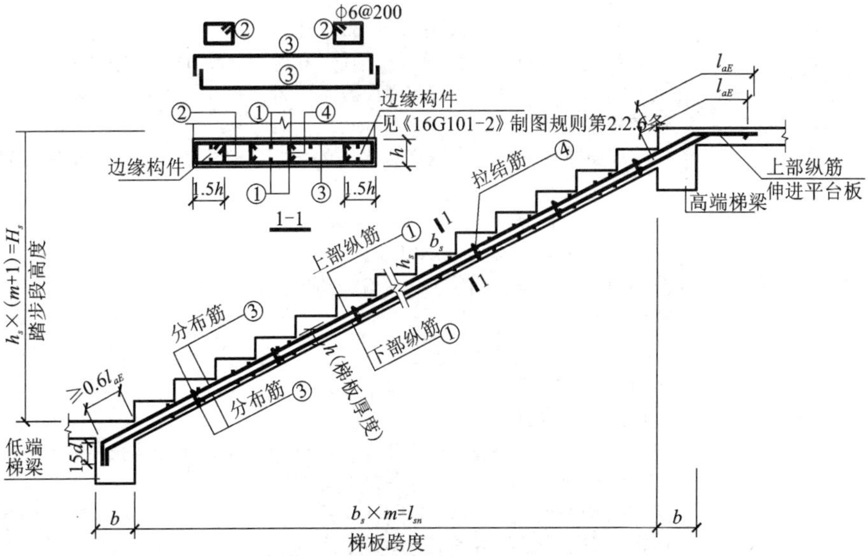 ATc型楼梯板配筋构造

钢筋构造要点	1. ATc 型楼梯梯板厚度应按计算确定，且不宜小于 140 mm，梯板采用双层配筋。 2. 踏步段纵向钢筋：（双层配筋） 踏步段下端：下部纵筋及上部纵筋均弯锚入低端梯梁，锚固平直段 $\geqslant l_{aE}$，弯折段 15d。 　　　　　　上部纵筋需伸至支座对边再向下弯折。 踏步段上端：下部纵筋及上部纵筋均伸进平台板，锚入梁（板）l_{ab}。 3. 分布筋：分布筋两端均弯直钩，长度 = $h - 2 \times$ 保护层厚度 下层分布筋设在下部纵筋的下面，上层分布筋设在上部纵筋的上面。 4. 拉结筋：在上部纵筋和下部纵筋之间设置拉结筋φ6，拉结筋间距为 600 mm。 5. 边缘构件（暗梁）：设置在踏步段的两侧，宽度为 1.5h。 　　　暗梁纵筋：直径为φ12 且不小于梯板纵向受力钢筋的直径；一、二级抗震等级时不少于 6 根，三、四级抗震等级时不少于 4 根。 暗梁箍筋：φ6@200
计算公式	1. 斜坡系数 $k = \sqrt{b_s^2 + h_s^2}/b_s$ 2. 梯板下部纵筋和上部纵筋（即 1 号钢筋）的计算 下部纵筋长度 = 15d + (b - 保护层厚度 + l_{sn}) × k + l_{aE} 下部纵筋根数 = ($b_n - 2 \times 1.5h$)/下部纵筋间距（考虑一级抗震） 上部纵筋同下部纵筋（长度、根数） 3. 梯板分布筋（即 3 号钢筋）的计算（扣筋形状） 分布筋长度 = $b_n - 2 \times$ 保护层厚度 + $2 \times$ ($h - 2 \times$ 保护层厚度) 分布筋设置范围 = $l_{sn} \times k$ 上下纵筋分布筋根数 = ($l_{sn} \times k$/分布筋间距) × 2 4. 梯板拉结筋 根据《16G101—2》图集第 46 页注 4，踏板拉结筋φ6，拉结筋间距为 600 mm 长度 = $h - 2 \times$ 保护层厚度 + $2 \times$ 拉结筋直径 拉结筋根数 = 分布筋设置范围/600（注：这是一对上下纵筋的拉结筋根数） 每一对上下纵筋都应该设置拉结筋（相邻上下纵筋错开设置） 拉结筋总根数 = 上部纵筋根数（或者下部纵筋根数）× 每一对拉结筋根数 5. 梯板暗梁箍筋 根据《16G101—2》图集第 2.2.6 条的规定，梯板暗梁箍筋为φ6@200 箍筋尺寸计算： 箍筋宽度 = 1.5h - 保护层厚度 - 2d 箍筋高度 = $h - 2 \times$ 保护层厚度 - 2d 箍筋每根长度 = （箍筋宽度 + 箍筋高度）× 26d 箍筋分布范围 = $l_{sn} \times k$ 箍筋根数 = 箍筋范围/箍筋间距（这是一道暗梁的箍筋根数） 两道暗梁的箍筋根数 = 2 × 箍筋根数 6. 梯板暗梁纵筋 根据《16G101—2》图集第 2.2.6 条的规定，每道暗梁纵筋根数 6 根（一、二级抗震时），暗梁纵筋直径φ12（不小于纵向受力钢筋直径） 两道暗梁的纵筋根数 = 2 × 6 = 12（根） 通常情况下，暗梁纵筋长度同下部纵筋

续上表

钢筋构造图示	 CTa型楼梯钢筋构造

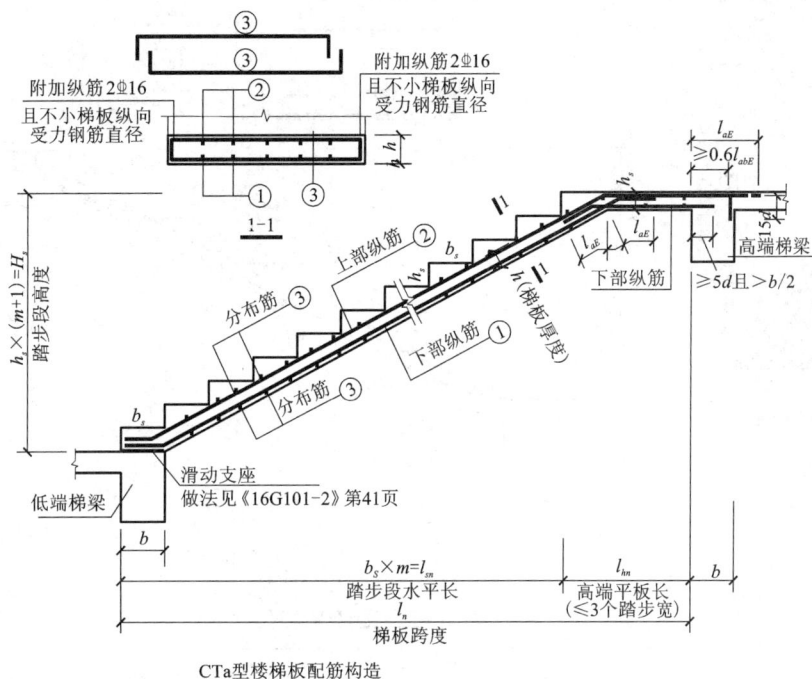

CTa型楼梯板配筋构造

钢筋构造要点	1. CTa 型楼梯设滑动支座，不参与结构整体抗震计算。 2. 两梯梁之间的矩形楼板由踏步段跟高端平板构成，高端平板宽应≤3 个踏步宽，两部分的一段各自以梯梁为支座，且梯板低端支座处做成滑动支座，CTa 型楼梯滑动支座直接落在梯梁上。 3. 框架结构中，楼梯中间平台通常设梯柱、梁，中间平台可与框架柱连接，平台板 PTB，梯梁 TL，梯柱 TZ 配筋均可参照 16G101—1《混凝土结构施工图平面整体表示方法制图规则和构造详图（现浇混凝土框架、剪力墙、梁、板）》 4. 双层配筋：下端平伸至踏步段下端的尽头。 　　　　　　　上端：下部纵筋及上部纵筋均伸进平台板，锚入梁（板）l_{ab} 5. 分布筋：分布筋两端均弯直钩，长度 $=h-2\times$ 保护层 　　下层分布筋设置在下部纵筋的下面；上层分布筋设置在上部纵筋的上面。 6. 附加纵筋：分别设置在上、下层分布筋的拐角处 　　下部附加纵筋：2 Φ 16；上部附加纵筋：2 Φ 16 7. 当采用 HPB300 光面钢筋时，除楼梯上部纵筋的跨内端头做 90° 直角弯钩外，所有末端应做 180° 的弯钩。 8. 踏步两头高度调整见 16G101—2 图集第 50 页。
计算公式	计算方法类似 ATc 型楼梯板配筋构造

钢筋构造图示 CTb型楼梯钢筋构造	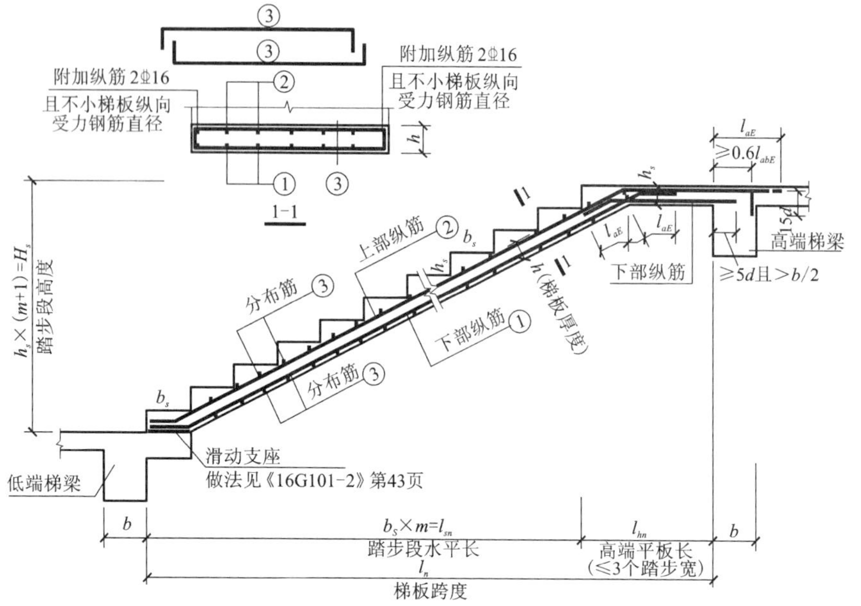 CTb型楼梯板配筋构造
钢筋构造要点	1. CTb 型楼梯设滑动支座,不参与结构整体抗震计算。 2. 两梯梁之间的矩形楼板由踏步段跟高端平板构成,高端平板宽应≤3 个踏步宽,两部分的一段各自以梯梁为支座,且梯板低端支座处做成滑动支座,CTb 型楼梯滑动支座直接落在挑板上。 3. 框架结构中,楼梯中间平台通常设梯柱、梁,中间平台可与框架柱连接,平台板 PTB,梯梁 TL,梯柱 TZ 配筋均可参照 16G101—1《混凝土结构施工图平面整体表示方法制图规则和构造详图(现浇混凝土框架、剪力墙、梁、板)》 4. 地震作用下,CTb 型楼梯悬挑板尚承受梯板传来的附加竖向作用力,设计时应对挑板及与其相连的平台梁采取加强措施。 5. 双层配筋:下端平伸至踏步段下端的尽头。 　　　　　　上端:下部纵筋及上部纵筋均伸进平台板,锚入梁(板)l_{ab} 6. 分布筋:分布筋两端均弯直钩,长度 $= h - 2 \times$ 保护层 　下层分布筋设置在下部纵筋的下面;上层分布筋设置在上部纵筋的上面。 7. 附加纵筋:分别设置在上、下层分布筋的拐角处 　下部附加纵筋:2⌀16;上部附加纵筋:2⌀16 8. 当采用 HPB300 光面钢筋时,除楼梯上部纵筋的跨内端头做 90°直角弯钩外,所有末端应做 180°的弯钩。 9. 踏步两头高度调整见 16G101—2 图集第 50 页。
计算公式	计算方法类似 ATc 型楼梯板配筋构造

8.3　楼梯构件钢筋计算实例

本节运用楼梯构件构造要求,举例计算构件钢筋。

8.3.1 楼梯平法施工图

T-1楼梯平面图,见图8-3。

T-1楼梯剖面示意图,见图8-4。

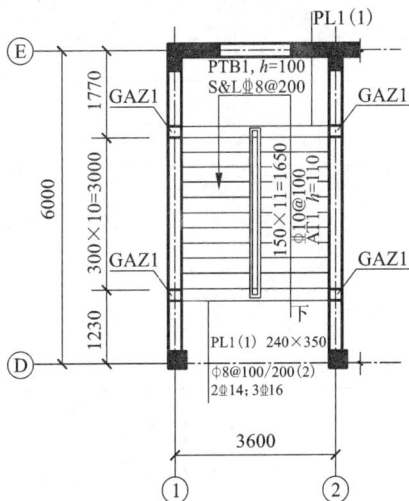

图8-3 T-1楼梯平面图

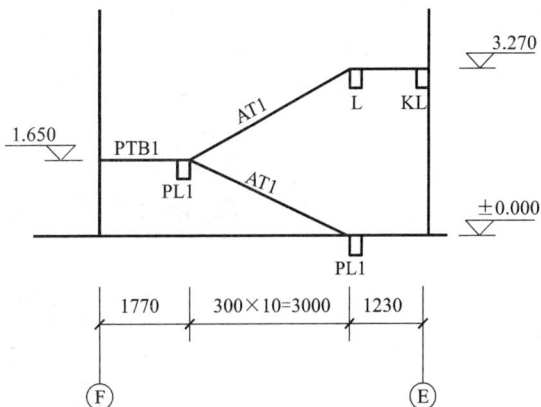

图8-4 T-1楼梯剖面示意图

8.3.2 楼梯构件钢筋工程量计算

(一)计算条件(见表8-9)

表8-9 计算条件

计算条件	数据
抗震等级	二级
楼梯混凝土强度	C30
纵筋连接方式	采用绑扎搭接
钢筋定尺长度	9000 mm
梯梁混凝土强度	C30
梯梁宽度 b	240 mm

(二)计算过程

1.楼梯钢筋计算

(1)楼梯钢筋计算参数,见表8-10。

表8-10 楼梯钢筋计算参数

参数	值
保护层厚度 c	板:15 梁:25
l_a	三级钢:$l_a = 35d$
l_l	三级钢:$l_l = 42d$

续上表

参数	值
水平筋起步距离	50 mm
梯板净跨度 l_n	3000 mm
梯板净宽度 b_n	1600 mm
梯板厚度 h	110 mm
踏步宽度 b_s	300 mm
踏步高度 h_s	150 mm

（2）计算过程。

本书以①～②轴线交Ⓓ、Ⓔ轴的 AT1 为例计算楼梯钢筋工程量。

表 8 - 11　楼梯钢筋工程量计算过程

钢筋名称	计算过程	说明
斜坡系数 k	$k = \sqrt{b_s^2 + h_s^2}/b_s = \sqrt{300^2 + 150^2}/300 = 1.118$	
梯板下部纵筋 Φ10@100	梯板下部纵筋的长度 $l = l_n \times k + 2a$，其中 $a = \max(5d, b/2)$ $a = \max(50, 240/2) = 120$ 每根长度 $= 3000 \times 1.118 + 2 \times 120 = 3594$（mm）	（1）梯板下部纵筋两端分别锚入高端梯梁和低端梯梁，其锚固长度为满足 $\geq 5d$ 且至少伸过支座中线 （2）具体计算中，可取锚固长度 $a = \max(5d, b/2)$（b 为支座宽度）
	下部纵筋根数 $=(b_n - 2 \times$ 保护层厚度$)$/间距 $+ 1$ $= (1600 - 2 \times 15)/100 + 1$ $= 17$ 根	
	总长度 $= 3594$ mm $\times 17 = 61098$ mm $= 61.098$ m	
	总重量 $= 61.098 \times 0.617 = 37.70$（kg）	
梯板低端扣筋 Φ10@100	低端扣筋长度 $=(l_n/4 + b -$ 保护层厚度$) \times k + 15d + h -$ 保护层厚度 $= (3000/4 + 240 - 15) \times 1.118 + 15 \times 10 + 110 - 15$ $= 1335$（mm）	
	低端扣筋根数 $=(b_n - 2 \times$ 保护层厚度$)$/间距 $+ 1$ $= (1600 - 2 \times 15)/100 + 1$ $= 17$（根）	
	总长度 $= 1335$ mm $\times 17 = 22695$ mm $= 22.70$ m	
	总重量 $= 22.70 \times 0.617 = 14.01$（kg）	

292

续上表

钢筋名称	计算过程	说明
梯板高端扣筋 $\Phi 10@100$	高端扣筋长度 $=(l_n/4 +$ 梯梁宽 $-$ 保护层厚度$)\times k + 15d + h -$ 保护层厚度 　$=(3000/4 + 240 - 15)\times 1.118 + 15\times 10 + 110 - 15$ 　$= 1335(\mathrm{mm})$	当高端扣筋与低端扣筋的钢筋信息一致时，两者的长度与根数一样
	高端扣筋根数 $=(b_n - 2\times$ 保护层厚度$)/$ 间距 $+ 1$ 　$=(1600 - 2\times 15)/100 + 1$ 　$= 17(根)$	
	总长度 $= 1335\ \mathrm{mm}\times 17 = 22695\ \mathrm{mm} = 22.70\ \mathrm{m}$	
	总重量 $= 22.70\times 0.617 = 14.01(\mathrm{kg})$	
分布筋 $\Phi 6@250$	(1)楼梯下部纵筋范围内的分布筋 长度 $= b_n - 2\times$ 保护层厚度 　　$= 1600 - 2\times 15$ 　　$= 1570(\mathrm{mm})$ (2)梯板低端扣筋范围内的分布筋 长度 $= b_n - 2\times$ 保护层厚度 　　$= 1600 - 2\times 15$ 　　$= 1570(\mathrm{mm})$ (3)梯板高端扣筋范围内的分布筋 长度 $= b_n - 2\times$ 保护层厚度 　　$= 1600 - 2\times 15$ 　　$= 1570(\mathrm{mm})$	分布筋的长度相等
	(1)楼梯下部纵筋范围内的分布筋 根数 $=(l_n\times k - 50\times 2)/$ 间距 $+ 1$ 　　$=(3000\times 1.118 - 50\times 2)/250 + 1$ 　　$= 15(根)$ (2)梯板低端扣筋范围内的分布筋 根数 $=(l_n/4\times k - 50)/$ 间距 $+ 1$ 　　$=(3000/4\times 1.118 - 50)/250 + 1$ 　　$= 5(根)$ (3)梯板高端扣筋范围内的分布筋 根数 $=(l_n/4\times k - 50)/$ 间距 $+ 1$ 　　$=(3000/4\times 1.118 - 50)/250 + 1$ 　　$= 5(根)$	
	总长度 $=(15 + 5 + 5)\times 1570\ \mathrm{mm} = 39250\ \mathrm{mm} = 39.25\ \mathrm{m}$	
	总重量 $= 39.25\times 0.26 = 10.21(\mathrm{kg})$	
汇总钢筋量	$\Phi 10$ 重量：$37.70\ \mathrm{kg} + 14.01\ \mathrm{kg}\times 2 = 65.72\ \mathrm{kg}$ $\Phi 6$ 重量：$10.21\ \mathrm{kg}$	上面只计算了一跑AT1 的钢筋，一个楼梯有两跑AT1，就把上述的钢筋数量乘以2

总结拓展

楼梯构件平法识图、钢筋构造总结与拓展。

楼梯构件平法识图与钢筋构造总结

练习题

一、填空题

1. 楼梯构件平法识图平法表示方法有＿＿＿＿＿、＿＿＿＿＿、＿＿＿＿＿。
2. F Φ6@250 表示＿＿＿＿＿＿＿＿＿＿＿＿＿＿＿＿＿＿＿＿＿＿＿。
3. 列表注写方式系指＿＿＿＿＿＿＿＿＿＿＿＿＿＿＿＿＿＿＿＿＿＿＿。
4.《16G101—2》的非抗震楼梯类型有＿＿＿＿＿＿＿＿＿＿＿＿＿＿＿＿。
5.《16G101—2》的抗震楼梯类型有＿＿＿＿＿＿＿＿＿＿＿＿＿＿＿＿＿。

二、简答题

1. 简述 AT 型楼梯板配筋构造要求。
2. 描述下列楼梯平法表示的含义：

AT1，$h = 120$

Φ10@200；Φ12@150

F Φ8@250

294

附录一　办公楼钢筋工程量软件计算结果

钢筋统计汇总表(包含措施筋)

工程名称:办公楼　　　　　　　　编制时间:2019－07－16　　　　　　　　单位:t

构件类型	合计	级别	6	8	10	12	14	16	18	20	22	25
柱	1.44	Φ			1.44							
	2.528	Φ			0.296				2.049	0.184		
暗柱/端柱	0.49	Φ		0.06	0.43							
	0.592	Φ						0.116	0.475			
墙	1.733	Φ		0.052	1.681							
暗梁	0.078	Φ		0.078								
	0.244	Φ							0.244			
连梁	0.062	Φ		0.062								
	0.074	Φ							0.069			0.004
梁	1.451	Φ	0.129	1.201	0.12							
	0.032	Φ					0.032					
	4.888	Φ			0.433	0.047	0.329	0.383	1.353	1.337	0.444	0.563
现浇板	0.224	Φ	0.224									
	3.333	Φ		3.005		0.328						
基础梁	1.15	Φ		1.15								
	2.949	Φ			0.366					2.583		
独立基础	0.261	Φ			0.195	0.066						
条形基础	0.118	Φ		0.012				0.107				
楼梯	0.26	Φ			0.26							
其他	0.419	Φ	0.056	0.363								
	0.051	Φ		0.042	0.008							
合计	7.045	Φ	0.408	2.965	3.672							
	0.032	Φ					0.032					
	15.298	Φ		3.058	1.558	0.441	0.329	0.606	4.191	4.104	0.444	0.567

注:办公楼施工图见本书附录二。

工程名称：办公楼　　　　　　　　　　　　　　　　　　　编制日期：2019 – 07 – 16

楼层名称：基础层(绘图输入)					钢筋总重：6524.358 kg				
筋号	级别	直径	钢筋图形	计算公式	根数	总根数	单长(m)	总长(m)	总重(kg)
构件名称：KZ – 1[124]			构件数量：12		本构件钢筋重：75.557 kg				
构件位置：< 1 + 55, B + 55 > ; < 2, B + 55 > ; < 3, B + 55 > ; < 1 + 55, C – 55 > ; < 2, C – 55 > ; < 3, C – 55 > ; < 5 – 55, C – 55 > ; < 3, D + 55 > ; < 5 – 55, D + 55 > ; < 3, E – 55 > ; < 5 – 55, E – 55 > ; < 5 – 55, B + 55 >								
全部纵筋 插筋.1	Φ	18	270⌐ 3240	$1440 + 2730/3 + 1 * \max(35 * d, 500) + 300 - 40 + 15 * d$	4	48	3.51	168.48	336.96
全部纵筋 插筋.2	Φ	18	270⌐ 2610	$1440 + 2730/3 + 300 - 40 + 15 * d$	4	48	2.88	138.24	276.48
箍筋.1	Φ	10	290 [290]	$2 * ((350 - 2 * 30) + (350 - 2 * 30)) + 2 * (11.9 * d)$	17	204	1.398	285.192	175.963
箍筋.2	Φ	10	⟋ 290 ⟍	$(350 - 2 * 30) + 2 * (11.9 * d)$	30	360	0.528	190.08	117.279
构件名称：KZ – 1[131]			构件数量：2		本构件钢筋重：71.015 kg				
构件位置：< 2, D + 55 > ; < 1 + 55, D + 55 >									
全部纵筋 插筋.1	Φ	18	270⌐ 3240	$1140 + 2730/3 + 1 * \max(35 * d, 500) + 600 - 40 + 15 * d$	4	8	3.51	28.08	56.16
全部纵筋 插筋.2	Φ	18	270⌐ 2610	$1140 + 2730/3 + 600 - 40 + 15 * d$	4	8	2.88	23.04	46.08
箍筋.1	Φ	10	290 [290]	$2 * ((350 - 2 * 30) + (350 - 2 * 30)) + 2 * (11.9 * d)$	14	28	1.398	39.144	24.152
箍筋.2	Φ	10	⟋ 290 ⟍	$(350 - 2 * 30) + 2 * (11.9 * d)$	24	48	0.528	25.344	15.637
构件名称：KZ – 2[142]			构件数量：2		本构件钢筋重：129.12 kg				
构件位置：< 2 + 30, A > ; < 3 – 30, A >									
B 边 插筋.1	Φ	18	270⌐ 3340	$1190 + 3030/3 + 1 * \max(35 * d, 500) + 550 - 40 + 15 * d$	2	4	3.61	14.44	28.88
H 边 插筋.1	Φ	20	300⌐ 2710	$1190 + 3030/3 + 550 - 40 + 15 * d$	2	4	3.01	12.04	29.739
H 边 插筋.2	Φ	20	300⌐ 3410	$1190 + 3030/3 + 1 * \max(35 * d, 500) + 550 - 40 + 15 * d$	4	8	3.71	29.68	73.31
角筋 插筋.1	Φ	18	270⌐ 2710	$1190 + 3030/3 + 550 - 40 + 15 * d$	4	8	2.98	23.84	47.68
箍筋.1	Φ	10	540 [240]	$2 * ((300 - 2 * 30) + (600 - 2 * 30)) + 2 * (11.9 * d)$	15	30	1.798	53.94	33.281
箍筋.2	Φ	10	540 [105]	$2 * (((300 - 2 * 30 - 2 * d - 18)/3 * 1 + 18 + 2 * d) + (600 - 2 * 30)) + 2 * (11.9 * d)$	13	26	1.529	39.754	24.528
箍筋.3	Φ	10	240 [290]	$2 * (((600 - 2 * 30 - 2 * d - 20)/4 * 2 + 20 + 2 * d) + (300 - 2 * 30)) + 2 * (11.9 * d)$	13	26	1.298	33.748	20.823

续上表

筋号	级别	直径	钢筋图形	计算公式	根数	总根数	单长(m)	总长(m)	总重(kg)
构件名称：GBZ1[175]			构件数量：1			本构件钢筋重：51.569 kg			
构件位置：<1+5,E-5>									
全部纵筋插筋.1	ϕ	18	270 ⌐ 1690	$500+1*\max(35*d,500)+600-40+15*d$	7	7	1.96	13.72	27.44
全部纵筋插筋.2	ϕ	18	270 ⌐ 1060	$500+600-40+15*d$	7	7	1.33	9.31	18.62
箍筋1	ϕ	10	190 960	$2*(250+770-2*30+250-2*30)+2*(11.9*d)$	2	2	2.538	5.076	3.132
拉筋1	ϕ	10	190	$250-2*30+2*(11.9*d)$	2	2	0.428	0.856	0.528
箍筋2	ϕ	10	190 440	$2*(250+250-2*30+250-2*30)+2*(11.9*d)$	2	2	1.498	2.996	1.849
构件名称：GAZ1[241]			构件数量：2			本构件钢筋重：23.009 kg			
构件位置：<1+5,D+1105>；<2-5,D+1105>									
全部纵筋插筋.1	ϕ	16	240 ⌐ 2790	$1170+500+1*\max(35*d,500)+600-40+15*d$	2	4	3.03	12.12	19.15
全部纵筋插筋.2	ϕ	16	240 ⌐ 2230	$1170+500+600-40+15*d$	2	4	2.47	9.88	15.61
箍筋.1	ϕ	8	190 190	$2*((250-2*30)+(250-2*30))+2*(11.9*d)$	15	30	0.95	28.5	11.258
构件名称：GAZ1[245]			构件数量：2			本构件钢筋重：10.736 kg			
构件位置：<1+5,E-1645>；<2-5,E-1645>									
全部纵筋插筋.1	ϕ	16	240 ⌐ 1620	$500+1*\max(35*d,500)+600-40+15*d$	2	4	1.86	7.44	11.755
全部纵筋插筋.2	ϕ	16	240 ⌐ 1060	$500+600-40+15*d$	2	4	1.3	5.2	8.216
箍筋.1	ϕ	8	190 190	$2*((250-2*30)+(250-2*30))+2*(11.9*d)$	2	4	0.95	3.8	1.501
构件名称：GBZ1[676]			构件数量：1			本构件钢筋重：116.54 kg			
构件位置：<2-5,E-5>									
全部纵筋插筋.1	ϕ	18	270 ⌐ 2830	$1140+500+1*\max(35*d,500)+600-40+15*d$	7	7	3.1	21.7	43.4
全部纵筋插筋.2	ϕ	18	270 ⌐ 2200	$1140+500+600-40+15*d$	7	7	2.47	17.29	34.58
箍筋1	ϕ	10	190 960	$2*(250+770-2*30+250-2*30)+2*(11.9*d)$	14	14	2.538	35.532	21.923
拉筋1	ϕ	10	190	$250-2*30+2*(11.9*d)$	14	14	0.428	5.992	3.697
箍筋2	ϕ	10	190 440	$2*(250+250-2*30+250-2*30)+2*(11.9*d)$	14	14	1.498	20.972	12.94
构件名称：q2[254]			构件数量：1			本构件钢筋重：98.158 kg			
构件位置：<1+400,E><2,E>									
钢筋	ϕ	10	100 ⌐ 4210	$4240-15+10*d-15+6.25*d$	9	9	4.373	39.357	24.283

续上表

筋号	级别	直径	钢筋图形	计算公式	根数	总根数	单长(m)	总长(m)	总重(kg)
钢筋	Φ	10	100 ⌐4210⌐ 150	$3990 - 15 + 10 * d + 250 - 15 + 15 * d + 12.5 * d$	9	9	4.585	41.265	25.461
墙身垂直钢筋.1	Φ	10	1590	$1170 + 1.2 * 35 * 10 + 12.5 * d$	22	22	1.715	37.73	23.279
钢筋	Φ	10	60⌐ 980	$42 * 10 + 600 - 40 + 6 * d + 12.5 * d$	11	11	1.165	12.815	7.907
钢筋	Φ	10	60⌐ 1900	$42 * 10 + 500 + 1.2 * 35 * d + 600 - 40 + 6 * d + 12.5 * d$	11	11	2.085	22.935	14.151
墙身拉筋.1	Φ	8	220	$(250 - 2 * 15) + 2 * (11.9 * d)$	19	19	0.41	7.79	3.077

构件名称：q1[256]　　　　　　**构件数量：1**　　　　　　**本构件钢筋重：182.65 kg**

构件位置：<1,E> <1,D>

钢筋	Φ	10	100⌐ 6210 ⌐150	$5890 - 15 + 10 * d + 350 - 15 + 15 * d + 12.5 * d$	18	18	6.585	118.53	73.133
墙身垂直钢筋.1	Φ	10	1590	$1170 + 1.2 * 35 * 10 + 12.5 * d$	50	50	1.715	85.75	52.908
钢筋	Φ	10	60⌐ 980	$42 * 10 + 600 - 40 + 6 * d + 12.5 * d$	25	25	1.165	29.125	17.97
钢筋	Φ	10	60⌐ 1900	$42 * 10 + 500 + 1.2 * 35 * d + 600 - 40 + 6 * d + 12.5 * d$	25	25	2.085	52.125	32.161
墙身拉筋.1	Φ	8	220	$(250 - 2 * 15) + 2 * (11.9 * d)$	40	40	0.41	16.4	6.478

构件名称：q1[260]　　　　　　**构件数量：1**　　　　　　**本构件钢筋重：182.028 kg**

构件位置：<2-10,E> <2-10,D>

钢筋	Φ	10	150⌐ 6210	$5890 - 15 + 350 - 15 + 15 * d + 6.25 * d$	9	9	6.423	57.807	35.667
钢筋	Φ	10	150⌐ 6210 ⌐150	$5640 + 250 - 15 + 15 * d + 350 - 15 + 15 * d + 12.5 * d$	9	9	6.635	59.715	36.844
墙身垂直钢筋.1	Φ	10	1590	$1170 + 1.2 * 35 * 10 + 12.5 * d$	50	50	1.715	85.75	52.908
钢筋	Φ	10	60⌐ 1900	$42 * 10 + 500 + 1.2 * 35 * d + 600 - 40 + 6 * d + 12.5 * d$	25	25	2.085	52.125	32.161
钢筋	Φ	10	60⌐ 980	$42 * 10 + 600 - 40 + 6 * d + 12.5 * d$	25	25	1.165	29.125	17.97
墙身拉筋.1	Φ	8	220	$(250 - 2 * 15) + 2 * (11.9 * d)$	40	40	0.41	16.4	6.478

构件名称：PL1[248]　　　　　　**构件数量：1**　　　　　　**本构件钢筋重：39.836 kg**

构件位置：<1,D+1105> <2,D+1105>

1跨.上通长筋1	Φ	14	210⌐ 4190 ⌐210	$250 - 30 + 15 * d + 3750 + 250 - 30 + 15 * d$	2	2	4.61	9.22	11.156
1跨.下部钢筋1	Φ	16	4134	$12 * d + 3750 + 12 * d$	3	3	4.134	12.402	19.595

续上表

筋号	级别	直径	钢筋图形	计算公式	根数	总根数	单长(m)	总长(m)	总重(kg)
1 跨.箍筋 1	φ	8	290 □190	$2*((250-2*30)+(350-2*30))+2*(11.9*d)$	20	20	1.15	23	9.085

构件名称：JL2[191]　　　　构件数量：1　　　　　　　**本构件钢筋重：461.433 kg**

构件位置：<1,B> <5,B>

钢筋	Φ	20	300└18560┘300	$350-40+15*d+17940+350-40+15*d$	6	6	19.16	114.96	283.951
1 跨.侧面构造通长筋 1	Φ	10	18240	$15*d+17940+15*d+300$	4	4	18.54	74.16	45.757
钢筋	φ	8	＼520／	$(600-2*40)+2*(11.9*d)$	127	127	0.71	90.17	35.617
钢筋	φ	8	520 □170	$2*((250-2*40)+(600-2*40))+2*(11.9*d)$	127	127	1.57	199.39	78.759
钢筋	φ	8	＼170／	$(250-2*40)+2*(11.9*d)$	122	122	0.36	43.92	17.348

构件名称：JL[193]　　　　构件数量：2　　　　　　　**本构件钢筋重：139.81 kg**

构件位置：<1+10,D> <1+10,E>；<2-10,D> <2-10,E>

钢筋	Φ	20	300└6160┘300	$350-40+15*d+5390+500-40+15*d$	6	12	6.76	81.12	200.366
钢筋	φ	8	＼520／	$(600-2*40)+2*(11.9*d)$	44	88	0.71	62.48	24.68
钢筋	φ	8	520 □170	$2*((250-2*40)+(600-2*40))+2*(11.9*d)$	44	88	1.57	138.16	54.573

构件名称：JL[197]　　　　构件数量：1　　　　　　　**本构件钢筋重：92.289 kg**

构件位置：<1,E> <2,E>

1 跨.下通长筋 1	Φ	20	300└4165┘300	$1020-40+15*d+2200+1025-40+15*d$	3	3	4.765	14.295	35.309
1 跨.上部钢筋 1	Φ	20	4165	$1020-40+2200+1025-40$	3	3	4.165	12.495	30.863
钢筋	φ	8	520 □170	$2*((250-2*40)+(600-2*40))+2*(11.9*d)$	29	29	1.57	45.53	17.984
钢筋	φ	8	＼520／	$(600-2*40)+2*(11.9*d)$	29	29	0.71	20.59	8.133

构件名称：JL2[202]　　　　构件数量：1　　　　　　　**本构件钢筋重：189.246 kg**

构件位置：<2,A> <3,A>

钢筋	Φ	20	300└7360┘300	$300-40+15*d+6840+300-40+15*d$	6	6	7.96	47.76	117.967
1 跨.侧面构造筋 1	Φ	10	7140	$15*d+6840+15*d$	4	4	7.14	28.56	17.622
钢筋	φ	8	520 □170	$2*((250-2*40)+(600-2*40))+2*(11.9*d)$	52	52	1.57	81.64	32.248

续上表

筋号	级别	直径	钢筋图形	计算公式	根数	总根数	单长(m)	总长(m)	总重(kg)
钢筋	φ	8	520	$(600-2*40)+2*(11.9*d)$	52	52	0.71	36.92	14.583
1跨.拉筋1	φ	8	170	$(250-2*40)+2*(11.9*d)$	48	48	0.36	17.28	6.826

构件名称：JL6[209]   **构件数量：1**   **本构件钢筋重：213.987 kg**

构件位置：<1,B> <1,D>

筋号	级别	直径	钢筋图形	计算公式	根数	总根数	单长(m)	总长(m)	总重(kg)
钢筋	φ	20	300 ⌐ 8370 ¬ 300	$350-40+15*d+7750+350-40+15*d$	6	6	8.97	53.82	132.935
1跨.侧面构造筋1	φ	10	8050	$15*d+7750+15*d+150$	4	4	8.2	32.8	20.238
钢筋	φ	8	170	$(250-2*40)+2*(11.9*d)$	54	54	0.36	19.44	7.679
钢筋	φ	8	520 170	$2*((250-2*40)+(600-2*40))+2*(11.9*d)$	59	59	1.57	92.63	36.589
钢筋	φ	8	520	$(600-2*40)+2*(11.9*d)$	59	59	0.71	41.89	16.547

构件名称：JL3[213]   **构件数量：1**   **本构件钢筋重：461.433 kg**

构件位置：<1,C> <5,C>

筋号	级别	直径	钢筋图形	计算公式	根数	总根数	单长(m)	总长(m)	总重(kg)
钢筋	φ	20	300 ⌐ 18560 ¬ 300	$350-40+15*d+17940+350-40+15*d$	6	6	19.16	114.96	283.951
1跨.侧面构造通长筋1	φ	10	18240	$15*d+17940+15*d+300$	4	4	18.54	74.16	45.757
钢筋	φ	8	520 170	$2*((250-2*40)+(600-2*40))+2*(11.9*d)$	127	127	1.57	199.39	78.759
钢筋	φ	8	520	$(600-2*40)+2*(11.9*d)$	127	127	0.71	90.17	35.617
钢筋	φ	8	170	$(250-2*40)+2*(11.9*d)$	122	122	0.36	43.92	17.348

构件名称：JL4[215]   **构件数量：1**   **本构件钢筋重：461.433 kg**

构件位置：<1,D+10> <5,D+10>

筋号	级别	直径	钢筋图形	计算公式	根数	总根数	单长(m)	总长(m)	总重(kg)
钢筋	φ	20	300 ⌐ 18560 ¬ 300	$350-40+15*d+17940+350-40+15*d$	6	6	19.16	114.96	283.951
1跨.侧面构造通长筋1	φ	10	18240	$15*d+17940+15*d+300$	4	4	18.54	74.16	45.757
钢筋	φ	8	170	$(250-2*40)+2*(11.9*d)$	122	122	0.36	43.92	17.348
钢筋	φ	8	520 170	$2*((250-2*40)+(600-2*40))+2*(11.9*d)$	127	127	1.57	199.39	78.759
钢筋	φ	8	520	$(600-2*40)+2*(11.9*d)$	127	127	0.71	90.17	35.617

续上表

筋号	级别	直径	钢筋图形	计算公式	根数	总根数	单长(m)	总长(m)	总重(kg)
构件名称：JL5[217]			构件数量：1				本构件钢筋重：348.561 kg		
构件位置：<2,E> <5,E>									
1跨.下通长筋1	Φ	20	300└ 15340 ┘300	1020－40＋15＊d＋14050＋350－40＋15＊d	3	3	15.94	47.82	118.115
1跨.侧面构造筋1	Φ	10	14350	15＊d＋14050＋15＊d＋150	4	4	14.5	58	35.786
1跨.上通长筋1	Φ	20	300└ 15340	1020－40＋14050＋350－40＋15＊d	3	3	15.64	46.92	115.892
钢筋	Φ	8	520 170	2＊((250－2＊40)＋(600－2＊40))＋2＊(11.9＊d)	105	105	1.57	164.85	65.116
钢筋	Φ	8	170	(250－2＊40)＋2＊(11.9＊d)	96	96	0.36	34.56	13.651
构件名称：JL8[221]			构件数量：1				本构件钢筋重：434.912 kg		
构件位置：<3,A> <3,E>									
钢筋	Φ	20	300└ 17440 ┘300	600－40＋15＊d＋16570＋350－40＋15＊d	6	6	18.04	108.24	267.353
1跨.侧面构造通长筋1	Φ	10	16870	15＊d＋16570＋15＊d＋300	4	4	17.17	68.68	42.376
钢筋	Φ	8	520 170	2＊((250－2＊40)＋(600－2＊40))＋2＊(11.9＊d)	121	121	1.57	189.97	75.038
钢筋	Φ	8	170	(250－2＊40)＋2＊(11.9＊d)	114	114	0.36	41.04	16.211
钢筋	Φ	8	520	(600－2＊40)＋2＊(11.9＊d)	121	121	0.71	85.91	33.934
构件名称：JL7[223]			构件数量：1				本构件钢筋重：291.003 kg		
构件位置：<2,A> <2-10,D>									
1跨.侧面构造通长筋1	Φ	10	10980	15＊d＋10680＋15＊d＋150	4	4	11.13	44.52	27.469
钢筋	Φ	20	300└ 11550 ┘300	600－40＋15＊d＋10680＋350－40＋15＊d	6	6	12.15	72.9	180.063
钢筋	Φ	8	520 170	2＊((250－2＊40)＋(600－2＊40))＋2＊(11.9＊d)	81	81	1.57	127.17	50.232
钢筋	Φ	8	520	(600－2＊40)＋2＊(11.9＊d)	81	81	0.71	57.51	22.716
钢筋	Φ	8	170	(250－2＊40)＋2＊(11.9＊d)	74	74	0.36	26.64	10.523

筋号	级别	直径	钢筋图形	计算公式	根数	总根数	单长(m)	总长(m)	总重(kg)
构件名称：JCL－2[225]			**构件数量：1**				**本构件钢筋重：352.389 kg**		
构件位置：<4,B> <4,E>									
1跨.下通长筋1	⏀	20	300⌐ 14270 ⌐300	$250-40+15*d+13850+250-40+15*d$	3	3	14.87	44.61	110.187
1跨.侧面构造筋1	⏀	10	14150	$15*d+13850+15*d+150$	4	4	14.3	57.2	35.292
1跨.上部钢筋1	⏀	20	30⌐ 14270 ⌐30	$12*d+13850+12*d$	3	3	14.33	42.99	106.185
钢筋	Φ	8	520	$(600-2*40)+2*(11.9*d)$	97	97	0.71	68.87	27.204
钢筋	Φ	8	520 170	$2*((250-2*40)+(600-2*40))+2*(11.9*d)$	97	97	1.57	152.29	60.155
1跨.拉筋1	Φ	8	170	$(250-2*40)+2*(11.9*d)$	94	94	0.36	33.84	13.367
构件名称：JL9[227]			**构件数量：1**				**本构件钢筋重：357.526 kg**		
构件位置：<5,B> <5,E>									
1跨.侧面构造通长筋1	⏀	10	13940	$15*d+13640+15*d+150$	4	4	14.09	56.36	34.774
钢筋	⏀	20	300⌐ 14260 ⌐300	$350-40+15*d+13640+350-40+15*d$	6	6	14.86	89.16	220.225
钢筋	Φ	8	520 170	$2*((250-2*40)+(600-2*40))+2*(11.9*d)$	99	99	1.57	155.43	61.395
钢筋	Φ	8	520	$(600-2*40)+2*(11.9*d)$	99	99	0.71	70.29	27.765
钢筋	Φ	8	170	$(250-2*40)+2*(11.9*d)$	94	94	0.36	33.84	13.367
构件名称：JCL－1[230]			**构件数量：1**				**本构件钢筋重：155.502 kg**		
构件位置：<2+3600,D> <2+3600,E>									
1跨.下通长筋1	⏀	20	300⌐ 6160 ⌐300	$250-40+15*d+5740+250-40+15*d$	3	3	6.76	20.28	50.092
1跨.侧面构造筋1	⏀	10	6040	$15*d+5740+15*d$	4	4	6.04	24.16	14.907
1跨.上部钢筋1	⏀	20	30⌐ 6160 ⌐30	$12*d+5740+12*d$	3	3	6.22	18.66	46.09
钢筋	Φ	8	520	$(600-2*40)+2*(11.9*d)$	43	43	0.71	30.53	12.059

续上表

筋号	级别	直径	钢筋图形	计算公式	根数	总根数	单长(m)	总长(m)	总重(kg)
钢筋	φ	8	520 〔170〕	$2*((250-2*40)+(600-2*40))+2*(11.9*d)$	43	43	1.57	67.51	26.666
1跨.拉筋1	φ	8	170	$(250-2*40)+2*(11.9*d)$	40	40	0.36	14.4	5.688

构件名称: DJ-1[27] 　　　**构件数量: 12** 　　　**本构件钢筋重: 16.289 kg**

构件位置: $<1+50,B+50>$; $<2,B+50>$; $<3,B+50>$; $<1+50,C-50>$; $<2,C-50>$; $<3,C-50>$; $<5-50,C-50>$; $<3,D+50>$; $<5-50,D+50>$; $<3,E-50>$; $<5-50,E-50>$; $<5-50,B+50>$

| 钢筋 | φ | 10 | 1320 | $1400-40-40$ | 20 | 240 | 1.32 | 316.8 | 195.466 |

构件名称: DJ-2[84] 　　　**构件数量: 2** 　　　**本构件钢筋重: 32.998 kg**

构件位置: $<2,A>$; $<3,A>$

| 钢筋 | φ | 12 | 1520 | $1600-40-40$ | 12 | 24 | 1.52 | 36.48 | 32.394 |
| 钢筋 | φ | 12 | 1720 | $1800-40-40$ | 11 | 22 | 1.72 | 37.84 | 33.602 |

构件名称: TJBJ2[160] 　　　**构件数量: 1** 　　　**本构件钢筋重: 28.393 kg**

构件位置: $<1,E>$ $<2,E>$

| TJBJ2-2.底部受力筋.1 | φ | 16 | 520 | $600-2*40$ | 31 | 31 | 0.52 | 16.12 | 25.47 |
| TJBJ2-2.底部分布筋.1 | φ | 8 | 3700 | 3700 | 2 | 2 | 3.7 | 7.4 | 2.923 |

构件名称: TJBJ2[163] 　　　**构件数量: 2** 　　　**本构件钢筋重: 44.975 kg**

构件位置: $<2,E-170>$ $<2,D-170>$; $<1,E-170>$ $<1,D-170>$

TJBJ2-2.底部受力筋.1	φ	16	520	$600-2*40$	44	88	0.52	45.76	72.301
TJBJ2-2.底部受力筋.2	φ	16	560	$600-40$	5	10	0.56	5.6	8.848
TJBJ2-2.底部分布筋.1	φ	8	5570	$6020-600+150$	2	4	5.57	22.28	8.801

楼层名称：首层（绘图输入）　　　　　　　　　　　　　　　　　　　钢筋总重：8903.043 kg

筋号	级别	直径	钢筋图形	计算公式	根数	总根数	单长(m)	总长(m)	总重(kg)
构件名称：KZ-1[263]			构件数量：12			本构件钢筋重：89.115 kg			
构件位置：<1+55,B+55>；<1+55,C-55>；<2,C-55>；<3,C-55>；<5-55,C-55>；<2,D+55>；<3,D+55>；<5-55,D+55>；<3,E-55>；<5-55,E-55>；<5-55,B+55>；<1+55,D+55>									
钢筋	Φ	18	2920	$3330-1540+\max(2600/6,350,500)+1*\max(35*d,500)$	8	96	2.92	280.32	560.64
箍筋.1	Φ	10	290 □290	$2*((350-2*30)+(350-2*30))+2*(11.9*d)$	28	336	1.398	469.728	289.822
箍筋.2	Φ	10	290	$(350-2*30)+2*(11.9*d)$	56	672	0.528	354.816	218.921
构件名称：KZ-1[264]			构件数量：2			本构件钢筋重：93.658 kg			
构件位置：<2,B+55>；<3,B+55>									
钢筋	Φ	18	2920	$3330-910+\max(2400/6,350,500)$	8	16	2.92	46.72	93.44
箍筋.1	Φ	10	290 □290	$2*((350-2*30)+(350-2*30))+2*(11.9*d)$	31	62	1.398	86.676	53.479
箍筋.2	Φ	10	290	$(350-2*30)+2*(11.9*d)$	62	124	0.528	65.472	40.396
构件名称：KZ-2[277]			构件数量：2			本构件钢筋重：164.582 kg			
构件位置：<2+30,A>；<3-30,A>									
B边纵筋.1	Φ	18	2560	$3330-1640+900-30$	2	4	2.56	10.24	20.48
H边纵筋.1	Φ	20	3190	$3330-1010+600+300-30$	2	4	3.19	12.76	31.517
H边纵筋.2	Φ	20	2490	$3330-1710+900-30$	4	8	2.49	19.92	49.202
角筋.1	Φ	18	3190	$3330-1010+600+300-30$	4	8	3.19	25.52	51.04
箍筋.1	Φ	10	540 □240	$2*((300-2*30)+(600-2*30))+2*(11.9*d)$	31	62	1.798	111.476	68.781
箍筋.2	Φ	10	540 □105	$2*(((300-2*30-2*d-18)/3*1+18+2*d)+(600-2*30))+2*(11.9*d)$	31	62	1.529	94.798	58.49
箍筋.3	Φ	10	540 □290	$2*(((600-2*30-2*d-20)/4*2+20+2*d)+(300-2*30))+2*(11.9*d)$	31	62	1.298	80.476	49.654
构件名称：GBZ2[279]			构件数量：1			本构件钢筋重：249.481 kg			
构件位置：<1+5,E-5>									
钢筋	Φ	18	4470	$4470-500+500$	14	14	4.47	62.58	125.16
箍筋1	Φ	10	190 □960	$2*(250+770-2*30+250-2*30)+2*(11.9*d)$	46	46	2.538	116.748	72.034
拉筋1	Φ	10	190	$250-2*30+2*(11.9*d)$	37	37	0.428	15.836	9.771

续上表

筋号	级别	直径	钢筋图形	计算公式	根数	总根数	单长(m)	总长(m)	总重(kg)
箍筋2	Φ	10	190 440	$2*(250+250-2*30+250-2*30)+2*(11.9*d)$	46	46	1.498	68.908	42.516

构件名称：GAZ1[281]　　　构件数量：2　　　本构件钢筋重：29.709 kg

构件位置：<1+5,D+1105>；<2-5,D+1105>

筋号	级别	直径	钢筋图形	计算公式	根数	总根数	单长(m)	总长(m)	总重(kg)
全部纵筋.1	Φ	16	192 2210	$3300-1060-100+100-30+12*d$	2	4	2.402	9.608	15.181
全部纵筋.2	Φ	16	192 2770	$3300-500-100+100-30+12*d$	2	4	2.962	11.848	18.72
箍筋.1	Φ	8	190 190	$2*((250-2*30)+(250-2*30))+2*(11.9*d)$	34	68	0.95	64.6	25.517

构件名称：GAZ1[283]　　　构件数量：2　　　本构件钢筋重：24.799 kg

构件位置：<1+5,E-1645>；<2-5,E-1645>

筋号	级别	直径	钢筋图形	计算公式	根数	总根数	单长(m)	总长(m)	总重(kg)
全部纵筋.1	Φ	16	192 1730	$2820-1060-100+100-30+12*d$	2	4	1.922	7.688	12.147
全部纵筋.2	Φ	16	192 2290	$2820-500-100+100-30+12*d$	2	4	2.482	9.928	15.686
箍筋.1	Φ	8	190 190	$2*((250-2*30)+(250-2*30))+2*(11.9*d)$	29	58	0.95	55.1	21.765

构件名称：GBZ2[678]　　　构件数量：1　　　本构件钢筋重：186.094 kg

构件位置：<2-5,E-5>

筋号	级别	直径	钢筋图形	计算公式	根数	总根数	单长(m)	总长(m)	总重(kg)
钢筋	Φ	18	3330	$3330-1130+500+1*max(35*d,500)$	14	14	3.33	46.62	93.24
箍筋1	Φ	10	190 960	$2*(250+770-2*30+250-2*30)+2*(11.9*d)$	34	34	2.538	86.292	53.242
拉筋1	Φ	10	190	$250-2*30+2*(11.9*d)$	31	31	0.428	13.268	8.186
箍筋2	Φ	10	190 440	$2*(250+250-2*30+250-2*30)+2*(11.9*d)$	34	34	1.498	50.932	31.425

构件名称：q1[285]　　　构件数量：1　　　本构件钢筋重：264.694 kg

构件位置：<1,E><1,D>

筋号	级别	直径	钢筋图形	计算公式	根数	总根数	单长(m)	总长(m)	总重(kg)
钢筋	Φ	10	100 6210 150	$5890-15+10*d+350-15+15*d+12.5*d$	34	34	6.585	223.89	138.14
墙身垂直钢筋.1	Φ	10	3720	$3300+1.2*35*10+12.5*d$	50	50	3.845	192.25	118.618
墙身拉筋.1	Φ	8	220	$(250-2*15)+2*(11.9*d)$	49	49	0.41	20.09	7.936

构件名称：q1[286]　　　构件数量：1　　　本构件钢筋重：263.519 kg

构件位置：<2-10,E><2-10,D>

筋号	级别	直径	钢筋图形	计算公式	根数	总根数	单长(m)	总长(m)	总重(kg)
墙身水平钢筋.1	Φ	10	150 6210	$5890-15+350-15+15*d+6.25*d$	17	17	6.423	109.191	67.371
墙身水平钢筋.2	Φ	10	150 6210 150	$5640+250-15+15*d+350-15+15*d+12.5*d$	17	17	6.635	112.795	69.595
墙身垂直钢筋.1	Φ	10	3720	$3300+1.2*35*10+12.5*d$	50	50	3.845	192.25	118.618

筋号	级别	直径	钢筋图形	计算公式	根数	总根数	单长(m)	总长(m)	总重(kg)
墙身拉筋.1	Φ	8	220	$(250-2*15)+2*(11.9*d)$	49	49	0.41	20.09	7.936

构件名称：q2[287]　　构件数量：1　　本构件钢筋重：155.242 kg

构件位置：<1+400,E> <2,E>

墙身水平钢筋.1	Φ	10	100 4210	$4240-15+10*d-15+6.25*d$	18	18	4.373	78.714	48.567
墙身水平钢筋.2	Φ	10	100 4210 150	$3990-15+10*d+250-15+15*d+12.5*d$	18	18	4.585	82.53	50.921
墙身垂直钢筋.1	Φ	10	3720	$3300+1.2*35*10+12.5*d$	22	22	3.845	84.59	52.192
墙身拉筋.1	Φ	8	220	$(250-2*15)+2*(11.9*d)$	22	22	0.41	9.02	3.563

构件名称：AL-1[682]　　构件数量：2　　本构件钢筋重：71.041 kg

构件位置：<1,E> <1,D>；<2-10,E> <2-10,D>

| 钢筋 | Φ | 18 | 270 6180 270 | $5390+500-30+15*d+350-30+15*d$ | 4 | 8 | 6.72 | 53.76 | 107.52 |
| 箍筋.1 | Φ | 8 | 340 190 | $2*((250-2*30)+(400-2*30))+2*(11.9*d)$ | 35 | 70 | 1.25 | 87.5 | 34.563 |

构件名称：AL-1[684]　　构件数量：1　　本构件钢筋重：36.526 kg

构件位置：<1+400,E> <2,E>

| 钢筋 | Φ | 18 | 3640 | $2200+40*d+40*d$ | 4 | 4 | 3.64 | 14.56 | 29.12 |
| 箍筋.1 | Φ | 8 | 340 190 | $2*((250-2*30)+(400-2*30))+2*(11.9*d)$ | 15 | 15 | 1.25 | 18.75 | 7.406 |

构件名称：KL-1[291]　　构件数量：1　　本构件钢筋重：133.372 kg

构件位置：<2,A> <3,A>

1跨.上通长筋1	Φ	20	300 7380 300	$300-30+15*d+6840+300-30+15*d$	2	2	7.98	15.96	39.421
1跨.侧面构造筋1	Φ	10	7140	$15*d+6840+15*d$	4	4	7.14	28.56	17.622
1跨.下部钢筋1	Φ	16	240 7380 240	$300-30+15*d+6840+300-30+15*d$	3	3	7.86	23.58	37.256
1跨.箍筋1	Φ	8	540 190	$2*((250-2*30)+(600-2*30))+2*(11.9*d)$	53	53	1.65	87.45	34.543
1跨.拉筋1	Φ	6	190	$(250-2*30)+2*(75+1.9*d)$	48	48	0.363	17.424	4.53

构件名称：KL-2[294]　　构件数量：1　　本构件钢筋重：533.719 kg

构件位置：<1+5,B+5> <2,B+5> <3,B+5> <5,B+5>

| 1跨.左支座筋1 | Φ | 18 | 270 1517 | $350-30+15*d+3590/3$ | 1 | 1 | 1.787 | 1.787 | 3.574 |

续上表

筋号	级别	直径	钢筋图形	计算公式	根数	总根数	单长(m)	总长(m)	总重(kg)
1跨.侧面受扭筋1	Φ	10	150 ⌐4230⌐ 150	350−30+15*d+3590+350−30+15*d	4	4	4.53	18.12	11.18
钢筋	Φ	18	270 ⌐ 4630	350−30+15*d+3590+40*d	5	5	4.9	24.5	49
2跨.上通长筋1	Φ	18	270 ⌐7490⌐ 270	350−30+15*d+6850+350−30+15*d	2	2	8.03	16.06	32.12
钢筋	Φ	18	270 ⌐ 2603	350−30+15*d+6850/3	2	2	2.873	5.746	11.492
钢筋	Φ	18	270 ⌐ 2033	350−30+15*d+6850/4	4	4	2.303	9.212	18.424
2跨.侧面受扭筋1	Φ	14	7970	40*d+6850+40*d	4	4	7.97	31.88	38.575
2跨.下部钢筋1	Φ	18	8290	40*d+6850+40*d	3	3	8.29	24.87	49.74
3跨.上通长筋1	Φ	18	270 ⌐ 7835	40*d+6795+350−30+15*d	2	2	8.105	16.21	32.42
钢筋	Φ	18	3003	6850/3+40*d	2	2	3.003	6.006	12.012
钢筋	Φ	18	2433	6850/4+40*d	4	4	2.433	9.732	19.464
3跨.右支座筋1	Φ	18	270 ⌐ 2585	6795/3+350−30+15*d	1	1	2.855	2.855	5.71
3跨.侧面受扭筋1	Φ	10	150 ⌐7435⌐ 150	350−30+15*d+6795+350−30+15*d	4	4	7.735	30.94	19.09
3跨.下部钢筋1	Φ	25	375 ⌐ 8115	40*d+6795+350−30+15*d	3	3	8.49	25.47	98.06
2跨.箍筋1	Φ	8	840 190	2*((250−2*30)+(900−2*30))+2*(11.9*d)	55	55	2.25	123.75	48.881
钢筋	Φ	6	190	(250−2*30)+2*(75+1.9*d)	122	122	0.363	44.286	11.514
3跨.吊筋1	Φ	16	320 45.00 350 540	250+2*50+2*20*d+2*1.414*(600−2*30)	2	2	2.517	5.034	7.954
钢筋	Φ	8	540 190	2*((250−2*30)+(600−2*30))+2*(11.9*d)	90	90	1.65	148.5	58.658
钢筋	Φ	25	190	250−2*30	8	8	0.19	1.52	5.852

续上表

筋号	级别	直径	钢筋图形	计算公式	根数	总根数	单长(m)	总长(m)	总重(kg)
构件名称：KL-3[297]			构件数量：1				本构件钢筋重：610.509 kg		
构件位置：<1+5,C-5> <5,C-5>									
1跨.上通长筋1	Φ	20	300⌐18575⌐300	$350-30+15*d+17935+350-30+15*d$	2	2	19.175	38.35	94.725
1跨.左支座筋1	Φ	20	300⌐1517	$350-30+15*d+3590/3$	1	1	1.817	1.817	4.488
1跨.侧面构造筋1	Φ	10	3890	$15*d+3590+15*d$	4	4	3.89	15.56	9.601
1跨.下部钢筋1	Φ	18	270⌐4630	$350-30+15*d+3590+40*d$	3	3	4.9	14.7	29.4
钢筋	Φ	20	4916	$6850/3+350+6850/3$	3	3	4.916	14.748	36.428
钢筋	Φ	20	3776	$6850/4+350+6850/4$	4	4	3.776	15.104	37.307
2跨.侧面受扭筋1	Φ	14	7970	$40*d+6850+40*d$	4	4	7.97	31.88	38.575
2跨.下部钢筋1	Φ	18	8290	$40*d+6850+40*d$	3	3	8.29	24.87	49.74
3跨.右支座筋1	Φ	20	300⌐2585	$6795/3+350-30+15*d$	1	1	2.885	2.885	7.126
3跨.侧面构造筋1	Φ	10	7095	$15*d+6795+15*d$	4	4	7.095	28.38	17.51
钢筋	Φ	25	375⌐8115	$40*d+6795+350-30+15*d$	5	5	8.49	42.45	163.433
钢筋	Φ	8	540⌐190⌐	$2*((250-2*30)+(600-2*30))+2*(11.9*d)$	143	143	1.65	235.95	93.2
钢筋	Φ	6	190	$(250-2*30)+2*(75+1.9*d)$	122	122	0.363	44.286	11.514
3跨.吊筋1	Φ	16	320 / 45.00 350 540	$250+2*50+2*20*d+2*1.414*(600-2*30)$	2	2	2.517	5.034	7.954
钢筋	Φ	25	190	$250-2*30$	13	13	0.19	2.47	9.51

308

续上表

筋号	级别	直径	钢筋图形	计算公式	根数	总根数	单长(m)	总长(m)	总重(kg)
构件名称：KL-4[299]				构件数量：1			本构件钢筋重：784.496 kg		
构件位置：<1+5,D+5> <5,D+5>									
1跨.上通长筋1	Φ	25	375 ⌐18575⌐ 375	350-30+15*d+17935+ 350-30+15*d	2	2	19.325	38.65	148.803
1跨.左支座筋1	Φ	25	375 ⌐1517	350-30+15*d+3590/3	1	1	1.892	1.892	7.284
钢筋	Φ	25	4916	6850/3+350+6850/3	2	2	4.916	9.832	37.853
钢筋	Φ	25	3776	6850/4+350+6850/4	4	4	3.776	15.104	58.15
1跨.侧面构造筋1	Φ	10	3890	15*d+3590+15*d	4	4	3.89	15.56	9.601
1跨.下通长筋1	Φ	22	330 ⌐18575⌐ 330	350-30+15*d+17935+ 350-30+15*d	4	4	19.235	76.94	229.281
2跨.侧面受扭筋1	Φ	10	7650	40*d+6850+40*d	4	4	7.65	30.6	18.88
3跨.右支座筋1	Φ	25	375 ⌐2585	6795/3+350-30+15*d	1	1	2.96	2.96	11.396
3跨.侧面受扭筋1	Φ	10	150 ⌐7515	40*d+6795+350-30+15 *d	4	4	7.665	30.66	18.917
3跨.下部钢筋1	Φ	22	330 ⌐7995	40*d+6795+350-30+15 *d	3	3	8.325	24.975	74.426
钢筋	Φ	8	540 190	2*((250-2*30)+(600- 2*30))+2*(11.9*d)	106	106	1.65	174.9	69.086
钢筋	Φ	6	190	(250-2*30)+2*(75+1. 9*d)	144	144	0.363	52.272	13.591
钢筋	Φ	16	320 45.00 350 540	250+2*50+2*20*d+2 *1.414*(600-2*30)	4	4	2.517	10.068	15.907
3跨.箍筋1	Φ	10	540 190	2*((250-2*30)+(600- 2*30))+2*(11.9*d)	59	59	1.698	100.182	61.812
钢筋	Φ	25	190	250-2*30	13	13	0.19	2.47	9.51

筋号	级别	直径	钢筋图形	计算公式	根数	总根数	单长(m)	总长(m)	总重(kg)
构件名称：KL-5[301]			构件数量：1			本构件钢筋重：526.598 kg			
构件位置：<2,E-5> <5,E-5>									
1跨.上通长筋1	Φ	20	300⌐ 15170	40*d+14050+350-30+15*d	2	2	15.47	30.94	76.422
1跨.左支座筋1	Φ	20	3120	40*d+6905/3	1	1	3.102	3.102	7.662
钢筋	Φ	20	4954	6905/3+350+6905/3	2	2	4.954	9.908	24.473
1跨.右支座筋3	Φ	20	3802	6905/4+350+6905/4	2	2	3.802	7.604	18.782
1跨.侧面受扭筋1	Φ	10	150⌐ 14770	40*d+14050+350-30+15*d+560	4	4	15.48	61.92	38.205
1跨.下部钢筋1	Φ	22	8665	40*d+6905+40*d	4	4	8.665	34.66	103.287
2跨.右支座筋1	Φ	20	300⌐ 2585	6795/3+350-30+15*d	1	1	2.885	2.885	7.126
钢筋	Φ	18	270⌐ 7835	40*d+6795+350-30+15*d	8	8	8.105	64.84	129.68
钢筋	Φ	16	320 45.00 350 540	250+2*50+2*20*d+2*1.414*(600-2*30)	4	4	2.517	10.068	15.907
钢筋	Φ	8	540 190	2*((250-2*30)+(600-2*30))+2*(11.9*d)	134	134	1.65	221.1	87.335
钢筋	Φ	6	190	(250-2*30)+2*(75+1.9*d)	118	118	0.363	42.834	11.137
钢筋	Φ	25	190	250-2*30	9	9	0.19	1.71	6.584
构件名称：KL-6[304]			构件数量：1			本构件钢筋重：165.08 kg			
构件位置：<1+5,B> <1+5,D>									
1跨.上通长筋1	Φ	20	300⌐ 8390 ⌐300	350-30+15*d+7750+350-30+15*d	2	2	8.99	17.98	44.411
1跨.左支座筋1	Φ	20	300⌐ 2167	350-30+15*d+5540/3	1	1	2.467	2.467	6.093
1跨.侧面构造筋1	Φ	10	8050	15*d+7750+15*d+150	4	4	8.2	32.8	20.238

续上表

筋号	级别	直径	钢筋图形	计算公式	根数	总根数	单长(m)	总长(m)	总重(kg)
1跨.下部钢筋1	Φ	18	270└ 6580	$350 - 30 + 15 * d + 5540 + 40 * d$	2	2	6.85	13.7	27.4
2跨.跨中筋1	Φ	20	300└ 2980	$40 * d + 1860 + 350 - 30 + 15 * d$	1	1	3.28	3.28	8.102
2跨.下部钢筋1	Φ	18	270└ 2900	$40 * d + 1860 + 350 - 30 + 15 * d$	2	2	3.17	6.34	12.68
钢筋	Φ	8	540 □190	$2 * ((250 - 2 * 30) + (600 - 2 * 30)) + 2 * (11.9 * d)$	63	63	1.65	103.95	41.06
钢筋	Φ	6	▽ 190	$(250 - 2 * 30) + 2 * (75 + 1.9 * d)$	54	54	0.363	19.602	5.097

构件名称：**KL-7[310]**　　　　构件数量：**1**　　　　本构件钢筋重：**245.267 kg**

构件位置：<2+5,A> <2+5,B> <2+5,D>

筋号	级别	直径	钢筋图形	计算公式	根数	总根数	单长(m)	总长(m)	总重(kg)
钢筋	Φ	20	300└ 3470 ┘300	$600 - 30 + 15 * d + 2580 + 350 - 30 + 15 * d$	3	3	4.07	12.21	30.159
1跨.下部钢筋1	Φ	16	240└ 3790	$600 - 30 + 15 * d + 2580 + 40 * d$	2	2	4.03	8.06	12.735
2跨.上通长筋1	Φ	20	300└ 8870	$40 * d + 7750 + 350 - 30 + 15 * d$	2	2	9.17	18.34	45.3
2跨.左支座筋1	Φ	20	2647	$40 * d + 5540/3$	1	1	2.647	2.647	6.538
2跨.右支座筋1	Φ	20	4044	$5540/3 + 350 + 5540/3$	1	1	4.044	4.044	9.989
2跨.侧面受扭筋1	Φ	14	210└ 6420	$350 - 30 + 15 * d + 5540 + 40 * d$	4	4	6.63	26.52	32.089
2跨.下部钢筋1	Φ	16	240└ 6500	$350 - 30 + 15 * d + 5540 + 40 * d$	4	4	6.74	26.96	42.597
3跨.下部钢筋1	Φ	16	240└ 2820	$40 * d + 1860 + 350 - 30 + 15 * d$	2	2	3.06	6.12	9.67
1跨.箍筋1	Φ	8	340 □190	$2 * ((250 - 2 * 30) + (400 - 2 * 30)) + 2 * (11.9 * d)$	23	23	1.25	28.75	11.356
2跨.拉筋1	Φ	6	▽ 190	$(250 - 2 * 30) + 2 * (75 + 1.9 * d)$	40	40	0.363	14.52	3.775
钢筋	Φ	8	540 □190	$2 * ((250 - 2 * 30) + (600 - 2 * 30)) + 2 * (11.9 * d)$	63	63	1.65	103.95	41.06

筋号	级别	直径	钢筋图形	计算公式	根数	总根数	单长(m)	总长(m)	总重(kg)
构件名称：KL-8[312]				构件数量：1			本构件钢筋重：356.307 kg		
构件位置：<3-5,A> <3-5,B> <3-5,E>									
钢筋	Φ	16	240⌐ 3470 ⌐240	$600-30+15*d+2580+350-30+15*d$	3	3	3.95	11.85	18.723
1跨.侧面构造筋1	Φ	10	2880	$15*d+2580+15*d$	4	4	2.88	11.52	7.108
1跨.下部钢筋1	Φ	18	270⌐ 3870	$600-30+15*d+2580+40*d$	2	2	4.14	8.28	16.56
2跨.上通长筋1	Φ	16	240⌐ 14600	$40*d+13640+350-30+15*d$	2	2	14.84	29.68	46.894
2跨.左支座筋1	Φ	16	2487	$40*d+5540/3$	1	1	2.487	2.487	3.929
2跨.右支座筋1	Φ	16	4044	$5540/3+350+5540/3$	1	1	4.044	4.044	6.39
2跨.侧面受扭筋1	Φ	14	210⌐ 6322	$350-30+15*d+5540+33*d$	4	4	6.532	26.128	31.615
钢筋	Φ	18	270⌐ 6580	$40*d+5540+350-30+15*d$	6	6	6.85	41.1	82.2
钢筋	Φ	14	2994	$56*d-5540/4+1860+350+5540/4$	3	3	2.994	8.982	10.868
3跨.侧面构造筋1	Φ	10	8050	$15*d+7750+15*d+150$	4	4	8.2	32.8	20.238
3跨.下部钢筋1	Φ	18	3300	$40*d+1860+40*d$	2	2	3.3	6.6	13.2
4跨.右支座筋1	Φ	16	240⌐ 2167	$5540/3+350-30+15*d$	1	1	2.407	2.407	3.803
1跨.箍筋1	Φ	8	340 [190]	$2*((250-2*30)+(400-2*30))+2*(11.9*d)$	23	23	1.25	28.75	11.356
钢筋	Φ	8	540 [190]	$2*((250-2*30)+(600-2*30))+2*(11.9*d)$	107	107	1.65	176.55	69.737
钢筋	Φ	6	190	$(250-2*30)+2*(75+1.9*d)$	114	114	0.363	41.382	10.759
钢筋	Φ	25	190	$250-2*30$	4	4	0.19	0.76	2.926

续上表

筋号	级别	直径	钢筋图形	计算公式	根数	总根数	单长(m)	总长(m)	总重(kg)
构件名称：KL-9[320]				构件数量：1			本构件钢筋重：339.449 kg		
构件位置：<5-5,B> <5-5,E>									
1跨.上通长筋1	Φ	20	300⌐14280⌐300	350-30+15*d+13640+350-30+15*d	2	2	14.88	29.76	73.507
钢筋	Φ	20	300⌐2167	5540/3+350-30+15*d	2	2	2.467	4.934	12.187
1跨.侧面构造筋1	Φ	10	8050	15*d+7750+15*d+150	4	4	8.2	32.8	20.238
钢筋	Φ	18	270⌐6580	40*d+5540+350-30+15*d	6	6	6.85	41.1	82.2
2跨.跨中筋1	Φ	20	4857	40*d+1860+350+5540/3	1	1	4.857	4.857	11.997
2跨.下部钢筋1	Φ	18	3300	40*d+1860+40*d	2	2	3.3	6.6	13.2
3跨.侧面受扭筋1	Φ	10	150⌐6260	40*d+5540+350-30+15*d	4	4	6.41	25.64	15.82
钢筋	Φ	8	540 190	2*((250-2*30)+(600-2*30))+2*(11.9*d)	63	63	1.65	103.95	41.06
钢筋	Φ	6	190	(250-2*30)+2*(75+1.9*d)	112	112	0.363	40.656	10.571
3跨.箍筋1	Φ	10	540 190	2*((250-2*30)+(600-2*30))+2*(11.9*d)	56	56	1.698	95.088	58.669
构件名称：L-2[322]				构件数量：1			本构件钢筋重：70.187 kg		
构件位置：<2+3600,D> <2+3600,E>									
1跨.上通长筋1	Φ	14	210⌐6180⌐210	250-30+15*d+5740+250-30+15*d	2	2	6.6	13.2	15.972
1跨.下部钢筋1	Φ	18	6172	12*d+5740+12*d	3	3	6.172	18.516	37.032
1跨.箍筋1	Φ	8	440 190	2*((250-2*30)+(500-2*30))+2*(11.9*d)	30	30	1.45	43.5	17.183
构件名称：L-3[324]				构件数量：1			本构件钢筋重：364.543 kg		
构件位置：<4,B> <4,E>									
1跨.上通长筋1	Φ	18	270⌐14280⌐270	250-30+15*d+13840+250-30+15*d	2	2	14.82	29.64	59.28

筋号	级别	直径	钢筋图形	计算公式	根数	总根数	单长(m)	总长(m)	总重(kg)
1跨.右支座筋1	Φ	22	6186	$5740/3 + 250 + 1860 + 250 + 5740/3$	2	2	6.186	12.372	36.869
钢筋	Φ	18	6172	$12 * d + 5740 + 12 * d$	13	13	6.172	80.236	160.472
2跨.下部钢筋1	Φ	14	2196	$12 * d + 1860 + 12 * d$	5	5	2.196	10.98	13.286
3跨.侧面受扭筋1	Φ	10	150└ 6080	$12 * d + 5740 + 250 - 30 + 15 * d$	4	4	6.23	24.92	15.376
钢筋	Φ	8	540 [190]	$2 * ((250 - 2 * 30) + (600 - 2 * 30)) + 2 * (11.9 * d)$	40	40	1.65	66	26.07
3跨.箍筋1	Φ	12	540 [190]	$2 * ((250 - 2 * 30) + (600 - 2 * 30)) + 2 * (11.9 * d)$	30	30	1.746	52.38	46.513
3跨.拉筋1	Φ	6	190	$(250 - 2 * 30) + 2 * (75 + 1.9 * d)$	32	32	0.363	11.616	3.02
3跨.下部梁垫铁.1	Φ	25	190	$250 - 2 * 30$	5	5	0.19	0.95	3.658

构件名称：L1〔693〕　　　　　　　　**构件数量：1**　　　　　　　　**本构件钢筋重：34.039 kg**

构件位置：<1,D+1105> <2,D+1105>

筋号	级别	直径	钢筋图形	计算公式	根数	总根数	单长(m)	总长(m)	总重(kg)
1跨.上通长筋1	Φ	14	210└ 4180 ┘210	$250 - 30 + 15 * d + 3740 + 250 - 30 + 15 * d$	2	2	4.6	9.2	11.132
1跨.下部钢筋1	Φ	16	4124	$12 * d + 3740 + 12 * d$	2	2	4.124	8.248	13.032
1跨.箍筋1	Φ	8	340 [190]	$2 * ((250 - 2 * 30) + (400 - 2 * 30)) + 2 * (11.9 * d)$	20	20	1.25	25	9.875

构件名称：PL1〔694〕　　　　　　　　**构件数量：1**　　　　　　　　**本构件钢筋重：42.305 kg**

构件位置：<1+5,E-1645> <2-130,E-1645>

筋号	级别	直径	钢筋图形	计算公式	根数	总根数	单长(m)	总长(m)	总重(kg)
1跨.上通长筋1	Φ	14	210└ 4180 ┘210	$250 - 30 + 15 * d + 3740 + 250 - 30 + 15 * d$	2	2	4.6	9.2	11.132
1跨.下部钢筋1	Φ	16	240└ 4180 ┘240	$250 - 30 + 15 * d + 3740 + 250 - 30 + 15 * d$	3	3	4.66	13.98	22.088
1跨.箍筋1	Φ	8	290 [190]	$2 * ((250 - 2 * 30) + (350 - 2 * 30)) + 2 * (11.9 * d)$	20	20	1.15	23	9.085

续上表

筋号	级别	直径	钢筋图形	计算公式	根数	总根数	单长(m)	总长(m)	总重(kg)
构件名称：PB1[696]				构件数量：1			本构件钢筋重：6.004 kg		
构件位置：<1+1997,E-822>									
马凳筋.1	Φ	8	1000 / 80 / 100	1000+2*100+4*80	10	10	1.52	15.2	6.004
构件名称：LB1[334]				构件数量：1			本构件钢筋重：861.984 kg		
构件位置：<2,B+2699><1+4,B+2700>；<1+1600,D><1+1599,B>；<4,D+2001><3-5,D+2001>；<3+1196,E-5><3+1196,D+5>；<5-5,D+2001><4,D+2001>；<4+1198,E-5><4+1198,D+5>；<3-5,D+600><2,D+600>；<2+2400,E><2+2399,C>；<5,B+2699><3,B+2700>；<4-1199,D><4-1200,B>									
SLJ-1.1	Φ	8	4000	3750+max(250/2,5*d)+max(250/2,5*d)	52	52	4	208	82.16
SLJ-1.1	Φ	8	3605	3355+max(250/2,5*d)+max(250/2,5*d)	39	39	3.605	140.595	55.535
钢筋	Φ	8	5990	5740+max(250/2,5*d)+max(250/2,5*d)	34	34	5.99	203.66	80.446
SLJ-1.1	Φ	8	3595	3345+max(250/2,5*d)+max(250/2,5*d)	39	39	3.595	140.205	55.381
SLJ-1.1	Φ	8	7190	6940+max(250/2,5*d)+max(250/2,5*d)	13	13	7.19	93.47	36.921
SLJ-1.2	Φ	8	7205	6955+max(250/2,5*d)+max(250/2,5*d)	39	39	7.205	280.995	110.993
SLJ-2.2	Φ	8	2110	1860+max(250/2,5*d)+max(250/2,5*d)	1	1	2.11	2.11	0.833
SLJ-1.1	Φ	8	7200	6950+max(250/2,5*d)+max(250/2,5*d)	52	52	7.2	374.4	147.888
钢筋	Φ	8	8100	7850+max(250/2,5*d)+max(250/2,5*d)+392	87	87	8.492	738.804	291.828
构件名称：LB1-1[335]				构件数量：1			本构件钢筋重：41.223 kg		
构件位置：<2-1535,D+1105><2-1535,D>；<2,D+368><1,D+368>；<1+1603,D+1105><1+1603,D>									
KBSLJ-2.1	Φ	8	120 / 1795 / 70	980+595+250-30+15*d+100-2*15	25	25	1.985	49.625	19.602
KBSLJ-2[357].1	Φ	6	3100	2800+150+150	2	2	3.1	6.2	1.612
KBSLJ-2[357].2	Φ	6	2945	2870+150-75	3	3	2.945	8.835	2.297
SLJ-1.1	Φ	8	3990	3740+max(250/2,5*d)+max(250/2,5*d)	6	6	3.99	23.94	9.456
SLJ-2.1	Φ	8	1100	850+max(250/2,5*d)+max(250/2,5*d)	19	19	1.1	20.9	8.256
构件名称：LB1[336]				构件数量：1			本构件钢筋重：46.506 kg		
构件位置：<3+1425,D><3+1425,C>									
KBSLJ-1.1	Φ	8	70 / 4110 / 70	2100+1005+1005+100-2*15+100-2*15	23	23	4.25	97.75	38.611

315

筋号	级别	直径	钢筋图形	计算公式	根数	总根数	单长(m)	总长(m)	总重(kg)
KBSLJ-1 [358].1	Φ	6	1905	1605 + 150 + 150	6	6	1.905	11.43	2.972
KBSLJ-1 [358].2	Φ	6	2705	2405 + 150 + 150	7	7	2.705	18.935	4.923

构件名称：WB1[337]　　　　　　**构件数量：1**　　　　　　**本构件钢筋重：103.857 kg**

构件位置：< 3 − 5,A + 1001 > < 2 + 5,A + 1001 > ; < 2 + 2401,B + 5 > < 2 + 2401,A >

筋号	级别	直径	钢筋图形	计算公式	根数	总根数	单长(m)	总长(m)	总重(kg)
SLJ-2.1	Φ	8	7190	6940 + max(250/2,5 * d) + max(250/2,5 * d)	14	14	7.19	100.66	39.761
SLJ-3.1	Φ	8	3005	2755 + max(250/2,5 * d) + max(250/2,5 * d)	54	54	3.005	162.27	64.097

构件名称：PB1[696]　　　　　　**构件数量：1**　　　　　　**本构件钢筋重：51.846 kg**

构件位置：< 2 − 5,E − 1096 > < 1,E − 1096 > ; < 1 + 1331,E > < 1 + 1331,E − 1645 > ; < 2 − 5,E − 548 > < 1,E − 548 > ; < 2 − 1336,E > < 2 − 1336,E − 1645 >

筋号	级别	直径	钢筋图形	计算公式	根数	总根数	单长(m)	总长(m)	总重(kg)
SLJ-2.1	Φ	8	3990	3740 + max(250/2,5 * d) + max(250/2,5 * d)	7	7	3.99	27.93	11.032
SLJ-2.2	Φ	8	675	270 + 35 * d + max(250/2,5 * d)	1	1	0.675	0.675	0.267
SLJ-2.1	Φ	8	1640	1390 + max(250/2,5 * d) + max(250/2,5 * d)	18	18	1.64	29.52	11.66
SLJ-2.2	Φ	8	1630	1520 − 15 + max(250/2,5 * d)	1	1	1.63	1.63	0.644
SLJ-2.1	Φ	8	120⌐ 4210 ¬120	3740 + 250 − 15 + 15 * d + 250 − 15 + 15 * d	7	7	4.45	31.15	12.304
SLJ-2.2	Φ	8	120⌐ 785	270 + 35 * d + 250 − 15 + 15 * d	1	1	0.905	0.905	0.357
SLJ-2.1	Φ	8	120⌐ 1845 ¬120	1390 + 250 − 15 + 15 * d + 250 − 30 + 15 * d	18	18	2.085	37.53	14.824
SLJ-2.2	Φ	8	70⌐ 1725 ¬120	1520 − 15 + 100 − 2 * 15 + 250 − 30 + 15 * d	1	1	1.915	1.915	0.756

构件名称：FJ-1　　　　　　**构件数量：1**　　　　　　**本构件钢筋重：23.6 kg**

构件位置：< 1 + 5,C + 978 > < 1 + 605,C + 978 > ; < 2 + 3096,C − 5 > < 2 + 3096,C + 595 > ; < 5 − 5,C + 983 > < 5 − 605,C + 983 >

筋号	级别	直径	钢筋图形	计算公式	根数	总根数	单长(m)	总长(m)	总重(kg)
FJ-1 [363].1	Φ	6	1410	1385 − 125 + 150	1	1	1.41	1.41	0.367
FJ-1 [363].2	Φ	6	810	510 + 150 + 150	1	1	0.81	0.81	0.211
钢筋	Φ	8	120⌐ 695 ¬70	475 + 250 − 30 + 15 * d + 70	55	55	0.885	48.675	19.227
FJ-1 [383].1	Φ	6	6290	5990 + 150 + 150	2	2	6.29	12.58	3.271
FJ-1 [384].1	Φ	6	1010	985 − 125 + 150	2	2	1.01	2.02	0.525

续上表

筋号	级别	直径	钢筋图形	计算公式	根数	总根数	单长(m)	总长(m)	总重(kg)
构件名称: **FJ-2**				构件数量: **1**			本构件钢筋重: **178.082 kg**		
构件位置: <1+5,B+2945> <1+1005,B+2945>；<2+5,C-2741> <2-995,C-2741>；<2,E-2812> <2+1000,E-2812>；<2+1477,E-5> <2+1477,E-1005>；<3-1439,E-5> <3-1439,E-1005>；<4-1728,E-5> <4-1728,E-1005>；<4+1674,E-5> <4+1674,E-1005>；<5-5,E-2905> <5-1005,E-2905>；<4+1776,B+5> <4+1776,B+1005>；<4-1597,B+5> <4-1597,B+1005>；<3-5,C-2195> <3+995,C-2195>；<1+1989,B+5> <1+1989,B+1005>；<5-5,C-1498> <5-1005,C-1498>									
FJ-2 [365].1	Φ	6	5490	5740-125-125	1	1	5.49	5.49	1.427
FJ-2 [372].1	Φ	8	120⌐1110⌐70	875+250-15+15*d+70	24	24	1.3	31.2	12.324
FJ-2 [372].1	Φ	6	3915	3890-125+150	3	3	3.915	11.745	3.054
FJ-2 [377].1	Φ	6	4890	4865-125+150	3	3	4.89	14.67	3.814
钢筋	Φ	6	1895	1595+150+150	9	9	1.895	17.055	4.434
钢筋	Φ	8	120⌐1095⌐70	875+250-30+15*d+70	265	265	1.285	340.525	134.507
钢筋	Φ	6	1905	1605+150+150	9	9	1.905	17.145	4.458
钢筋	Φ	6	4290	3990+150+150	11	11	4.29	47.19	12.269
FJ-2 [382].1	Φ	6	2300	2000+150+150	3	3	2.3	6.9	1.794
构件名称: **FJ-5**				构件数量: **1**			本构件钢筋重: **17.665 kg**		
构件位置: <2-595,C+1016> <2+605,C+1016>；<3-605,C+1041> <3+595,C+1041>；<4-600,C+1041> <4+600,C+1041>									
钢筋	Φ	6	810	510+150+150	4	4	0.81	3.24	0.842
FJ-5 [367].2	Φ	6	805	505+150+150	2	2	0.805	1.61	0.419
钢筋	Φ	8	70⌐1200⌐70	600+600+70+70	30	30	1.34	40.2	15.879
FJ-5 [392].1	Φ	6	1010	985-125+150	2	2	1.01	2.02	0.525
构件名称: **FJ-3**				构件数量: **1**			本构件钢筋重: **95.094 kg**		
构件位置: <2-1585,C+995> <2-1585,C-1005>；<3-1555,D+1005> <3-1555,D-995>；<5-1729,C+995> <5-1729,C-1005>；<2+1959,D+1000> <2+1959,D-1000>									
FJ-3 [369].1	Φ	6	3100	2800+150+150	3	3	3.1	9.3	2.418
FJ-3 [369].2	Φ	6	2300	2000+150+150	3	3	2.3	6.9	1.794
FJ-3 [371].1	Φ	8	120⌐1095⌐70	875+250-30+15*d+70	1	1	1.285	1.285	0.508
钢筋	Φ	6	1895	1595+150+150	6	6	1.895	11.37	2.956

续上表

筋号	级别	直径	钢筋图形	计算公式	根数	总根数	单长(m)	总长(m)	总重(kg)
FJ-3 [390].1	Φ	6	2695	2395+150+150	3	3	2.695	8.085	2.102
钢筋	Φ	8	70 ⌐2000¬ 70	1000+1000+70+70	93	93	2.14	199.02	78.613
FJ-3 [695].2	Φ	8	120 ⌐1100 70	880+250-30+15*d+70	1	1	1.29	1.29	0.51
FJ-3 [695].1	Φ	6	1900	1600+150+150	3	3	1.9	5.7	1.482
钢筋	Φ	6	3020	2995-125+150	6	6	3.02	18.12	4.711

构件名称：FJ-6　　　　**构件数量：1**　　　　**本构件钢筋重：231.576 kg**

构件位置：$<2+2600, D+2986> <3-2600, D+2986>$；$<3-1005, E-2838> <3+995, E-2838>$；$<4-1000, D+2812> <4+1000, D+2812>$；$<4-1000, C-2305> <4+1000, C-2305>$；$<2+1000, D+815> <2-1000, D+815>$

筋号	级别	直径	钢筋图形	计算公式	根数	总根数	单长(m)	总长(m)	总重(kg)
钢筋	Φ	8	70 ⌐2000¬ 70	1000+1000+70+70	241	241	2.14	515.74	203.717
FJ-6 [385].1	Φ	6	4295	3995+150+150	3	3	4.295	12.885	3.35
FJ-6 [387].2	Φ	6	4890	4865-125+150	3	3	4.89	14.67	3.814
钢筋	Φ	6	4290	3990+150+150	18	18	4.29	77.22	20.077
FJ-6 [397].1	Φ	8	70 ⌐1115¬ 120	880+70+250-15+15*d	1	1	1.305	1.305	0.515
FJ-6 [397].1	Φ	6	130	105-125+150	3	3	0.13	0.39	0.101

构件名称：FJ-7　　　　**构件数量：1**　　　　**本构件钢筋重：47.218 kg**

构件位置：$<2+5, B-1368> <2+705, B-1368>$；$<2+3474, B+5> <2+3474, B-695>$；$<3-5, A+1369> <3-705, A+1369>$；$<3-3492, A> <3-3492, A+700>$

筋号	级别	直径	钢筋图形	计算公式	根数	总根数	单长(m)	总长(m)	总重(kg)
钢筋	Φ	8	120 ⌐795 90	575+250-30+15*d+90	98	98	1.005	98.49	38.904
钢筋	Φ	6	1905	1605+150+150	4	4	1.905	7.62	1.981
钢筋	Φ	6	6090	5790+150+150	4	4	6.09	24.36	6.334

钢筋明细表3

楼层名称：首层（单构件输入）							钢筋总重：729.088 kg		
筋号	级别	直径	钢筋图形	计算公式	根数	总根数	单长(m)	总长(m)	总重(kg)
构件名称：楼梯 I T－1			构件数量：2				本构件钢筋重：129.964 kg		
构件位置：									
梯板下部纵筋	Φ	10	3604	3000*1.118+125+125	19	38	3.604	136.952	84.499
下梯梁端上部纵筋	Φ	10	150 1101 600 80	3000/4*1.118+400+110－2*15	19	38	1.319	50.122	30.925
梯板分布钢筋	Φ	10	1770	1800－2*15	52	104	1.77	184.08	113.577
上梯梁端上部纵筋	Φ	10	137 1101 600 80	3000/4*1.118+400+110－2*15	19	38	1.319	50.122	30.925
构件名称：其它 I CTB1			构件数量：2				本构件钢筋重：8.609 kg		
构件位置：									
受力筋	Φ	8	50 920 45	round(920+50+45)	13	26	1.015	26.39	10.424
分布筋	Φ	8	1720	1750－2*15	5	10	1.72	17.2	6.794
构件名称：其它 I CTB2			构件数量：2				本构件钢筋重：16.687 kg		
构件位置：									
主筋	Φ	8	280 910 50	1240	12	24	1.24	29.76	11.755
分布筋	Φ	8	1720	1750－2*15	4	8	1.72	13.76	5.435
BL箍筋	Φ	8	150 210	2*(150+210)+2*11.9*d+8*d	10	20	0.974	19.48	7.695
BL纵筋	Φ	10	1720	1750－2*15	4	8	1.72	13.76	8.49
构件名称：其它 I 天沟 I 天沟			构件数量：2				本构件钢筋重：101.759 kg		
构件位置：									
主筋	Φ	8	270 60 50 820 50 280	1530+2*6.25*d	133	266	1.63	433.58	171.264
分布筋	Φ	6	270 60 50 19810 50 270	20670+2*6.25*d+504	1	2	21.249	42.498	11.049
端部筋	Φ	6	19810	(18400+120*2+600*2)－2*15+2*6.25*d+504	2	4	20.389	81.556	21.205

筋号	级别	直径	钢筋图形	计算公式	根数	总根数	单长(m)	总长(m)	总重(kg)
构件名称：其它|天沟|天沟-1				构件数量：2			本构件钢筋重：**73.45 kg**		
构件位置：									
主筋	Φ	8	270〉60 ⌐820⌐ 280 50/50	$1530 + 2 * 6.25 * d$	96	192	1.63	312.96	123.619
分布筋	Φ	6	270〉60⌐14310⌐〉270 50/50	$15170 + 2 * 6.25 * d + 252$	1	2	15.497	30.994	8.058
端部筋	Φ	6	⌐14310⌐	$(14100 + 120 * 2) - 2 * 15 + 2 * 6.25 * d + 252$	2	4	14.637	58.548	15.222
构件名称：其它|压顶|QT-1				构件数量：2			本构件钢筋重：**19.235 kg**		
构件位置：									
受力筋	Φ	8	-30⌐290⌐15	$275 + 6.25 * d$	93	186	0.325	60.45	23.878
分布筋	Φ	8	⌐18370⌐	$18370 + 12.5 * 8$	1	2	18.47	36.94	14.591
构件名称：其它|压顶|QT-2				构件数量：2			本构件钢筋重：**14.84 kg**		
构件位置：									
受力筋	Φ	8	-30⌐290⌐15	$275 + 6.25 * d$	72	144	0.325	46.8	18.486
分布筋	Φ	8	⌐14070⌐	$14070 + 12.5 * 8$	1	2	14.17	28.34	11.194

320

钢筋明细表4

楼层名称：第2层（绘图输入）								钢筋总重：6218.854 kg	
筋号	级别	直径	钢筋图形	计算公式	根数	总根数	单长(m)	总长(m)	总重(kg)
构件名称：KZ−1[490]			构件数量：3				本构件钢筋重：72.761 kg		
构件位置：<1＋55,B＋55>；<2,B＋55>；<3,B＋55>									
全部纵筋.1	Φ	18	216 ∟ 1840	3000−1130−400＋400−30＋12*d	4	12	2.056	24.672	49.344
全部纵筋.2	Φ	18	216 ∟ 2470	3000−500−400＋400−30＋12*d	4	12	2.686	32.232	64.464
箍筋.1	Φ	10	290 290	2*((350−2*30)＋(350−2*30))＋2*(11.9*d)	23	69	1.398	96.462	59.517
箍筋.2	Φ	10	290	(350−2*30)＋2*(11.9*d)	46	138	0.528	72.864	44.957
构件名称：KZ−1[493]			构件数量：11				本构件钢筋重：74.275 kg		
构件位置：<1＋55,C−55>；<2,C−55>；<3,C−55>；<5−55,C−55>；<2,D＋55>；<3,D＋55>；<5−55,D＋55>；<3,E−55>；<5−55,E−55>；<5−55,B＋55>；<1＋55,D＋55>									
全部纵筋.1	Φ	18	216 ∟ 1840	3000−1130−600＋600−30＋12*d	4	44	2.056	90.464	180.928
全部纵筋.2	Φ	18	216 ∟ 2470	3000−500−600＋600−30＋12*d	4	44	2.686	118.184	236.368
箍筋.1	Φ	10	290 290	2*((350−2*30)＋(350−2*30))＋2*(11.9*d)	24	264	1.398	369.072	227.717
箍筋.2	Φ	10	290	(350−2*30)＋2*(11.9*d)	48	528	0.528	278.784	172.01
构件名称：KZ−2[504]			构件数量：2				本构件钢筋重：19.975 kg		
构件位置：<2＋30,A>；<3−30,A>									
箍筋.1	Φ	10	540 240	2*((300−2*30)＋(600−2*30))＋2*(11.9*d)	7	14	1.798	25.172	15.531
箍筋.2	Φ	10	540 105	2*(((300−2*30−2*d−18)/3*1＋18＋2*d)＋(600−2*30))＋2*(11.9*d)	7	14	1.529	21.406	13.208
箍筋.3	Φ	10	240 290	2*(((600−2*30−2*d−20)/4*2＋20＋2*d)＋(300−2*30))＋2*(11.9*d)	7	14	1.298	18.172	11.212
构件名称：GBZ2[506]			构件数量：2				本构件钢筋重：150.979 kg		
构件位置：<1＋5,E−5>；<2−5,E−5>									
全部纵筋.1	Φ	18	216 ∟ 1840	3000−1130−100＋100−30＋12*d	7	14	2.056	28.784	57.568
全部纵筋.2	Φ	18	216 ∟ 2470	3000−500−100＋100−30＋12*d	7	14	2.686	37.604	75.208
箍筋1	Φ	10	190 960	2*(250＋770−2*30＋250−2*30)＋2*(11.9*d)	31	62	2.538	157.356	97.089
拉筋1	Φ	10	190	250−2*30＋2*(11.9*d)	28	56	0.428	23.968	14.788
箍筋2	Φ	10	190 440	2*(250＋250−2*30＋250−2*30)＋2*(11.9*d)	31	62	1.498	92.876	57.304

续上表

筋号	级别	直径	钢筋图形	计算公式	根数	总根数	单长(m)	总长(m)	总重(kg)
构件名称：q1[512]				构件数量：1		本构件钢筋重：229.755 kg			
构件位置：<1,E><1,D>									
钢筋	Φ	10	100⌐6210⌐150	$5890 - 15 + 10 * d + 350 - 15 + 15 * d + 12.5 * d$	32	32	6.585	210.72	130.014
钢筋	Φ	10	120⌐2985	$3000 - 100 + 100 - 15 + 12 * d + 12.5 * d$	27	27	3.23	87.21	53.809
钢筋	Φ	10	120⌐2065	$3000 - 500 - 1.2 * 35 * d - 100 + 100 - 15 + 12 * d + 12.5 * d$	27	27	2.31	62.37	38.482
墙身拉筋.1	Φ	8	220	$(250 - 2 * 15) + 2 * (11.9 * d)$	46	46	0.41	18.86	7.45
构件名称：q1[513]				构件数量：1		本构件钢筋重：228.649 kg			
构件位置：<2-10,E><2-10,D>									
墙身水平钢筋.1	Φ	10	150⌐6210	$5890 - 15 + 350 - 15 + 15 * d + 6.25 * d$	16	16	6.423	102.768	63.408
墙身水平钢筋.2	Φ	10	150⌐6210⌐150	$5640 + 250 - 15 + 15 * d + 350 - 15 + 15 * d + 12.5 * d$	16	16	6.635	106.16	65.501
钢筋	Φ	10	120⌐2985	$3000 - 100 + 100 - 15 + 12 * d + 12.5 * d$	27	27	3.23	87.21	53.809
钢筋	Φ	10	120⌐2065	$3000 - 500 - 1.2 * 35 * d - 100 + 100 - 15 + 12 * d + 12.5 * d$	27	27	2.31	62.37	38.482
墙身拉筋.1	Φ	8	220	$(250 - 2 * 15) + 2 * (11.9 * d)$	46	46	0.41	18.86	7.45
构件名称：q2[514]				构件数量：1		本构件钢筋重：127.946 kg			
构件位置：<1+400,E><2,E>									
墙身水平钢筋.1	Φ	10	100⌐4210	$4240 - 15 + 10 * d - 15 + 6.25 * d$	6	6	4.373	26.238	16.189
墙身水平钢筋.2	Φ	10	150⌐4210	$3990 + 250 - 15 + 15 * d - 15 + 6.25 * d$	10	10	4.423	44.23	27.29
墙身水平钢筋.3	Φ	10	100⌐4210⌐150	$3990 - 15 + 10 * d + 250 - 15 + 15 * d + 12.5 * d$	6	6	4.585	27.51	16.974
墙身水平钢筋.4	Φ	10	150⌐4210⌐150	$3740 + 250 - 15 + 15 * d + 250 - 15 + 15 * d + 12.5 * d$	10	10	4.635	46.35	28.598
钢筋	Φ	10	120⌐2985	$3000 - 100 + 100 - 15 + 12 * d + 12.5 * d$	11	11	3.23	35.53	21.922
钢筋	Φ	10	120⌐2065	$3000 - 500 - 1.2 * 35 * d - 100 + 100 - 15 + 12 * d + 12.5 * d$	11	11	2.31	25.41	15.678
墙身拉筋.1	Φ	8	220	$(250 - 2 * 15) + 2 * (11.9 * d)$	8	8	0.41	3.28	1.296
构件名称：AL-1[550]				构件数量：2		本构件钢筋重：71.535 kg			
构件位置：<1+5,D><1+5,E>；<2-5,E><2-5,D>									
钢筋	Φ	18	270⌐6180⌐270	$5390 + 350 - 30 + 15 * d + 500 - 30 + 15 * d$	4	8	6.72	53.76	107.52
箍筋.1	Φ	8	340⌐190⌐	$2 * ((250 - 2 * 30) + (400 - 2 * 30)) + 2 * (11.9 * d)$	36	72	1.25	90	35.55

续上表

筋号	级别	直径	钢筋图形	计算公式	根数	总根数	单长(m)	总长(m)	总重(kg)
构件名称：LL-1[555]				构件数量：1			本构件钢筋重：135.366 kg		
构件位置：<1,E-5> <2,E-5>									
钢筋	Φ	18	270 ⌐3780⌐ 270	120-30+15*d+3600+120 -30+15*d	8	8	4.32	34.56	69.12
1跨. 箍筋1	Φ	8	1890 190	2*((250-2*30)+(1950 -2*30))+2*(11.9*d)	36	36	4.35	156.6	61.857
钢筋	Φ	25	190	250-2*30	6	6	0.19	1.14	4.389
构件名称：WKL1[519]				构件数量：1			本构件钢筋重：344.906 kg		
构件位置：<1,B+5> <2,B+5> <5,B+5>									
1跨. 上通长 筋1	Φ	20	370 ⌐18580⌐ 570	350-30+370+17940+350 -30+570	2	2	19.52	39.04	96.429
1跨. 侧面构造 通长筋1	Φ	10	18240	15*d+17940+15*d+300	4	4	18.54	74.16	45.757
1跨. 下部 钢筋1	Φ	20	300⌐ 4715	350-30+15*d+3595+40 *d	2	2	5.015	10.03	24.774
2跨. 右支座 筋1	Φ	16	4916	6850/3+350+6850/3	1	1	4.916	4.916	7.767
2跨. 下通长 筋1	Φ	20	300⌐14635⌐300	350-30+15*d+13995+ 350-30+15*d	2	2	15.235	30.47	75.261
1跨. 箍筋1	Φ	8	340 190	2*((250-2*30)+(400- 2*30))+2*(11.9*d)	29	29	1.25	36.25	14.319
钢筋	Φ	8	540 190	2*((250-2*30)+(600- 2*30))+2*(11.9*d)	106	106	1.65	174.9	69.086
钢筋	Φ	6	190	(250-2*30)+2*(75+1. 9*d)	122	122	0.363	44.286	11.514
构件名称：WKL2[521]				构件数量：1			本构件钢筋重：354.261 kg		
构件位置：<1,C-5> <5,C-5>									
1跨. 上通长 筋1	Φ	20	570 ⌐18580⌐ 570	350-30+570+17940+350 -30+570	2	2	19.72	39.44	97.417
钢筋	Φ	16	4916	6850/3+350+6850/3	2	2	4.916	9.832	15.535
1跨. 侧面构造 通长筋1	Φ	10	18240	15*d+17940+15*d+300	4	4	18.54	74.16	45.757

筋号	级别	直径	钢筋图形	计算公式	根数	总根数	单长(m)	总长(m)	总重(kg)
1跨.下通长筋1	Φ	20	300 ⌐18580⌐ 300	350 - 30 + 15 * d + 17940 + 350 - 30 + 15 * d	2	2	19.18	38.36	94.749
钢筋	φ	8	540 ▭190	2 * ((250 - 2 * 30) + (600 - 2 * 30)) + 2 * (11.9 * d)	137	137	1.65	226.05	89.29
钢筋	φ	6	190	(250 - 2 * 30) + 2 * (75 + 1.9 * d)	122	122	0.363	44.286	11.514

构件名称：WKL3[523]　　　　　**构件数量：1**　　　　　**本构件钢筋重：359.246 kg**

				构件位置：<1,D+5> <5,D+5>					
1跨.上通长筋1	Φ	20	570 ⌐18580⌐ 570	350 - 30 + 570 + 17940 + 350 - 30 + 570	2	2	19.72	39.44	97.417
钢筋	Φ	16	4916	6850/3 + 350 + 6850/3	2	2	4.916	9.832	15.535
1跨.侧面构造通长筋1	Φ	10	18240	15 * d + 17940 + 15 * d + 300	4	4	18.54	74.16	45.757
1跨.下通长筋1	Φ	20	300 ⌐18580⌐ 300	350 - 30 + 15 * d + 17940 + 350 - 30 + 15 * d	2	2	19.18	38.36	94.749
3跨.右支座筋1	Φ	16	570 ⌐ 2585	6795/3 + 350 - 30 + 570	1	1	3.155	3.155	4.985
钢筋	φ	8	540 ▭190	2 * ((250 - 2 * 30) + (600 - 2 * 30)) + 2 * (11.9 * d)	137	137	1.65	226.05	89.29
钢筋	φ	6	190	(250 - 2 * 30) + 2 * (75 + 1.9 * d)	122	122	0.363	44.286	11.514

构件名称：WKL4[525]　　　　　**构件数量：2**　　　　　**本构件钢筋重：100.27 kg**

				构件位置：<1+5,B> <1+5,D>；<2,B> <2,D>					
1跨.上通长筋1	Φ	18	270 ⌐8390⌐ 270	350 - 30 + 270 + 7750 + 350 - 30 + 270	2	4	8.93	35.72	71.44
1跨.下部钢筋1	Φ	18	270 ⌐ 6580	350 - 30 + 15 * d + 5540 + 40 * d	2	4	6.85	27.4	54.8
2跨.下部钢筋1	Φ	18	270 ⌐ 2900	40 * d + 1860 + 350 - 30 + 15 * d	2	4	3.17	12.68	25.36
钢筋	φ	8	240 ▭190	2 * ((250 - 2 * 30) + (300 - 2 * 30)) + 2 * (11.9 * d)	59	118	1.05	123.9	48.941

续上表

筋号	级别	直径	钢筋图形	计算公式	根数	总根数	单长(m)	总长(m)	总重(kg)
构件名称：WKL4[527]				构件数量：2			本构件钢筋重：169.17 kg		
构件位置：<5-5,B><5-5,E>；<3,B><3,E>									
1跨.上通长筋1	Φ	18	270⌐14280⌐270	350-30+270+13640+350-30+270	2	4	14.82	59.28	118.56
钢筋	Φ	18	270⌐6580	40*d+5540+350-30+15*d	4	8	6.85	54.8	109.6
2跨.下部钢筋1	Φ	18	3300	40*d+1860+40*d	2	4	3.3	13.2	26.4
钢筋	Φ	8	240 190	2*((250-2*30)+(300-2*30))+2*(11.9*d)	101	202	1.05	212.1	83.78
构件名称：WKL1[529]				构件数量：1			本构件钢筋重：276.588 kg		
构件位置：<2,E-5><5,E-5>									
1跨.上通长筋1	Φ	20	570⌐15170	40*d+14050+350-30+570	2	2	15.74	31.48	77.756
1跨.右支座筋1	Φ	16	4954	6905/3+350+6905/3	1	1	4.954	4.954	7.827
1跨.侧面构造筋1	Φ	10	14350	15*d+14050+15*d+150	4	4	14.5	58	35.786
1跨.下通长筋1	Φ	20	300⌐15170	40*d+14050+350-30+15*d	2	2	15.47	30.94	76.422
钢筋	Φ	6	190	(250-2*30)+2*(75+1.9*d)	96	96	0.363	34.848	9.06
钢筋	Φ	8	540 190	2*((250-2*30)+(600-2*30))+2*(11.9*d)	107	107	1.65	176.55	69.737
构件名称：L1[533]				构件数量：1			本构件钢筋重：125.1 kg		
构件位置：<2+3600,B><2+3600,E>									
1跨.上通长筋1	Φ	16	240⌐14280⌐240	250-30+15*d+13840+250-30+15*d	2	2	14.76	29.52	46.642
2跨.下部钢筋1	Φ	14	2196	12*d+1860+12*d	2	2	2.196	4.392	5.314
钢筋	Φ	14	6076	12*d+5740+12*d	6	6	6.076	36.456	44.112
钢筋	Φ	8	240 190	2*((250-2*30)+(300-2*30))+2*(11.9*d)	70	70	1.05	73.5	29.033

筋号	级别	直径	钢筋图形	计算公式	根数	总根数	单长(m)	总长(m)	总重(kg)
构件名称：L2[540]				构件数量：1			本构件钢筋重：125.835 kg		
构件位置：<4,B> <4,E>									
1跨.上通长筋1	Φ	14	210⌐ 14280 ⌐210	250 − 30 + 15 * d + 13840 + 250 − 30 + 15 * d + 686	2	2	15.386	30.772	37.234
1跨.右支座筋1	Φ	14	6186	5740/3 + 250 + 1860 + 250 + 5740/3	1	1	6.186	6.186	7.485
钢筋	Φ	14	6076	12 * d + 5740 + 12 * d	6	6	6.076	36.456	44.112
2跨.下部钢筋1	Φ	14	2196	12 * d + 1860 + 12 * d	3	3	2.196	6.588	7.971
钢筋	Φ	8	240 190	2 * ((250 − 2 * 30) + (300 − 2 * 30)) + 2 * (11.9 * d)	70	70	1.05	73.5	29.033
构件名称：LB1[560]				构件数量：1			本构件钢筋重：1381.734 kg		
构件位置：<5,C−1300> <1,C−1299> ；<2+2400,E> <2+2399,B> ；<2−1850,D> <2−1850,C> ；<2+1647,D> <2+1647,C> ；<3−2035,D+5> <3−2035,C> ；<3+1791,D> <3+1791,C> ；<4+1723,D> <4+1723,C>									
SLJ−1.1	Φ	8	18390	18140 + max(250/2,5 * d) + max(250/2,5 * d) + 784	68	68	19.174	1303.832	515.014
SLJ−2.1	Φ	8	14090	13840 + max(250/2,5 * d) + max(250/2,5 * d) + 392	87	87	14.482	1259.934	497.674
KBSLJ−1[595].1	Φ	6	2295	1995 + 150 + 150	6	6	2.295	13.77	3.58
KBSLJ−1[595].2	Φ	6	3095	2795 + 150 + 150	7	7	3.095	21.665	5.633
钢筋	Φ	6	1900	1600 + 150 + 150	18	18	1.9	34.2	8.892
钢筋	Φ	6	2700	2400 + 150 + 150	21	21	2.7	56.7	14.742
钢筋	Φ	12	70⌐ 4110 ⌐70	2100 + 1005 + 1005 + 100 − 2 * 15 + 100 − 2 * 15	87	87	4.25	369.75	328.338
KBSLJ−1[599].1	Φ	6	1895	1595 + 150 + 150	6	6	1.895	11.37	2.956
KBSLJ−1[599].2	Φ	6	2695	2395 + 150 + 150	7	7	2.695	18.865	4.905
构件名称：FJ−1				构件数量：1			本构件钢筋重：175.585 kg		
构件位置：<1,C−2655> <1+1000,C−2655> ；<2−1586,B+5> <2−1586,B+1005> ；<2+1840,B+5> <2+1840,B+1005> ；<3−1609,B+5> <3−1609,B+1005> ；<4−1505,B+5> <4−1505,B+1005> ；<5−1516,B+5> <5−1516,B+1005> ；<5−5,B+2765> <5−1005,B+2765> ；<5−5,D+2513> <5−1005,D+2513> ；<5−1655,E−5> <5−1655,E−1005> ；<4−1620,E−5> <4−1620,E−1005> ；<3−1724,E−5> <3−1724,E−1005> ；<2+1747,E−5> <2+1747,E−1005> ；<1,D+2575> <1+1000,D+2575> ；<1+1868,E> <1+1868,E−1000>									
钢筋	Φ	6	4890	4865 − 125 + 150	2	2	4.89	9.78	2.543

续上表

筋号	级别	直径	钢筋图形	计算公式	根数	总根数	单长(m)	总长(m)	总重(kg)
钢筋	φ	6	4290	3990 + 150 + 150	10	10	4.29	42.9	11.154
钢筋	φ	6	2295	1995 + 150 + 150	6	6	2.295	13.77	3.58
钢筋	Φ	8	120⌐ 1095 ⌐70	875 + 250 − 30 + 15 * d + 70	241	241	1.285	309.685	122.326
钢筋	φ	6	1895	1595 + 150 + 150	6	6	1.895	11.37	2.956
钢筋	φ	6	1900	1600 + 150 + 150	18	18	1.9	34.2	8.892
钢筋	Φ	8	120⌐ 1110 ⌐70	875 + 250 − 15 + 15 * d + 70	47	47	1.3	61.1	24.135

构件名称: FJ−2　　　　　**构件数量: 1**　　　　　**本构件钢筋重: 6.992 kg**

构件位置: <1, D − 969> <1 + 600, D − 969>; <5 − 5, D − 1011> <5 − 605, D − 1011>									
钢筋	Φ	8	120⌐ 695 ⌐70	475 + 250 − 30 + 15 * d + 70	20	20	0.885	17.7	6.992

构件名称: FJ−3　　　　　**构件数量: 1**　　　　　**本构件钢筋重: 21.172 kg**

构件位置: <2 − 600, D − 969> <2 + 600, D − 969>; <2 + 3000, D − 887> <3 − 3000, D − 887>; <3 − 600, D − 887> <3 + 600, D − 887>; <4 − 600, D − 907> <4 + 600, D − 907>									
钢筋	Φ	8	70⌐ 1200 ⌐70	600 + 600 + 70 + 70	40	40	1.34	53.6	21.172

构件名称: FJ−4　　　　　**构件数量: 1**　　　　　**本构件钢筋重: 187.237 kg**

构件位置: <2 + 2600, E − 2716> <3 − 2600, E − 2716>; <3 − 1000, E − 2736> <3 + 1000, E − 2736>; <3 − 1000, C − 2380> <3 + 1000, C − 2380>; <2 + 2600, C − 2380> <3 − 2600, C − 2380>; <2 − 1000, C − 2338> <2 + 1000, C − 2338>; <2 − 1000, E − 2853> <2 + 1000, E − 2853>									
钢筋	φ	6	4290	3990 + 150 + 150	36	36	4.29	154.44	40.154
钢筋	Φ	8	70⌐ 2000 ⌐70	1000 + 1000 + 70 + 70	174	174	2.14	372.36	147.082

构件名称: FJ−5　　　　　**构件数量: 1**　　　　　**本构件钢筋重: 79.318 kg**

构件位置: <4 − 1000, E − 2755> <4 + 1000, E − 2755>; <4 − 1000, C − 2338> <4 + 1000, C − 2338>									
钢筋	Φ	8	70⌐ 2000 ⌐70	1000 + 1000 + 70 + 70	78	78	2.14	166.92	65.933
钢筋	φ	6	4290	3990 + 150 + 150	12	12	4.29	51.48	13.385

附录二　办公楼施工图

建筑设计总说明

1 工程概况

1.1 本工程结构形式为钢筋混凝土框架结构。建筑类别为3类，设计使用年限为50年，建筑耐火等级为二级，屋面防水等级为Ⅱ级。

1.2 本工程主体平面投影最大尺寸为17.52 m×18.24 m，最高层数为二层，檐口距室外地面6.7 m。建筑面积为494.19 m²，占地面积283.88 m²。

2 图面标注

2.1 本工程图纸尺寸单位：标高以m，其他以mm计。

2.2 除注明外，各层标注标高为建筑完成面标高，屋面标高为结构面标高。

2.3 本工程图纸标注中凡标准图编号前未注明为何种标准图者，均为中南地区标准图号。

3 墙体构造

3.1 ±0.000以下墙体采用MU10实心砖，M7.5水泥砂浆砌筑。±0.000以上墙体为M5.0混合砂浆砌筑MU10烧结多孔砖。烧结多孔砖砌筑建筑构造见国标04J101。

3.2 墙体厚度：外墙除注明外均为240 mm厚，内墙除注明外均为240 mm厚，卫生间隔墙均为120 mm。外墙装饰做法见各立面图标注。

3.3 墙身防潮层为20 mm厚，1:2.5水泥砂浆加5%防水剂置于标高−0.060处（地梁在室外地面以上者不设）。

3.4 所有预留洞孔待管线安装完毕后均须修补平整，并粉刷同相邻墙面。

3.5 结合给排水设计图预留砖墙孔洞。

设　计	曹洁、易红霞	项目名称	办　公　楼		图　号	第 1 页 共 12 页
审　核	魏面梅	图　名	建筑设计总说明		图　别	建施
					日　期	2017.07

门 窗 表

类型	设计编号	洞口尺寸(mm) 宽X高	樘数	开启方式	采用标准图集及编号 图集代号	采用标准图集及编号 编号	材料 框材	材料 扇材	过梁	备注
门	M1	900X2100	2	平开	98ZJ681	GJM101C1-1021	实木夹板门，底漆一遍，咖啡色调和漆二遍		GL09242	
门	M2	1000X2100	9	平开	98ZJ681	GJM101C1-1021	实木夹板门，底漆一遍，咖啡色调和漆二遍		GL10242	
门	M3	1500X2400	2	平开	98ZJ681	GJM124C1-1521	实木夹板门，底漆一遍，咖啡色调和漆二遍		GL15242	
门	M4	800X2100	4	平开	07ZTJ603	PPM1-0821	塑钢门		GL08121	
组合门	MC1	6900X2700	1	平开	见大样		铝合金型材	钢化中空玻璃(8+6A+8厚)		全玻地弹簧门
窗	C1	2400X2400	2	平开	03J603-2	见大样	铝合金型材	中空玻璃(6+6A+6厚)		窗台300
窗	C2	2400X1800	4	平开	03J603-2	仿PLC55BC118-1.52	铝合金型材	中空玻璃(6+6A+6厚)		窗台900
窗	C3	1800X1800	1	平开	03J603-2	仿WPLC55BC94-1.52	铝合金型材	中空玻璃(6+6A+6厚)	GL18242	窗台900
窗	C3	1500X1800	4	平开	03J603-2	仿WPLC55BC118-1.52	铝合金型材	中空玻璃(6+6A+6厚)		窗台900
窗	C5	4800X1500	1	平开	03J603-2	见大样	铝合金型材	中空玻璃(6+6A+6厚)		
窗	C6	2400X1500	6	平开	03J603-2	仿PLC55BC118-1.52	铝合金型材	中空玻璃(6+6A+6厚)		窗台900
窗	C7	(600+1500+600)X2100	2	凸窗	03J603-2	见大样	铝合金型材	中空玻璃(6+6A+6厚)		窗台500

装 修 表

(除注明外，装修选用05ZJ001)

房间名称	地面 做法	地面 颜色	楼面 做法	楼面 颜色	内墙面 做法	内墙面 颜色	顶棚 做法	顶棚 颜色	踢脚 做法	踢脚 颜色	备注
门厅	地62	米色			内墙4 涂23	乳白色	顶11	乳白色	踢17	红褐色	米色花岗石防滑地面砖 800X800 吊顶高5.8m
会议室	地62	米色			内墙4 涂23	乳白色	顶11	乳白色	踢17	红褐色	米色花岗石防滑地面砖 800X800 吊顶高2.8m
办公室、楼梯间	地62	米色	楼10	米色	内墙4 涂23	乳白色	顶3 涂23	乳白色	踢17	红褐色	米色防滑陶瓷地面砖600X600
休息间	地62	米色	楼10	米色	内墙4 涂23	乳白色	顶3 涂23	乳白色	踢17	红褐色	米色防滑陶瓷地面砖600X600
走廊	地62	米色	楼10	米色	内墙4 涂23	乳白色	顶19	乳白色	踢17	红褐色	仿花岗石陶瓷地砖600X600 吊顶高2.6m
门廊	同台阶				内墙4		顶3 涂23	乳白色			混灰色花岗石贴面
屋面、雨篷女儿墙(含压顶)					内墙4						

设计	曹洁、易红霞	项目名称	办 公 楼	图号	第 2 页 共 12 页
审核	魏丽梅	图名	门窗表 室内装修表	图别	建施
				日期	2017.07

工程做法表 　　　　（选自05ZJ001）

编号	装修名称	用料及分层做法
地62	细石混凝土防潮地面	1.8~10厚地砖铺实拍平，水泥浆擦缝 2.20厚1:4干硬性水泥砂浆 3.素水泥浆结合层一遍 4.30厚细石混凝土随捣随抹 5.粘贴3厚SBS改性沥青防潮卷材 6.刷基层处理剂一遍 7.15厚1:2水泥砂浆找平 8.80厚C15细石混凝土 9.素土夯实
涂23	乳胶漆（3遍漆）	1.清理基层 2.满刮腻子一遍 3.刷底漆一遍 4.乳胶漆二遍
顶19	铝合金封闭式条形板吊顶	1.配套金属龙骨 2.铝合金条板，板宽150
楼10	陶瓷地砖楼面	1.8~10厚地砖铺实拍平，水泥浆擦缝 2.20厚1:4干硬性水泥砂浆 3.素水泥浆结合层一遍
楼33	陶瓷地砖卫生间同楼面	1.8~10厚地砖铺实拍平，水泥浆擦缝 2.20厚1:4干硬性水泥砂浆 3.1.5厚聚酯防水涂料，面上撒黄砂（四周沿墙上翻150 4.刷基层处理剂一遍 5.15厚1:2水泥砂浆找平 6.50厚C15细石混凝土找坡，最薄处不小于20 7.钢筋混凝土楼板
内墙4	混合砂浆墙面	1.15厚1:6水泥石灰砂浆 2.5厚1:0.5:3水泥石灰砂浆
踢17（100高）	面砖踢脚	1.17厚1:3水泥砂浆 2.3~4厚1:1水泥砂浆加水重20%白乳胶镶贴 3.8~10厚面砖，水泥浆擦缝
外墙15	花岗岩外墙面	1.30厚1:2.5水泥砂浆灌浆 2.20~30厚花岗岩板（背面用双胶)16号钢丝绑扎与墙面固定，水泥浆擦缝
顶3	混合砂浆顶棚	1.钢筋混凝土板底面清理干净 2.7厚1:1:4水泥石灰砂浆 3.5厚1:0.5:3水泥石灰砂浆
外墙12	面砖外墙面	1.15厚1:3水泥砂浆 2.刷素水泥浆一遍 3.4~5厚1:1水泥砂浆加水重20%白乳胶镶贴 4.8~10厚面砖，1:1水泥浆勾缝
屋15（不上人屋面）	高聚物改性沥青卷材防水屋面	1.二层3厚SBS或APP改性沥青防水卷材,面层带页岩保护层 2.刷基层处理剂一遍 3.20厚1:2.5水泥砂浆找平层 4.20厚最薄处1:8水泥焦渣珍岩板 5.干铺150厚水泥聚苯板 6.钢筋混凝土屋面板，表面清理干净
顶11	轻钢龙骨石膏装饰板吊顶	1.轻钢龙骨标准龙骨:主龙骨中距900~1000，次龙骨中距600，横撑龙骨中距600 2.600×600 厚10石膏装饰板，自攻螺钉护牢，孔眼用腻子填平

设 计	曹洁 易红霞	项目名称		办 公 楼	图 号	第 3 页 共 12 页
审 核	龚丽梅	图 名		工程做法表	图 别	建施
					日 期	2017.07

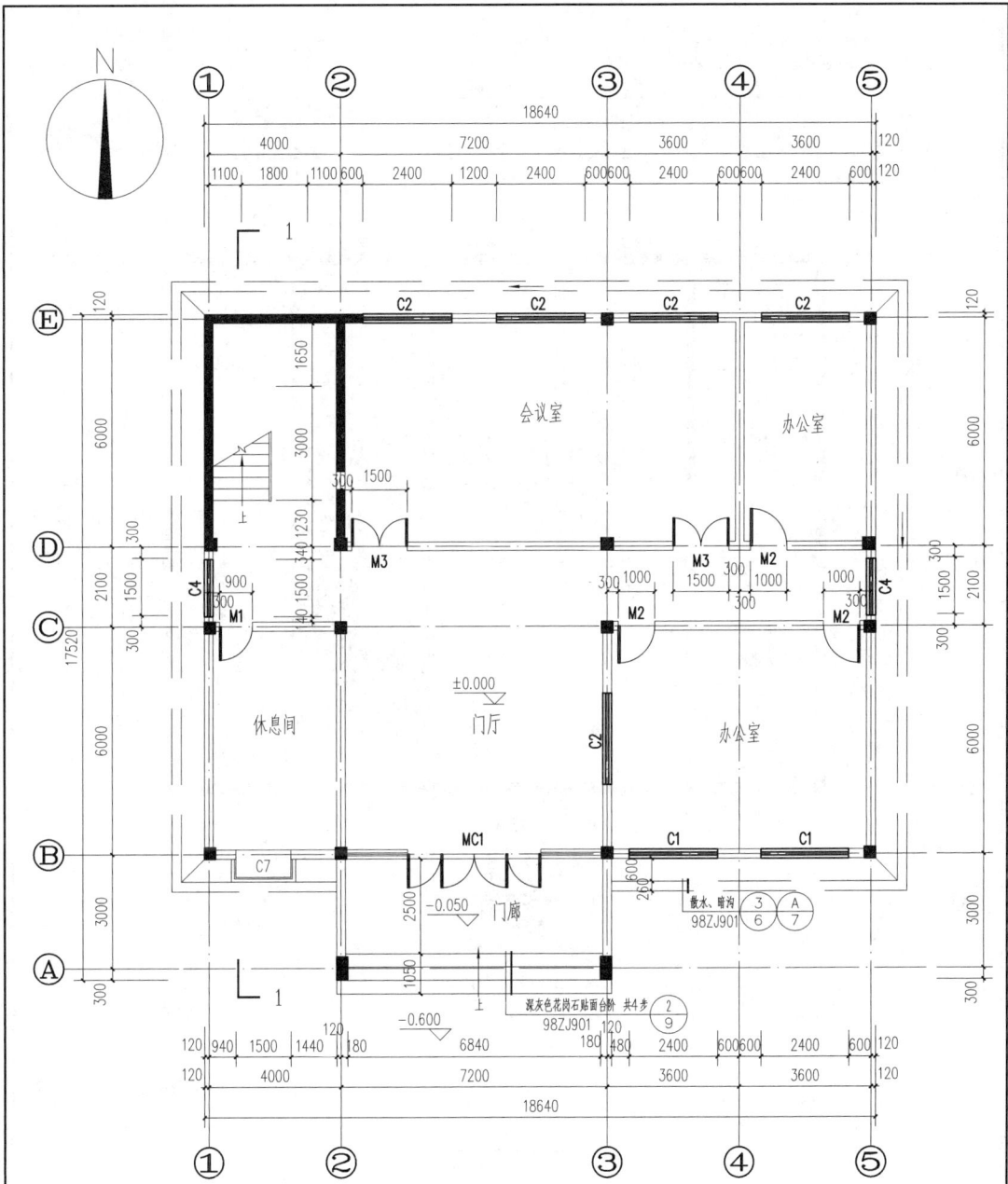

一层平面 1:100

(本层建筑面积:272.72m²)
(总建筑面积:494.19m²)

设 计	曹洁、易红霞	项目名称	办 公 楼	图 号	第 4 页
					共 12 页
审 核	魏丽梅	图 名	一层平面图	图 别	建施
				日 期	2017.07

331

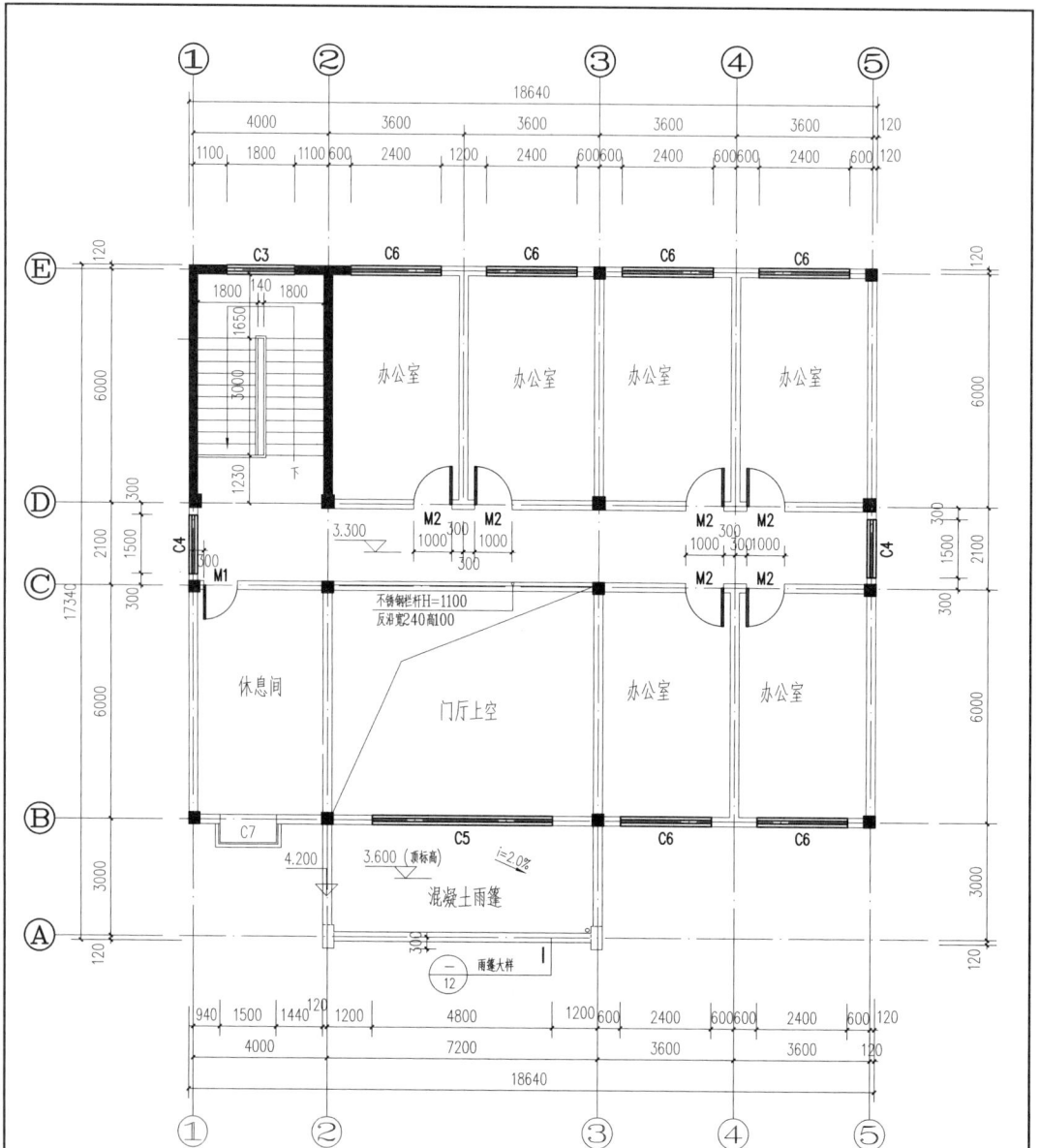

二层平面
1:100
(本层建筑面积:221.47m²)

设 计	曹洁、易红霞	项目名称	办 公 楼	图 号	第 5 页 共 12 页
审 核	龚丽梅	图 名	二层平面图	图 别	建施
				日 期	2017.07

332

19840

720 | 4000 | 7200 | 3600 | 3600 | 720

① ② ③ ④ ⑤

φ110PVC落水管(余同)

6.900

1% 1%

Ⓔ 720

6000

1%

水泥砂浆分格缝
间隔3600mm 油膏嵌缝

i=2.0%

i=2.0%

屋面泛水 高360mm
05ZJ201

Ⓓ 2100

15540

Ⓒ

不上人屋面
(做法详见05ZJ001屋15)

i=2.0%

i=2.0%

1%

6000

1%

Ⓑ 720

1% 1%

天沟做法详见结施3

720 | 4000 | 7200 | 3600 | 3600 | 720

19840

① ② ③ ④ ⑤

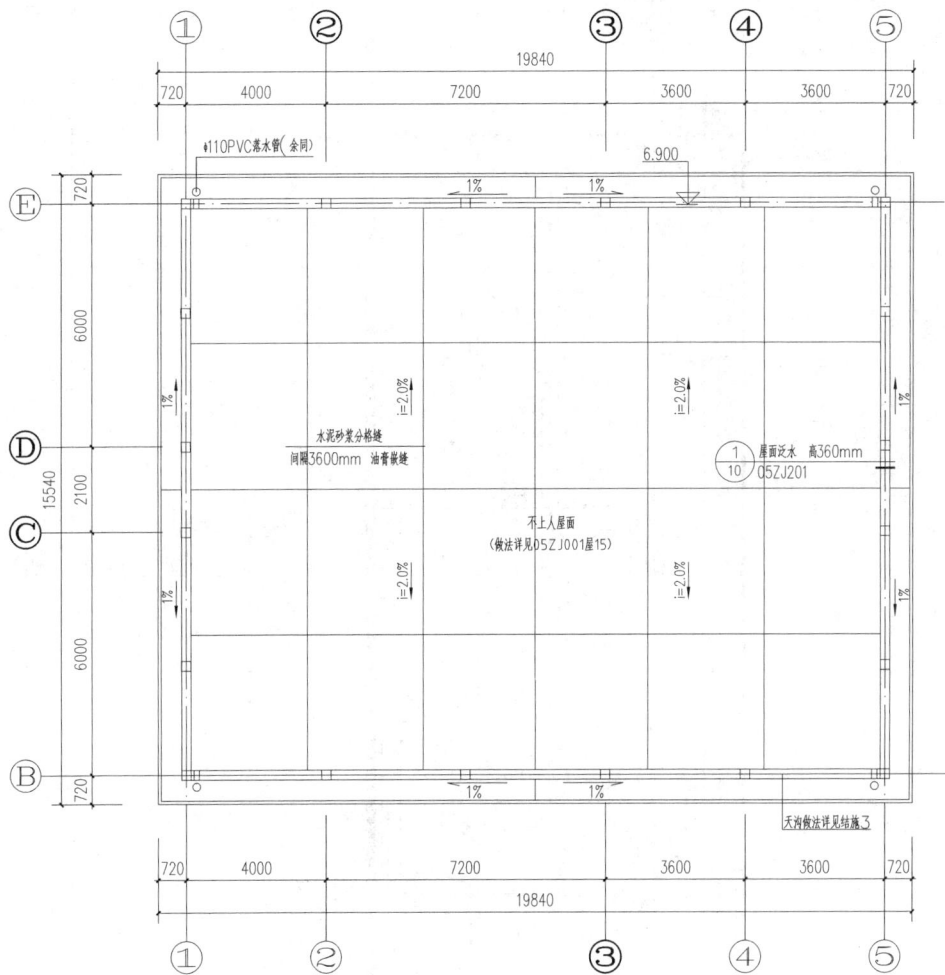

屋顶平面图
1:100

设 计	曹洁、易红霞	项目名称	办 公 楼	图号	第 6 页 共 12 页
审 核	魏丽梅	图 名	屋顶平面图	图别	建施
				日期	2017.07

红色无釉面砖错缝横贴
05ZJ001-66- 外墙12

浅黄色石材
05JZ001-67- 外墙15

浅黄色石材
05JZ001-67- 外墙15

6.900 6.300 3.300 ±0.000 -0.060
7500
600 3000 3300 600

5.700 4.200 2.700 0.300
2.700
5.900 2.600 0.500
4.200 3.800 0.050

6.400 6.100
600 500 200 1900 900 2400 900 600
7500
6.900 6.300 4.200 3.300 0.900 ±0.000 -0.600

①~⑤立面图 1:100

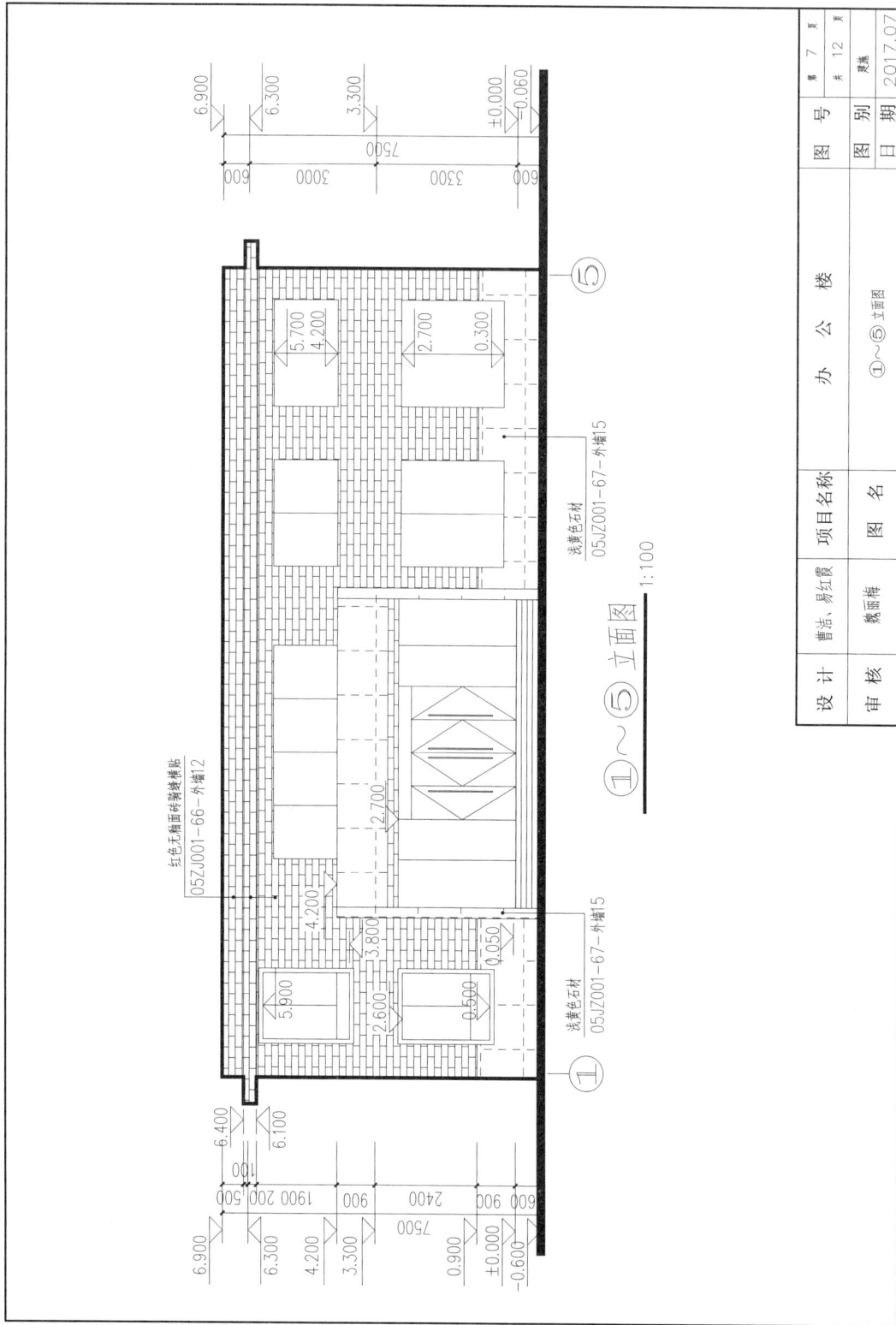

设 计	曹洁	影红霞	项目名称	办 公 楼	图 号		第 7 页
审 核	魏丽梅		图 名	①~⑤立面图	图 别	建施	共 12 页
					日 期	2017.07	

334

红色无釉面砖面砖镶镶贴
05ZJ001－66－外墙12

送黄色石材
05ZJ001－67－外墙15

⑤～① 立面图
1:100

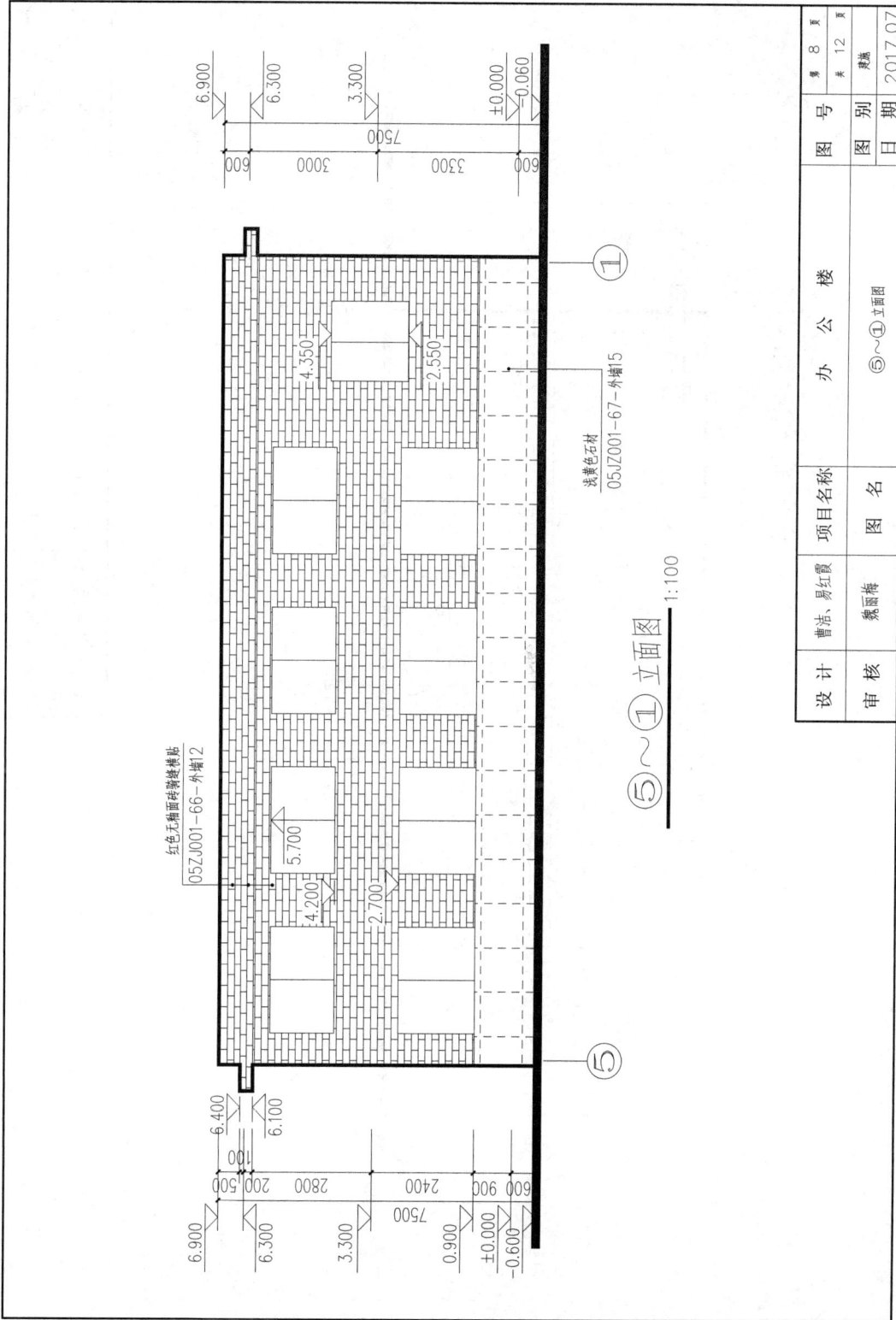

设 计	曹洁、易红霞	项目名称	办 公 楼	图 号		第 8 页 共 12 页
审 核	魏丽梅	图 名	⑤～① 立面图	图 别		爽越
				日 期		2017.07

336

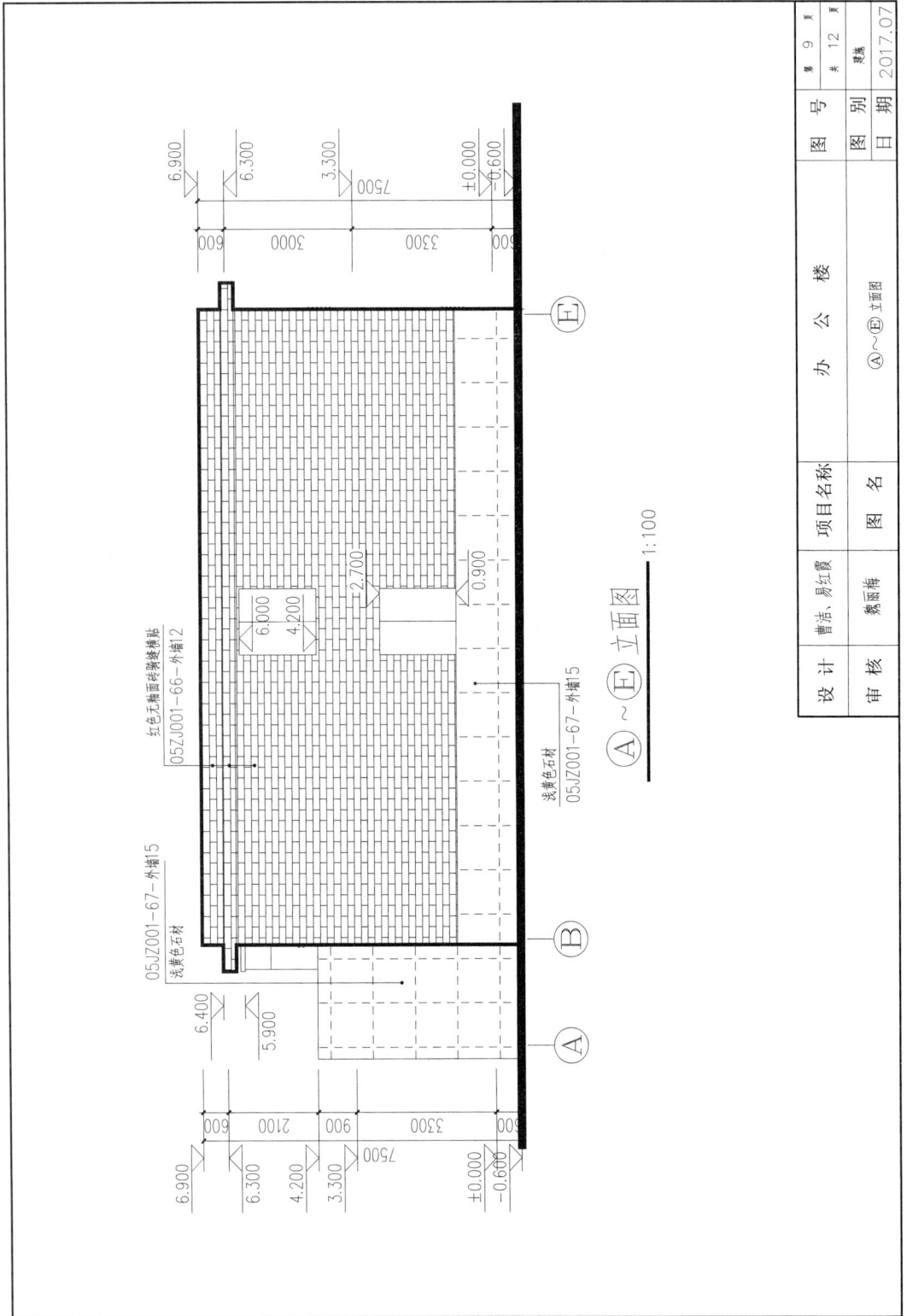

红色无釉面砖面斜缝铺贴
05ZJ001-66-外墙12

05JZ001-67-外墙5
浅黄色石材

浅黄色石材
05JZ001-67-外墙5

6.000
4.200
2.700
0.900

6.400
5.900

6.900
6.300
3.300
±0.000
-0.600

600
3000
3300
500
7500

6.900
6.300
4.200
3.300
600
600
2100
900
3300
500
7500
±0.000
-0.600

Ⓐ~Ⓔ 立面图
1:100

Ⓔ Ⓑ Ⓐ

设 计	曹洁、易红霞	项目名称	办 公 楼	图 号		第 9 页 共 12 页
审 核	熊丽梅	图 名	Ⓐ~Ⓔ立面图	图 别	建施	
				日 期	2017.07	

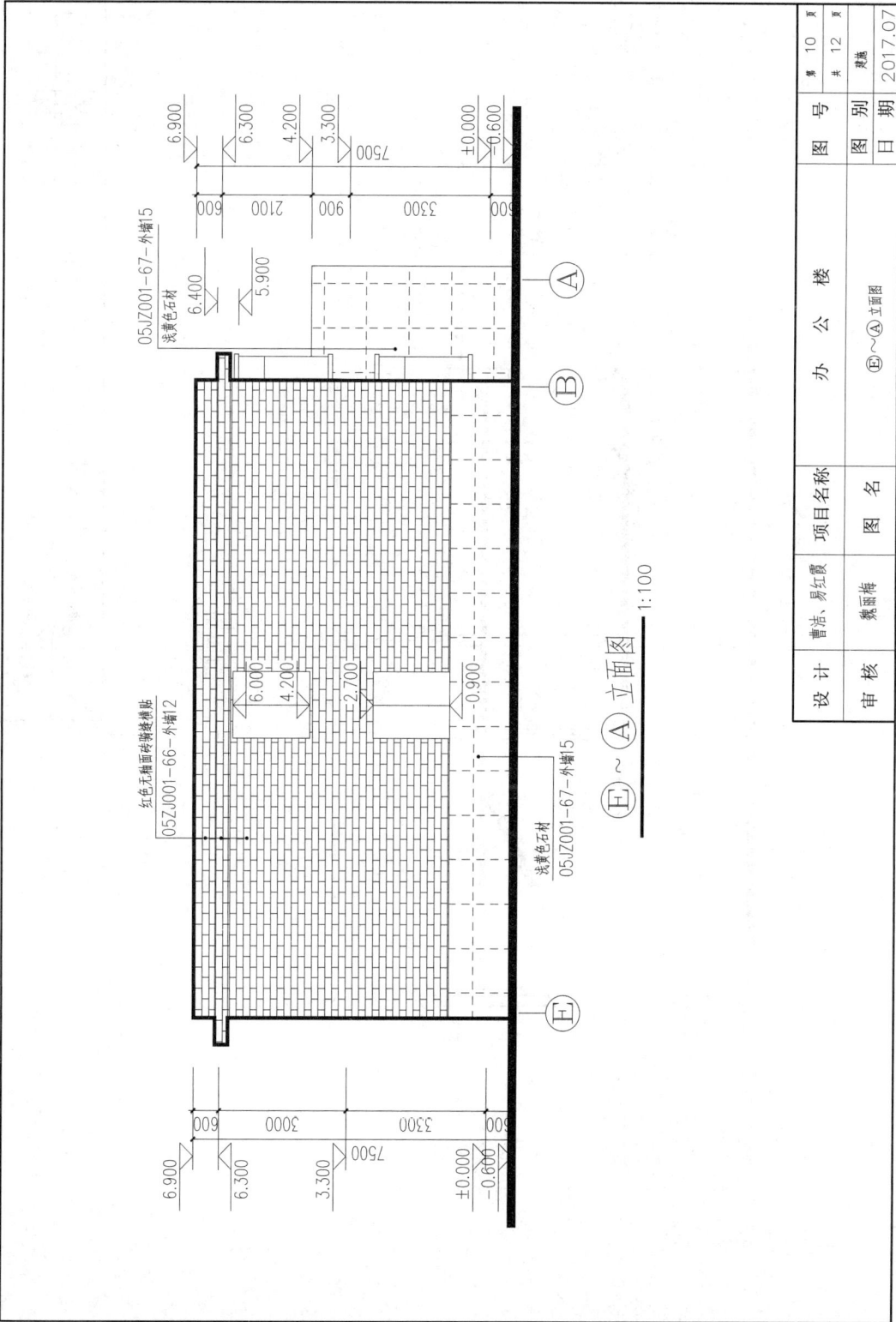

E～A 立面图
1:100

设　计	曹洁、易红霞	项目名称		办　公　楼		图　号		第 10 页
	魏丽梅	图　名		E～A 立面图		图　别	建施	共 12 页
审　核						日　期	2017.07	

浅黄色石材
05JZ001-67-外墙15

红色无釉面砖勾缝镶贴
05ZJ001-66-外墙2

浅黄色石材
05JZ001-67-外墙15

1—1 剖面图
1:100

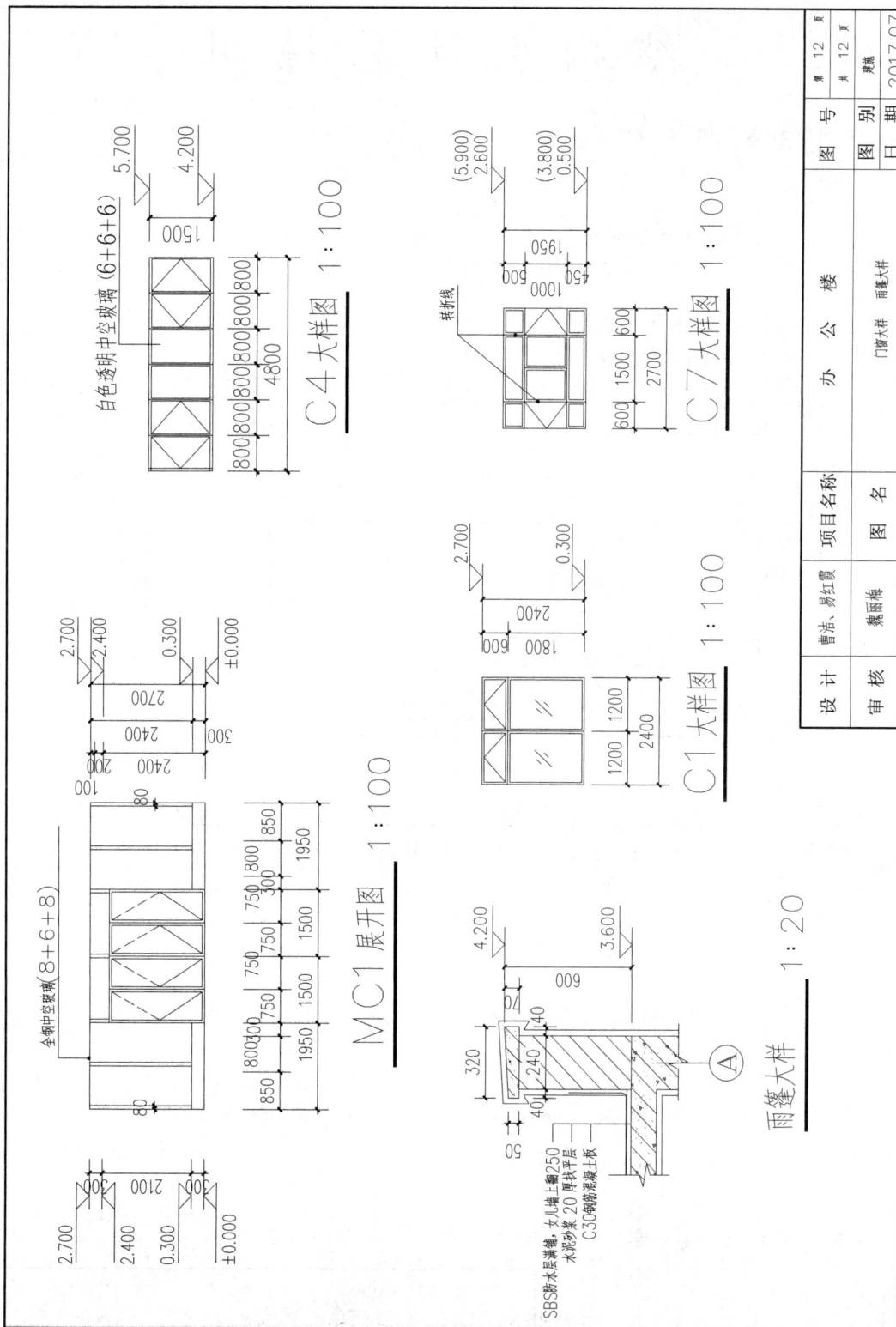

C4大样图 1：100

白色透明中空玻璃（6+6+6）

C7大样图 1：100

转折线

C1大样图 1：100

MC1展开图 1：100

全钢中空玻璃（8+6+8）

雨篷大样 1：20

SBS游水层满辅支儿墙上翻250
水泥砂浆20厚找平层
C30钢筋混凝土板

设　计	曹洁、易红霞	项目名称	办　公　楼	图　号	第 12 页共 12 页
审　核	魏丽梅	图　名	门窗大样 雨篷大样	图　别	建筑
				日　期	2017.07

结 构 设 计 总 说 明

1. 工程概况：

 本工程主体采用钢筋混凝土框架结构；屋顶为平屋顶。

2. 一般说明：

 2.1 本套图纸除注明外，所注尺寸均以毫米(mm)为单位，标高以米(m)为单位。

 2.2 本工程±0.000相当于绝对标高156.40。

 2.3 本总说明中所注内容为通用做法；当总说明与图纸说明不一致时，以图纸为准。

3. 建筑分类等级：

 3.1 本工程建筑结构的安全等级为二级，抗震等级为二级。

 3.2 本工程地基基础设计等级为丙级，建筑场地类别为Ⅱ类，土壤类别二类。

 3.3 本工程室内地坪以上室内正常环境的混凝土环境类别为一类，室内地坪以下及以上露天和室内潮湿环境混凝土环境类别为二a类。
  钢筋保护层见4.1条。

 3.4 本工程为三类建筑，耐火等级为二级。

4. 主要结构材料：

 4.1 混凝土

结构部位	强度等级	保护层厚度(mm)
基础垫层	C15	
基础及基础梁	C30	40
柱	C30	30
梁、板、剪力墙	C30	梁：30；板、剪力墙：15
构造柱	C25	30
楼梯	同各层梁、板	同各层梁、板

环境类别	最大水灰比	最小水泥用量(kg/m³)	最大氯离子含量(%)	最大碱含量(kg/m³)
一	0.65	225	1.0	不限制
二a	0.60	250	0.3	3.0

 4.2 钢筋：Φ表示HPB235级钢筋(f_y=210 N/mm²)，Φ表示HRB335级钢筋(f_y=300 N/mm²)，Φ表示HRB400钢筋
  (f_y=360 N/mm²)，预埋件钢板采用Q235钢。吊环采用HPB235级钢筋。

5. 基础：

 本工程采用独立柱基和剪力墙下条基，持力层为强风化泥灰岩，地基承载力特征值f_{ak}≥450 kPa。

6. 砌体工程：

 6.1 砌体填充墙与钢筋混凝土结构的连接见中南标03ZG003第36页。

 6.2 出屋面女儿墙构造柱，截面为240X墙厚(≥200)，内配4Φ14，Φ8@150。

 6.3 门窗洞口过梁设置：
  所有门窗洞口顶应设置过梁，过梁选自中南标《钢筋混凝土过梁》(03ZG313)，荷载等级均为2级，过梁采用现场就位预制。

7. 施工方案：

 7.1 土方采用人工开挖，就近50 m范围内堆放。

 7.2 取土场、卸土场位于距现场中心距离500 m处。

设 计	曹洁、易红霞	项目名称	办 公 楼	图 号	第 1 页
					共 10 页
审 核	魏丽梅	图 名	结构设计说明	图 别	结施
				日 期	2017.07

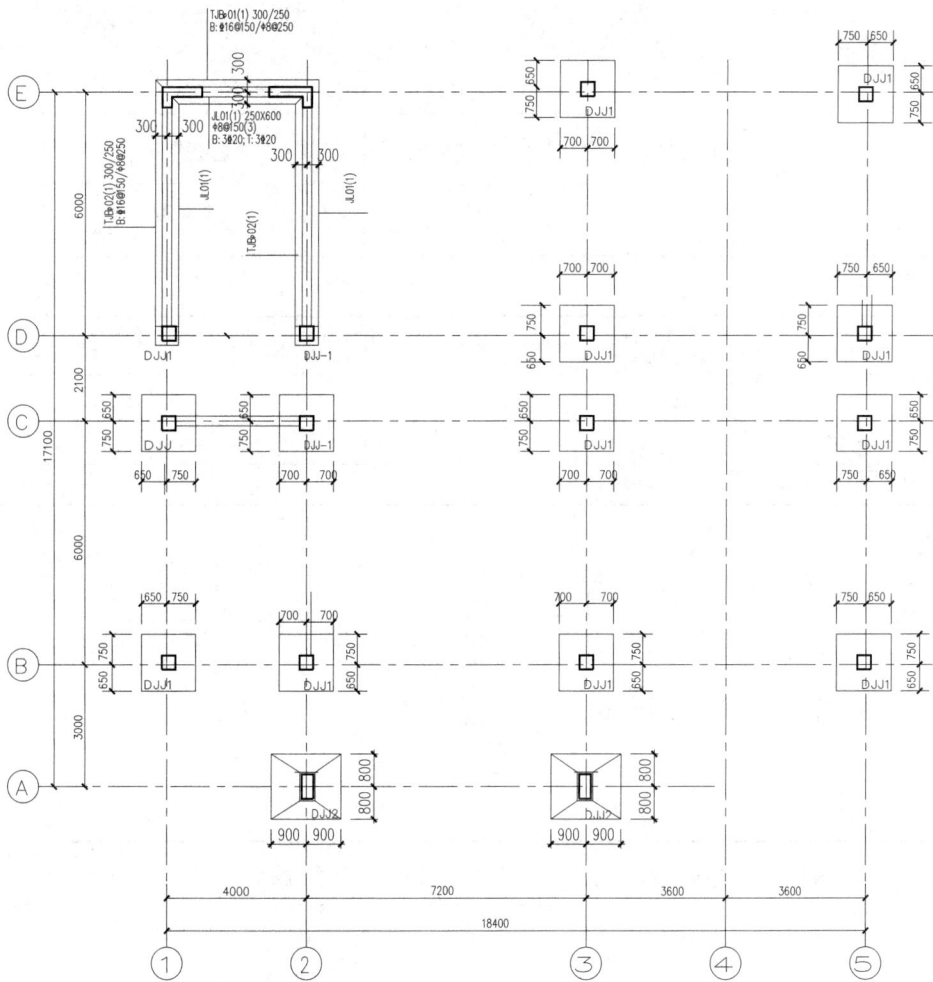

基础图 1:100

注：

1、剪力墙条形基础底面标高为-1.800。

设 计	曹洁、易红霞	项目名称	办 公 楼	图 号	第 2 页 共 10 页
审 核	魏面梅	图 名	基础图	图 别	结施
				日 期	2017.07

柱下独立基础表

编号	柱尺寸		独基尺寸			独基配筋		基底标高
	b	h	A	B	H_1/H_2	① X向配筋	② Y向配筋	H(m)
DJJ1			1400	1400	300/0	Φ10@150	Φ10@150	−1.800
DJJ2			1600	1800	350/200	Φ12@150	Φ12@150	−1.800

柱 表

柱号	标高	$bxh(b_ixh_i)$ (圆柱直径D)	全部纵筋	角筋	b边一侧中部筋	h边一侧中部筋	箍筋类型号	箍筋	备注
KZ1	基础顶~6.270	350x350	8Φ18				1.(3x3)	Φ10@100/200	
KZ2	基础顶~4.170	300x600		4Φ18	1Φ18	2Φ18	1.(3×4)	Φ10@100/200	
GBZ1	基础顶~6.270	250x500(1020x250)	14Φ18				3	Φ10@100	

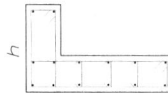
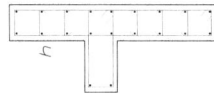

箍筋类型1(mxn)　　箍筋类型2　　箍筋类型3　　箍筋类型4

柱箍筋类型

剪力墙梁表

柱号	所在楼层	梁顶相对标高高差	截面尺寸 bxh	上部纵筋	下部纵筋	箍筋	备注
LL1	2层	0.000	250x1950	4Φ18(2/2)	4Φ18(2/2)	Φ8@100(2)	
AL1	1~2层	0.000	250x400	2Φ18	2Φ18	Φ8@150(2)	
AL2	1层	−0.750	250x400	2Φ18	2Φ18	Φ8@150(2)	

剪力墙身表

柱号	标高	墙厚	水平分布筋	垂直分布筋	拉筋	备注
Q1	基础顶标高~6.270	250	Φ10@200	Φ10@200	Φ8@600x600	
Q2	基础顶标高~2.52	250	Φ10@200	Φ10@200	Φ8@600x600	

设 计	曹洁、易红霞	项目名称	办 公 楼	图 号	第 3 页 共 10 页
审 核	魏丽梅	图 名	基础表　　柱表	图 别	结施
				日 期	2017.07

JL05(2) 250X600
φ8@150(2)
B3Φ20; T3Φ20
G4Φ10

5Φ20   5Φ20

JCL01(1) 250X600
φ8@150(3)
B3Φ20; T3Φ20
G4Φ10

PL1(1) 250X350
φ8@200(2)
2Φ14; 3Φ16
顶标高-0.030

JL04(3) 250X600
φ8@150(3)
B3Φ20; T3Φ20
G4Φ10

0

5Φ20   5Φ20

JL03(3) 250X600
φ8@150(3)
B3Φ20; T3Φ20
G4Φ10

JL06(2) 250X600
φ8@150(3)
B3Φ20; T3Φ20
G4Φ10

JL07(3) 250X600
φ8@150(3)
B3Φ20; T3Φ20
G4Φ10

JL08(4) 250X600
φ8@150(3)
B3Φ20; T3Φ20
G4Φ10

JCL02(3) 250X600
φ8@150(3)
B3Φ20; T3Φ20
G4Φ10

JL09(3) 250X600
φ8@150(3)
B3Φ20; T3Φ20
G4Φ10

JL02(3) 250X600
φ8@150(3)
B3Φ20; T3Φ20
G4Φ10

JL01(1) 250X600
φ8@150(3)
B3Φ20; T3Φ20
G4Φ10

2300 2700 1000 2100 17100 6000 3000

1000

4000   7200   3600   1380 2220

18400

① ② ③ ④ ⑤

E D C B A

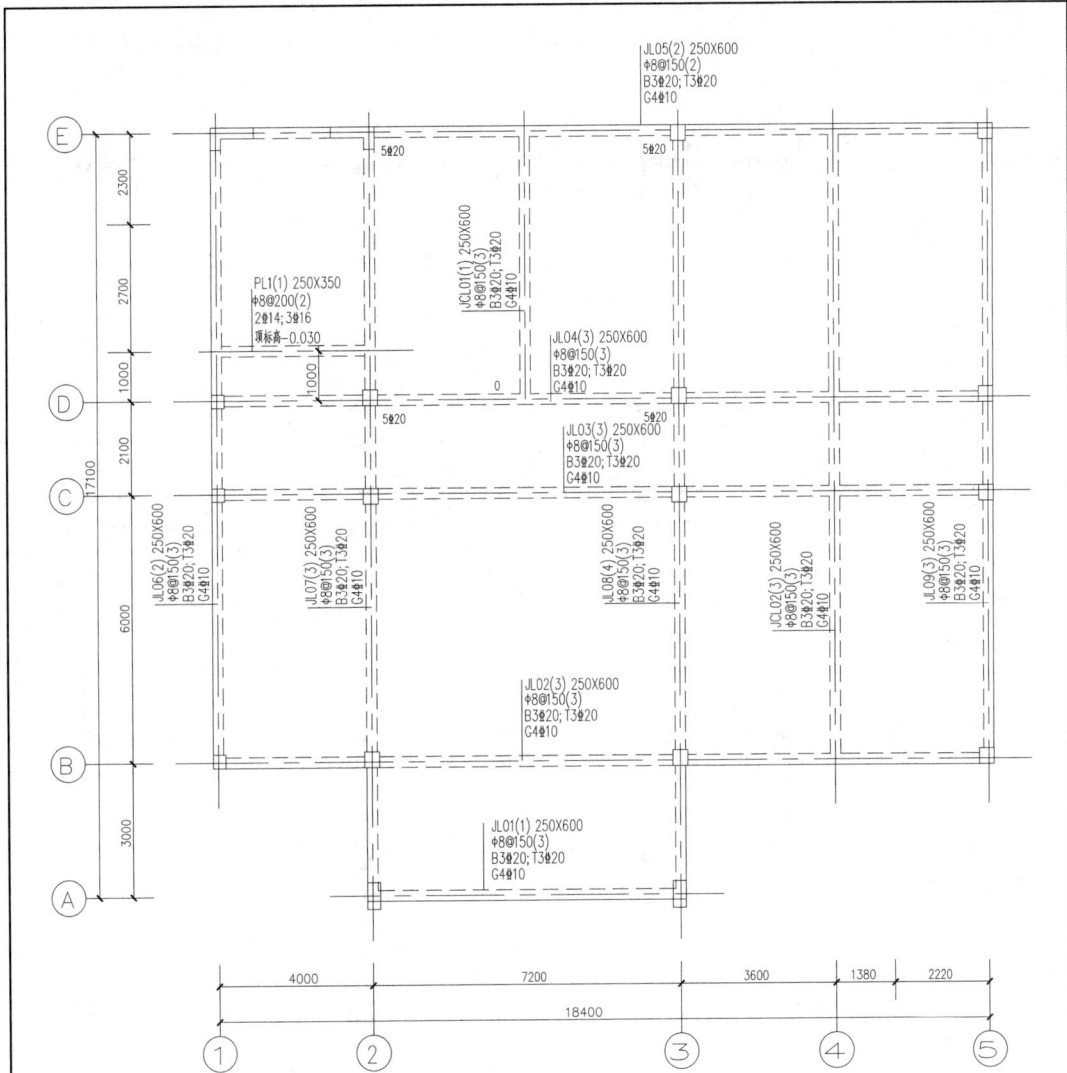

基础梁配筋图 1:100

注：未注明基础梁顶面标高均为-0.060。

设 计	曹洁、易红霞	项目名称		办 公 楼		图 号	第 4 页
							共 10 页
审 核	魏丽梅	图 名		基础梁配筋图		图 别	结施
						日 期	2017.07

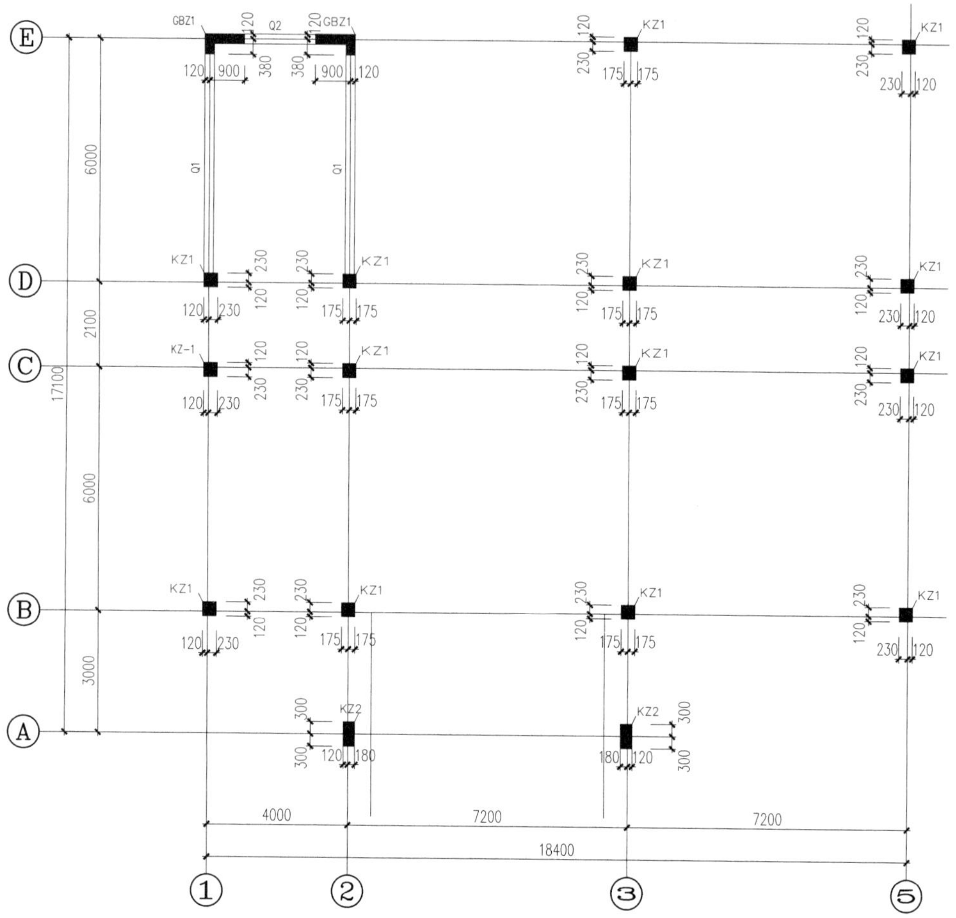

墙、柱平面布置图 1:100

(剪力墙标高为基础顶至6.270)

设 计	曹洁、易红霞	项目名称	办 公 楼	图 号	第 5 页 共 10 页
审 核	魏丽梅	图 名	墙、柱平面布置图	图 别	结施
				日 期	2017.07

344

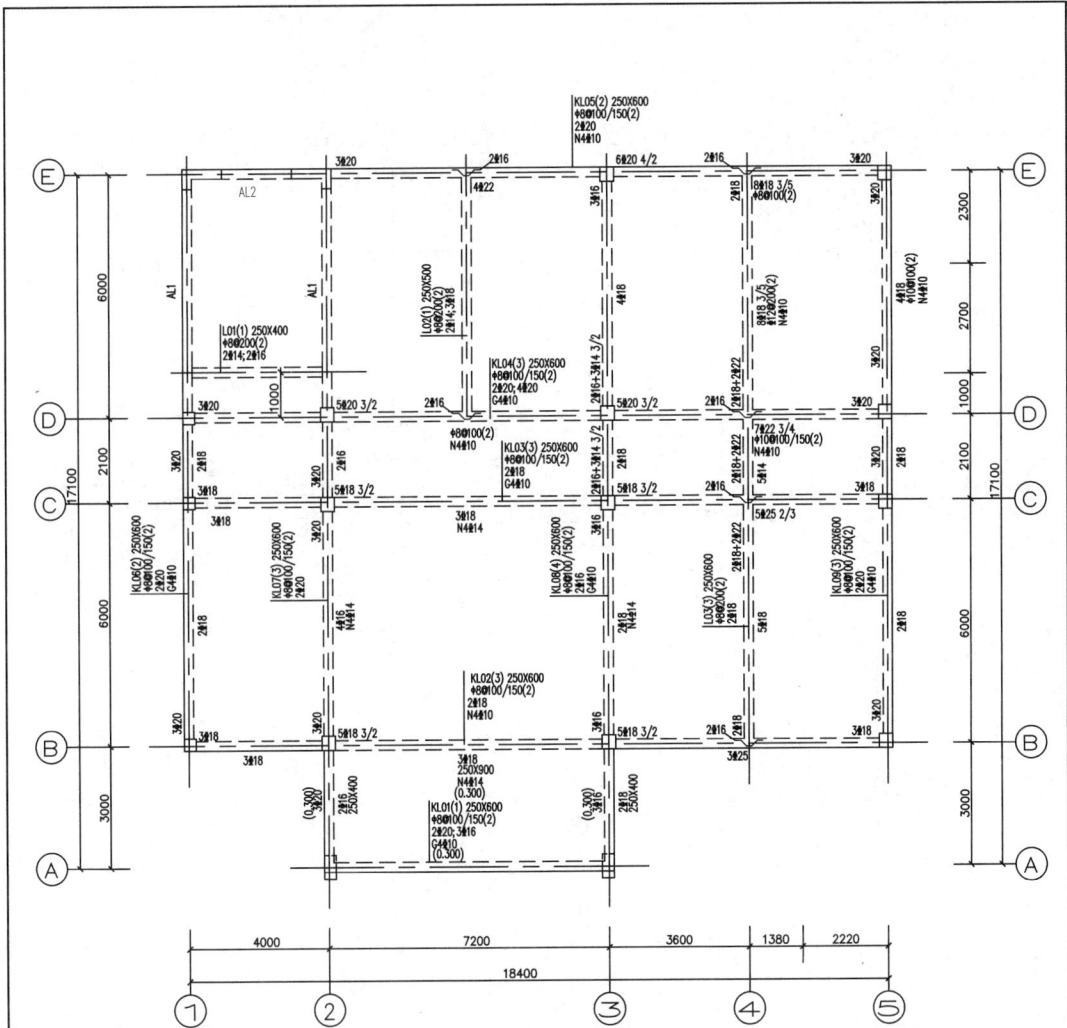

3.270m 层梁平面配筋图　1:100

注:
1. 在主次梁相交处，注明的加密箍筋，直径同主梁箍筋，每边3个，间距50。
2. 全楼框架梁分层编号。

设 计	曹洁、易红霞	项目名称	办 公 楼	图 号	第 6 页 共 10 页
审 核	魏面梅	图 名	3.270m 层梁平面配筋图	图 别	结施
				日 期	2017.07

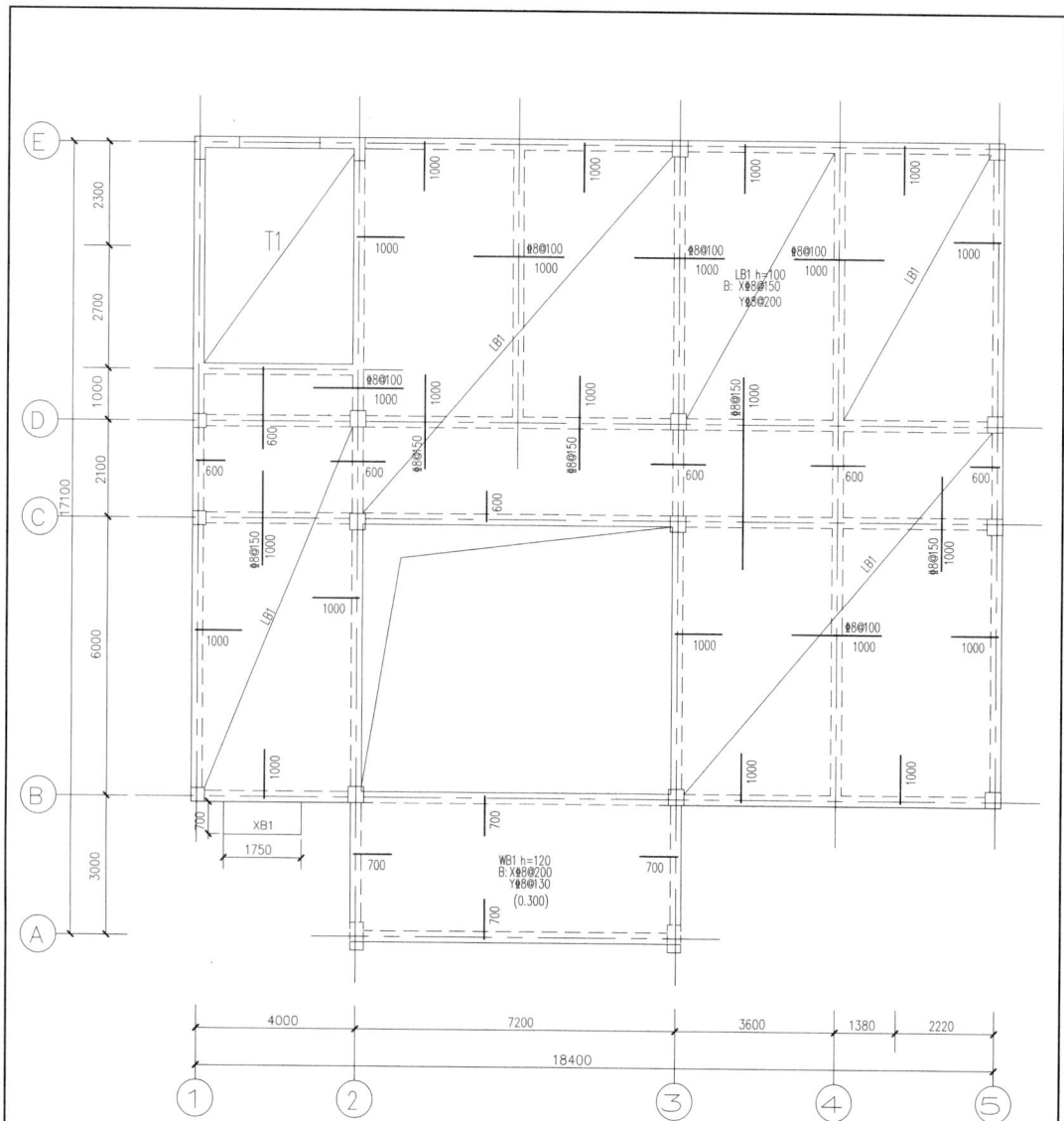

$3.270 \, m$层板平面配筋图 1:100

(所有未注明的楼板厚度均为100,所有未注明的配筋为Φ8@200,负筋分布筋为Φ6@250.)

设 计	曹洁、易红霞	项目名称		办 公 楼		图 号	第 7 页
							共 10 页
审 核	魏画梅	图 名		$3.270 \, m$层板平面配筋图		图 别	结施
						日 期	2017.07

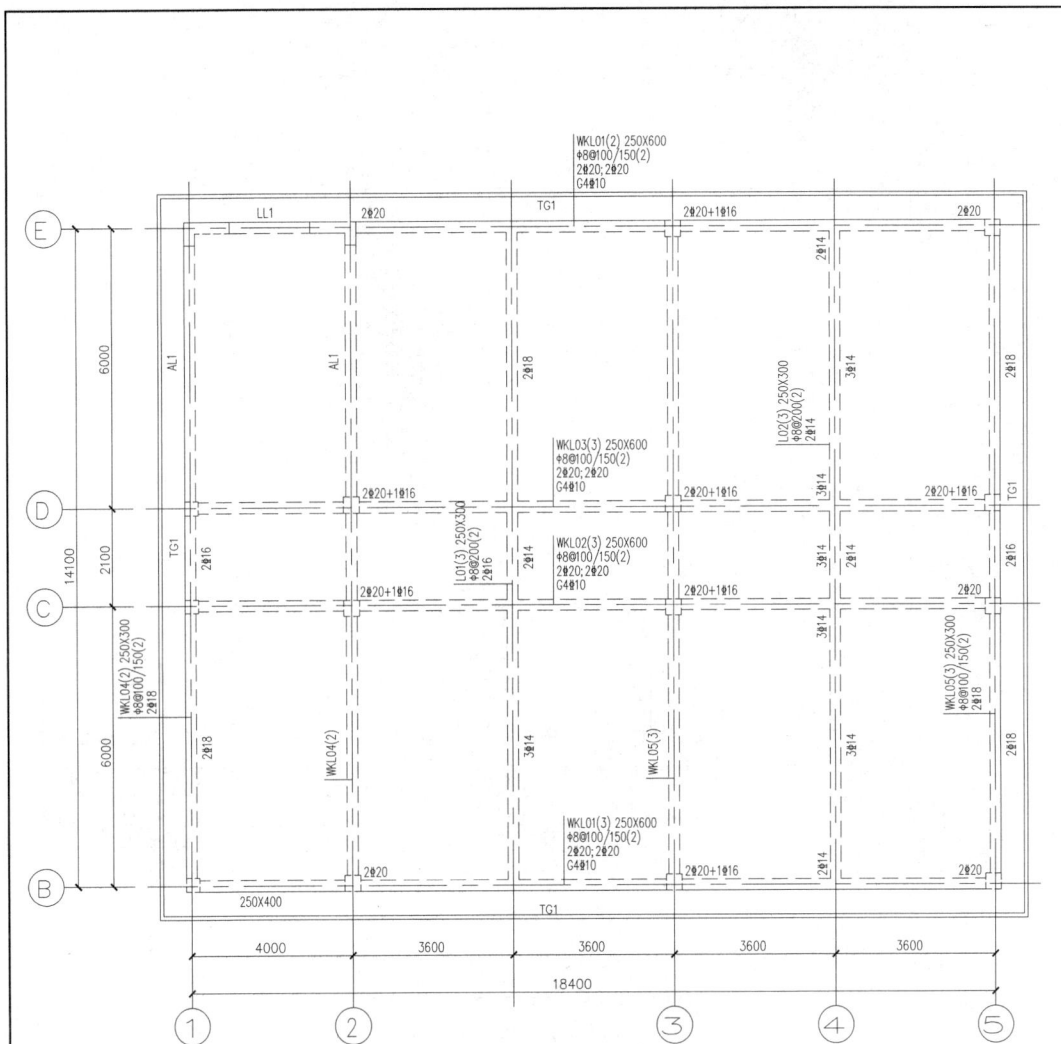

6.270 m层梁平面配筋图 1:100
(TG1详见檐口结构详图)

注:
　1.在主次梁相交处,未注明的加密箍筋,直径同主梁箍筋,每边3个,间距50。
　2.全楼框架梁分层编号。

设　计	曹洁、易红霞	项目名称	办　公　楼		图　号	第 8 页 共 10 页
审　核	魏面梅	图　名	6.300 m层梁平面配筋图		图　别	结施
					日　期	2017.07

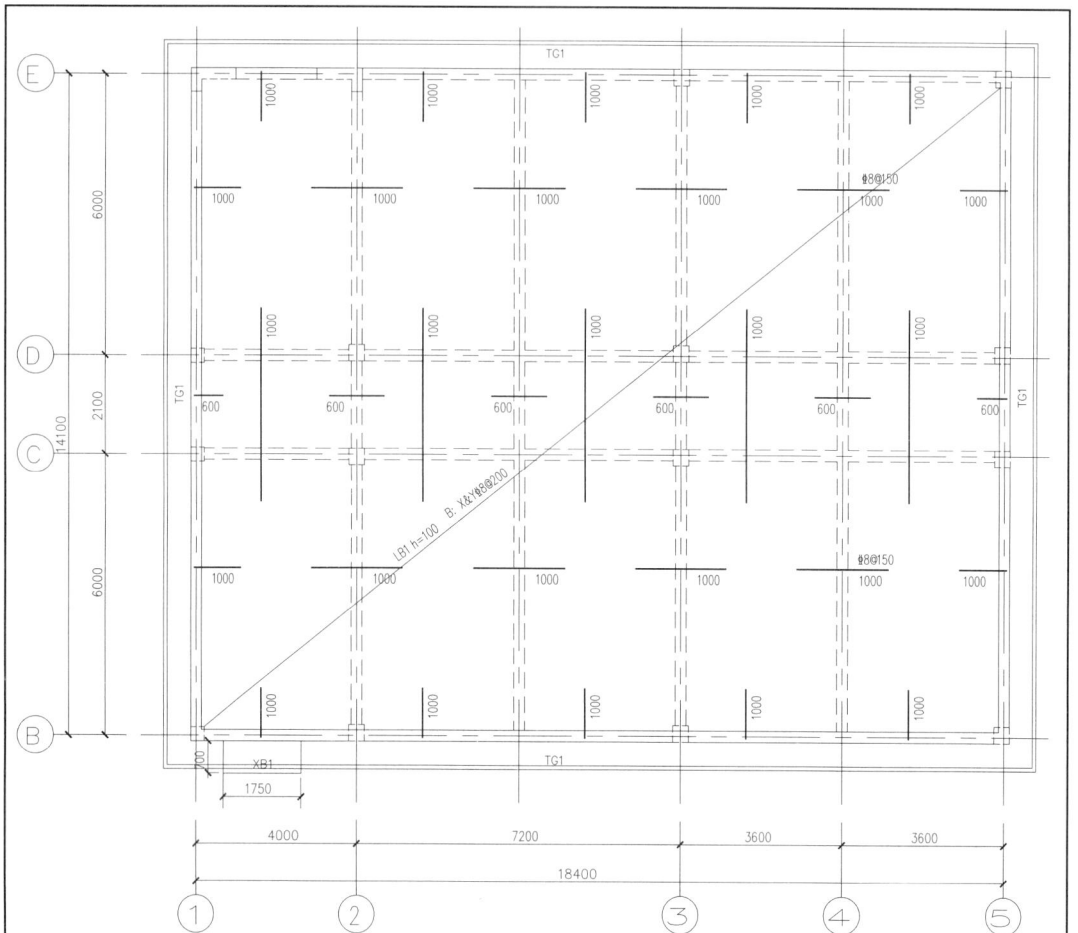

6.270 m层板平面配筋图 1:100

(TG1详见檐口结构详图)
(所有未注明的楼板厚度均为100，所有未注明的配筋为φ8@200.)

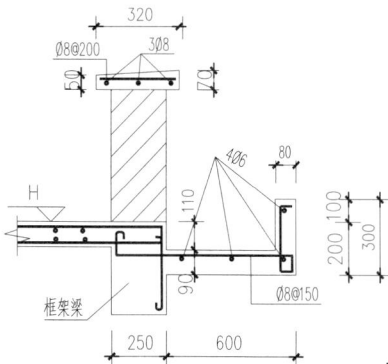

天沟结构详图

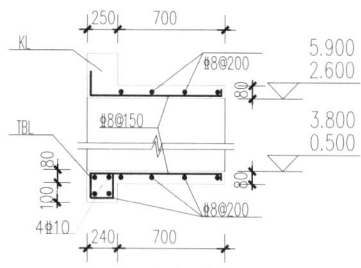

窗台挑板

（窗台挑板位置与建筑平面对应，TBL与相邻柱相连）

设　计	曹洁、易红霞	项目名称	办　公　楼	图　号	第 9 页 共 10 页
审　核	魏丽梅	图　名	6.270 m层板平面配筋图 结构构件详图	图　别	结施
				日　期	2017.07

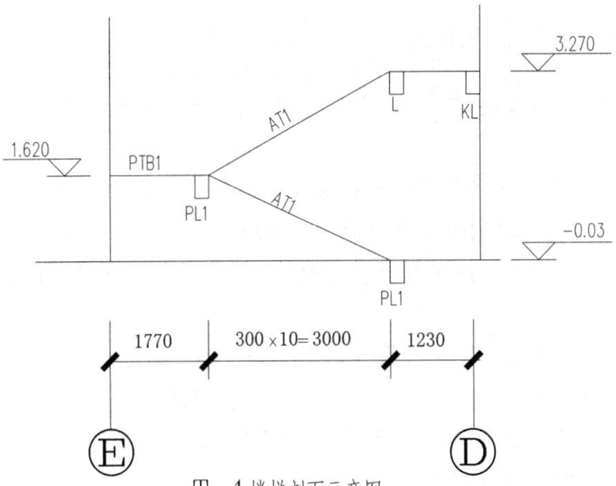

T-1楼梯剖面示意图

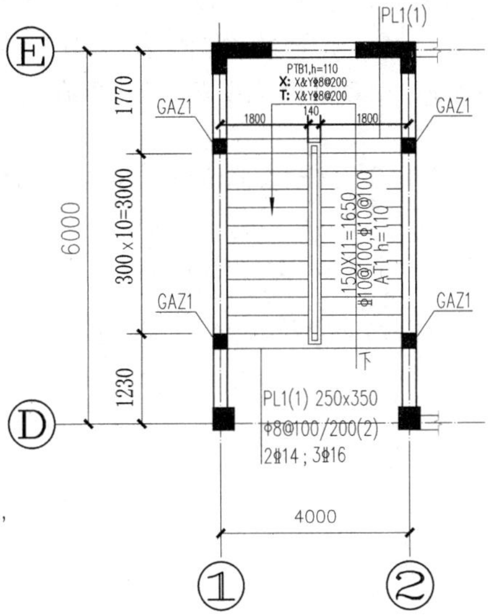

楼梯施工图说明

1. 图中尺寸以mm计，标高以m计。
2. 楼梯及板混凝土保护层厚为15 mm。
3. 楼梯配筋构造均见国标16G101-2。
4. 凡未与框架梁相交的梯梁，均在梯梁两端下设GAZ，柱底至下层框架梁处，柱截面250×250，C30砼现浇，内配4⊕16，箍筋φ8@100。
5. 楼梯梯段板分布钢筋：⊕6@250。

T-1楼梯平面图

设 计	曹洁、易红霞	项目名称		办 公 楼	图 号	第 10 页
						共 10 页
审 核	魏丽梅	图 名		楼梯详图	图 别	结施
					日 期	2017.07

349

参考文献

［1］胡六星，吴志超.高等职业院校学生专业技能抽查标准与题库丛书——工程造价.长沙：湖南大学出版社，2016

［2］中国建筑标准设计研究院.混凝土结构施工图平面整体表示方法制图规则和构造详图（现浇混凝土框架、剪力墙、梁、板）（16G101—1）.北京：中国计划出版社，2016

［3］中国建筑标准设计研究院.混凝土结构施工图平面整体表示方法制图规则和构造详图（现浇混凝土板式楼梯）（16G101—2）.北京：中国计划出版社，2016

［4］中国建筑标准设计研究院.混凝土结构施工图平面整体表示方法制图规则和构造详图（独立基础、条形基础、筏形基础及桩基承台）（16G101—3）.北京：中国计划出版社，2016

［5］中国建筑标准设计研究院.混凝土结构施工钢筋排布规则与构造详图（现浇混凝土框架、剪力墙、梁、板）（12G901—1）.北京：中国计划出版社，2012

［6］中国建筑标准设计研究院.混凝土结构施工钢筋排布规则与构造详图（现浇混凝土板式楼梯）（12G901—2）.北京：中国计划出版社，2012

［7］中国建筑标准设计研究院.混凝土结构施工钢筋排布规则与构造详图（独立基础、条形基础、筏形基础、桩承台基础）（12G901—3）.北京：中国计划出版社，2012

［8］湖南省建设工程造价管理总站.湖南省建筑工程消耗量标准（上、下册）.湖南：湖南科学技术出版社，2014

［9］中华人民共和国住房和城乡建设部.混凝土结构设计规范（GB50010—2010）.北京：中国建筑工业出版社，2010

［10］彭波，李文渊.平法钢筋识图算量基础教程（第3版）.北京：中国建筑工业出版社，2018